"十三五"国家重点图书出版规划项目

THE GERMPLASM RESOURCES OF ORNAMENTAL PLANTS IN XINJIANG, CHINA

中国观赏植物种质资源
新疆卷 ①

张启翔 主编

中国林业出版社
China Forestry Publishing House

THE GERMPLASM RESOURCES OF
ORNAMENTAL PLANTS IN XINJIANG, CHINA

中国观赏植物种质资源
新疆卷 ①

张启翔 主编

中国林业出版社
China Forestry Publishing House

编 委 会

主　编　张启翔

副主编　罗　乐　隋云吉　郭润华

编　委　于　超　孙　明　白锦荣　陈俊通　潘会堂　高亦珂　程堂仁
　　　　　凌春英　董玲玲　莫官站　姜　岩　梁建国　薛　辉　孔　滢
　　　　　宋　平　王　佳

供　图（除编委外）
　　　　　贾福军　杨逢玉　李　华　刘建鑫　贾桂霞　高健洲　王蕴红
　　　　　王金耀　何金儒　王林和　汤新加　孙雷锋　尚宏忠
图文整理　刘学森　吕佩锋　李　博　唐雨薇　郑玲娜　陈简村　白　梦
　　　　　邓　童　付荷玲

项目致谢

国家环保部重大项目课题（物种08-二-3-1；物种09-二-3-1）；
国家"十一五"科技支撑计划项目课题（2006BAD13B07、2006BAD01A18）；
国家"十二五"科技支撑计划项目课题（2012BAD01B07、2013BAD01B07）；
风景园林"双一流"学科建设研究生教辅教材

图书在版编目（CIP）数据

中国观赏植物种质资源. 新疆卷. 1 / 张启翔主编.
-- 北京：中国林业出版社，2020.12
ISBN 978-7-5219-0948-7

Ⅰ.①中… Ⅱ.①张… Ⅲ.①观赏植物—种质资源—
新疆—图集 Ⅳ.①Q948.52-64

中国版本图书馆CIP数据核字(2020)第259201号

责任编辑：贾麦娥

出版发行：中国林业出版社

　　　　（100009 北京西城区刘海胡同7号）

网　　址：http://www.forestry.gov.cn/lycb.html
电　　话：（010）83143562
印　　刷：河北京平诚乾印刷有限公司
版　　次：2021年12月第1版
印　　次：2021年12月第1次
开　　本：230mm×300mm
印　　张：57
字　　数：718千字
定　　价：480.00元

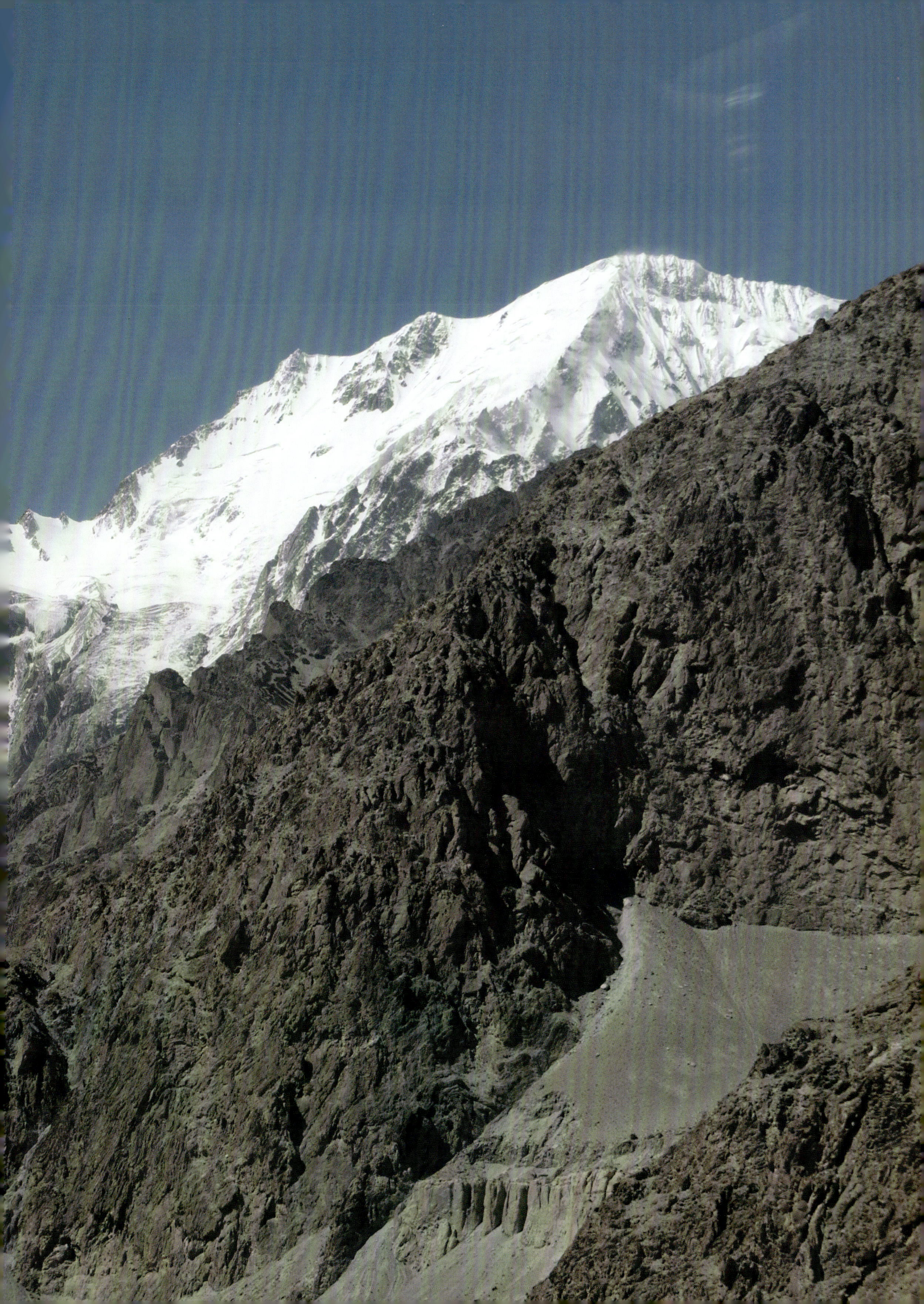

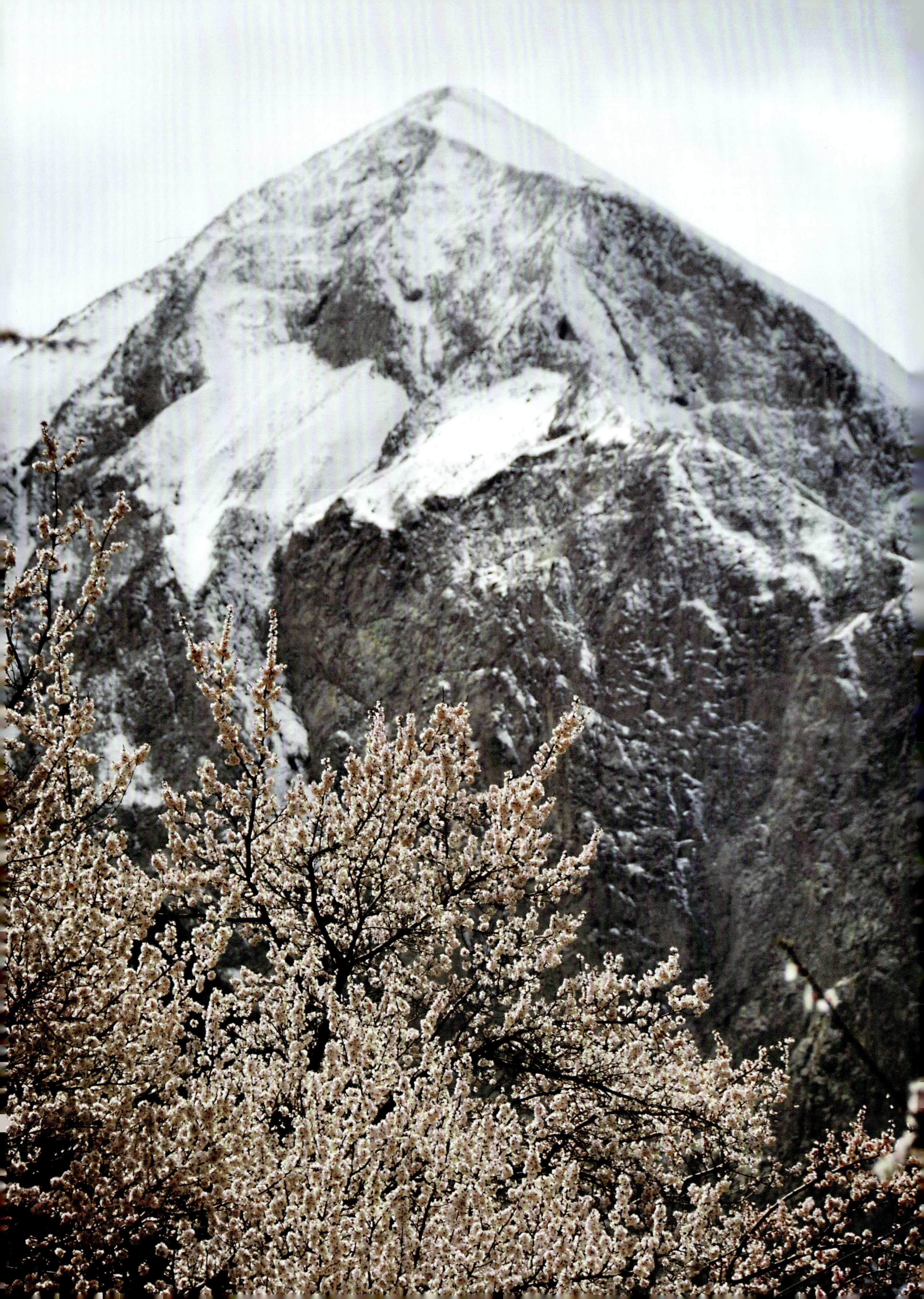

Preface / "中国观赏植物种质资源" 前言

我国幅员辽阔，各地区气候、土壤及地形差异较大，兼有热带、温带、寒带三大类型，复杂的地理环境孕育了种类繁多的野生植物资源，拥有高等植物达30000多种，是世界物种资源最丰富的国家之一，也是世界重要栽培作物的起源中心。

威尔逊（Wilson E. H.）曾于1899—1918年期间来华5次，搜集野生观赏植物1000多种，他在1929年出版的《中国，花园之母》（China, Mother of Gardens）一书中写道："中国的确是世界花园之母，因为在一些国家中，我们的花园深深受惠于她，那里优异独特的植物，从早春开花的连翘、玉兰，夏季的牡丹、芍药、蔷薇、月季，秋天的菊花，显然都是中国贡献给这些园林的丰富花卉资源。还有现代月季的亲本、温室杜鹃花、报春花，吃的桃、橙、柠檬、葡萄、柚等都是。老实说来，美国或欧洲的园林中无不具备中国的代表植物，而这些都是乔木、灌木、草花和藤木中最好的。假如中国原产的这些花卉全部撤离的话，我们的花园必将为之黯然失色。"细细考证起来，中国的观赏植物流传国外已有1000多年的悠久历史，约公元5世纪，荷花就经朝鲜传入日本；7世纪茶花又传到日本，后来流入欧美；约8世纪起，梅花、牡丹、芍药、菊花等也相继传入日本；石竹于1702年首次传入英国，翠菊于1728年传入法国，紫薇于1747年传至欧美；现代月季的关键性杂交亲本'月月红'、'月月粉'、'淡黄'香水月季、'彩晕'香水月季等也先后于1791—1824年引入英国。此外，还有很多外国人士到中国来搜集野生和栽培的观赏植物资源。英国人乔治·福礼士（George Forrest）自1904年陆续搜走了300多种杜鹃花属植物；北美引种中国的乔灌木在1500种以上，英国爱丁堡皇家植物园来自中国的观赏植物也有1500多种，意大利引种中国的观赏植物约达1000种，德国露地栽培的观赏植物约50%的种源来自中国，荷兰近40%的园林植物自中国引入。由此可见中国观赏植物对世界的贡献。

作为世界园林之母，我国的观赏植物种质资源具有突出的特点：

（1）物种多样性丰富

中国拥有许多北半球其他地区早已灭绝的古老孑遗植物，特有的属、种很多，如著名的观赏植物金钱松、银杉、银杏、水杉、观光木、珙桐、鸡麻、水松、翠菊、猕实、南天竹、梅花、菊花、牡丹、紫斑牡丹、月季花、香水月季、羽叶丁香等，得天独厚。

中国原产的乔灌木有8000多种，是世界乔灌木资源最丰富的国家。山茶属占世界的88.6%；杜鹃花属占世界的58.9%；蔷薇属占世界的47.5%；丁香属占世界的86.7%；金粟兰属和泡桐属占世界的100%。草本资源也很丰富，在若干科、属中尤为突出。如兰属中国占世界的62.5%；兜兰属占世界的28%；杓兰属占世界的70%；万代兰属占世界的25%；百合属占世界的50%；石蒜属占世界的75%；报春花属占世界的58.8%；落新妇属占世界的60%；龙胆属占世界的59.9%；乌头属占世界的70%。

中国花卉栽培的历史有3000多年，中国原产和栽培历史悠久的花卉，常具有变异广泛、类型丰富、品种多样的特点，中国名花资源数量大，世界少有，品种丰富。如梅花，梅花枝条有直枝、垂枝和曲枝等变异，花有洒金、台阁、绿萼等变异，形成的品种达300多个；牡丹已有1000多个品种；菊花有3000多个品种；月季、蔷薇、紫薇、山茶、丁香、杜鹃花、芍药、蜡梅、桂花等更是丰富多彩、名品繁多，深受中国人民的喜爱。

（2）植物遗传品质突出

我国的观赏植物种质资源不仅丰富，而且还有许多独特的优良性状。在花期方面，早花和特早花类型多，如梅花、蜡梅、迎春、瑞香、金缕梅、香荚蒾、迎红杜鹃、二月蓝、山桃、连翘、水仙、寒兰、冬樱花等；四季或两季开花类型多，如四季桂、四季米兰、月季花、香水月季、小叶丁香、金露梅等。在花香方面，如蜡梅、梅花、水仙、春兰、米兰、玉兰、栀子、玫瑰、桂花、茉莉、结香、瑞香、夜来香、百合、丁香、含笑等，香者众多，且各具特色。花色方面，由于很多植物的科或属缺少黄色的种质，因此这些黄色的种和品种被世界视为极为珍贵的植物资源，而中国有着很多重要的黄色花基因资源。如中国的金花茶、梅花品种'黄香'梅、黄牡丹、大花黄牡丹、蜡梅、黄凤仙等资源对我国乃至世界花卉新品种育种起到了重要作用。

此外，奇异的类型和品种也非常丰富。如变色类的品种、台阁类型品种、龙游品种、枝条下垂的品种、微型与巨型种类与品种等。而抗性强的种类和品种也较多，如抗寒的疏花蔷薇、弯刺蔷薇、'耐冬'山茶；抗旱的锦鸡儿；耐热的紫薇、深水荷花；抗病耐旱的玫瑰、榆；耐盐的楝树、沙枣；适应性强的水杉、圆柏等。

然而，我国如此丰富多彩、特色鲜明的观赏植物种质资源却尚未被系统、全面地调查研究，家底不清，而且栽培所涉及的种类只占所有观赏植物种质资源很少的比例。据粗略统计，中国有直接开发价值的观赏植物种质资源在1000种以上，有发展潜力的在10000种左右，但现今栽培应用的仍很少。现在市场上很多盆花、切花及露地栽培的观赏植物都是舶来品，而这些舶来品很大一部分是从20世纪初国外由中国引种的资源中选育出来的！另一方面，我们也注意到，相当数量观赏植物资源受到了严重的破坏，有的甚至濒临灭绝或已经消失。不少野生种被大量挖取牟利或因为设施建设而大面积毁灭，如兰花资源破坏相当严重，有的甚至遭到搜山清空的厄运；一些野生植物因为药用也被大肆挖掘滥采，在物种量剧减的同时其生存环境也遭到严重毁坏，如棒槌石斛、桃儿七、羽叶丁香、雪莲等；还有一些珍贵的野生观赏植物资源尚在深山人未识，缺乏科学有效的保护利用机制，无法保证其物种在环境中应有的地位和价值的发挥。

鉴于我国观赏植物种质资源的现状，国家科技部、环保部和国家林业局等部委都高度重视，决定对全国的观赏植物种质资源情况进行调查、摸底、备案，然后通过后期的网络平台管理和新政策法规的制订，以期对我国观赏植物种质资源的现状及保护利用进程进行全面、科学监督和指导。北京林业大学拥有全国最早的园林植物与观赏园艺学科和博士点，长期从事观赏植物种质资源的调查、搜集、评价及引种育种研究。从"十五"期间开始，承担国家科技部"中国特有花卉种质资源的保存、创新与利用研究"项目；后又承担国家环保部"中国重要观赏植物种质资源调查"项目，陆续对云南、贵州、四川、广西、海南、福建、河北、宁夏、甘肃、新疆、青海、吉林、西藏等省（自治区、直辖市）的资源状况进行调查研究，有的仍在继续进行中。调查内容包括区域观赏植物资源状况及重点科属观赏植物资源状况。通过调查和后期的评价整理，已经积累了大量的原始资料，对我国现有的观赏植物种质资源状况有了较全面的了解。我们希望通过专著的形式，以省（自治区、直辖市）为单位陆续出版，每卷主要涉及该地区的观赏植物资源概况和现状、重点观赏植物资源的分类和评价，主要物种的详细信息（主要特征、分布、生境、生活习性、园林应用价值等）和精美的图片，让同行了解最新的信息，为保护资源和科学利用资源做出贡献。

希望"中国观赏植物种质资源"丛书的出版能给读者们带来帮助和启发；也由于编者知识有限，书中难免会有疏漏和错误之处，恳请大家批评指正。在此，谨代表丛书编写组全体同仁向广大读者和所有帮助、支持本丛书出版的个人与单位表示衷心的感谢！

"中国观赏植物种质资源"丛书编写组

2011年7月

Preface / "新疆卷①"前言

新疆维吾尔自治区位于中国西北部，地处亚欧大陆腹地，幅员辽阔，占据国土陆地面积1/6；与西藏、青海、甘肃等3个省区相邻，周边与蒙古、俄罗斯、哈萨克斯坦、吉尔吉斯斯坦、塔吉克斯坦、阿富汗、巴基斯坦、印度等8个国家接壤；陆地国界线约占全国的1/4，是中国面积最大、交界邻国最多、陆地国界线最长的省级行政区。新疆恰好处于阿尔泰山、准噶尔盆地、天山、塔里木盆地、帕米尔高原、昆仑山、阿尔金山、藏北高原等几个大的自然地理单元的接触地区。新疆总的来说为典型的大陆性气候，但在植物地理上又同时处于欧亚森林亚区、欧亚草原亚区、中亚荒漠亚区、亚洲中部荒漠亚区和中国喜马拉雅植物亚区的交汇，这就赋予新疆植物区系和植被以复杂性、生物多样性及生境存在丰富的特殊性。

作为西北植物王国中的宝库，近现代以刘慎谔先生为代表的中国植物学家开启了对新疆植物资源的调查研究，新中国成立之后，对新疆的植物科考、植被调查、生态研究、林业研究等持续不断地开展，并取得了较好的科研成果。《新疆植物志》（1992—2011）目前记载了新疆维管植物138科860属3875种，加上后续的一些研究补充，文献统计新疆的维管植物约4000种。种质资源既是发展种业的种源，也是人类社会可持续发展的根本。制定合理的种质资源保护策略，加强对植物多样性的保护、维持和可持续利用，关系到国民经济发展和社会稳定。新疆具有观赏价值和开发潜力的植物种类约1000种，尤其是一些观赏价值高、抗逆性强的资源极具特色，但几乎都处于野生且鲜有人知的状态，有的生境已经遭到了威胁甚至破坏，因此对新疆野生观赏植物种质资源的本底调查和研究显得尤为迫切。

作者自20世纪80年代参与对新疆野生蔷薇属（*Rosa* spp.）资源做专项调查并开展耐寒刺玫月季育种而关注新疆野生植物资源，后从2008年开始，在国家环保部、科技部的资助下，系统地对新疆的野生观赏植物种质资源进行调查和研究。课题组多次组织科考队深入野外进行调查，设置样方，采集标本，拍摄照片上万幅，获取了大量一手材料；同时，结合评价和引种，开展了一系列育种和基础性研究，在"中国千种新花卉计划"的研发上取得了一些阶段性成果，如成功引种鸢尾属（*Iris* spp.）及郁金香属（*Tulipa* spp.）等野生花卉资源并进行育种，利用新疆的疏花蔷薇（*Rosa laxa*）培育了一批耐寒庭院月季新品种，完成了单叶蔷薇（*R. persica*）全基因组测序工作等。

新疆植物种类虽不及西南资源丰富，但特点突出，且由于地域宽广，在时间和空间维度上开展调查多有困难，本书只是一个开端，适时将继续出版补充新疆的其他观赏植物资源。课题组在前期共调查到新疆野生观赏植物资源894种，通过综合评价，筛选出具有较好观赏和应用价值的植物资源计64科258属504种。在总论部分对其进行科学的评价和应用分类，各论部分则对这些观赏植物资源给予详细的说明，包括形态特征简要描述、分布、生境及适应性、观赏及应用价值、观赏形态图等等，全书彩色图片1478幅。本书各论所有体例均按照本丛书《中国观赏植物种质资源·西藏卷①》体例编排，力求科学合理、协调一致。对于本书植物鉴定及排列原则亦同《西藏卷①》，并结合《中国植物志》《新疆植物志》进行综合整理。

本书的完成历时较长，调查主要分为2008—2012年、2016—2019年两个阶段，期间不断整理、补充、修订和完善，参与人员20余人，达100多人次，历经艰辛，在人、财、物上克服了重重困难，集众人智慧，终得以成书。在资源调查的过程中，得到了新疆农业大学、新疆应用职业技术学院、新疆乌苏林场（新疆维吾尔自治区天山东部国有林管理局乌苏分局）、阿勒泰山自然林管理局野生动植物保护处、富蕴县职业技术学校、奥依塔克林场、托木尔国家级自然保护区、伊宁市园林绿化局、乌鲁木齐市动物园、北京市辐射中心等单位同仁的支持和帮助，在此表示衷心的感谢！特别是新疆应用职业技术学院的师生们多次参与野外调研，协调交通与向导，并与北京林业大学在奎屯共建了新疆野生花卉资源种质资源圃、蔷薇属种质创新与资源圃，为推进新疆野生观赏植物种质资源的保护与利用奠定了基础。

本书编写虽多次补充修改，但仍感水平有限，书中难免有疏漏、不足之处，还望广大读者不吝批评指正，以便再版丛书能有所完善和提高。

在对新疆长期的调查和研究中，新疆的自然与风土给团队成员留下了深刻的印象：高山、草原、冰峰、大漠、溪流、湖泊、草甸、森林，可谓山川瑰丽，地大物博。调查期间我们也见证了穿越天山沟壑、飞架崇山峻岭的果子沟大桥从修建到通车的过程，感叹近十年新疆发展的迅速，全世界也更加了解新疆、关注新疆。当然，新疆的建设与生态保护之间也存在一些矛盾，如基础设施的修建容易忽略对野生动植物群落的影响，曾经成片野生的新疆芍药（*Paeonia sinjiangensis*）、伊犁郁金香（*Tulipa iliensis*）、新疆百合（*Lilium martagon* var. *pilosiusculum*）、单叶蔷薇等生境受到威胁。在生物技术高度发展的今天，种质资源已经成为重要的战略资源，也是衡量综合国力的指标之一，关系到国家主权和安全。因此，课题组也借此书再次呼吁：守住资源才能产生可持续的财富，只有在科学评价和保护的前提下，才能对野生植物资源进行有效、有序、合理的开发利用，让我们共同保护和利用好新疆这一块珍贵的生物多样性净土！

编者

2021年8月

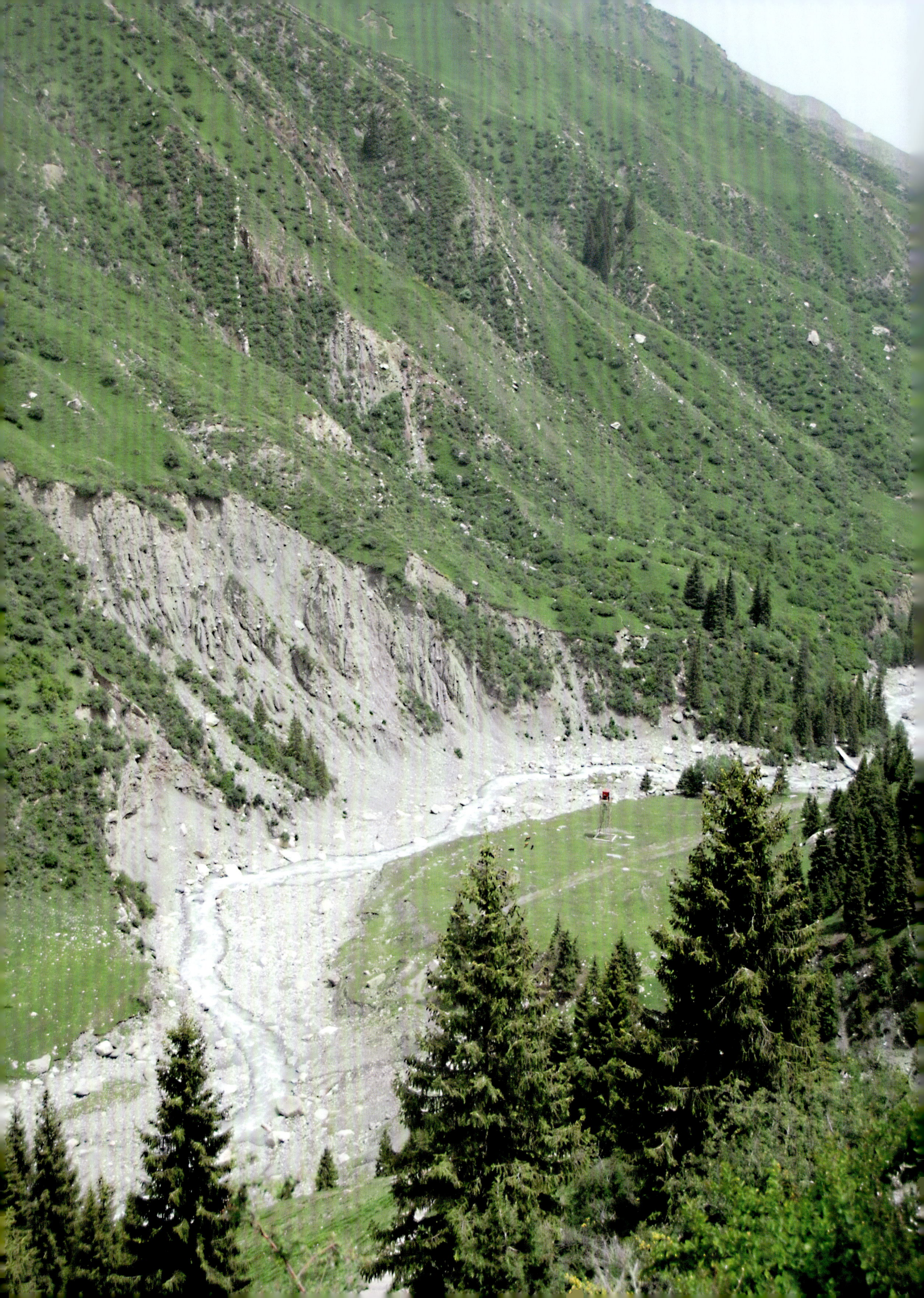

Contents / 目录

"中国观赏植物种质资源"前言
"新疆卷①"前言

总论

第一章　新疆自然地理环境
1　地貌与水文 / 2
2　气候资源 / 31
3　土壤资源 / 33

第二章　新疆植被
1　新疆植被概况 / 35
2　新疆主要植物分布区资源现状 / 67
3　珍稀濒危植物 / 69

第三章　新疆观赏植物资源
1　新疆观赏植物资源调查、利用及应用概况 / 73
2　新疆野生观赏植物资源调查与评价 / 76

各论

冷蕨科 CYSTOPTERIDACEAE	126
铁角蕨科 ASPLENIACEAE	126
岩蕨科 WOODSIACEAE	127
松科 PINACEAE	128
柏科 CUPRESSACEAE	131
麻黄科 EPHEDRACEAE	134
睡莲科 NYMPHAEACEAE	136
毛茛科 RANUNCULACEAE	137
小檗科 BERBERIDACEAE	159
罂粟科 PAPAVERACEAE	163
桑科 MORACEAE	169
桦木科 BETULACEAE	170
藜科 CHENOPODIACEAE	172

Contents / 目录

石竹科 CARYOPHYLLACEAE	177
蓼科 POLYGONACEAE	184
白花丹科 PLUMBAGINACEAE	192
芍药科 PAEONIACEAE	197
锦葵科 MALVACEAE	200
藤黄科 CLUSIACEAE	201
堇菜科 VIOLACEAE	201
柽柳科 TAMARICACEAE	203
杨柳科 SALICACEAE	206
白花菜科 CLEOMACEAE	208
十字花科 BRASSICACEAE	209
杜鹃花科 ERICACEAE	220
鹿蹄草科 PYROLACEAE	221
报春花科 PRIMULACEAE	222
景天科 CRASSULACEAE	228
虎耳草科 SAXIFRAGACEAE	233
蔷薇科 ROSACEAE	238
豆科 LEGUMINOSAE	273
胡颓子科 ELAEAGNACEAE	298
瑞香科 THYMELAEACEAE	299
柳叶菜科 ONAGRACEAE	299
卫矛科 CELASTRACEAE	300
大戟科 EUPHORBIACEAE	301
亚麻科 LINACEAE	301
远志科 POLYGALACEAE	302
芸香科 RUTACEAE	303
蒺藜科 ZYGOPHYLLACEAE	303
牻牛儿苗科 GERANIACEAE	306
凤仙花科 BALSAMINACEAE	309
伞形科 APIACEAE	309
龙胆科 GENTIANACEAE	314
夹竹桃科 APOCYNACEAE	321
萝藦科 ASCLEPIADACEAE	323
茄科 SOLANACEAE	323
旋花科 CONVOLVULACEAE	325
花荵科 POLEMONIACEAE	325
紫草科 BORAGINACEAE	326
唇形科 LAMIACEAE	332
车前科 PLANTAGINACEAE	353
玄参科 SCROPHULARIACEAE	353
列当科 OROBANCHACEAE	363
桔梗科 CAMPANULACEAE	364
茜草科 RUBIACEAE	367
忍冬科 CAPRIFOLIACEAE	368
败酱科 VALERIANACEAE	373
川续断科 DIPSACACEAE	375
菊科 COMPOSITAE	375
百合科 LILIACEAE	408
鸢尾科 IRIDACEAE	421
石蒜科 AMARYLLIDACEAE	425
兰科 ORCHIDACEAE	425

参考文献	/428
植物中文名拼音索引（各论）	/430
植物拉丁名索引（各论）	/435
后记	/439

GENERAL 总论

第一章

新疆自然地理环境

新疆维吾尔自治区，位于亚欧大陆腹地，地处73°40′E～96°23′E，34°25′N～48°10′N，幅员辽阔，总面积166.49万km^2，约占全国陆地总面积的1/6；国内与西藏、青海、甘肃3个省（自治区）相邻，周边与蒙古、俄罗斯、哈萨克斯坦、吉尔吉斯斯坦、塔吉克斯坦、阿富汗、巴基斯坦、印度8个国家接壤；陆地国界线5742.1km，约占全国陆地国界线的1/4，是中国面积最大、交界邻国最多、陆地国界线最长的省级行政区。

新疆恰好处于几个大的自然地理单元（包括阿尔泰山、天山、帕米尔高原、昆仑山、阿尔金山、藏北高原等）的接触地区。同时，在植物地理上也处于欧亚森林亚区、欧亚草原亚区、中亚荒漠亚区、亚洲中部荒漠亚区和中国喜马拉雅植物亚区的交汇，这就赋予新疆植物区系和植被以复杂性（新疆维吾尔自治区人民政府网，2019；中国科学院新疆综合考察队，1978）。

1 地貌与水文

新疆四周大部分为高山、高原所环绕，地表结构的基本轮廓是高山、高原与盆地相间，可以总体概括为"三山夹两盆"——北部阿尔泰山系，南部为昆仑山系；天山横亘于新疆中部，把新疆分为南北两半，习惯上称天山以南为南疆，天山以北为北疆。南部是塔里木盆地，北部是准噶尔盆地。整个地势，无论山地或盆地，均是由北向南逐层抬高。

利用GIS软件分析，可得出结论：全疆地形以较低海拔面积居多，500～1500m的面积占53.14%，1000～1500m的面积占30.33%，6000m及以上的仅占0.25%；大多地形坡度较平缓，0°～3°的面积占67.77%，60°及以上的仅占0.02%。山区地形起伏较大，平原区反之，0～50m/km^2的面积占63.83%，1000～2000m/km^2的仅占0.11%，这表明新疆的大多数地形较平坦。

河流与湖泊纵横分布于三山两盆

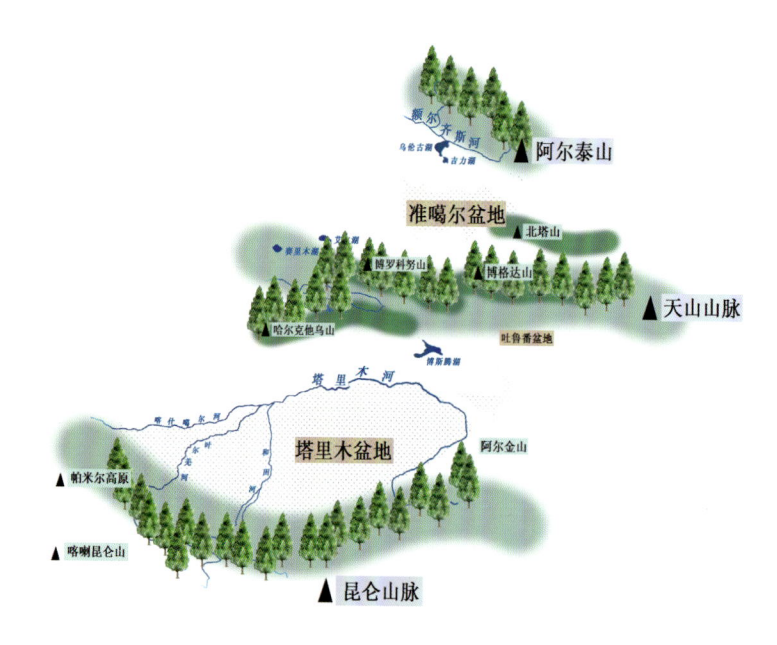

新疆的自然地理环境

之中，片片绿洲缀于其间。新疆虽属典型内陆干旱区，但由于有高大的天山、阿尔泰山、昆仑山等拦截高空的水汽，山区降水较多，再加上号称"固体水库"的众多高山冰川调节，形成了全疆大小河流570多条和博斯腾湖、乌伦古湖、艾比湖等100多个大小湖泊。冰川储量2.13万亿m^3，占全国的42.7%。水资源总量832亿m^3，居全国前列，但水资源分布极不均衡。

新疆水文情况具有明显的干旱环境特点，河流除额尔齐斯河和奇普恰普河属外流河外，其余均属内流河。湖泊则以咸水湖居多，淡水湖较少。虽然境内的河流数量多，但流程短，流量小，多无航运之利。多数河流可分为径流形成区和径流散失区，其分界点在山口。地表径流几乎全来自山区，地区分布西部多于东部，北疆多于南疆；主要河流有塔里木河、伊犁河、额尔齐斯河等；主要湖泊有博斯腾湖、喀纳斯湖、赛里木湖、艾比湖、艾丁湖等（张妙弟，2016；杨发相，2011；邓铭江等，2005）。

1.1 山脉

新疆地形轮廓明显，境内高山环绕，山地与盆地相间，主要山脉：北面及东北面分别为阿尔泰山和北塔山，南面和西南面有帕米尔高原、喀喇昆仑山、昆仑山和阿尔金山，中部有天山横贯，高峰终年积雪，多冰川。新疆地形海拔高差大，如最高点喀喇昆仑山乔戈里峰海拔达8611m，而最低点吐鲁番盆地艾丁湖则低于海平面154.31m，与相邻的博格达峰（海拔5445m）高差达5599m。主要山峰（表1-1）的平均海拔为6470m。

由山脊至盆底，一般呈同心环状依次分布着高山冰雪、高山荒漠、亚高山草原、森林草原、低山草原、荒漠半荒漠草原、戈壁砾漠、绿洲、沙漠和荒漠。构造运动使山地强烈上升，形成高耸的山脉与深陷的盆地。阿尔泰山平均海拔2500~3500m，最高峰友谊峰4374m；天山平均海拔4000~5000m，最高峰托木尔峰7349m；昆仑山平均海拔4500~5000m，最高的喀喇昆仑山峰乔戈里峰海拔达8611m（张妙弟，2016；杨发相，2011）。

表1-1　新疆主要山峰（杨发相，2011）

山名	山峰名	海拔（m）	位置
阿尔泰山	友谊峰	4374	布尔津河河源
天山	托木尔峰	7435	阿克苏河上游
	汗腾格里峰	6995	托木尔峰北部
	博格达峰	5445	阜康四工河河源
	托木尔提峰	4886	哈尔里克山
昆仑山	公格尔峰	7719	帕米尔高原
	乔戈里峰	8611	喀喇昆仑山
	慕士塔格峰	7546	昆仑山中段
	木孜塔格峰	7723	昆仑山东段
	阿卡腾能山	4642	阿尔金山西段
	阿尔金山	5798	阿尔金山东段

1.1.1 阿尔泰山山脉

阿尔泰山山脉是亚洲宏伟山系之一，位于中国新疆维吾尔自治区北部和内蒙古西部，西北部在哈萨克斯坦境内，在46°~50°N，85°~92°E之间。阿尔泰山横亘亚洲中部，斜跨俄罗斯、哈萨克斯坦、中国和蒙古各国。呈西北—东南走向，长2000km，南北宽250~350km，平均海拔1500~3500m。

中国境内的阿尔泰山属中段南坡，山体长达440km，南邻准噶尔盆地。自北而南、自西而东有卡宾山、萨尔喀米尔山、铁米尔巴汗山、孔盖提山、萨依库木山、北塔山及诺敏戈壁等。山体海拔一般在2500~3500m，西部布尔津河源友谊峰海拔最高，为4374m，往东到青格里河源山地高度下降到3000m以下，个别只有2200m。3500m以上山峰有9座。

阿尔泰山山体浑圆，地貌垂直分带明显，由高而低有现代冰雪作用带，海拔3200m以上，以友谊峰和奎屯峰为中心，发育了山谷冰川、冰斗冰川、悬冰川。此外，阿克库里湖周围，阿克土尔滚与阿库里滚河上源也有现代冰川（中国科学院地理科学与资源研究所，2007）。

阿尔泰山是典型的温带大陆性寒冷气候，其气候特点是夏季干热，冬季严寒，降水量少，蒸发量大，昼夜温差大，光照充足，全年多季风。年均气温0.7~4.9℃，极端最低温度-47.7℃，极端最高温度42.2℃，年平均降水量139.3~268.4mm，蒸发量1397.8~2140.4mm。低山年降水量200~300mm，高山可达600mm以上；降雪多于降雨，中高山积雪长达6~8个月，低山仅5~6个月。

1.1.2 准噶尔西部山地

准噶尔盆地西部山地阶梯地形明显，夷平面比较完整，断块山地与断陷盆地相间。北部为吉木乃地堑洼地；中部为塔尔巴哈台山、萨吾尔山；南部为和布克赛尔断陷盆地。

准噶尔西部山地分为南北两个部分。北部山地作东西向延伸，自北而南为萨吾尔山（3500~2000m）、塔尔巴哈台山—谢米斯台山（2600~2000m）。南部山地走向受北东—南西向褶皱与断裂控制。山体由西向东逐级下降，呈层状地貌特点。由西向东有巴尔鲁克山、乌日可下亦山、扎伊尔山—玛依力山、成吉思汗山等。山地由西部的3000m向东降至2000m，断块山地东侧外围是宽广的洪积扇平原。山地内由于北东与北西向两组断裂切割，形成菱块状山地和盆地，如托里谷地和塔城盆地（杨发相，2011）。

1.1.3 天山山脉

天山山脉是亚洲内陆中部的著名山系，世界干旱区域的多雨山地之一。山地耸立于准噶尔与塔里木盆地之间，海拔多在4000m以上。位于西段的托木尔峰是天山山脉的最高峰，海拔7435m；东段的高峰是博格达峰，海拔5445m。

天山山地现代地貌过程从山顶到山麓，依次为：常年积雪和现代冰川作用带。位于海拔3800~4200m以上的冰雪覆盖的极高山带。据统计，天山拥有现代冰川近7000条，面积达1万km²。霜冻作用带。位于海拔2600~2700m以上的山区，堆积了大量古代冰川沉积物，并保留了多种冰川侵蚀地形——古冰斗、冰槽谷、冰坎等。负温期长达半年，仅于盛夏解冻。流水侵蚀、堆积带。位于海拔1500~2700m(或2800m)，河网密布，河谷阶地发育。干旱剥蚀低山带。位于海拔1300~1500m以下，年降水量200~400mm，南坡位于海拔1700m以下，年降水量100~150mm，外营力以干燥剥蚀作用为主，南坡尤盛（中国科学院地理科学与资源研究所，2007）。

中天山属大陆性中温带干旱气候，但由于它北、南、东三面高山环列，阻挡了北来北冰洋和蒙古—西伯利亚的干冷气候的侵袭，使平原的全年积温小于10000℃。最冷月的多年平均气温为-10℃左右。夏季，来自于准噶尔盆地和南部塔克拉玛干沙漠的干热气流的影响又大为减弱。所以形成了温和较湿润的气候，以及本区独特的地形地貌以致形成丰富的地形雨，地形上的差异和相应的降水空间分布，为植物的生长提供了适宜的气候条件。

1.1.4 帕米尔高原

"帕米尔"系塔吉克语，"世界屋脊"之意。帕米尔高原是几条巨大山带的山结，天山、昆仑山、喀喇昆仑山和兴都库什山都交汇于此，这里也是古"丝绸之路"西去中亚的重要通道。高原海拔4000~7700m，拥有多座高峰。中国境内的公格尔峰为7649m，慕士塔格峰7509m。山峰终年积雪，冰川广布，西北角的菲德钦科冰川，长达71.2km，是世界上最长的高山冰川之一。山地冰川使一些荒漠河流得到水源。塔吉克斯坦境内的喀拉湖位于帕米尔北部，湖面海拔3954m，是世界海拔最高的内陆咸水湖之一（张妙弟，2016）。

1.1.5 喀喇昆仑山—昆仑山

喀喇昆仑山—昆仑山为欧亚大陆腹地的巨大山脉。昆仑山自帕米尔高原东南边缘向东南而后向东呈牛轭状延伸约2500km，主脊山峰一般都超过海拔6000m，与塔里木盆地的相对高差达4000余米。喀喇昆仑山位于西昆仑山与西北喜马拉雅山之间，平均海拔超过6000m，有世界著名的第二高峰乔戈里峰（8611m），79°E以西山脉呈现西北—东南走向，为我国与克什米尔地区的界山，以东地段被若干断陷盆地所隔断，呈东西方向，断续延伸于平均海拔4500~5000m的羌塘高原西北部。根据综合自然地理特点，该区初步可以划分为昆仑北翼山地荒漠地带、喀喇昆仑—昆仑南翼高山荒漠半荒漠地带。前者包括帕米尔东缘高山宽谷、西昆仑西段北翼山地、西昆仑东段北翼山地、中昆仑西段北翼山地和中昆仑库木库勒盆地5个地段，后者包括喀喇昆仑北翼高山、西昆仑东段南翼高原湖盆和中昆仑南翼高原3个地段（郭柯 等，1997）。

尽管喀喇昆仑山—昆仑山山体宏大，但终因远离海洋，极端大陆性气候特点非常突出，干旱少雨，夏暖冬寒。昆仑山北翼，山麓年平均温度约10℃，1月均温-5~-7℃，7月均温约25℃，年较差超过30℃。山地温度随海拔高度增加而递减，海拔每上升100m，气温夏季约下降0.7℃，冬季约下降0.2℃。年平均降水由东到西递增，山麓16~70mm，其中，80%以上降水发生在春、夏季。山地降水总趋势是随海拔升高而增加，但因来自东西不同方向的气流在不同地段的辐合频率不同、地势结构的差异等原因，山地降水常有较大的变化。昆仑南翼及喀喇昆仑高山，除个别河谷和湖盆外，绝大部分地区在海拔4000m以上，1月均温一般在-15℃以下，7月均温在5℃以下，年较差约20℃。与昆仑北翼相反，年平均降水量由东到西递减，240（280）~100mm。东部高原为荒漠草原景观，西部为高山荒漠（郭柯 等，1997）。

天山

新疆卷 ①

天山

天山

天山

第一章　新疆自然地理环境

帕米尔高原雪山

帕米尔高原雪山

帕米尔高原（喀喇昆仑山）

帕米尔高原（慕士塔格峰）

阿图什红山雅丹地貌 　　　　　　阿尔泰五彩滩丹霞地貌

阿图什红山雅丹地貌

乌尔禾风蚀地貌

喀喇昆仑山高山荒漠

帕米尔高原的水蚀地貌

天山高山荒漠

南疆戈壁荒漠

喀拉峻森林草原

巴尔鲁克山草原

塔什库尔干水草湿地

塔什库尔干水草湿地

1.2 盆地

新疆独特的地形特征，造就了新疆的"两盆"。准噶尔盆地位于天山与阿尔泰山之间，属半封闭性内陆盆地，面积38万km²，其中沙漠约占30%，海拔在300~500m。塔里木盆地位于天山与昆仑山系之间，属全封闭性内陆盆地，海拔800~1000m，塔克拉玛干沙漠位于盆地中央，面积达33.76万km²，是中国最大的沙漠，也是世界上著名的大沙漠之一。除两大盆地外，在阿尔泰山、准噶尔盆地、天山和昆仑山内部，还可见吐尔洪、尤尔都斯盆地等30多个山间盆地，其海拔、面积大小各异（杨发相，2011）。

1.2.1 准噶尔盆地

准噶尔盆地位于阿尔泰山与天山之间，西侧为准噶尔西部山地，东至北塔山麓。南北宽450km，东西长700km，面积逾30万km²，沙漠占30%。

准噶尔盆地内地貌，平原可分为两区。北起阿尔泰山南麓，南抵沙漠北缘的北部平原，风蚀作用明显，有大片风蚀洼地。南部平原南起天山北麓，北至沙漠北缘，可分两带，北带为沙漠，南带为天山北麓山前平原，是主要农业区。古尔班通古特沙漠是中国第二大沙漠，固定和半固定沙丘占大部分，流动沙丘仅占3%。沙漠区年降水量约100mm，冬季有稳定积雪，在固定沙丘上植被覆盖度40%~50%，在半固定沙丘上约20%。丘间洼地生长牧草，夏季缺水，曾作冬季牧场，现已定点打井，夏季亦可放牧（中国科学院地理科学与资源研究所，2007）。准噶尔盆地属中温带气候。太阳年总辐射量约565kJ/cm²；年日照时数北部约3000小时，南部约2850小时。盆地北部、西部年均温3~5℃，南部5~7.5℃。盆地东部为寒潮通道，冬季为中国同纬度最冷之地，富蕴1月均温为-28.7℃。无霜期除东北部为100~135天外，大多达150~170天。年均温日较差12~14℃（中国科学院地理科学与资源研究所，2007）。

准噶尔地区属于温带干旱地区，位于内陆，远离海洋，高山环绕，气候干燥，属温带荒漠（潘晓玲 等，1996）。生长季的热量可满足植物正常生长发育的需要。降水较少且自盆地边缘向中心递减。盆地边缘处降水约200mm，中部100~150mm。

1.2.2 塔里木盆地

塔里木盆地是国内面积最大的内陆盆地。位于天山、昆仑山和阿尔金山之间，东西最长约1500km，南北最宽约600km，总面积约53万km²，海拔在800~1300km，东部罗布泊地区的最低海拔为780m。盆地内最大的河流为塔里木河，塔里木河发源于天山山脉，流域面积约为19.8万km²。塔里木河流域以南的广大区域为塔克拉玛干沙漠，整个沙漠东西长约1000km，南北宽约400km，面积达33km²。沙漠内有和田河和车尔河两条河流。塔里木盆地周围的山麓是带有倾斜特征的砾石平原，其宽度在30~100km。单调一致的平坦性与倾斜性是塔里木盆地的基本地貌特征。塔里木盆地的地形特征是，中间为一个微凸起的沙漠平原，四周为高山，只有东部有一个70km宽的开阔地形构成的缺口。盆地的基底层为远古的结晶层，向上依次为古生层和沉积盖层。

由于塔里木盆地四周都是高山，且远离海洋，因此，很难进入潮湿气流，盆地内的气候极为干燥。据当地气象部门记录，盆地内大部分区域的年降水量低于50mm，且自西向东、自边缘向中心递减。盆地内空气湿度常年低于10%，甚至有几个地方出现过0的记录。盆地内有大量的积温，年积温量在4000~4400℃，常年干旱酷热，阴雨天气极少，平均年日照时长在3000小时以上，日照率在70%左右。盆地内风沙天气较多，主要以西北风为主。由于特殊的地形地貌和气候条件，因此，盆地内气候的基本特征表现为光热资源丰富，温度变化剧烈，雨水天气少，风沙天气多（周禧琳 等，2016）。

1.3 河流

以流出山口处的河流条数进行统计，全疆共有大小河流570条（未计发源于前山带的洪沟），其中北疆387条，南疆183条。在570条河流中，大部分是流程短、水量小的河流，年径流量在1亿m³以下的河流就有487条，占河流总条数的85.4%，其年径流量仅有82.9亿m³，占年总径流量的9.4%；年径流量大于10亿m³以上的河流共18条，占河流总条数的3.2%，但径流量却达525.73亿m³，占年总径流量的59.8%。见表1-2。

另外，还有33条国际河流，其中流出国境的河流有12条，从国外流入我国的河流有15条，界河有6条。

主要河流有额尔齐斯河，发源于阿尔泰山南坡，是中国属北冰洋水系的唯一河流；塔里木河是中国干旱地区中最长的内流河，穿流于塔里木盆地北缘；伊犁河穿行于伊犁河谷，是新疆境内水量最大的内流河（邓铭江 等，2005）。

1.3.1 额尔齐斯河

额尔齐斯河发源于阿尔泰山南坡，是全国唯一的北冰洋水系。由哈巴河县流出国境，最后注入北冰洋的鄂毕湾。河流全长5200km，新疆境内长584km，落差2329m，上游最大比降25‰，下游最小比降0.07‰，平均比降3.9‰。额尔齐斯河上游有两源，即库依尔特斯河和卡依尔特斯河，以卡依尔特斯河为主源，与可可托海汇合始称额尔齐斯河。主要支流有喀拉额尔齐斯河、克兰河、布尔津河、哈巴河、别列孜河、阿拉哈别克河。中国境内流域面积为43633km²，多年平均径流量114.67亿m³（含国外来水19亿m³），出国水量95.3亿m³。额尔齐斯河流经阿勒泰地区6个县（市），1985年灌溉面积230万亩，占全地区灌溉面积78%以上（新疆维吾尔自治区地情网，2016）。

1.3.2 塔里木河

塔里木河是中国最长的内陆河，全长2179km它仅次于伏尔加河（3530km）、锡尔—纳伦河(2991km)、阿姆—喷赤—瓦赫什河(2600km)和乌拉尔河(2428km)，为世界第五大内陆河。塔里木河有3条主要的支流，主源为发源于喀喇昆仑山的叶尔羌河，由塔里木盆地的西南缘转向东行，在阿拉尔以上48km处附近，接纳了北下的阿克苏河和南上的和田河后，始称塔里木河。在维吾尔语里，意为"无缰之马"和"田地、种田"。它自西向东蜿蜒于塔里木盆地北部，流域面积19.8万km²，塔河河水最早曾注入罗布泊，后由于河流水量减少，河道摆动而改道。1972年以前尾水可达若羌县城北的台特马湖，现在终点为铁干里克的大西海子水库。号称"无缰之马"的塔里木河流淌在塔克拉玛干沙漠的北缘，河道含沙量大，冲淤变化频繁，河流经常改道，在中游地区造成南北宽达百千米左右的冲积平原，河道曲折，岔流众多，芦苇水草丛生。塔河两岸胡杨林浓荫蔽日，形成天然绿色长廊，是新疆重要的棉、粮、蚕桑和瓜果的生产基地，号称"塞外鱼米之乡"。如今也成了中国最重要的棉花生产基地。

1.3.3 伊犁河

伊犁河发源于新疆天山西部北坡诸山脉，主要支流有特克斯河、巩乃斯河、哈什河，为新疆第一大河。特克斯河发源于俄罗斯，流经我国伊犁地区，最后注入巴尔喀什湖，是世界上较大的内陆河水系之一。河道全长约1500km，新疆境内长410km（含特克斯河），流域面积5.59万km²，多年平均径流量181.3亿m³，其中入境水量9.57亿m³，年流出国境水量117亿m³，多年平均流量470m³/s。干流（含特克斯河）天然落差1286m，干流在中国境内由雅马渡至国界长205km，水流较为平缓，平均坡降1.2‰。伊犁河自然条件优越，是新疆农、牧业生产基地，1985年全流域有效灌溉面积507万亩（新疆维吾尔自治区地情网，2016）。

表1-2 新疆平均年径流总量10亿m³以上河流统计表（邓铭江 等，2005）

序号	河流名称	集水面积 (km²)	长度 (km)	河道平均坡降 (‰)	多年平均年径流量 (亿m³)
1	库额尔齐斯河	5130	97	12.8	
2	喀拉额尔齐斯河	5380	194.6	10.4	
3	布尔津河	8422	206	14	
4	哈巴河	6111	165	14	
5	乌伦古河	18375	382	6.4	10.55
6	玛纳斯河	5156	190	18.7	13.18
7	特克斯河	27402	388	14.2	
8	巩乃斯河	4123	170	15.4	
9	喀什河	8656	292	12.1	
10	开都河	19022	530	4.45	34.2
11	木扎提河	2845	242	6.76	14.57
12	昆马力克河	12816	230	2.18	48.16
13	盖孜河	9753	151	18	11.3
14	克孜河	13700	213	14	20.95
15	托什干河	19166	305	3.73	27.68
16	叶尔羌河	50248	1078	3.06	65.45
17	玉龙喀什河	14575	326	54	22.14
18	喀拉喀什河	19983	509	50	21.47

伊犁河

喀纳斯-布尔津河

禾木河

中哈边境哈巴河

富蕴额尔齐斯大峡谷

富蕴额尔齐斯大峡谷

喀喇昆仑山-叶尔羌河

喀喇昆仑山-叶尔羌河

喀喇昆仑山—叶尔羌河

1.4 湖泊

据统计，水面面积大于1km²的湖泊有139个，总湖面面积为5504.5km²（不包括已干涸的罗布泊和台特玛湖），占全国湖泊总面积75610km²的7.3%，仅次于西藏（24183km²）、青海（12335km²）和江苏（6278km²）的湖泊总面积。湖泊面积在15km²以上的主要湖泊有14个，总面积为4319.6km²。主要湖泊以罗布泊为较大，现已干涸。博斯腾湖是中国最大的内陆淡水湖，艾丁湖则为中国海拔最低的湖泊。此外，还有乌伦古湖、艾比湖、赛里木湖、巴里坤湖等及著名的天池。新疆主要湖泊情况见表1-3（杨发相，2011）。

1.4.1 博斯腾湖

新疆境内的博斯腾湖是新疆也是中国最大的内陆淡水湖，位于焉耆盆地东南部，湖面海拔1048m，湖水水面面积980.4km²，它是开都河的尾闾，又是孔雀河的河源，成为一座天然的大型调节水库。博斯腾湖水域辽阔、烟波浩森，是新疆最大的渔业基地，年产鱼1000多吨，博斯腾湖又是中国四大芦苇生产基地之一，芦苇最高可达10m，竹秆般粗细，是造纸、纺织的优质原料，也是南疆一个重要的新兴水上游乐旅游区，被誉为新疆的"夏威夷"。

1.4.2 艾丁湖

中国最低的地方——艾丁湖，海拔-155m，是仅次于约旦死海（-391m）的世界第二低地。艾丁湖是一个内陆咸水湖，位于吐鲁番市南50km处的恰特卡勒乡境内，觉洛塔格山北麓。艾丁湖蕴藏着丰富的盐和芒硝，储量在3亿吨以上。

1.4.3 赛里木湖

赛里木湖是新疆海拔最高、面积最大的高山湖泊，位于博乐市境内西南部，天山西段的高山盆地中。湖面周长90km，呈椭圆形，最深处92m，湖域面积458km²，海拔2073m，蓄水总量210亿m³。赛里木湖蒙语称"赛里木卓尔"，意为"山脊梁上的湖"，水面坦荡、清澈，四周群山巍峨，植被茂密。

表1-3　新疆主要湖泊情况统计表（邓铭江 等，2005）

序号	湖泊名称	湖泊类型	所在流域	面积（km²）	库容（万m³）	备注
1	艾比湖	咸水盐湖	艾比湖水系	522	94000	
2	博斯腾湖	淡水湖	开孔河流域	972	727000	
3	乌伦古湖	淡水湖	乌伦古河流域	894.8	735000	平原淡水
4	阿雅格库木库勒湖	咸水湖	羌塘高原区	570	550000	
5	玛纳斯湖	盐湖	艾比湖水系	0		已干涸
6	赛里木湖	咸水湖	艾比湖水系	454	2100000	死湖
7	阿次克湖	咸水湖	羌塘高原区	345	340000	又名阿其格库里
8	波特港湖	淡水湖	乌伦古河水系	160	128000	又名吉力湖
9	巴里坤湖	咸水湖	巴伊盆地	88		平原死湖
10	艾丁湖	盐湖	吐鲁番盆地	23		平原咸盐湖
11	天池	淡水湖	天山北坡中段	2.6		深水湖

赛里木湖和天山

赛里木湖和天山

喀纳斯湖

喀纳斯湖

可可苏里湖

可可苏里湖

白沙湖

白沙湖

1.5 冰川

据统计，新疆高山流域产流占地表径流的80%以上，其中冰雪融水径流在总径流中的比例达45%以上。第二次中国冰川编目数据显示，新疆发育有20695条冰川，面积约为2.26万km^2，冰储量占全国的47.97%，境内除克拉玛依市无冰川分布外，其他13个市（地区、自治州）均有冰川分布。作为世界上唯一环绕沙漠分布着大量山岳冰川的地区，新疆冰川数量占全国的42.61%，面积占全国的43.70%，冰储量占全国的47.97%，是其境内主要的淡水补给来源和气候变化指示器。据第二次中国冰川编目数据，昆仑山系分布有冰川8922条，面积达11524.13 km^2，冰储量占全国的24.62%，其冰川数目、面积、冰储量均处于各大山系首位；天山山系分布有冰川7934条，面积达7179.77 km^2，冰储量占全国的15.75%；阿尔泰山系分布有冰川273条，面积达178.79 km^2，冰储量占全国的0.23%；喀喇昆仑山系分布有冰川5316条，面积达5988.67km^2，冰储量占全国的13.19%。阿尔泰山主峰友谊峰与其北侧的奎屯峰构成一个冰川作用中心，是现代冰川的分布中心；昆仑山是中国西部分布冰川数量最多、面积和储量同样最大的山系；喀喇昆仑山主峰乔戈里峰北侧发育有中国最长的冰川——音苏盖提冰川（徐丽萍 等，2020）。

1.5.1 一号冰川

乌鲁木齐天山一号冰川（1号冰川）位于新疆维吾尔自治区乌鲁木齐县境内，乌鲁木齐市西南处约120km处，位于乌鲁木齐河源区腾格尔山北坡。1959年，中国科学院寒区旱区工程研究所在乌鲁木齐河源处建了中国科学院天山冰川观测研究站，一号冰川在国际冰川研究中有了重要地位。一号冰川海拔为4486m，周围分布着76条现代小冰。一号冰川周边分布的气象站分别是达坂城、巴音布鲁克、巴里坤、奇台、哈密、伊吾和大西沟（加娜尔古丽·木拉提肯 等，2020）。

1.5.2 托木尔冰川

托木尔峰海拔7443.8m，为天山最高峰。"托木尔峰"维吾尔语意为"铁山"，位于天山西部温宿县境内，是天山山脉的主峰，被列为国家综合自然保护区。托峰地区是我国最大的现代冰川作用区之一，共有冰川829条，其中发育在我国境内的509条，冰川总面积达2746km^2，比两个祁连山冰川面积还大1.3倍，冰雪储量3500亿m^3，是中国冰川之最，比祁连山和珠穆朗玛峰地区冰雪储量的总和还大得多。托峰地区的冰川为亚大陆性冰川，这里长达10km以上的冰川有20余条，最长的冰川是托木尔峰北部的汗腾格里冰川，是世界八大山谷冰川之一，号称天下第一冰川，长60.8km，横跨中国、吉尔吉斯斯坦两国；托木尔冰川长32km，是中国第一冰川；另外，还有著名的大冰川——木扎特冰川、喀拉古勒冰川、吐盖拜里齐冰川等。在山谷冰川中，有许多巨大的树枝状冰川，中国科学院将其命名为"托木尔山谷型冰川"，这类冰川占冰川总量的85%（中国新疆网，2014）。

奥依塔格冰川

奥依塔格冰川

卡拉库里湖畔（慕士塔格峰、公格尔峰、公格尔九别峰）

慕士塔格冰川

2 气候资源

新疆属于典型的温带大陆性干旱气候，它的主要特点是气温变化剧烈、年降水稀少而地理分布不均匀、蒸发量大、日照时间长。

新疆气温从时间上来看表现为气温年较差、日较差、年际变化大，无霜冻期年际变化明显，春温多变，秋温下降迅速。如谚语"早穿皮袄午穿纱，围着火炉吃西瓜"体现了气温昼夜温差较大的特点，一般是白昼气温升高快，夜里气温下降大。从空间层面来说温度北疆低而南疆高，山地低而平原高，平原内周围又比中心低。最突出的是吐鲁番，那里最热月(7月)，平均气温为40℃，极端最高气温曾达49.6℃，居全国之冠。

新疆水资源总量居全国前列，但水资源时空分布极不均衡，资源性和工程性缺水并存。广大平原区降水产流能力极弱，盆地中部存在大面积荒漠不产流区。降水量地区分布总的趋势是北疆多于南疆；西部多于东部；山地多于平原；迎风坡多于背风坡，盆地又由周围向中心减少。

气候干燥，蒸发强烈，蒸发能力总的分布趋势为北疆小，南疆大，西部小，东部大；山区小，平原大。新疆全年日照时间平均2600～3400小时，居全国第二位，为当地植物生长发育提供了充足的光照条件（中国科学院新疆综合考察队，1978）。

2.1 温度

新疆地域辽阔，跨越纬度较宽，中间又有天山对冷空气的阻隔，致使北疆与南疆分属于温带和暖温带。年平均气温，北疆平原低于10℃。最热月平均

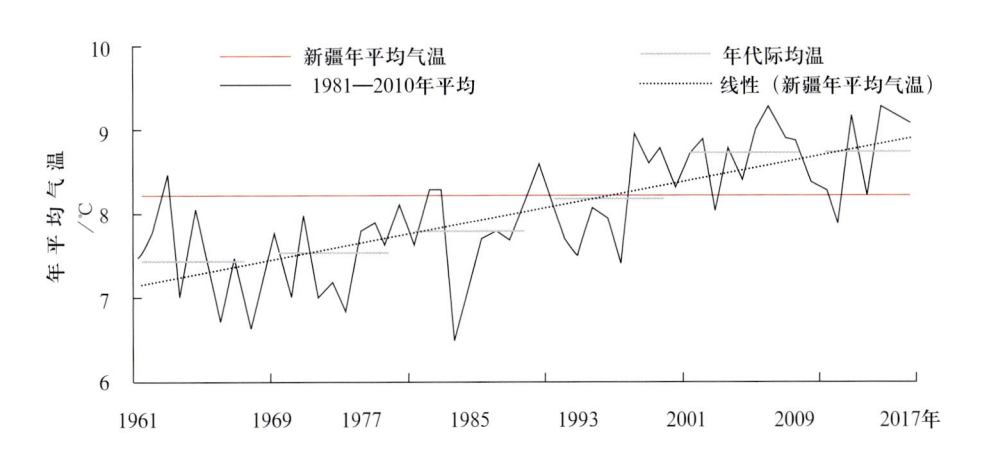

新疆区域1961—2017年气温变化趋势（吴秀兰 等，2020）

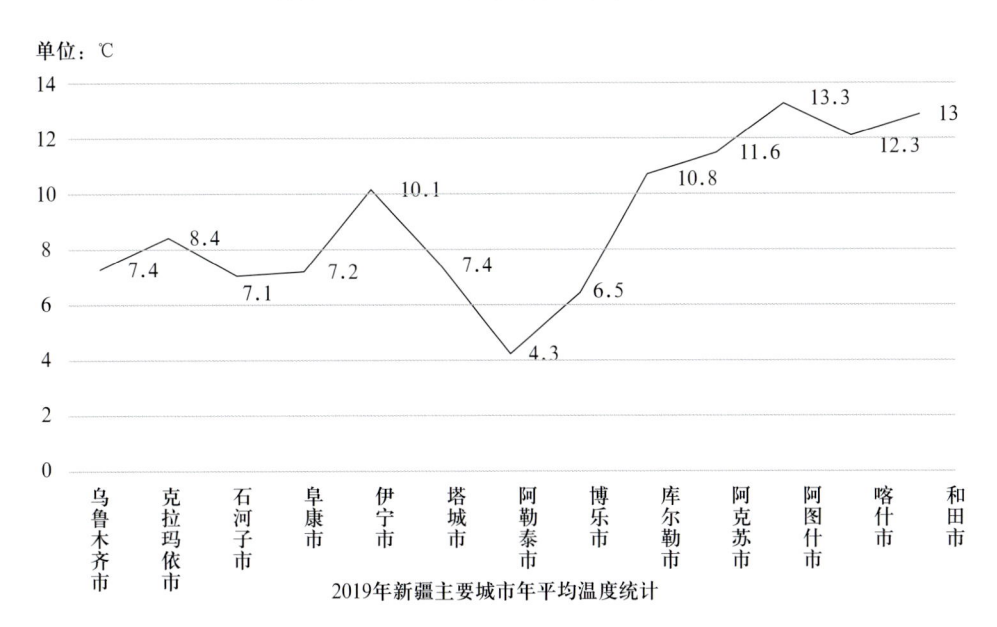

2019年新疆主要城市年平均温度统计

气温，北疆一般在20~25℃，南疆在25~27℃，吐鲁番达33℃。冬季气温低，极端最低气温，北疆为-35~-45℃，南疆多在-20~-30℃。新疆年平均气温分布，平原区年较差大于山区。天山北麓和南疆各地年较差为30~35℃，山地仅20~25℃。温度的极值较差则更大，分别为60~80℃和50~60℃。另外，全国最低温度记录-50.8℃（1957年富蕴可可托海），最高温度记录49.6℃（1975年吐鲁番机场）均出现在新疆境内。平均气温日较差北疆小于南疆，山区小于盆地，绿洲小于沙漠。北疆为12~14℃，南疆为14~16℃，山区只有10℃。在阿尔泰山、天山和昆仑山年均温0℃的高山地带，季节性冻土发育，坡地土层经冻融作用形成石条、石环。另外，山地夏季气温具有明显的垂直递减现象，海拔每上升1000m，温度降低6~8℃。冬季有逆温层现象，以天山北坡最为明显，海拔每上升1000m，气温增高3~5℃，逆温层最大厚度可达3000m，历时5个月。温度的日变化也非常剧烈，北疆年平均日较差大于11℃，最大超过22℃，南疆更大。因此，新疆平原地区的野生植物有显著的抗热性，而栽培植物则容易遭到灼伤（中国科学院新疆综合考察队，1978）。

自1987年以来，新疆气候和生态环境发生了重大变化。表现为气温出现跃变式升高且维持高温波动，降水量呈微弱的减少态势。1997年开始新疆出现明显增暖，年平均气温连续多年持续偏高；年际间波动明显。1961—2017年气温变化趋势如下图所示（吴秀兰 等，2020）。

2.2 降水

经统计，全疆多年平均年降水总量为2544亿m³，折合降水深154.8mm。按水资源三级区统计，伊犁河流域是降水量最丰沛的地区，平均年降水深为546.1mm，年降水量占全区降水总量的12.2%；塔克拉玛干沙漠区面平均年降水深仅为14.9mm，是年降水最少的地区。按照新疆2019年统计年鉴的最新数据，2019年新疆全区年平均降水量为168.5mm，北疆年平均降水量为238.1mm，南疆年平均降水量为95.8mm，东疆（吐鲁番及哈密地区）年平均降水量为37.0mm。（邓铭江，2005；新疆维吾尔自治区统计局，2020）。

近年来新疆区域年降水量呈增加趋势。1986年以前降水量以偏少为主，1987年以后降水量明显增加（吴秀兰 等，2020）；降水的地区分布是不均匀的，其分布趋势是北疆多于南疆；西部多于东部；山地多于平原；迎风坡多于背风坡，盆地又由周围向中心减少。

山地降水比较丰富，一般北疆山地降水400~600mm，阿尔泰山及天山是新疆的多雨中心。降水量随海拔的升高而递增，同时也从北向南，从西向东逐渐减少。阿尔泰山海拔3000m以上地区达600~800mm，伊犁谷地迎风坡可达1000mm，天山南坡200~400mm。至于昆仑山脉虽然地势非常高峻，但降水稀少，且从西向东减少，在这里荒漠植被能上升到高山带。昆仑山北坡200~300mm，在西部有些迎风坡可达500mm。伊犁谷地、准噶尔盆地西缘一般为250~300mm，盆地其他边缘50~70mm，盆地中心不到20mm。吐鲁番盆地的托克逊，多年平均只有4mm，是新疆降水量最低记录（中国科学院新疆综合考察队，1978）。

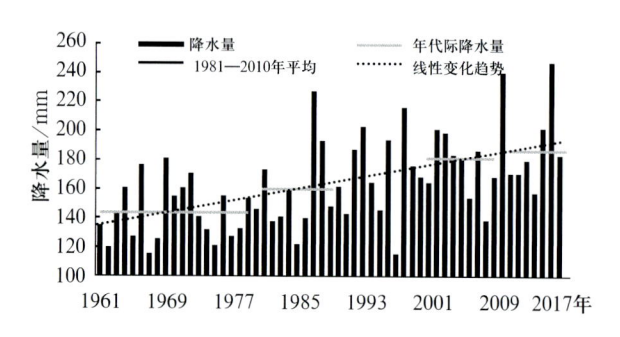

新疆区域1961—2017年降水量变化（吴秀兰 等，2020）

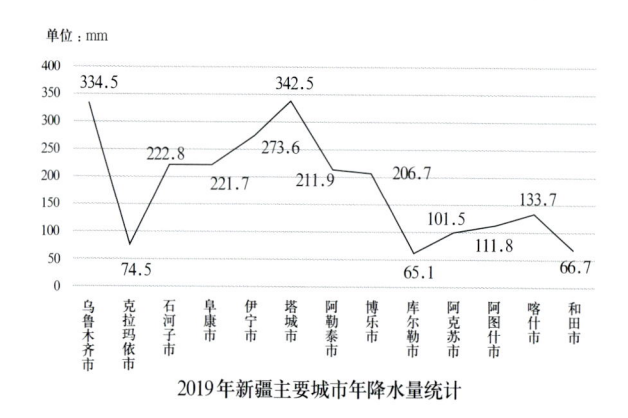

2019年新疆主要城市年降水量统计

2.3 蒸发

新疆气候干燥，蒸发强烈，蒸发能力总的分布趋势为北疆小，南疆大；西部小，东部大；山区小，平原大。一般山区蒸发量为800～1200mm，平原盆地1600～2200mm（E601型蒸发器）。山前倾斜平原干旱指数一般为3～7，属干旱和半干旱区，盆地中心的广大沙漠地区干旱指数在10～82.5，属极干旱和极端干旱区。

仅以生长季节的蒸发量来看，北疆小于南疆，西部小于东部，山区小于平原，与降水分布恰好相反。准噶尔盆地1000～1200mm，塔里木盆地1200～1400mm，吐鲁番1400mm，托克逊、三塘湖、淖毛湖等地达1700mm。

在塔里木盆地、准噶尔盆地和吐鲁番—哈密盆地的平原区，强烈的蒸发作用使土壤盐碱物质大量集聚于地表形成盐碱地。在洼地洪水汇集地方经蒸发作用形成龟裂地（邓铭江 等，2005）。

2.4 日照

根据张立波等人的研究，新疆年、季、月日照时数空间分布均呈东多西少的分布形式，夏季最多，其次为春、秋与冬季。新疆年及四季太阳总辐射均呈减少趋势，以冬季减少最明显，春季最弱。1961—2010年近50年平均年日照时数为2872.4小时，季节日照时数从大到小，依次为夏（887小时）、春（758.8小时）、秋（701.4小时）、冬（524.7小时）。月日照时数从大到小依次为7月(299.3小时)、6月、8月、5月、9月、4月、10月、3月、11月、2月、1月、12月(162.7小时)，月日照时数的年变化基本表现为从7月向前后两端减少的特征，这与太阳高度角的变化基本一致。由图可见，新疆日照时数空间变化较大，多年平均的年日照时数呈东多西少的分布形式，以七角井（3292.9小时）最多，精河（2585.1小时）最少。新疆多年平均的季和月总日照时数的空间分布特征与年极为相似（相似系数＞0.98），均呈东多西少，其差异主要体现在高、低值区的分布上（张立波，2013）。

3 土壤资源

在新疆，土壤的成土过程以及土壤的地理分布规律，明显地受着强大的干旱气候和地质、地貌的深刻影响。在干旱气候控制下的平原地区，大面积的显域土壤进行着荒漠土壤成土过程；就连各类隐域土壤也打上了荒漠化成土过程的烙印。只是在平原地区的北部，才有草原土壤的成土过程。山地随着海拔高度的增加，气候干燥度的下降，土壤也相应地出现草原土壤成土过程、森林土壤成土过程、草甸土壤成土过程，甚至有冰沼土壤成土过程。但是由北向南到天山、昆仑山、阿尔金山、藏北高原，强大的干旱气候不仅控制着平原土壤成土过程，而且影响着山地的土壤成土过程。在天山北坡，不仅山坡下部具有荒漠土成土过程，而且在高山，冰沼土成土过程消失。天山南坡几乎缺乏森林土壤成土过程。再向南到昆仑山、阿尔金山，荒漠土壤成土过程上升得很高，草原土壤成土过程面积急剧缩小，草甸土壤成土过程已经消失。到达藏北高原几乎只能进行高寒荒漠土壤成土过程（中国科学院新疆综合考察队，1978）。

3.1 平原土壤分布

新疆平原地区的土壤，随着气候由北向南呈水平带状的更替。在北部的塔城盆地、托里谷地、和布克谷地与准噶尔盆地北部，显域地境上的土壤进行着荒漠草原成土过程，形成棕钙土土壤类型。这一土壤类型在北部为棕钙土，向南过渡为淡棕钙土。棕钙

2019年新疆主要城市年日照时数统计（单位：小时）

城市	日照时数
乌鲁木齐市	2792.7
克拉玛依市	2662.3
石河子市	2718.9
阜康市	2229.4
伊宁市	2886.7
塔城市	2796.9
阿勒泰市	2870.7
博乐市	2623.6
库尔勒市	3133
阿克苏市	2989.9
阿图什市	2341.5
喀什市	2584.3
和田市	2674.9

土与荒漠草原植被相适应。由棕钙土向南过渡为淡棕钙土，分布于准噶尔盆地北部额尔齐斯河、乌伦古河两河流域。向南到伊犁谷地，准噶尔盆地中部、南部，天山北麓、南麓，塔里木盆地，东疆戈壁，昆仑山北麓，阿尔金山北麓，广泛分布着荒漠土壤，覆盖着典型的荒漠植被（中国科学院新疆综合考察队，1978）。

荒漠土壤普遍进行着盐化、石膏化过程，以及碱化过程（只见于准噶尔盆地）。强烈的石质性、砾质性、沙性和土壤形成过程的原始性是平原土壤的另一重要特征。灰棕荒漠土、棕色荒漠土均具有砾质性或石质性。气候干旱、母质粗糙是决定这些特性的基本因素，植被稀疏使土壤有机质缺乏亦是重要原因；风强而频率高也是促进因素之一。新疆平原内非地带性土壤有"吐加依"土、草甸土、沼泽土、盐土（中国科学院新疆综合考察队，1978）。

3.2 山地土壤分布

新疆山地土壤具有明显的垂直分异。山地土壤垂直带结构和土壤类型，除阿尔泰山外，均深刻地反映出荒漠干旱气候的影响。如天山南坡下部、昆仑山北坡下部、阿尔金山北坡下部均进行着荒漠土壤形成过程。而位于不同土壤水平带内的各山地的土壤垂直带结构及各土壤垂直带分布的海拔高度均有明显的差异：阿尔泰山南坡的山地土壤垂直结构最为完整，由下向上顺次为棕钙土、栗钙土、山地灰色森林土—黑钙土、亚高山草甸土、高山草甸土、山地冰沼土。天山北坡缺乏山地冰沼土，并由山地灰褐色森林土代替了山地灰色森林土。天山南坡连山地灰褐色森林土带亦不存在。至于昆仑山、阿尔金山则只具有山地棕色荒漠土、棕钙土、栗钙土、亚高山草原土，以至海拔4000m（4500m）以上形成高山荒漠土带。由北向南，随着气候干旱加强，同一土壤垂直带所处的海拔高度有所提高，最引人注目的是，山地棕色荒漠土，在昆仑山、阿尔金山竟上升到海拔2000～2600m以上（中国科学院新疆综合考察队，1978）。

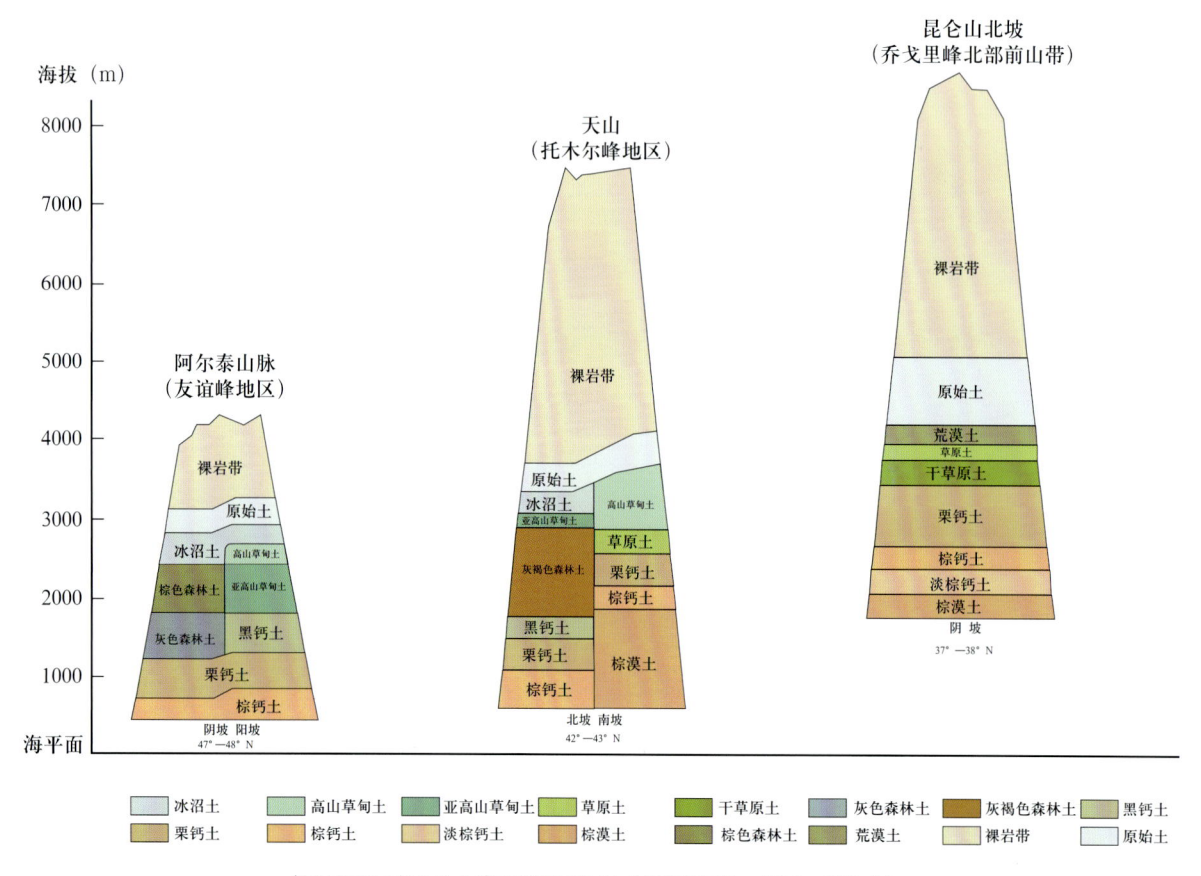

新疆主要三条山脉土壤垂直带对比图（参考袁国映，1993，略改动）

第二章

新疆植被

1 新疆植被概况

1.1 植物种类

新疆维吾尔自治区面积辽阔、边境线长，林地面积约895万hm²，未利用土地面积约10977万hm²。有林地面积218万hm²，约占林地面积的24.3%，灌木林地面积593万hm²，约占林地面积的66.3%（新疆统计年鉴，2019）。

新疆分布的野生植物，除部分真菌外，高等植物中的蕨类植物和种子植物约占全国种数的12.9%。被子植物有109科，是植物区系的主要部分，其中菊科（Compositae）、禾本科（Poaceae）、藜科（Chenopodiaceae）、豆科（Leguminosae）、十字花科（Brassicaceae）、蔷薇科（Rosaceae）、毛茛科（Ranunculaceae）、莎草科（Cyperaceae）、唇形科（Lamiaceae）、石竹科（Caryophyllaceae）、玄参科（Scrophulariaceae）、百合科（Liliaceae）、伞形科（Apiaceae）、蓼科（Polygonaceae）、紫草科（Boraginaceae）等15科种类最多，共计有2618种，占其种数的76.8%（新疆维吾尔自治区生态环境厅，2011）。

1.2 植物区系

新疆由于地处中亚、西伯利亚、蒙古自治区、西藏自治区的交汇处，境内自然地理条件在历史上又几经变迁，因而给各个植物区系成分的接触、混合和特化创造了有利的条件。因此，新疆植物区系中的地理成分十分复杂：以旱生种类为主的中亚成分主要分布于准噶尔盆地西部荒漠地带，不少种类亦进入山地植被，它的代表种有大果沙拐枣（*Calligonum macrocarpum*）、疣苞滨藜（*Atriplex verrucifera*）、樟味藜（*Camphrosma lessingi*）、盐节木（*Halocnemum strobilaceum*）、硬叶猪毛菜（*Salsola rigida*）、对节刺（*Horaninowia ulicina*）、阿兰藜（*Aellenia glauca*）、对叶盐蓬（*Girgensohnia oppositifolia*）、小叶碱蓬（*Suaeda microphylla*）、中亚葫芦巴（*Trigonella arcuata*）、沙槐（*Ammodendron argenteum*）；地中海成分亦占有一定地位，它的代表种有瓜儿菜（*Capparis spinosa*）、骆驼蓬（*Peganum harmala*）、锁阳（*Cynomorium soongoricum*）、花花柴（*Karelinia caspica*）等；旧大陆温带区系成分为草原植被的主要组成，这些成分分布的区域主要是欧亚大陆的中、高纬度，即温带和亚热带地区。它的代表种有糙苏（*Phlomis umbrosa*）、夏枯草（*Prunella vulgaris*）、泽芹（*Sium sisaroideum*）、光邪蒿（*Seseli glabratum*）、勿忘草（*Myosotis silvatica*）、匍匐顶羽菊（*Acroptilon repens*）、矢车菊属（*Centaurea*）、小花鸦葱（*Scorzonera parviflora*）、鹤虱（*Carpesium abrotanoides*），以及林生亚麻荠（*Camelina silvcstris*）等；中生性的泛北极区系成分，在新疆山地的森林、灌丛、草甸和高山植被中占有主导地位（新疆维吾尔自治区生态环境厅，2011）。

新疆种子植物区系地理成分多样，在科属的地理成分组成方面，世界广布的科属占有很高的比例，植物类型具有强烈的过渡性。新疆种子植物区系的优势科几乎全为世界广布科和以温带分布为主的科，处于前10位的优势科分别为菊科（Compositae）、豆科（Leguminosae）、禾本科（Poaceae）、十字花科（Brassicaceae）、藜科（Chenopodiaceae）、唇形科（Lamiaceae）、毛茛科（Ranunculaceae）、石竹科（Caryophyllaceae）、莎草科（Cyperaceae）、伞形科（Apiaceae）（崔大方 等，2000；潘晓玲，1997）。潘晓玲（1999）对新疆种子植物区系733属的地理成分进行了分析，认为新疆种子植物区系地理成分多样，以温带成分和古地中海成分占优势，其中温带成分为总属数的57.7%，代表属有杨属（Populus）、柳属（Salix）、桦木属（Betula）、虫实属（Corispermum）、地肤属（Kochia）、女娄菜属（Melandrium）、米奴草属（Minuartia）、锦鸡儿属（Caragana）、假狼毒属（Stelleropsis）、亚菊属（Ajania）；古地中海成分也居重要的地位，占总属数的32.6%；热带成分只占6.7%；东亚成分占3.8%（新疆维吾尔自治区生态环境厅，2011）。

1.3 植被类型

在欧亚大陆的水平植被地带结构中，新疆独立于两翼的海洋性森林植被体系之间，具有大陆性旱生植被带体系的地位。在其领域上，具有温带气候，由北而南发生草原地带与荒漠地带的更替。该现象又由于巨大山地隆起而发生分异和复杂化，新疆从南到北的植被地带分别是荒漠草原—温带荒漠—暖温带荒漠—高寒荒漠（中国科学院新疆综合考察队，1978）。此外，新疆山地又有垂直带状分布的山地植被，主要集中在各山地植被垂直带谱因山地所处纬度地带的不同而发生变化。

中国科学院新疆综合考察队（1978）采用植物群丛、植物群丛组、植物群丛纲、植物群系、植物群系组、植物群系纲、植被型的系统将新疆的植被进行分类，新疆具有荒漠、草原、森林、灌丛、草甸、沼泽、高山冻原、高山座垫植被，以及高山石堆稀疏植被和水生植被等多种特征。

具体分列如下（中国科学院新疆综合考察队，1978）：

1.3.1 荒漠

荒漠是气候干旱，年降水量不超过200mm，土壤钙化强，植物稀少以至无高等植物，无灌溉不能耕作的广阔平原。新疆荒漠面积很大，占全疆土地面积的42%以上。它占据着准噶尔盆地、塔里木盆地、塔城谷地、伊犁谷地、嘎顺戈壁、帕米尔高原及藏北高原等。新疆的荒漠属于亚—非荒漠区的一部分，其荒漠类型大致可分为6种：灌木荒漠、小半乔木荒漠、半灌木荒漠、小半灌木荒漠、多汁木本盐柴类荒漠、高寒荒漠。荒漠中植物生活型组成比较特殊且相当复杂，层片结构繁简不一，群落的总盖度很低，群落的发育节律比较特殊。

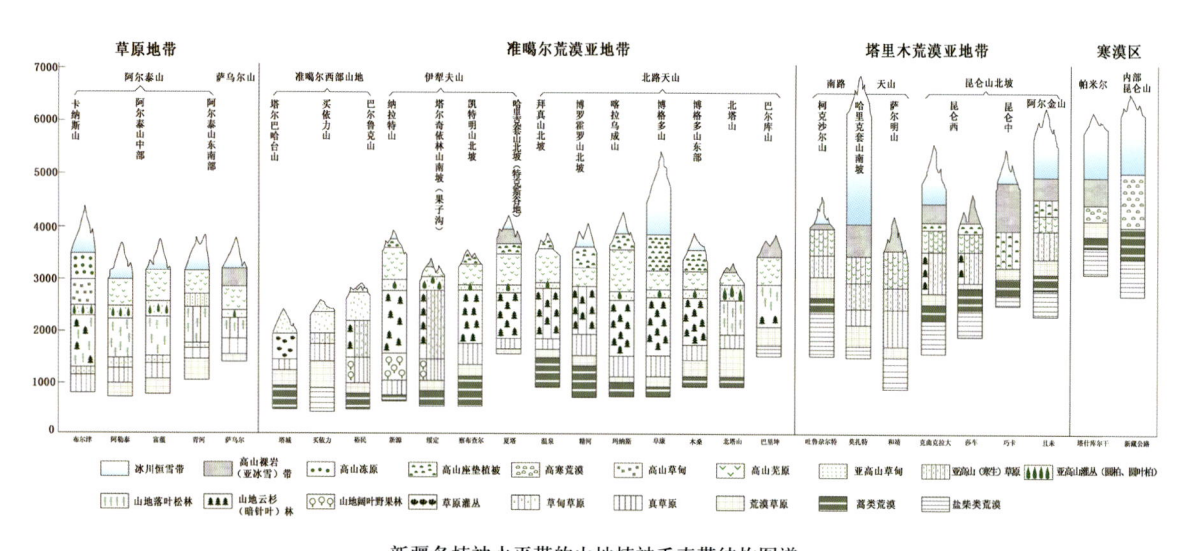

新疆各植被水平带的山地植被垂直带结构图谱

（参考：中国科学院新疆综合考察队，1978，略改动）

形成新疆荒漠的建群植物：藜科的梭梭类（*Haloxylon* spp.）、优若藜类（*Eurotia* spp.）、盐爪爪类（*Kalidium* spp.）、假木贼类（*Anabasis* spp.）。柽柳科的琵琶柴类（*Reaumuria* spp.）。蒺藜科的白刺类（*Nitraria* spp.）、木霸王（*Zygophyllum xanthoxylon*）。石竹科的裸果木（*Gymnocarpos przewalskii*）。旋花科的灌木旋花（*Convolvulus fruticosus*）。菊科的蒿属（*Artemisia* spp.）亚菊类（*Ajania* spp.）等。

(1) 灌木荒漠

主要植物群系：

膜果麻黄群系（Form. *Ephedra przewalskii*），帕米尔麻黄群系（Form. *Ephedra fedtschenkoi*），霸王群系（Form. *Zygophyllum xanthoxylon*），泡泡刺群系（Form. *Nitraria sphaerocarpa*），塔里木白刺群系（Form. *Nitraria roborovskii*），裸果木群系（Form. *Gymnocarpos przewalskii*），灌木旋花群系（Form. *Convolvulus fruticosus*），塔里木沙拐枣群系（Form. *Calligonum roborowskii*），沙拐枣群系（Form. *Calligonum mongolicum*），硬果沙拐枣群系（Form. *Calligonum flavidum*），木蓼群系（Form. *Atraphaxis frutescens*），木蓼拳群系（Form. *Atraphaxis compacta*），帚枝木蓼群系（Form. *Atraphaxis virgata*）。

(2) 小半乔木荒漠

主要植物群系：

梭梭柴群系（Form. *Haloxylon ammodendron*），白梭梭群系（Form. *Haloxylon persicum*），梭梭柴、白梭梭群系（*Haloxylon ammodendron* + Form. *Haloxylon persicum*）。

(3) 半灌木荒漠

主要植物群系：

灌木紫菀木群系（Form. *Asterothamnus fruticosus*），白杆沙拐枣群系（Form. *Calligonum leucocladum*），琵琶柴群系（Form. *Reaumuria soongorica*），五柱琵琶柴群系（Form. *Reaumuria kaschgarica*），黄花琵琶柴群系（Form. *Reaumuria trigyna*），优若藜群系（Form. *Eurotia ceratoides*），盐生木群系（Form. *Iljinia regelii*），合头草群系（Form. *Sympegma regelii*），圆叶盐爪爪群系（Form. *Kalidium schrenkianum*）。

(4) 小半灌木荒漠

主要植物群系：

小蒿群系（Form. *Artemisia gracilescens*），喀什蒿群系（Form. *Artemisia kaschgarica*），博乐蒿群系（Form. *Artemisia borotalensis*），毛蒿群系（Form. *Artemisia schischkinii*），地白蒿群系（Form. *Artemisia terrae-albae*），苦艾蒿群系（Form. *Artemisia santolina*），沙蒿群系（Form. *Artemisia arenaria*），耐盐蒿群系（Form. *Artemisia schrenkiana*），灰毛近艾菊群系（Form. *Hippolytia herderi*），木本亚菊群系（Form. *Ajania fruticulosa*），盐生假木贼群系（Form. *Anabasis salsa*），截形假木贼群系（Form. *Anabasis truncata*），无叶假木贼群系（Form. *Anabasis aphylla*），短叶假木贼群系（Form. *Anabasis brevifolia*），小蓬群系（Form. *Nanophyton erinaceum*），直立猪毛菜群系（Form. *Salsola rigida*），天山猪毛菜群系（Form. *Salsola jounatovii*），木本猪毛菜群系（Form. *Salsola arbuscula*），松叶猪毛菜群系（Form. *Salsola laricifolia*）。

(5) 多汁木本盐柴类荒漠

半灌木或小半灌木，植物体（特别是叶）含浆汁甚多，并含有可溶性盐。

主要植物群系：

盐穗木群系（Form. *Halostachys belangeriana*），盐节木群系（Form. *Halocnemum strobilaceum*），盐节木、盐穗木群系（Form. *Halocnemum strobilaceum* + *Halostachys belangeriana*），具叶盐爪爪群系（Form. *Kalidium foliatum*），囊果碱蓬群系（Form. *Suaeda physophora*），囊柴碱蓬、具叶盐爪爪群系（Form. *Kalidium foliatum* + *Suaeda physophora*），白滨藜群系（Form. *Atriplex cana*），樟味藜群系（Form. *Camphorosma lessingii*）。

(6) 高寒荒漠

主要植物群系：

昆仑蒿群系（Form. *Artemisia parvula*），粉花蒿群系（Form. *Artemisia rhodantha*），藏亚菊群系（Form. *Ajania tibetica*），匍生优若藜群系（Form. *Eurotia compacta*）。

半灌木荒漠（梭梭+柽柳+禾草类）

多汁木本盐柴类荒漠（盐穗木、盐节木）

高寒荒漠（蒿属+亚菊属+棘豆属）

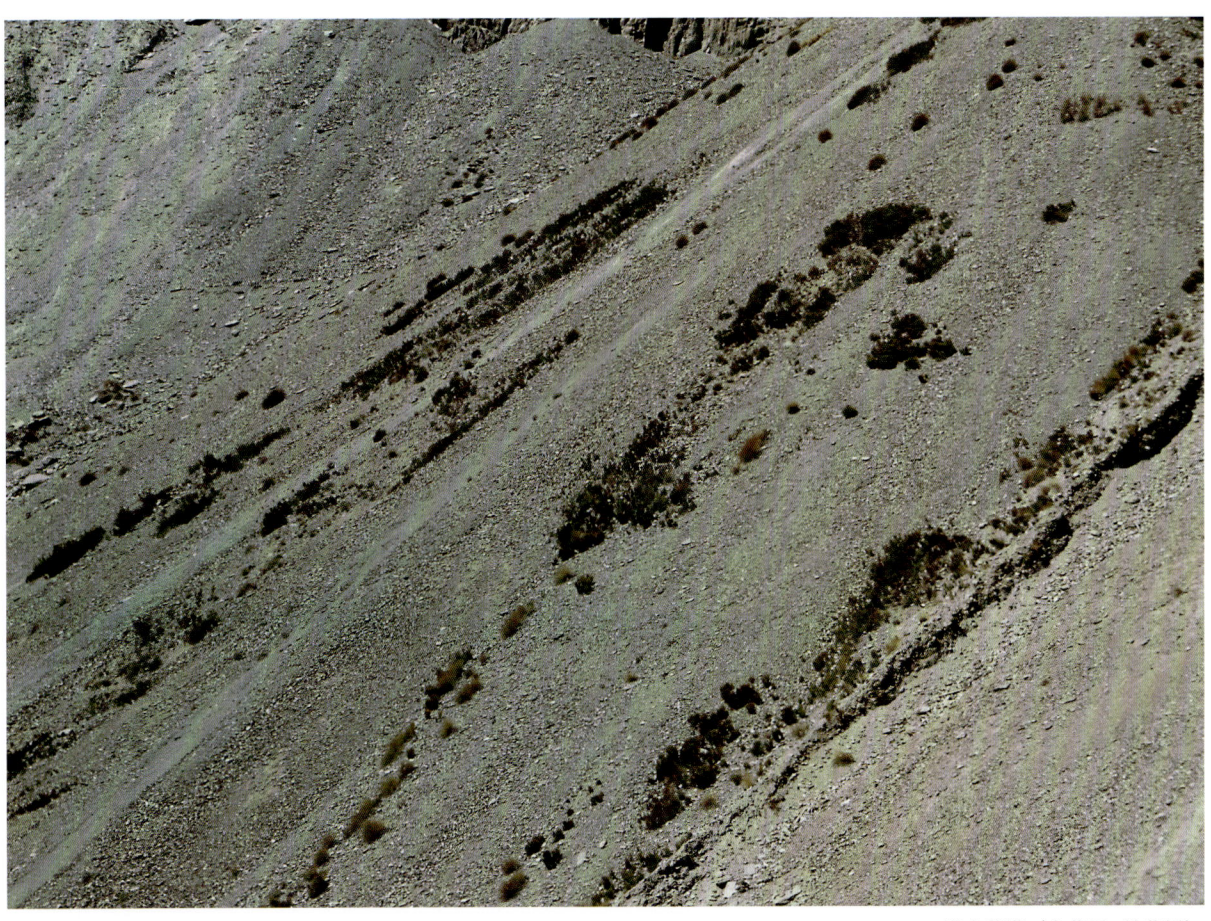

灌木荒漠（麻黄属+针茅属）

1.3.2 草原

草原植被主要由多年生微温，旱生（耐寒和耐旱）的以生草丛禾草为主，其中也包括某些旱生或中生的走茎禾草的草本植物组成的植物群落。草原是温带半干旱地区占优势的植被类型。因此，在受到荒漠干旱气候控制的新疆，草原仅居次要地位，约占全疆土地面积的10%左右。

发育较好的草原植被多分布于北疆各山地，特别是来自西部湿润气候的准噶尔西部山地得到广泛的发展。而处于雨影地带的天山南坡，草原植被则有所退化。草原植被垂直带的位置和分布，通常依温度和湿度的不同而相应地变化。一般说来，自北而南随温度升高和温度变干，各山地的草原带有显著上升的趋势。

草原类型在疆山地北坡发育较为完整。通常，在森林—草甸带以下，由下而上有荒漠草原、真草原、草甸草原，森林带以上的亚高山和高山部分，仅在局部出现寒生草原。但在阳坡，干旱程度加剧，荒漠草原上升更高，真草原亦发生旱化。而且随着山地高度升高，草原受到寒冷、干旱的影响，于是在亚高山和高山带又能变为寒生草原，由下而上成为荒漠草原—真草原—寒生草原的带谱形式。气候极为严酷的昆仑山，草原被迫上升到亚高山和高山带中较为适宜的地段，而且表现为寒生草原类型，并具有强烈旱化的特征。

新疆位于几个植物地理区的交汇处，再加上境内多山的特点，这些都决定了草原植被建群植物的丰富性。除去广泛分布于欧亚草原区的糙闭穗（*Cleistogenes*）（东里海沿岸—哈萨克斯坦—蒙古种）遍及全疆外，在阿尔泰山、准噶尔西部山地和天山北坡可见到大面积的欧亚草原西部亚区的一些成分。如针茅（*Stipa capillata*）（西地中海种）、沟叶羊茅（*Festuca sulcata*）（地中海种）、长针茅（*Stipa lessingiana*）（黑海—哈萨克斯坦种）、中亚针茅（*S.sareptana*）（哈萨克斯坦种）、吉尔吉斯针茅（*S.kirghisorum*）（哈萨克斯坦—中亚种）、高加索针茅（*S.caucasica*）（高加索—中亚—准噶尔种）、仄颖赖草（*Aneurolepidium angustum*）（黑海-哈萨克斯坦—西西伯利亚种）。在天山南坡和天山北坡的东端以及北塔山一带，可见到欧亚草原东部亚区的一些成分。如长芒针茅（*Stipa krylovii*）（达乌里—蒙古种）、沙生针茅（*S.glareosa*）（亚洲中部种）、戈壁针茅（*S.gobica*）（戈壁—蒙古种）、东方针茅（*S.orientalis*）（亚洲中部种）、多根葱（*Allium polyrrhizum*）（戈壁—蒙古种）。在高山和亚高山带可见到一些高山成分和北方成分。如克氏狐茅（*Festuca kryloviana*）、拟绵羊狐茅（*F. pseudovina*）、葡系早熟禾（*Poa botryoides*）、亚洲异燕麦（*Helictotrichon asiaticum*）。在帕米尔、昆仑山、阿尔金山和天山南坡的西段，可以见到仅分布于亚洲中部的座花针茅（*Stipa subssiliflora*），广布于帕米尔、西藏和喜马拉雅一带的紫花针茅（*S. purpurea*），以及与阿富汗和克什米尔有联系的银穗草（*Leucopoa olgae*）。在准噶尔盆地北部，唯一典型的沙生草原是由荒漠冰草（*Agropyron desertorum*）（蒙古—哈萨克斯坦种）组成的。此外，在北疆还有分布区很狭、且仅限于中亚和准噶尔山地的准噶尔闭穗草（*Cleistogenes thoroldii*）。天山草原的特有种只有天山异燕麦（*Helictotrichon tianschanicum*）。

另外，新疆草原的灌丛化明显，其中许多类型是以灌木草原的形式出现的。它们在阿尔泰山和塔尔巴戈台山构成明显的灌木草原垂直带。灌木种类多为旱生和中旱生类群。如兔儿条（*Spiraea hepericifolia*）（里海沿岸—哈萨克斯坦种）、灌木锦鸡儿（*Caragana frutex*）（里海沿岸—哈萨克斯坦种）、白皮锦鸡儿（*C. leucophloea*）（准噶尔—蒙古种）、天山酸樱桃（*Cerasus tianschanica*）、中丽豆（*Calophaca chinensis*）等。草原的山地特点的另一表现是具有一些山地草原的专有成分。如吉尔吉斯针茅（*Stipa kirghisorum*）、高加索针茅（*S. caucasica*）、准噶尔闭穗草（*Cleistogenes thoroldii*）的出现，而且它们也是山地草原中的优势种。

新疆草原具有低矮、稀疏的特点。一般草高15~20cm，最高不超过40~50cm；一般盖度30%~60%，也有低至10%~25%的。它的结构大体具有3~4个层片，主要有旱生丛生禾草层片、杂类草或小半灌木层片和苔藓或地衣层片。另外，有的草原还有旱生灌木层片。在伊犁谷地和塔城盆地的草原中，还有短生和多年生短生植物层片。

根据生态生物学特性和群落学特点，可以将新疆草原划分为荒漠草原、真（典型）草原、草甸草原和寒生草原4个群系纲。

(7) 荒漠草原

主要植物群系：

沙生针茅群系（Form. *Stipa glareosa*），多根葱群系（Form. *Allium polyrrhizum*），东方针茅群系（Form. *Stipa orientalis*），高加索针茅群系（Form. *Stipa caucasica*），准噶尔闭穗群系（Form. *Cleistogenes thoroldii*），荒漠冰草群系（Form. *Agropyron desertorum*），针茅群系（Form. *Stipa capillata*），沟叶羊茅群系（Form. *Festuca sulcata*）。

(8) 真草原

主要植物群系：

长芒针茅群系（Form. *Stipa krylovii*），针茅群系（Form. *Stipa capillata*），沟叶羊茅群系（Form. *Festuca sulcata*），扁穗冰草群系（Form. *Agropyron cristatum*）。

(9) 草甸草原

主要植物群系：

吉尔吉斯针茅群系（Form. *Stipa kirghisorum*），针茅群系（Form. *Stipa capillata*），沟叶羊茅群系（Form. *Festuca sulcata*），窄颖赖草群系（Form. *Aneurolepidium angustum*），天山异燕麦群系（Form. *Helictotrichon tianschanicum*）。

(10) 寒生草原

主要植物群系：

葡系早熟禾群系（Form. *Poa botryoides*），克氏狐茅群系（Form. *Festuca kryloviana*），拟绵羊狐茅群系（Form. *Festuca pseudovina*），沟叶羊茅群系（Form. *Festuca sulcata*），座花针茅群系（Form. *Stipa subsessiliflora*），紫花针茅群系（Form. *Stipa purpurea*），银穗草群系（Form. *Leucopoa olgae*）。

草甸草原（塔城地区）

寒生草原（红其拉甫）

湿地草原（阿尔泰地区）

湿地草原（塔什库尔干）

1.3.3 森林

新疆的森林植被总是作为山地植被垂直带或非地带性的隐域（如河谷）植被出现的。新疆山地森林的面积较平原多，新疆森林植物群落的结构具有旱化特征，植被类型多样。新疆山地森林的面积较平原为多。较茂密而成片分布的森林，主要集中在迎向湿气流的高峻山脉的山坡上。如阿尔泰山西南坡，天山北路的博格多山和喀拉乌成山，伊犁谷地的纳拉特山。处于雨影带和湿气流难以到达的山地、低矮的山地和荒漠性加强的南疆各山地，森林植被大大退化，甚至完全消失。

山地森林垂直带的位置、垂直幅度与结构，依纬度和气候湿润程度的不同而相应变化，表现出一定的生态地理分布规律。森林垂直带的高度界限一般是自北（冷）而南（温），由西（湿）向东（干）升高，垂直幅度变窄，森林植被的类型和垂直带结构也相应简化或旱生性加强。在阿尔泰南坡，森林分布在海拔1300～2300（东部2600）m，在天山北坡则升高到海拔高1600～2700（2800）m。垂直幅度为1000～1200m。特别地，在温暖湿润的伊犁谷地南坡出现了山地森林垂直带的复层结构：下部落叶阔叶林垂直亚带（1100～1500m），上部针叶林垂直亚带（1500～2700m）；与新疆大部分的大陆性山地森林垂直带的单一针叶林带结构相比，使它赋有温带中纬度地带海洋性山地的特色。在天山南坡，森林在山地草原带中已分布到海拔2300～3000m，最后在西昆仑山更上升到海拔3000～3600m，垂直幅度只有600～700m宽。

山地森林的建群种比较单纯。在阿尔泰山主要是西伯利亚落叶松（*Larix sibirica*），还有较少的西伯利亚云杉（*Picea obovata*）、西伯利亚冷杉（*Abies sibirica*）、西伯利亚红松（*Pinus sibirica*），落叶阔叶树有欧洲山杨（*Populus tremula*）、疣皮桦（*Betula pendula*）和河谷中的苦杨（*Populus laurifolia*）。在天山森林中占优势的建群种是雪岭云杉（*Picea schren kiana*），天山东部也有西伯利亚落叶松。天山南坡和昆仑山的西端则有乔木型的圆柏（*Sabina semiglobosa*、*S. centrasiatica*）。天山阔叶林的建群种有几种桦木（*Bctula* spp.）、欧洲山杨、杨（*Populus densa*、*P. pilosa*）、新疆野苹果（*Malus sieversii*）和胡桃（*Juglans regia*）。

草原和荒漠地带平原内的森林植被，主要分布在各大河流沿岸，也有小片的森林出现在冲积堆下部和荒漠中的干河床的有地下水补给的地段。处在草原地带的额尔齐斯河沿岸的河漫滩森林，以多种杨树（*Populus* spp.）和白柳（*Salix alba*）为建群种。准噶尔荒漠中阔叶林的建群种有白榆（*Ulmus pumila*）、胡杨（*Populus diversifolia*）和尖果沙枣（*Elaeagnus oxycarpa*）。南疆的塔里木河、叶尔羌河、和田河与于田河沿岸，由胡杨和灰杨（*Populus pruinosa*）构成稀疏的杜加依林，通常与柽柳灌丛、盐化草甸和盐生植物群落相结合。

根据新疆森林植被的生态特点和建群种的生活型，首先是乔木树种叶子的特征，可划分为两个植被型：山地针叶林和落叶阔叶林。

(11) 山地针叶林

在北半球高纬度构成了宽广的北方针叶林（泰加林）地带的耐寒针叶树种：云杉、冷杉、松和落叶松等，也在中纬度的南部山地、气候适宜的高度范围内构成了山地针叶林垂直带。

(A) 山地常绿针叶林

主要植物群系：

西伯利亚红松群系（Form. *Pinus sibirica*），西伯利亚冷杉群系（Form. *Abies sibirica*），西伯利亚云杉群系（Form. *Picea obovata*），雪岭云杉群系（Form. *Picea schrenkiana*）。

(B) 山地落叶针叶林

主要植物群系：

西伯利亚落叶松群系（Form. *Larix sibirica*）。

(C) 圆柏丛林

由圆柏属(*Sabina*)树种构成的稀疏丛林。

(12) 落叶阔叶林

温带的落叶（夏绿）阔叶林，原适应于较温和与湿润的海洋性气候，并主要分布于中纬度大陆东西两侧的沿海地区。在内陆荒漠地带的新疆，典型的中生落叶阔叶林受到很大限制。然而，在这里的山地和平原的局部地区，热量与水分状况适合的条件下，仍然出现了多种类型的落叶阔叶林，这是在新疆不同地区的植被历史发展和地理条件下形成的。

新疆的落叶阔叶林一般不具有地带性植被的意义。它们是典型的落叶阔叶林在荒漠条件下的变体：残遗的、衍生的和隐域的植被类型。根据它们在群落组成、结构、起源和生态特性上的差异可分为：山地野果林、小叶林、河谷杨树林与杜加依林等4个植物群系纲。

（13）山地野果林

主要植物群系：

新疆野苹果群系（Form. *Malus sieversii*），野杏群系（Form. *Armeniaca vulgaris*），野胡桃群系（Form. *Juglans regia*）。

（4）山地小叶林

主要植物群系：

疣枝桦群系（Form. *Betula pendula*），天山桦群系（Form. *Betula tianschanica* + *B.microphylla*），欧洲山杨群系（Form. *Populus iremula*），崖柳群系（Form. *Salix xerophila*）。

（15）河谷杨树林

主要植物群系：

银白杨群系（Form. *Populus alba* + *P.canescens*），黑杨群系（Form. *Populus nigra*），苦杨群系（Form. *Populus laurifolia*），密叶杨与柔毛杨群系（Form. *Populus densa*、*P.pilosa*）。

（16）杜加依林

主要植物群系：

胡杨群系（Form. *Populus diversifolia*），灰杨群系（Form. *Populus pruinosa*），白榆群系（Form. *Ulmus pumila*）。

荒漠河岸落叶阔叶林（杜加依林-胡杨）

荒漠河岸落叶阔叶林（杜加依林-胡杨）

山地常绿针叶林（圆柏属+云杉属疏林）

山地常绿针叶林（圆柏属+云杉属疏林）

山地常绿针叶林（雪岭云杉）

山地常绿针叶林（云杉属）

山地落叶阔叶混交林（杨属+桦木属）

山地落叶阔叶林（疣枝桦）

山地落叶阔叶野果林（野杏、樱桃李）

山地落叶阔叶野果林（野杏）

山地落叶针叶林（落叶松属）

山地针阔叶混交林（桦木属+落叶松属+云杉属）

山地针阔叶混交林（杨属+落叶松属+云杉属）

1.3.4 灌丛

新疆的灌丛植被，是包括以中生、旱中生和潜水旱生的灌木为建群种的各种群落。灌丛群落的主要形成者——灌木的生态幅度和对不良环境条件的适应性要比森林乔木树种广泛得多，它的一些种能分布在干旱无林的草原带和严酷的高山区；在荒漠地带，耐盐抗旱的灌木种类更比森林树种有优越的适应性，得以普遍分布。至于由超旱生的灌木和半灌木构成的群落，已属荒漠植被。灌丛植被在新疆一般不具有地带性意义，但其分布却遍及山地、河谷和平原。尤其是柽柳灌丛在塔里木盆地边缘、阔叶灌丛在阿尔泰山和准噶尔西部山地，以及圆柏灌丛在天山亚高山带，分布最为广泛。

新疆灌丛植物群落的建群种相当丰富，生态类型也多样。耐寒的针叶灌木有西伯利亚刺柏（*Juniperus sibirica*）和圆柏类（*Sabina* spp.），主要分布在亚高山带；沙地柏（*S.vulgaris*）则出现于前山草原带的石质坡。落叶阔叶灌木的种类较多，中生的山地灌丛有多种蔷薇（*Rosa*）、栒子（*Cotoneaster*）、忍冬（*Lonicera*）、小檗（*Berberis*）、石蚕叶绣线菊（*Spiraea chamaedryfolia*）和金蜡梅（*Dasiphora fruticosu*）等；高山带下部的阔叶灌丛则有圆叶桦（*Betula rotundifolia*）、多种高山柳（*Salix* spp.）——阿尔泰，以及多刺的鬼箭锦鸡儿（*Caragana jubata*）——天山。在草原中，旱中生的灌木建群种是多种锦鸡儿（*Caragana*）、兔儿条（*Spiraea hypericifolia*），以及准噶尔西部山地特有的中国丽豆（*Calophaca chinensi*）。荒漠中的杜加依灌丛则以叶片退化成鳞片状的柽柳（主要是*Tamaric ramosissima*、*T. hispida*、*T.laxa*）为最常见，其他尚有铃铛刺（*Halimodendron halodendron*）。山地河谷中多沙棘（*Hippophae rhamnoides*）、水柏枝类（*Myricaria* spp.）与柳等形成的群落。

根据新疆灌丛的植物种类组成和生态特征，新疆的灌丛可分为两个植被型：针叶灌丛和落叶阔叶灌丛。

（17）针叶灌丛

主要植物群系：

西伯利亚刺柏群系（Form. *Juniperus sibirica*），阿尔泰方枝柏群系（Form. *Sabina pseudosabina*），天山方枝柏群系（Form. *Sabina turkestanica*），沙地柏群系（Form. *Sabina vulgaris*）。

（18）落叶阔叶灌丛

包括亚高山落叶阔叶灌丛、山地落叶阔叶灌丛、山地河谷落叶阔叶灌丛和荒漠河岸的杜加依灌丛等4个群系纲。

（A）亚高山落叶阔叶灌丛

主要植物群系：

圆叶桦群系（Form. *Betula rotundifolia*），鬼箭锦鸡儿群系（Form. *Caragana jubata*），新疆锦鸡儿群系（Form. *Caragana turkestanica*）

（B）山地落叶阔叶灌丛

主要植物群系：

密刺蔷薇群系（Form. *Rosa spinosissima*），刺蔷薇群系（Form. *Rosa acicularis*），石蚕叶绣线菊群系（Form. *Spiraea chamaedryfolia*），兔儿条群系（Form. *Spiraea hypericifolia*），灌木锦鸡儿群系（Form. *Caragana frutex*），多叶锦鸡儿群系（Form. *Caragana pleiophylla*）。

（C）山地河谷落叶阔叶灌丛

（D）杜加依灌丛

主要植物群系：

多枝柽柳群系（Form. *Tamarix ramosissima*），刚毛柽柳群系（Form. *Tamarix hispida*），铃铛刺群系（Form. *Halimodendron halodendron*），西伯利亚白刺群系（Form. *Nitraria sibirica*），黑刺群系（Form. *Lycium ruthenicum*）。

荒漠平原杜加依灌丛（柽柳属）

山地河谷落叶阔叶灌丛（沙棘）

山地河谷落叶阔叶灌丛（水柏枝）

山地荒漠针叶灌丛（方枝柏）

山地荒原落叶阔叶灌丛（白皮锦鸡儿）

山地阔叶落叶灌丛（白皮锦鸡儿+宽刺蔷薇）

山地落叶阔叶灌丛 （落叶阔叶林）

山地落叶阔叶灌丛（金露梅）

山地落叶阔叶灌丛（密刺蔷薇+绣线菊属）

山地针叶灌丛（圆柏属）

山地针叶灌丛（圆柏属+刺柏属）

山地针叶灌丛（圆柏属+刺柏属）

亚高山落叶阔叶灌丛（鬼箭锦鸡儿）

针叶林（云杉属）+针叶灌丛（圆柏属）

针叶林（云杉属）+针叶灌丛（圆柏属）

1.3.5 草甸

新疆的草甸是指由多年生中生草本植物群落组成的植物覆被，分布于各平原低地、河漫滩及山地，面积约23.5万km²，占新疆植被总面积的9%，仅次于荒漠和草原。

草甸植物群落的分布和发育服从于一定的生态地理规律，首先表现在山地的草甸。山地草甸依靠大气降水，主要分布在气候比较湿润的天山分水岭以北的山区，成为植被垂直带的组成部分，并随山地气候的变化而产生垂直带分异。它们分布的界线随地区气候的差异，由北向南、由西向东逐渐升高。低山谷地、荒漠平原低地的草甸分布于地下水位接近地表的地段，并与生境不同程度的盐渍化相联系。河漫滩的草甸则受定期洪水淹没及冲积物淤积，也时有一定程度的盐渍化。与平原低地的草甸密切联系。

各类及不同地区的草甸植物群落具有不同特征。山地的草甸群落种类组成比较丰富，如亚高山草甸，种的饱和度在100m²内有20～50种。植物的生物—生态学特性多种多样，包括不同高度的禾草、薹草（Carex spp.）、杂类草及嵩草（Kobresia spp.）等，除典型的多年生中生草本外，高山和亚高山的草甸植物还具耐寒或适冰雪的特性。草层一般比较密集，覆盖度40%～90%以上，是山地的主要放牧场。低地及河漫滩的草甸植物群落，种类成分则较简单，在强盐化条件下，100m²内常不超过5～10种，建群种是多种中生、旱中生的禾草、薹草及杂类草，并多具有不同程度的耐盐性，草层大多较密集高大，是平原主要的放牧场或刈草场及农垦对象。由多年生中生草本植物群落组成的植物覆盖，分布于各平原低地、河漫滩及山地，嵩草芜原和盐化草甸非常发达。

根据生态发生和群落学特征，新疆的草甸可分为4个亚型，9个群系纲。

亚型	群系纲
高山草甸	高山真草甸、高山芜原化草甸、高山芜原
亚高山草甸	亚高山真草甸、亚高山草原化草甸
山地(中山)草甸	山地真草甸
低地、河漫滩草甸	低地、河漫滩真草甸，低地、河漫滩盐化草甸，低地、河漫滩沼泽草甸

（19）高山草甸

（A）高山真草甸——包括杂类草、薹草及薹草+杂类草3个群系组。

（B）高山芜原——芜原的建群植物是具有生草性、适冰雪、耐旱中生的多年生草本嵩草，是具强烈大陆性气候的亚洲内陆高山气候的产物。

（C）高山芜原化草甸——是高山真草甸与芜原的过渡类型。

（20）亚高山草甸

（A）亚高山真草甸——包括禾草及杂类草两个群系组。

（B）亚高山草原化草甸——是多年生中生草本和相当多量的多年生草原旱生草本组成的群落。

（21）山地（中山）草甸

主要是典型的中生高禾草或高杂类草组成的植物群落。

（22）低地、河漫滩草甸

可分为真草甸、盐化草甸及沼泽草甸3个群系纲。

（A）低地、河漫滩真草甸

根系禾草群系组：匍匐冰草群系（Form. *Agropyron repens*），假苇拂子茅群系（Form. *Calamagrostis pseudophragmites*），小糠草群系（Form. *Agrostis alba*），光稃香茅群系（Form. *Hierochloe glabra*），狗牙根群系（Form. *Cynodon dactylon*）；

杂类草群系组：黄花苜蓿群系（Form. *Medicago falcata*），白香草木樨群系（Form. *Melilotus albus*），苦豆子群系（Form. *Sophora alopecuroides*），三叶草群系（Form. *Trifolium repens*、*T. fragiferum*）。

（B）低地、河漫滩盐化草甸

主要植物群系：

丛草禾草群系组：芨芨草群系（Form. *Achnatherum splendens*）；

根茎禾草群系组：芦苇群系（Form. *Phragmites communis*），赖草群系（Form. *Aneurolepidium dasystachys*），小獐茅群系（Form. *Aeluropus littoralis*）；

杂类草群系组：甘草群系（Form. *Glycyrrhiza uralensis*），胀果甘草群系（Form. *Glycyrrhiza inflata*），大花野麻群系（Form. *Poacynum* hendersonii)，疏叶骆驼刺群系（Form. *Alhagi sparsifolia*），花花柴群系（Form. *Karelinia caspia*）。

（C）低地、河漫滩沼泽草甸

主要植物群系：芦苇群系（Form. *Phragmites communis*），薹草群系（Form. *Carex caespitosa、C. vesicaria、C. melanostachya*），木贼状荸荠群系（Form. *Heleocharis equisetiformis*）

高山草甸

草甸、草原与云杉林交替

河漫滩草甸

河漫滩草甸

山地草甸

亚高山草甸

1.3.6 沼泽和水生植被

新疆的沼泽均属于草本沼泽，由湿生植物形成的群落所组成。具有淡沼泽和盐沼泽两个群系纲。

(23) 沼泽

(A) 淡沼泽

主要植物群系：

芦苇群系（Form. *Phragmites communis*），香蒲群系（Form. *Typha angustifolia*），荆三棱、牛毛毡群系（Form. *Scirpus maritima* + *Heleocharis acicularis*），薹草群系（Form. *Carex vesicaria* + *C. microglochin* + *C. resicata* + *C. goodenoghi*）。

(B) 盐沼泽

主要植物群系：

盐角草群系（Form. *Salicornia europaea*），矮盐千层菜群系（Form. *Halopeplis pygmaea*）。

(2) 水生植被

新疆的水生植被不发达，主要分布在几个较大的淡水湖中，一些河流三角洲上的积水池和泉水溢出处，即博斯腾湖、艾沙米尔湖（塔里木河下游）、尤尔都斯盆地底部的湖泊及玛纳斯河、开都河、叶尔羌河、塔里木河等河旁的浅水湖泊。

组成水生植被的植物种类很贫乏，因为稳静的淡水条件创造了水生植物的共同生活环境，都是世界广布的一些种属，主要是各种沉水植物：金鱼藻（*Ceratophyllum lemersum*）、轮叶狐尾藻（*Myriophyllum verticillatum*）、狸藻（*Utricularia* spp.）、茨藻（*Najas marina*）、水毛茛（*Batrachium*）、眼子菜（*Potamogeton* spp.）等，漂浮植物有品藻（*Lemna trisula*）、浮萍（*L. minor*）。此外，还有沼泽或生长在浅水的植物，如芦苇、香蒲、黑棱（*Sprganium simplex*）、水麦冬（*Triglochin palustre*）等。

水生植被（芦苇群）

水生植被（荇菜+芦苇）

1.3.7 高山植被

高山植被包括自山地森林限以上高达雪线的高山和巨大高度的高原地区的特殊植被类型的总称。在天山北坡和阿尔泰的高山带，有高山冻原分布，在天山南坡、昆仑山、帕米尔和藏北高原形成了座垫植被、高寒荒漠和高寒草原。

（25）高山冻原

在阿尔泰山西北部海拔3000m以上的高山带分布着藓类高山冻原、藓类—地衣高山冻原和地衣高山冻原。

（26）高山座垫植被

高山上的座垫植物和适冰雪垫状植物构成的群落，统归为座垫植被。这一植被类型主要分布在高山带，也有个别的片段下降到亚高山带。

主要植物群系：

四蕊梅群系（Form. *Sibbaldia tetrandra*），丛生囊种草群系（Form. *Thylacospermum caespitosum*），高寒刺矶松群系（Form. *Acantholimon hedenii*），糙点地梅群系（Form. *Androsace squarrosula*），高寒棘豆群系（Form. *Oxytropis poncinsii*），帕米尔委陵菜群系（Form. *Potentilla pamiroalaica*），二花委陵菜群系（Form. *Potentilla biflora*）。

（27）高山石堆稀疏植被

高山石堆植被是分布于高山带碎石堆、坡麓积石堆和现代漂石堆上散生的、还不具备群落特征的植物聚合。

此外，除了以上记载的植被类型（中国科学院新疆综合考察队，1978），后研究者又陆续补充了圆叶桦（*Betula rotundifolia*）、野巴旦（*Amygdalus ledebouriana*）、匍匐水柏枝（*Myricaria prostrata*）、沙棘（*Hippophae rhamnoides*）、硬叶薹草（*Carex moocroftii*）、蒿叶猪毛菜（*Salsola abrotanoides*）、新疆沙冬青（*Ammopiptanthus nanus*）、准噶尔无叶豆（*Eremosparton songoricum*）、红皮沙拐枣（*Calligonum rubicundum*）、蛇麻黄（*Ephedra distachya*）等典型群落类型（张立运 等，2002；海鹰 等，2003）。

高山植被带

高山植被（挪威虎耳草＋地衣）

2 新疆主要植物分布区资源现状

2.1 阿尔泰山地区

阿尔泰山植被垂直分异明显：其西部、中部与东部山地的植被垂直带结构类型有显著差异（中国科学院新疆考察队，1978）。从山顶到山麓，可分为6条垂直分布带：高山草甸带、亚高山草原草甸带、山地针叶林带、低山半干旱灌木草原带、山麓蒿属禾草半荒漠带和半灌木荒漠带（秦仁昌等，1957）。西部喀纳斯山地的植被垂直带谱（由下而上）为：山地草原带、山地森林—草甸带（南泰加型阴暗针叶林与落叶松林）、亚高山草甸带、高山（阿尔卑斯）草甸带与高山冻原带、冰川恒雪带。这里除前山有草原植被外，整个垂直带结构表现为中生性以森林植被占有最大比重。这里的森林下限最低（海拔1100m），林带最宽（垂直幅度1200m），且由多种适应冷湿气候的针叶树种组成。在高山植被垂直带中具有阿尔卑斯型草甸与高山冻原带，这是新疆其他山地植被垂直带结构所不具备的。再向东南方向，不仅山势趋向低矮，且受到蒙古戈壁荒漠气候的强度影响，山地植被旱化更强，在垂直带结构中，荒漠草原上升较高，山地森林—草甸带为森林草原所代替，亚高山植被亦发生草原化。

阿尔泰山是西西伯利亚生物地理区的主要山脉，是亚洲北部和中亚部分地区最重要的动植物起源地、生物多样性中心和生态系统的起源中心。阿尔泰山的植物种类达2000余种，其中有17种属濒危物种，212种为该地所特有，森林树种主要以冷杉属、落叶松属和杨属为主（盛玮等，2014）。山区拥有我国唯一的西伯利亚系原始森林，植物资源丰富，生长在林线以上的植物多具有高山植物的特点，生长周期短、抗寒性强，花大而美丽。乔木树种相对单一，但灌丛、草本种类比较丰富（盛玮等，2014）。

2.2 准噶尔地区

准噶尔盆地有种子植物30科121属245种。本区虽属温带荒漠，但因特殊的环境气候——因受西风余泽，冬有积雪，早春有雨，使植被分布和外貌景观为我国其他荒漠所罕见。荒漠植被基本上依存于自然降水，故与依存于地表径流的紧缩型植被不同，由于沙层中有悬着水层，普遍着生多种多样的沙生植物，最典型和所占面积最大的沙漠植被是白梭梭（*Haloxylon persicum*）和梭梭（*H. ammodendron*）群系，前者在半固定的沙垄上占优势，后者则主要分布在沙漠边缘的固定沙丘、丘间洼地或沙丘的下部，二者往往构成混交群落。此外，本区是我国典型早春短命植物分布区。已记录早春植物42种，如粗柄独尾草（*Eremurus inderiemsis*）、齿稃草（*Schismus arabicus*）、东方旱麦草（*Eremopyron orientale*）、鹤虱（*Lappula semiglabra*）、沙薹（*Carex physodes*）等。在准噶尔盆地，还存在多类短生植物，如郁金香（*Tulipa* spp.）、元胡（*Congdalis glaucescens*）、滩贝母（*Fritillaii karelinii*）、阿魏（*Ferula sinkiangensis*）、鸢尾蒜（*Xiolinion tataricum*）和单苞菊（*Senecio subdentatus*）等，它们能以地下的根茎、鳞茎、球茎和肉质根叶度过漫长的干旱季节（潘晓玲等，1996）。

2.3 天山地区

天山地区是典型的中亚山地类型植被垂直带谱，具有一定的独特性和完整性，其中野果林构成独立的山地落叶阔叶林垂直带，在山地景观中具有显域植被地位，使山地植被表现出海洋性山地植被垂直带谱的特征，是中天山山地植被垂直带结构的一个显著特色。其次，中天山山地草甸植被较为发育，从低山区到高山区均有草甸分布。张高（2013）将中天山植被类型分为山地针叶林、落叶阔叶林、常绿针叶灌丛、落叶阔叶灌丛、草原、荒漠、草甸、沼泽和水生植物9个植被型、17个植被亚型、38个群系。天山南路山地的典型带谱结构包括：山地盐柴类荒漠—山地荒漠草原与草原—亚高山草原或草甸草原—高山蒿草草甸—高山座垫植被。天山北路山地，虽然荒漠化加强，但由于热量较丰富，尤其在迎向湿气流的北路天山高峻山体上，表现出较完整和结构复杂的植被垂直带谱，但由西向东也有明显差异。气候温暖而湿润的伊犁天山北坡具有如下的结构类型：短生植物-蒿类荒漠带

—山地草原带—山地阔叶林—高草草甸亚带—山地针叶林—草甸亚带—亚高山草甸带—高山草甸带—高山座垫植被带—冰川恒雪带；伊犁谷地南坡，山地植被草原化加强（中国科学院新疆综合考察队，1978）。

新疆的森林生态系统主要是在北疆山区中山带阴坡1700～2500m的高度，以茂密的寒温带和中温带针叶林为主，其次在针叶林之下还分布着针阔混交林及落叶阔叶林。中天山野生种子植物约81科，100种以上的大科有3个，含50～99种的大科有7个，含20～49种的大科有7个。以上17个较大科，仅占中天山野生种子植物总科数的20.99%，但它们共含有333属1250种，分别占全部属和种的73.51%和79.77%，表明中天山野生种子植物的种类趋向在有限的少数科内（张亮，2013）。天山中部南坡由于气候炎热干旱，加剧了山体的旱化程度，天山中部南坡荒漠植被的植物区系以亚洲中部成分为主，主要有合头草（*Sympegma regelii*）、膜果麻黄（*Ephedra przewalskii*）、圆叶盐爪爪（*Kalidium schrenkianum*）、短叶假木贼（*Anabasis brevifolia*）等植物（张高 等，2013）。天山中部北段荒漠植被的植物区系则以中亚成分为主，主要有小叶碱蓬（*Suaeda microphylla*）、无叶假木贼（*Anabasis aphylla*）、盐生假木贼（*A. salsa*）、蒿叶猪毛菜（*Salsola abrotanoides*）、天山猪毛菜（*S. junatovii*）等植物。天山中部的草原植被主要有针茅（*Stipa capillata*）、冷蒿（*Artemisia frigida*）、木地肤（*Kochia prostrata*）等。北方成分是天山中段山地森林、灌丛、草甸、高山植被的重要组成部分，主要植物有林地早熟禾（*Poa nemoralis*）、斑叶兰（*Goodyera schlechtendaliana*）、水杨梅（*Geum chiloense*）、龙胆（*Gentiana scabra*）等植物。中山草甸、亚高山和高山草甸仅在北坡比较湿润的地段有分布，建群种和优势种主要分别为各种小杂草类、中杂类草以及大车草。南坡由于气候的干旱性，显著抑制了草甸植被的发育（娄安如 等，1994）。

2.4 塔里木地区

在塔里木盆地有记录可查的野生种子植物共计165种，隶属于105属35科。其中地面牙生植物占比为46.8%，一年生植物占比为30.1%，表现出的生长类型为温带荒漠型，在靠近河岸地带周围密集生长，在远离河岸地带的区域稀疏生长。盆地内的植物主要依靠地表水萌发生长，而依靠地下水维持生命周期。这类植物主要有骆驼刺（*Alhagi peudalhagi*）、甘草（*Glyeyrrhiza glabra*）、罗布麻（*Apoeynum venetum*）、芨芨草（*Aehnatherum splendens*）、芦苇（*Phragmites commuins*）等耗水植物，这些植物具有发达的根系，能够快速地生长以吸收更多的水分，它们的根系向地下扎得很深，并且随着地下水的下降而向更深处生长，依靠发达的根系广泛吸收水分而存活。与上述植物类似生存方式的植物还有胡杨（*Populus eupratiea*）、柽柳（*Tamarix* ssp.）、铃铛刺（*Halimodendron halodendron*）和白刺（*Nitraria sibiriea*）等植物。但这种对干旱条件适应能力强的植物占的比例很小，大部分植物还是需要在水资源充足的区域才能生长，并集结成不同规模大小的"绿洲"。以吴征镒教授对世界种子植物属的分布区类型为研究依据，对塔里木地区现有的植物种类分析，共发现11个植物分布属大类型，体现了塔里木地区植物的多样性和复杂性，也反映与世界各个范围的植物分布存在一定关联性（周禧琳 等，2016）。

2.5 昆仑山地区

喀喇昆仑山—昆仑山地区植物区系的科、属、种组成比较简单。据《昆仑植物志》统计，共有维管束植物87科555属2692种（吴玉虎，2013）。禾本科为本区第1大科，菊科居第2。豆科、十字花科、莎草科和藜科分居第3至第6位，均含50种以上。其中以中亚成分最多，为354种，约占44.5%，其次是青藏高原成分，为173种，约占21.7%。前者以昆仑山北坡和帕米尔东缘高山宽谷以及喀喇昆仑北翼高山分布较多，后者在延伸于高原的昆仑山南翼高原和中昆仑山间盆地分布较多。这说明，喀喇昆仑山—昆仑山因地势结构的独特性而成为亚洲荒漠植物亚区和青藏高原植物亚区之间的一个重要过渡地带（郭柯 等，1997）。

中昆仑山北坡植物垂直分异明显，从下到上

依次是蒿类荒漠和盐柴小半灌木荒漠、丛生禾草与蒿类荒漠草原、丛生禾草高寒草原、蒿草芜原、高山流石坡稀疏植被，崔恒心等（1988）将昆仑山北坡山地植被分为山地荒漠、山地荒漠草原、山地真草、高寒草原、高寒草甸、高山垫状植被、高山流石坡稀疏植被7个植被型。

3 珍稀濒危植物

生物多样性是人类赖以生存的物质基础。然而，随着人口数量的增长与人类活动对自然环境干扰程度的不断加剧，生物多样性已受到不同程度的威胁。目前，由人类活动导致的生物灭绝速率远超过地质历史的任何时期，生物多样性的丧失已然成为全球最严重的问题之一（曹秋梅 等，2015）。新疆地处中国西北边陲，因海拔和温度的巨大差异，生态环境条件十分复杂，因而孕育了从极地到暖温带的各种自然景观及生态系统，这为珍稀濒危物种提供了生存的良好环境（袁国映 等，2010）。结合文献（《国家重点保护野生植物名录——新疆地区部分》和中国濒危植物信息系统），新疆地区珍稀濒危种子植物约45科146种（表2-1）。

表2-1 新疆濒危濒危植物名录表

植物名	拉丁名	科	地方保护	国家保护	濒危等级
新疆五针松	Pinus sibirica	松科	Ⅰ级		VU
新疆冷杉	Abies sibirica	松科	Ⅰ级		EN
昆仑方枝柏	Juniperus centrasiatica	柏科	Ⅰ级		
昆仑圆柏	J. jarkendensis	柏科	Ⅰ级		
欧亚圆柏	J. sabina	柏科	Ⅱ级		
西伯利亚刺柏	J. sibirica	柏科	Ⅱ级		LC
麻黄属所有种（新疆10种）	Ephedra spp.	麻黄科	Ⅰ级	Ⅱ级	
萍蓬草	Nuphar pumila	睡莲科	Ⅰ级		VU
雪白睡莲	Nymphaea candida	睡莲科	Ⅰ级	Ⅱ级	EN
星叶草	Circaeaster agrestis	毛茛科	Ⅰ级		LC
新牡丹草	Gymnospermium altaicum	小檗科	Ⅱ级		LC
牡丹草	G. microrrhynchum	小檗科	Ⅱ级		NT
红裂叶罂粟	Roemeria refracta	罂粟科	Ⅱ级		LC
胡桃	Juglans regia	胡桃科	Ⅰ级	Ⅱ级	VU
天山桦	Betula tianschanica	桦木科	Ⅰ级		LC
梭梭	Haloxylon ammodendron	藜科	Ⅰ级	Ⅱ级	LC
白梭梭	H. persicum	藜科	Ⅰ级	Ⅱ级	VU
裸果木	Gymnocarpos przewalskii	石竹科	Ⅰ级	Ⅰ级	LC
艾比湖沙拐枣	Calligonum ebinuricum	藜科	Ⅱ级		EN
塔里木沙拐枣	C. roborovskii	藜科	Ⅱ级		LC
滇牡丹	Paeonia delavayi	芍药科		Ⅱ级	

(续)

植物名	拉丁名	科	地方保护	国家保护	濒危等级
块根芍药	*P. intermedia*	芍药科	Ⅰ级		
新疆芍药	*P. anomala*	芍药科	Ⅰ级		
半日花	*Helianthemum songoricum*	半日花科	Ⅰ级	Ⅱ级	EN
阿尔泰堇菜	*Viola altaica*	堇菜科	Ⅱ级		LC
塔城堇菜	*V. tarbagatica*	堇菜科	Ⅱ级		
心叶水柏枝	*Myricaria pulcherrima*	柽柳科	Ⅰ级		
匍匐水柏枝	*M. prostrata*	柽柳科	Ⅰ级		NT
新疆琵琶柴	*Reaumuria kaschgarica*	柽柳科	Ⅰ级		VU
沙生柽柳	*Tamarix taklamakanensis*	柽柳科	Ⅰ级	Ⅱ级	VU
伊犁杨	*Populus iliensis*	杨柳科	Ⅱ级		
额河杨	*P. × jrtyschensis*	杨柳科	Ⅱ级	Ⅱ级	
帕米尔杨	*P. pamirica*	杨柳科	Ⅰ级		
灰胡杨	*P. pruinosa*	杨柳科	Ⅰ级		LC
山柑	*Capparis spinosa*	山柑科	Ⅱ级		LC
喀什藏芥	*Phaeonychium kashgaricum*	十字花科	Ⅱ级		
二节荠	*Crambe kotschyana*	十字花科	Ⅱ级		NT
塔什库尔干藏芥	*Hedinia taxkorganica*	十字花科	Ⅱ级		
福海棒果芥	*Sterigmostmum fuhaiense*	十字花科	Ⅱ级		
盐芥	*Thellungiella salsuginea*	十字花科	Ⅰ级		LC
岩高兰	*Empetrum nigrum*	岩高兰科	Ⅰ级		VU
北极果	*Arctous alpinus*	杜鹃花科	Ⅱ级		LC
松毛翠	*Phyllodoce caerulea*	杜鹃花科	Ⅰ级		LC
红景天	*Rhodiola rosca*	景天科	Ⅰ级		VU
喀什红景天	*R. kaschgarica*	景天科	Ⅱ级	Ⅱ级	CR
狭叶红景天	*R. kirilovii*	景天科	Ⅱ级	Ⅱ级	LC
长白红景天	*R. angusta*	景天科	Ⅰ级	Ⅱ级	
大花红景天	*R. crenulata*	景天科		Ⅱ级	EN
四裂红景天	*R. quadrifida*	景天科		Ⅱ级	LC
唐古红景天	*R. tangutica*	景天科		Ⅱ级	VU
东疆红景天	*R. telephioides*	景天科	Ⅱ级		
矮扁桃（野扁桃）	*Prunus nana*	蔷薇科	Ⅰ级	Ⅱ级	
杏	*P. armeniaca*	蔷薇科	Ⅰ级		LC
新疆野杏	*P. armeniaca* var. *ansu*	蔷薇科		Ⅱ级	NT
樱桃李	*P. sogdiana*	蔷薇科	Ⅰ级	Ⅱ级	LC
新疆樱桃李	*P. cerasifera*	蔷薇科		Ⅱ级	
天山樱桃	*P. tianschanica*	蔷薇科	Ⅱ级		
稠李	*Padus avium*	蔷薇科	Ⅱ级		
准噶尔山楂	*Crataegus songorica*	蔷薇科	Ⅱ级		

(续)

植物名	拉丁名	科	地方保护	国家保护	濒危等级
新疆野苹果	*Malus sieversii*	蔷薇科	Ⅰ级	Ⅱ级	
帕米尔金露梅	*Pentaphylloides dryadanthoides*	蔷薇科	Ⅱ级		LC
单叶蔷薇（小檗叶蔷薇）	*Rosa persica*	蔷薇科	Ⅱ级	Ⅱ级	LC
宽刺蔷薇	*R. platyacantha*	蔷薇科	Ⅱ级		NT
西伯利亚花楸	*Sorbus sibirica*	蔷薇科	Ⅱ级		LC
银沙槐	*Ammodendron bifolium*	豆科	Ⅰ级		EN
沙冬青	*Ammopiptanthus mongolicus*	豆科		Ⅱ级	VU
新疆沙冬青	*A. nanus*	豆科	Ⅰ级	Ⅱ级	
茧荚黄芪	*Astragalus lehmannianus*	豆科	Ⅰ级		LC
膜荚黄芪	*A. membranaceus*	豆科	Ⅰ级	Ⅱ级	
新疆丽豆	*Calophaca soongorica*	豆科	Ⅱ级		NT
中国丽豆	*C. chinensis*	豆科	Ⅰ级		
准噶尔无叶豆	*Eremosparton songoricum*	豆科	Ⅱ级		CR
洋甘草	*Glycyrrhiza glabra*	豆科	Ⅰ级	Ⅱ级	LC
胀果甘草	*G. inflata*	豆科	Ⅰ级	Ⅱ级	LC
甘草	*G. uralensis*	豆科	Ⅰ级	Ⅱ级	LC
大沙枣	*Elaeagnus moorcroftii*	胡颓子科	Ⅱ级		
尖果沙枣	*E. oxycarpa*	胡颓子科	Ⅱ级		LC
额河菱角	*Trapa saissanica*	菱科	Ⅰ级		
沙大戟	*Chrozophora sabulosa*	大戟科	Ⅱ级		LC
帕米尔鼠李	*Rhamnus minuta*	鼠李科	Ⅱ级		LC
新疆鼠李	*R. songorica*	鼠李科	Ⅱ级		LC
天山枫	*Acer tataricum*	无患子科	Ⅰ级		
新疆白鲜	*Dictamnus angustifolius*	芸香科	Ⅱ级		
帕米尔白刺	*Nitraria pamirica*	蒺藜科	Ⅱ级		VU
新疆驼蹄瓣	*Zygophyllum sinkiangense*	蒺藜科	Ⅱ级		LC
圆锥茎阿魏	*Ferula conocaula*	伞形科	Ⅰ级		VU
多伞阿魏	*F. ferulaeoides*	伞形科	Ⅰ级		LC
阜康阿魏	*F. fukangensis*	伞形科	Ⅰ级	Ⅱ级	EN
麝香阿魏	*F. moschata*	伞形科		Ⅱ级	VU
托里阿魏	*F. krylovii*	伞形科	Ⅰ级		LC
大果阿魏	*F. lehmannii*	伞形科	Ⅰ级		LC
新疆阿魏	*F. sinkiangensis*	伞形科	Ⅰ级	Ⅱ级	CR
睡菜	*Menyanthes trifoliata*	龙胆科	Ⅱ级		
罗布麻	*Apocynum venetum*	夹竹桃科	Ⅰ级		LC
喀什牛皮消	*Cynanchum kashgaricum*	夹竹桃科	Ⅱ级		
大叶白麻	*Poacynum hendersonii*	夹竹桃科	Ⅰ级		

(续)

植物名	拉丁名	科	地方保护	国家保护	濒危等级
白麻	P. pictum	夹竹桃科	Ⅰ级	Ⅱ级	
柱筒枸杞	Lycium cylindricum	茄科	Ⅱ级	Ⅱ级	CR
新疆枸杞	L. dasytemum	茄科	Ⅱ级		
黑果枸杞	L. ruthenicum	茄科		Ⅱ级	
软紫草	Arnebia euchroma	紫草科	Ⅰ级	Ⅱ级	EN
新疆紫草	A. tschimganica	紫草科	Ⅰ级	Ⅱ级	VU
小叶白蜡（天山梣）	Fraxinus sogdiana	木樨科	Ⅰ级	Ⅱ级	VU
肉苁蓉属所有种(新疆3种)	Cistanche spp.	列当科	Ⅰ级	Ⅱ级	
雪莲	Saussurea involucrata	菊科	Ⅰ级	Ⅱ级	EN
绵头雪兔子	S. laniceps	菊科		Ⅱ级	DD
阿尔泰雪莲	S. orgaadayi	菊科		Ⅱ级	
鹿根	Stemmacantha carthamoides	菊科	Ⅰ级		VU
花蔺草	Butomus umbellatus	花蔺科	Ⅱ级		LC
膜果泽泻	Alisma lanceolatum	泽泻科	Ⅱ级		LC
小泽泻	A. nanum	泽泻科	Ⅱ级		EN
沙生蔗茅	Erianthus ravennae	禾本科	Ⅱ级		
新源假稻	Leersia oryzoides	禾本科	Ⅰ级		LC
大赖草	Leymus racemosus	禾本科	Ⅱ级		LC
新疆小麦	Triticum petropavlovskyi	禾本科	Ⅰ级		
短芒芨芨草	Achnatherum breviaristatum	禾本科		Ⅱ级	VU
三刺草	Aristida triseta	禾本科		Ⅱ级	LC
阿拉善披碱草	Elymus alashanicus	禾本科		Ⅱ级	LC
黑紫披碱草	E. atratus	禾本科		Ⅱ级	LC
短柄披碱草	E. brevipes	禾本科		Ⅱ级	LC
新疆披碱草	E. sinkiangensis	禾本科		Ⅱ级	LC
贝母属所有种（新疆9种）	Fritillaria spp.	百合科	Ⅰ级	Ⅱ级	
天山百合	Lilium tianschanicum	百合科		Ⅱ级	DD
新疆百合	L. martagon var. pilosiusculum	百合科	Ⅰ级		NT
新疆郁金香	Tulipa sinkiangensis	百合科	Ⅰ级		EN
手参	Gymnadenia conopsea	兰科	Ⅱ级	Ⅱ级	EN
锁阳	Cynomorium songaricum	锁阳科	Ⅰ级	Ⅱ级	VU

注：1.保护级别为空表示未定级。
2.DD为数据缺乏，LC为无危，NT为近危，VU为易危，EN为濒危，CR为极危，EW为野外灭绝，EX为灭绝。

第三章

新疆观赏植物资源

1 新疆观赏植物资源调查、利用及应用概况

新疆的野生植物已查明的有4000余种，其中已证明有经济和药用价值的有罗布麻、橡胶草、阿魏、贝母、枸杞、甘草、雪莲等1000多种，稀有者约100种，列为国家保护的有野苹果、西伯利亚巨杉、胡杨等20余种（新疆维吾尔自治区人民政府网，2019）。而新疆维吾尔自治区生态环境厅公布的新疆野生观赏植物有1000余种，具有较高观赏价值的野生花卉植物有54科117属394种，目前其大都仍处于野生状态。

关于新疆野生植物资源的研究与利用，包括中国科学院、北京林业大学、中国农科院、中国林业科学研究院等全国多个院所长期以来一直在从事各方面的科研活动，并有大量成果问世。而近30年来，疆内的新疆农业大学、石河子大学、新疆应用职业技术学院、克拉玛依市园林科学研究所等多所大学和科研单位的大量科研工作者对新疆野生观赏植物资源进行了较为全面的资源调查、引种驯化与利用的研究，并取得了一定成果。通过国家自然科学基金、新疆维吾尔自治区科技攻关项目、自治区科技成果转化项目等课题的资助及各地区植物资源普查，对100多种进行了引种栽培试验、繁殖试验及育种选种等方面的研究工作，部分观赏植物如疏花蔷薇、新疆忍冬、天山桦、胡杨、大叶榆、黄果山楂、多枝柽柳、喜盐鸢尾、窄叶芍药等引种并广泛应用于城市的街道及庭院绿化（苗昊翠，2008）。新疆应用职业技术学院的郭润华团队利用新疆原产的疏花蔷薇杂交育成了'天山祥云''天山霞光'等系列具有自主知识产权的抗寒耐盐月季新品种，在疆内及全国北方多处寒冷地区进行成功试种与推广（郭润华，2011），成为中国新花卉资源开发利用的典范。

此外，新疆的很多野生花卉群落、分布区也成为了重要的花卉自然景观，如野杏林、野胡杨林、芍药谷、郁金香花海、黑环罂粟花海等等，极大地丰富了新疆的自然旅游资源，但亦需进一步协调好保护与开发之间的关系，新疆的很多特色观赏植物同时也是当地的民族植物（药用、食用、纤维、色素等），如杏、柽柳属、蔷薇属、阿魏属、罗布麻、黑果枸杞、沙拐枣、肉苁蓉等，文化特色突出，是开发功能性园林植物的基础。而新疆多年引种的一些植物资源如薰衣草、玫瑰、鼠尾草等，也在当地形成了地域特色，不仅用于园林绿化美化，同时还在芳香、药用等产业中发挥了重要作用，甚至成为了地标产品。

新疆幅员辽阔，南北疆区域差异较大，但城市绿化植物多具有抗旱、抗寒、耐盐碱等显著特点。除了对本土资源的重视，随着近年来经济和城市的发展，越来越多的非新疆本土观赏植物被广泛应用于城市绿化工程（马刘峰 等，2015）。如克拉玛依市园林科研所自20世纪90年代起开展了宿根花卉的引种工作，筛选出适合克拉玛依市绿化的多种宿根花卉（胡秀琴 等，2001）。目前新疆广泛栽培的木本观赏植物有榆叶梅、白榆、圆冠榆、杂交杨、紫丁香、

塔吉克族村落与杏花景观

叶尔羌河谷塔吉克族村落与杏花景观

薰衣草在伊犁河谷广泛种植

自育新疆乡土抗寒庭院月季新品种'天山祥云'

大叶白蜡、云杉、油松、紫穗槐、接骨木、新疆杨、白柳、樟子松、红瑞木、五叶地锦、国槐、刺槐、珍珠梅、圆柏、山楂、苹果、夏橡等，这些植物具有很好的地区适应性和良好的生长状况，生长势强，具有抗旱、抗寒、耐盐碱等特点（武文丽，2008）。

2 新疆野生观赏植物资源调查与评价

本课题组在前期调查到新疆野生植物894种，通过综合观赏价值评价，初步筛选出具有较好观赏和应用价值的64科258属504种（含7亚种、14变种、无变型），其中，蕨类植物3科3属4种，裸子植物3科4属10种；双子叶植物54科237属456种，单子叶植物4科14属34种。新疆的观赏植物资源，总的来说具有以下几个特点：一是种类丰富、地域地带性明显，如郁金香属、沙拐枣属、蔷薇属、锦鸡儿属等植物极具特色；二是观赏性状突出，奇特种类多，无论是花色、花型还是观叶、观果类资源都比较丰富；三是抗逆性强，尤其在抗寒、抗旱及耐盐碱方面的基因突出，是应用和育种的优秀素材；四是资源分布和应用区域广泛，如草花既有大量可用于花坛、花境的资源，也有可用于切花、盆花、干花的优秀资源，开发潜力大。

为便于说明，从木本观赏植物、草本观赏植物、藤本观赏植物、水生观赏植物、蕨类观赏植物等5大类进行归类。但许多植物的观赏特性兼而有之，因此，各类型间无严格的区分界限。在园林用途归类上，为简化描述，采用了以下简写形式：rt–roadside tree（行道树）、gt–garden tree（庭院树）、fs–flowering shrub（花灌木）、gf–green fence（绿篱）、lt–landscape tree（风景林）、vap–vertical afforestation plant（垂直绿化植物）、cf–cutting flower（切花）、bf–bedding flower（花坛花卉）、bh–border herb（花境花卉）、wp–water plant（水生花卉）、gcf–ground cover flower（地被花卉）、scp–scioshyte foliage plant（阴地观叶植物）、mp–mat plant（铺地植物）、rp–rock plant（岩生植物）、mf–marsh flower（沼泽花卉）、gsp–garden shelter plant（防护植物）、pp–pot plant（盆栽花卉）、plt–potted landscape tree（桩景树），英文译法均参照《英汉园艺学词典》（章文才，1992）。此外，在观赏植物资源分类表中已经列出拉丁名的观赏植物，在正文中重复出现时，不再附注拉丁名。

2.1 木本观赏植物

本卷调查新疆约有野生木本观赏植物26科51属118种（6变种，下同），种类较多的包括蔷薇科（11属44种）、蓼科（2属9种）、忍冬科（4属9种）、小檗科（3属6种）等，拟将其分为观花类、观花观果类、观姿（叶、干）类3类，总结如下。

（1）观花类

统计约有木本观花植物22科44属103种，主要集中在蔷薇科（44种）、豆科（9种）、忍冬科（9种）、蓼科（9种）等。木本观花植物以白色、黄色为主，占种数64.1%，蓝色、紫色花占种数的12.6%，红色、粉红色花占种数的23.3%。主要木本观花植物见表3-1：

表3-1 新疆木本观花类植物资源

科名	种名	拉丁名	花期（月）	花色	园林用途
麻黄科	垫状山岭麻黄	*Ephedra gerardiana* var.*congesta*	7	黄色	mp, rp, bh
小檗科	伊犁小檗	*Berberis iliensis*	5~6	黄色	fs
小檗科	异果小檗	*B. atrocarpa*	4	黄色	fs
小檗科	喀什小檗	*B. kaschgarica*	5~6	黄色	fs
小檗科	西伯利亚小檗	*B. sibirica*	5~7	橘黄色	fs
蓼科	无叶假木贼	*Anabasis aphylla*	6~7	黄色	fs
蓼科	拳木蓼	*Atraphaxis compacta*	6~8	粉红色	fs, gsp
蓼科	木蓼	*A. frutescens*	6~8	粉红色	fs, gsp

(续)

科名	种名	拉丁名	花期（月）	花色	园林用途
蓼科	小沙拐枣	*Calligonum pumilum*	4~5	淡红色	fs，lt，gsp
蓼科	奇台沙拐枣	*C. klementzii*	5~6	淡黄色	fs，lt
蓼科	密刺沙拐枣	*C. densum*	5~6	淡粉色或淡黄色	fs，lt
蓼科	泡果沙拐枣	*C. calliphysa*	4~6	淡黄色	fs，lt
蓼科	红果沙拐枣	*C. rubicundum*	5~6	粉红色或红色	fs，lt，gsp
蓼科	乔木状沙拐枣	*C. arborescens*	4~5	粉色	fs，lt，gsp
蓼科	艾比湖沙拐枣	*C. ebinuricum*	4~5	淡红色	fs，lt，gsp
白花丹科	木本补血草	*Limonium suffruticosum*	8~10	淡紫色至蓝紫色	mp，bh
白花丹科	刺叶彩花	*Acantholimon alatavicum*	9~10	淡紫红色	mp，bh
白花丹科	天山彩花	*A. tianschanicum*	6~9	淡紫红色	mp，bh
白花丹科	乌恰彩花	*A. popovii*	6~8	粉红色	mp，bh
柽柳科	多枝柽柳	*Tamarix ramosissima*	5~9	粉红色或紫色	fs，gsp，plt
柽柳科	细穗柽柳	*T. leptostachya*	6~7	淡紫红色或粉红色	fs，gsp，plt
柽柳科	红砂	*Reaumuria soongarica*	7~8	淡红	fs
柽柳科	宽苞水柏枝	*Myricaria bracteata*	6~7	粉红色、淡红色	fs
白花菜科	爪瓣山柑	*Capparis himalayensis*	6~7	白色	mp，gsp
十字花科	灌木（丛）条果芥	*Parrya fruticulosa*	6~7	紫色或淡紫色	gcf，mp
杜鹃花科	越橘	*Vaccinium vitis-idaea*	6~7	白色或淡红色	fs，mp，pp
虎耳草科	天山茶藨子	*Ribes meyeri*	5~6	红色	fs，gf，bh，gcf
蔷薇科	尖刺蔷薇	*Rosa oxyacantha*	6~7	粉红色	fs
蔷薇科	密刺蔷薇	*R.spinosissima*	5~6	白色、黄色	fs，gf
蔷薇科	刺蔷薇	*R.acicularis*	6~7	玫瑰红色	fs
蔷薇科	腺齿蔷薇	*R.albertii*	6~8	白色	fs
蔷薇科	大花密刺蔷薇	*R.spinosissirna* var. *altaica*	5~6	白色	fs
蔷薇科	宽刺蔷薇	*R.platyacantha*	5~8	黄色	fs，gf
蔷薇科	腺毛蔷薇	*R.fedtschenkoana*	6~8	白色	fs
蔷薇科	樟味蔷薇	*R.majalis*	6~7	粉红色	fs
蔷薇科	矮蔷薇	*R.nanothamnus*	6~7	白色或粉红色	fs
蔷薇科	藏边蔷薇	*R.webbiana*	6~7	淡粉红色或玫瑰色	fs
蔷薇科	单叶蔷薇	*R.persica*	5~6	黄色	fs，mp
蔷薇科	疏花蔷薇	*R.laxa*	6~8	白色	fs，gf，gsp
蔷薇科	喀什疏花蔷薇	*R.laxa* var. *kaschgarica*	6~8	白色或淡粉色	fs
蔷薇科	毛叶疏花蔷薇	*R.laxa* var. *mollis*	6~8	白色	fs
蔷薇科	托木尔蔷薇	*R.laxa* var. *tomurensis*	6~8	白色	fs
蔷薇科	弯刺蔷薇	*R.beggeriana*	5~7	白色、稀粉红色	fs，gf，gsp
蔷薇科	毛叶弯刺蔷薇	*R.beggeriana* var. *liouii*	5~7	白色、稀粉红色	fs
蔷薇科	西藏蔷薇	*R.tibetica*	6-7	白色	fs

(续)

科名	种名	拉丁名	花期（月）	花色	园林用途
蔷薇科	伊犁蔷薇	R. iliensis	6~8	白色	fs
蔷薇科	金露梅	Potentilla fruticosa	6~9	黄色	fs, gf, mp, rp, bh, pp
蔷薇科	西北沼委陵菜	Comarum salesovianum	6~8	白色	fs, gf, rp, bh
蔷薇科	新疆野苹果	Malus sieversii	5	白色	gt, lt
蔷薇科	樱桃李	Prunus cerasifera	4	白色	rt, gt, lt
蔷薇科	杏	P. armeniaca	3~4	白色带红色	rt, gt, lt
蔷薇科	天山花楸	Sorbus tianschanica	5~6	白色	rt, gt, lt
蔷薇科	稠李	Padus avium	4~5	白色	rt, gt, lt
蔷薇科	毛叶水栒子	Cotoneaster submultiflorus	5~6	白色	fs
蔷薇科	黑果栒子	C. melanocarpus	5~6	粉红色	fs, gf
蔷薇科	单花栒子	C. uniflorus	5~6	粉红色	fs
蔷薇科	准噶尔栒子	C. soongoricus	5~6	白色	fs, gf
蔷薇科	水栒子	C. multiflorus	5~6	白色	fs, gf
蔷薇科	准噶尔山楂	Crataegus songarica	5~6	白色	gt, lt
蔷薇科	辽宁山楂	C. sanguinea	5~6	白色	gt, lt
蔷薇科	阿尔泰山楂	C. altaica	5~6	黄绿色	gt, lt
蔷薇科	金丝桃叶绣线菊	Spiraea hypericifolia	5~6	白色	fs, bh
蔷薇科	欧亚绣线菊	S. media	5~6	白色	fs, bh
蔷薇科	绣线菊	S. salicifolia	6~8	粉红色	fs
蔷薇科	高山绣线菊	S. alpina	6~7	白色	fs
蔷薇科	三裂绣线菊	S. trilobata	5~6	白色	fs, gf, bh
蔷薇科	蒙古绣线菊	S. mongolica	5~7	白色	fs, gf
蔷薇科	天山绣线菊	S. tianschanica	5~7	黄色	fs
蔷薇科	石生悬钩子	Rubus saxatilis	6~7	白色	fs
蔷薇科	库页悬钩子	R. sachalinensis	6~7	白色	fs
蔷薇科	欧洲木莓	R. caesius	6~7	白色	fs, gf
豆科	骆驼刺	Alhagi sparsifolia	7	深紫红色	fs
豆科	铃铛刺	Halimodendron halodendron	7	粉红色	fs
豆科	鬼箭锦鸡儿	Caragana jubata	6~7	淡紫色	fs
豆科	白皮锦鸡儿	C. leucophloea	5~6	黄色	fs, plt
豆科	黄刺条	C. frutex	5~6	黄色	fs, bh, plt
豆科	多叶锦鸡儿	C. pleiophylla	6~7	黄色	fs
豆科	北疆锦鸡儿	C. camilli-schneideri	5~6	黄色	fs
豆科	吐鲁番锦鸡儿	C. turfanensis	5	黄色	fs
豆科	蒙古沙冬青	Ammopiptanthus mongolicus	4~5	黄色	fs, gsp
胡颓子科	沙棘	Hippophae rhamnoides	4~5	橙黄色或橘红色	fs, lt, gsp, plt
瑞香科	阿尔泰瑞香	Daphne altaica	5~6	白色	fs, bh, pp

(续)

科名	种名	拉丁名	花期（月）	花色	园林用途
卫矛科	中亚卫矛	Euonymus semenovii	5~6	紫棕色	fs
蒺藜科	霸王	Zygophyllum xanthoxylon	4~5	淡黄色	fs，mp
蒺藜科	白刺	Nitraria tangutorum	5~6	白色	fs，gsp
夹竹桃科	罗布麻	Apocynum venetum	5~7	紫红色或粉红色	fs，bh，gsp
夹竹桃科	大叶白麻	A. pictum	5~9	白色有深红色或粉红色条纹	fs，bh，gcf
茄科	黑果枸杞	Lycium ruthenicum	5~10	浅紫色	fs，pp
旋花科	灌木旋花	Convolvulus fruticosus	4~7	淡粉色、红色	fs，mp，rp，bh
唇形科	拟百里香	Thymus proximus	7~8	粉红色	fs，mp，rp，vap，bh
唇形科	异株百里香	T. marschallianus	7	红紫色或紫色	fs，mp，rp，vap，bh
唇形科	天山新塔花	Ziziphora tomentosa	7~8	淡紫色	fs，mp，rp，bh
唇形科	新塔花	Z. bungeana	7	紫红色	fs，mp，rp，bh
忍冬科	蓝果忍冬	Lonicera caerulea	5~6	黄白色	fs
忍冬科	刚毛忍冬	L. hispida	5~6	白色或淡黄色	fs
忍冬科	小叶忍冬	L. microphylla	5~6（7）	黄色或白色	fs，rp
忍冬科	新疆忍冬	L. tatarica	5~6	粉红色或白色	fs，gf
忍冬科	异叶忍冬	L. heterophylla	6~7	紫红色	fs
忍冬科	矮小忍冬	L. humilis	6	淡黄色	fs，rp
忍冬科	欧洲荚蒾	Viburnum opulus	5~7	白色	fs，gf
忍冬科	西伯利亚接骨木	Sambucus sibirica	6~7	淡黄色	fs
忍冬科	北极花	Linnaea borealis	6~7	白色或淡红色	fs，mp，gcf，pp
菊科	单头亚菊	Ajania scharnhorstii	8~9	黄色	fs，bh

（2）观花观果类

木本观花观果类系指花、果实的观赏价值均较高的植物，或称为花果木类。共有观花观果类观赏植物13科22属63种。种类较多的包括蔷薇科（7属34种，其中，蔷薇属19种，栒子属5种，山楂属3种，悬钩子属3种，李属2种，花楸属1种，苹果属1种）、忍冬科（3属8种，其中，忍冬属6种，荚蒾属1种，接骨木属1种）中。主要木本观花观果植物见表3-2：

表3-2　新疆木本观花观果类植物资源

科名	种名	拉丁名	花果期	花色	果色	园林用途
麻黄科	垫状山岭麻黄	Ephedra gerardiana var. congesta	花期7月、果期8~9月	黄色	橘红色	mp, rp, bh
小檗科	伊犁小檗	Berberis iliensis	花期5~6月、果期7~9月	黄色	亮红色	fs
小檗科	异果小檗	B. atrocarpa	花期4月、果期5~8月	黄色	黑色	fs
小檗科	喀什小檗	B. kaschgarica	花期5~6月、果期6~8月	黄色	黑色	fs
小檗科	西伯利亚小檗	B. sibirica	花期5~7月、果期8~9月	黄色	红色	fs
蓼科	木蓼	Atraphaxis frutescens	花果期6~8月	粉红色	粉红色	fs, gsp
蓼科	小沙拐枣	Calligonum pumilum	花期4~5月、果期5~6月	淡红色	淡红色	fs, lt, gsp
蓼科	奇台沙拐枣	C. klementzii	花期5~6月、果期6~7月	淡黄色	淡黄色	fs, lt
蓼科	密刺沙拐枣	C. densum	花期5~6月、果期6~7月	淡黄色	淡黄色	fs, lt
蓼科	泡果沙拐枣	C. calliphysa	花期4~6月、果期5~7月	淡黄色	淡黄色	fs, lt
蓼科	红果沙拐枣	C. rubicundum	花期5~6月、果期6~7月	粉红色或红色	红色	fs, lt, gsp
蓼科	乔木状沙拐枣	C. arborescens	花期4~5月、果期5~6月	粉色	粉色	fs, lt, gsp
蓼科	艾比湖沙拐枣	C. ebinuricum	花期4~5月、果期5~7月	淡红色	淡红色	fs, lt, gsp
白花菜科	爪瓣山柑	Capparis himalayensis	花期6~7月、果期8~9月	白色	暗绿色	mp, gsp
杜鹃花科	越橘	Vaccinium vitis-idaea	花期6~7月、果期8~9月	白色或淡红色	紫红色	fs, mp, pp
虎耳草科	天山茶藨子	Ribes meyeri	花期5~6月、果期7~8月	红色	鲜红至紫黑色	fs, gf, bh, gcf
蔷薇科	尖刺蔷薇	Rosa oxyacantha	花期6~7月、果期8~9月	粉红色	鲜红色	fs
蔷薇科	密刺蔷薇	R. spinosissima	花期5~6月、果期7~9月	白色、黄色	紫黑色	fs, gf
蔷薇科	刺蔷薇	R. acicularis	花期6~7月、果期7~9月	玫瑰红色	红色	fs
蔷薇科	腺齿蔷薇	R. albertii	花期6~8月、果期8~10月	白色	橙红色	fs
蔷薇科	大花密刺蔷薇	R. spinosissirna var. altaica	花期5~6月、果期7~9月	白色	黑色	fs
蔷薇科	宽刺蔷薇	R. platyacantha	花期5~8月、果期8~11月	黄色	暗红色至紫褐色	fs, gf
蔷薇科	腺毛蔷薇	R. fedtschenkoana	花期6~8月、果期8~10月	白色	深红色	fs
蔷薇科	樟味蔷薇	R. majalis	花期6~7月、果期8~9月	粉红色	橘红色	fs
蔷薇科	矮蔷薇	R. nanothamnus	花期6~7月、果期8~9月	白色或粉红色、	红色	fs
蔷薇科	藏边蔷薇	R. webbiana	花期6~7月、果期7~9月	淡粉红色或玫瑰色	亮红色	fs
蔷薇科	单叶蔷薇	R. persica	花期5~6月、果期7~9月	黄色	暗紫褐色	fs, mp
蔷薇科	疏花蔷薇	R. laxa	花期6~8月、果期8~9月	白色	红色	fs, gf, gsp
蔷薇科	喀什疏花蔷薇	R. laxa var. kaschgarica	花期6~8月、果期8~10月	白色或淡粉色	红色	fs
蔷薇科	毛叶疏花蔷薇	R. laxa var. mollis	花期6~8月、果期8~10月	白色	红色	fs

(续)

科名	种名	拉丁名	花果期	花色	果色	园林用途
蔷薇科	托木尔蔷薇	R. laxa var. tomurensis	花期6~8月、果期8~10月	白色	红色	fs
蔷薇科	弯刺蔷薇	R. beggeriana	花期5~7月、果期7~10月	白色、稀粉红色	红色转为黑紫色	fs，gf，gsp
蔷薇科	毛叶弯刺蔷薇	R. beggeriana var. liouii	花期5~7月、果期7~10月	白色、稀粉红色	红色转为黑紫色	fs
蔷薇科	西藏蔷薇	R. tibetica	花期6-7月、果期8-10月	白色	红色	fs
蔷薇科	伊犁蔷薇	R. iliensis	花期6~8月、果期8~10月	白色	黑色	fs
蔷薇科	新疆野苹果	Malus sieversii	花期5月、果期8~10月	白色	青色转为红色	gt，lt
蔷薇科	樱桃李	Prunus cerasifera	花期4月、果期8月	白色	红色、紫黑色	rt, gt, lt
蔷薇科	杏	P. armeniaca	花期3~4月、果期6~7月	白色带红色	黄红色	rt, gt, lt
蔷薇科	天山花楸	Sorbus tianschanica	花期5~6月、果期9~10月	白色	鲜红色	rt, gt, lt
蔷薇科	毛叶水栒子	Cotoneaster submultiflorus	花期5~6月、果期9月	白色	亮红色	fs
蔷薇科	黑果栒子	C. melanocarpus	花期5~6月、果期8~9月	粉红色	蓝黑色	fs, gf
蔷薇科	单花栒子	C. uniflorus	花期5~6月、果期8~9月	粉红色	红色	fs
蔷薇科	准噶尔栒子	C. soongoricus	花期5~6月、果期9~10月	白色	红色	fs, gf
蔷薇科	水栒子	C. multiflorus	花期5~6月、果期8~9月	白色	红色	fs, gf
蔷薇科	准噶尔山楂	Crataegus songarica	花期5~6月、果期7~8月	白色	黑紫色	gt, lt
蔷薇科	辽宁山楂	C. sanguinea	花期5~6月、果期7~8月	白色	血红色	gt, lt
蔷薇科	阿尔泰山楂	C. altaica	花期5~6月、果期8~9月	黄绿色	黄色或橘黄色	gt, lt
蔷薇科	石生悬钩子	Rubus saxatilis	花期6~7月、果期7~8月	白色	红色	fs
蔷薇科	库页悬钩子	R. sachalinensis	花期6~7月、果期8~9月	白色	红色	fs
蔷薇科	欧洲木莓	R. caesius	花期6~7月、果期8月	白色	黑色	fs, gf
胡颓子科	沙棘	Hippophae rhamnoides	花期4~5月、果期9~10月	黄色	橙黄色或橘红色	fs, lt, gsp, plt
瑞香科	阿尔泰瑞香	Daphne altaica	花期5~6月、果期7~9月	白色	紫黑色	fs，bh，pp
卫矛科	中亚卫矛	Euonymus semenovii	花期5~6月、果期8月	紫棕色	橙黄色	fs
蒺藜科	白刺	Nitraria tangutorum	花期5~6月	白色	深红色	fs, gsp
茄科	黑果枸杞	Lycium ruthenicum	花果期5~10月	浅紫色	紫黑色	fs，pp
忍冬科	蓝果忍冬	Lonicera caerulea	花期5~6月、果期6~7月	黄白色	蓝黑色	fs
忍冬科	刚毛忍冬	L. hispida	花期5~6月	白色或淡黄色	红色	fs
忍冬科	小叶忍冬	L. microphylla	花期5~6(7)月、果期7~9月	黄色或白色	红色或橙黄色	fs，rp
忍冬科	新疆忍冬	L. tatarica	花期5~6月、果期7~8月	粉红色或白色	红色	fs, gf
忍冬科	异叶忍冬	L. heterophylla	花期6~7月、果期7~8月	紫红色	红色	fs
忍冬科	矮小忍冬	L. humilis	花期6月、果期7~8月	淡黄色	鲜红色	fs，rp
忍冬科	欧洲荚蒾	Viburnum opulus	花期5~7月、果期7~9月	白色	红色	fs, gf
忍冬科	西伯利亚接骨木	Sambucus sibirica	果期7~8月	淡黄色	鲜红色	fs

荒漠戈壁柽柳景观

雪映杏花（塔县）

野果林春花烂漫（大西沟）

早春吐杏（伊犁）

中国观赏植物种质资源

新疆卷①

阿尔泰山楂

天山茶藨子

腺齿蔷薇

异果小檗

（3）观姿（叶、干）类

观姿类植物主要为木本植物，是指树冠饱满或树姿优美的观赏植物，也有树形或枝干奇特的植物，其枝、叶、花和果实具有一定的观赏性，在园林中可作为孤景树、桩景树、庭荫树、行道树或风景林等，起主景、局部点缀或者遮蔽、防护等作用。观姿类树种在实际应用中，也常作为造林树种应用。共有观姿类木本植物6科8属15种。具体种类见表3-3。

表3-3　新疆木本观姿类植物资源

科名	种名	拉丁名	园林用途
松科	雪岭杉	*Picea schrenkiana*	rt，gt，lt
松科	新疆落叶松	*Larix sibirica*	rt，gt，lt
柏科	西伯利亚刺柏	*Juniperus sibirica*	mp，rp，plt
柏科	新疆方枝柏	*J. pseudosabina*	mp，rp，plt
柏科	叉子圆柏	*J. sabina*	mp，rp，plt
麻黄科	膜果麻黄	*Ephedra przewalskii*	mp，rp
麻黄科	中麻黄	*E. intermedia*	mp，rp，bh
麻黄科	木贼麻黄	*E. equisetina*	mp，rp
麻黄科	双穗麻黄	*E. distachya*	mp，rp
桦木科	垂枝桦	*Betula pendula*	rt，gt，lt
桦木科	天山桦	*B. tianschanica*	rt，gt，lt

(续)

科名	种名	拉丁名	园林用途
藜科	白梭梭	*Haloxylon persicum*	lt, gsp
藜科	盐穗木	*Halostachys caspica*	mp, gsp
杨柳科	胡杨	*Populus euphratica*	rt, gt, lt, gsp
杨柳科	苦杨	*P. laurifolia*	rt, gt, lt

雪岭云杉+勿忘我夏季景观

白桦林景观

禾木秋季景观（桦木属、落叶松属+云杉属）

禾木秋季景观（桦木属、落叶松属+云杉属）

禾木秋季景观（桦木林+云杉林）

落叶松属+云杉属+疣枝桦

阿尔泰秋季景观（杨属+云杉属）

垫状匍匐观赏灌木（欧亚圆柏景观）

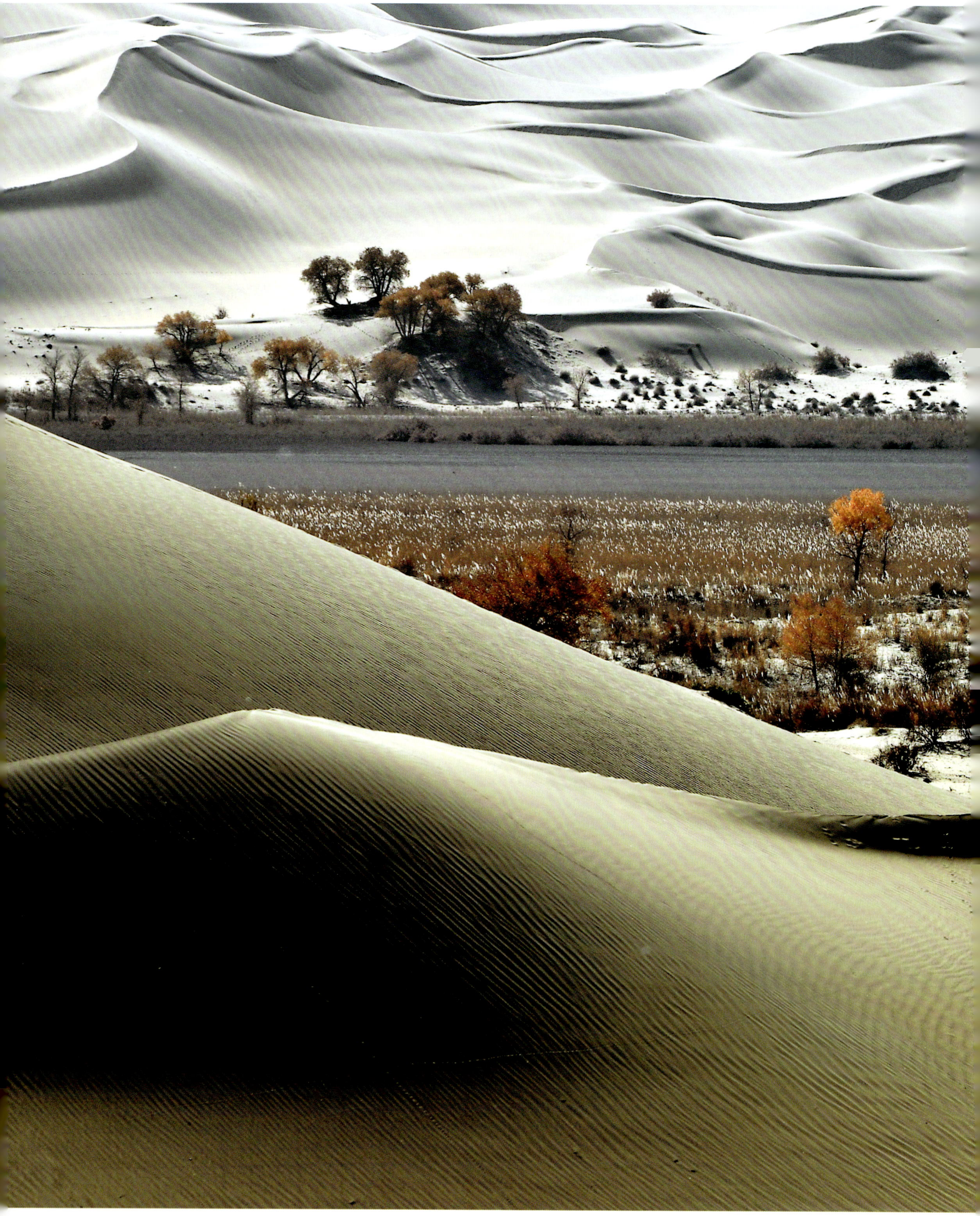

沙漠胡杨秋季景观

2.2 草本观赏植物

新疆拥有大量的草本观赏植物，它们有的花大色艳，有的精巧细致，有的果实晶莹剔透、惹人喜爱，有的则郁郁葱葱地生长在林下。根据草本观赏植物不同的观赏部位和生长环境，可将它们分为观花类、观花观果类、观叶类、地被植物4类。地被植物类型根据其生长环境的特点，也包含了岩生花卉。

（1）观花类

草本观花类观赏植物有45科205属372种，主要集中在菊科54种、豆科36种、唇形科31种、毛茛科27种、百合科21种、十字花科20种、玄参科18种、蔷薇科15种、石竹14种。草本观花植物以白色、黄色为主，占种数52.4%，蓝色、紫色花占种数的35.8%，红色、粉红色花占种数的11.8%。具体种类见表3-4：

表3-4　新疆草本观花类植物资源

科名	种名	拉丁名	花期（月）	花色	园林用途
毛茛科	夏侧金盏花	*Adonis aestivalis*	6	橙黄色	bf，bh，gcf
毛茛科	北侧金盏花	*A. sibirica*	6	黄色	bf，bh，gcf
毛茛科	阿尔泰金莲花	*Trollius altaicus*	5~7	橙色	bf，bh，gcf，pp
毛茛科	准噶尔金莲花	*T. dschungaricus*	6~8	黄色	bf，bh，gcf
毛茛科	淡紫金莲花	*T. lilacinus*	7~8	淡紫	bh，gcf
毛茛科	白喉乌头	*Aconitum leucostomum*	7~8	淡蓝紫色	bh
毛茛科	拟黄花乌头	*A. anthoroideum*	8~9	淡黄色	cf，bf，bh
毛茛科	圆叶乌头	*A. rotundifolium*	8	蓝紫色	bh，gcf，pp
毛茛科	展毛多根乌头	*A. karakolicum* var. *patentipilum*	7~8	蓝紫色	cf，bh
毛茛科	扁果草	*Isopyrum anemonoides*	6~7	白色	bh，gcf，pp
毛茛科	西伯利亚耧斗菜	*Aquilegia sibirica*	6~7	蓝紫色	bf，bh，gcf
毛茛科	暗紫耧斗菜	*A. atrovinosa*	5~7	暗紫色	bh，gcf，pp
毛茛科	拟耧斗菜	*Paraquilegia microphylla*	6~8	白色	rp，bh，gcf，pp
毛茛科	细叶白头翁	*Pulsatilla turczaninovii*	5	蓝紫色	bh，gcf
毛茛科	钟萼白头翁	*P. campanella*	5~6	蓝紫色	bh，gcf
毛茛科	毛果船苞翠雀花	*Delphinium naviculare* var. *lasiocarpum*	8	蓝紫色	bh
毛茛科	和丰翠雀花	*D. sauricum*	7~8	蓝紫色	cf，bh
毛茛科	角果毛茛	*Ceratocephala testiculata*	3~5	黄色	bh，gcf
毛茛科	厚叶美花草	*Callianthemum alatavicum*	5~6	白色	bh，gcf，pp
毛茛科	紫堇叶唐松草	*Thalictrum isopyroides*	6	黄绿色有紫晕	bh，gcf
毛茛科	驴蹄草	*Caltha palustris*	5~9	黄色	bh，gcf，pp
毛茛科	毛茛	*Ranunculus japonicus*	4~9	黄色	mp，bh，gcf
毛茛科	宽瓣毛茛	*R. albertii*	5~8	黄色	mp，bh，gcf
毛茛科	云生毛茛	*R. nephelogenes*	6~7	黄色	mp，bh，gcf
毛茛科	新疆毛茛	*R. songoricus*	6~8	黄色	mp，bh，gcf
毛茛科	伏毛银莲花	*Anemone narcissiflora* subsp. *protracta*	6~7	白色	bh，gcf
毛茛科	大花银莲花	*A. sylvestris*	5~6	白色	bh，gcf，pp
小檗科	囊果草	*Leontice incerta*	4	黄色	bh
小檗科	阿尔泰牡丹草	*Gymnospermiun altaicum*	5	黄色	bh，gcf
罂粟科	新疆海罂粟	*Glaucium squamigerum*	5~10	金黄色	bh，gcf
罂粟科	托里罂粟	*Papaver litvinovii*	5	红色或橘红色	bh，gcf
罂粟科	野罂粟	*P. nudicaule*	5~9	淡黄色、黄色	bf，bh，gcf

(续)

科名	种名	拉丁名	花期(月)	花色	园林用途
罂粟科	灰毛罂粟	P. canescens	6~8	黄色或橘黄色	bh, gcf
罂粟科	烟堇	Fumaria officinalis	5~8	紫色	gcf
罂粟科	红花疆罂粟	Roemeria refracta	4~6	红花	mp, bf, bh, gcf
罂粟科	薯根延胡索	Corydalis ledebouriana	7~8	淡紫色	bh, gcf
罂粟科	阿山黄堇	C. nobilis	5	黄色	bh, gcf, pp
罂粟科	方茎黄堇	C. capnoides	6~8	淡黄色	bh, gcf, pp
罂粟科	中亚紫堇	C. semenowii	6~7	淡黄色	bh, gcf
藜科	钝叶猪毛菜	Salsola heptapotamica	7~8	红色	bh, gcf
藜科	浆果猪毛菜	S. foliosa	8~9	白色	bh, gcf
藜科	刺沙蓬	S. tragus	8~9	粉色	bh, gcf
藜科	紫翅猪毛菜	S. affinis	7~8	红色	bh, gcf
藜科	柴达木猪毛菜	S. zaidamica	7~8	黄白色	bh, gcf
藜科	盐生草	Halogeton glomeratus	7~9	粉色	mp, gcf
石竹科	石竹	Dianthus chinensis	5~6	紫红色、粉红色	bf, bh, gcf, pp
石竹科	瞿麦	D. superbus	6~9	淡红色或紫色	bf, bh, gcf, pp
石竹科	刺叶	Acanthophyllum pungens	7	淡红玫瑰色	mp, rp, bh, gcf
石竹科	麦蓝菜	Vaccaria hispanica	5~7	淡红色或白色	bh, gcf
石竹科	新疆种阜草	Moehringia umbrosa	6~7	白色	bh, gcf
石竹科	六齿卷耳	Cerastium cerastoides	5~8	白色	bh, gcf
石竹科	高石头花	Gypsophila altissima	6~7	白色	bh, gcf, pp
石竹科	准噶尔繁缕	Stellaria soongorica	6~7	白色	bh, gcf,
石竹科	麦仙翁	Agrostemma githago	7~8	红紫色	bf, bh, gcf, pp
石竹科	新疆米努草	Minuartia kryloviana	5~6	白色	bh, gcf
石竹科	二花米努草	M. biflora	6~8	白色	bh, gcf
石竹科	白玉草	Silene vulgaris	6~8	白色	bh, gcf
石竹科	蔓茎蝇子草	S. repens	6~8	白色	mp, bh, gcf
石竹科	狗筋蝇子草	S. venosa	6~8	白色	bh
蓼科	珠芽蓼	Polygonum viviparum	6~9	白色	bh
蓼科	叉分蓼	P. divaricatum	6~8	白色	bh, gcf
蓼科	天山大黄	Rheum wittrockii	5~7	白绿色	bh
蓼科	山蓼	Oxyria digyna	6~8	黄色	bh, gcf, pp
白花丹科	细裂补血草	Limonium leptolobum	5~7	白色	mp, bh, gcf
白花丹科	大叶补血草	L. gmelinii	7~9	蓝紫色	bh, gcf
白花丹科	驼舌草	Goniolimon speciosum	6~7	紫红色或白色	bh, gcf
芍药科	块根芍药	Paeonia anomala var. intermedia	6~7	红色	bh, gcf, pp
芍药科	新疆芍药	P. sinjiangensis	6~7	红色	bh, gcf, pp
芍药科	窄叶芍药	P. anomala	5~6	紫红色	bh, gcf, pp
锦葵科	新疆花葵	Lavatera cachemiriana	6~8	淡紫红色	bh
藤黄科	贯叶连翘	Hypericum perforatum	7~8	黄色	bh, gcf
堇菜科	双花堇菜	Viola biflora	5~9	黄色	bh, gcf
堇菜科	阿尔泰堇菜	V. altaica	5~8	黄色或蓝紫色	bh, gcf
堇菜科	大距堇菜	V. macroceras	4~5	紫堇色或蓝紫色	bh, gcf
十字花科	芝麻菜	Eruca vesicaria subsp. sativa	5~6	黄色	bh, gcf

(续)

科名	种名	拉丁名	花期（月）	花色	园林用途
十字花科	宽叶独行菜	Lepidium latifolium	5~7	白色	bh，gcf
十字花科	群心菜	Cardaria draba	5~6	白色	bh，gcf
十字花科	欧亚蔊菜	Rorippa sylvestris	5~9	黄色	bh，gcf
十字花科	喜山葶苈	Draba oreades	6~8	黄色	gcf，pp
十字花科	总苞葶苈	D. involucrata	6	黄色	gcf
十字花科	刚毛涩荠	Malcolmia hispida	6~9	紫红色	gcf
十字花科	尖果寒原荠	Aphragmus oxycarpus	7	白色或淡紫色	gcf
十字花科	团扇荠	Berteroa incana	6~7	白色	gcf，pp
十字花科	糖芥	Erysimum bungei	6~8	橘黄色	bh，gcf
十字花科	小花糖芥	E. cheiranthoides	5	黄色	bh，gcf
十字花科	蒙古糖芥	E. flavum	5~6	黄色	bh，gcf
十字花科	高山芹叶荠	Smelowskia bifurcata	6~7	白色	gcf
十字花科	高山离子芥	Chorispora bungeana	7~8	紫色	gcf，pp
十字花科	砂生离子芥	C. sabulosa	6~7	黄色	gcf
十字花科	无茎光籽芥	Leiospora exscapa	5~6	粉红色或紫色	gcf
十字花科	新疆大蒜芥	Sisymbrium loeselii	5~8	黄色	bh，gcf
十字花科	多型大蒜芥	S. polymorphum	4~5	黄色	bh，gcf
十字花科	线果扇叶芥	Desideria linearis	7	白色	bh，gcf
十字花科	北香花芥	Hesperis sibirica	6~8	蓝紫色	bf，bh，gcf，pp
鹿蹄草科	红花鹿蹄草	Pyrola incarnata	6~7	紫红色	bh，gcf，scp，pp
鹿蹄草科	独丽花	Moneses uniflora	6~7	淡绿色或淡白色	bh，gcf，scp，pp
报春花科	北点地梅	Androsace septentrionalis	5~6	白色	bh，gcf，pp
报春花科	大苞点地梅	A. maxima	6~7	白色	mp，bh，gcf，pp
报春花科	天山点地梅	A. ovczinnikovii	6	白色至粉红色	mp，bh，gcf，pp
报春花科	鳞叶点地梅	A. squarrosula	5~6	白色	bh，gcf，pp
报春花科	硕萼报春	Primula veris subsp. macrocalyx	5~6	黄色	bf，bh，gcf，pp
报春花科	寒地报春	P. algida	5~6	堇紫色，稀白色	bh，gcf
报春花科	长苞大叶报春	P. macrophylla var. moorcroftiana	6~7	蓝紫色	bh，gcf
报春花科	假报春	Cortusa matthioli	5~7	紫红色	bh，gcf，pp
报春花科	海乳草	Glaux maritima	6	白色	gcf
景天科	黄花瓦松	Orostachys spinosa	7~8	黄绿色	rp，bh，gcf，pp
景天科	小苞瓦松	O. thyrsiflora	7~8	白色或淡红色	rp，bh，gcf，pp
景天科	卵叶瓦莲	Rosularia platyphylla	6~7	白色	rp，bh，gcf，pp
景天科	圆叶八宝	Hylotelephium ewersii	7~8	紫红色	bf，bh，gcf，pp
景天科	杂交费菜(杂交景天)	Phedimus hybridus	6~7	黄色	bf，bh，pp
景天科	白花合景天	Pseudosedum affine	5~6	白色	gcf，pp
景天科	红景天	Rhodiola rosea	4~6	黄绿色	rp，bh，gcf，pp
景天科	直茎红景天	R. recticaulis	6~8	黄色	rp，bh，gcf，pp
景天科	狭叶红景天	R. kirilowii	6~7	黄绿色	rp，bh，gcf，pp
虎耳草科	零余虎耳草	Saxifraga cernua	7~9	白色	bh，gcf
虎耳草科	挪威虎耳草	S. oppositifolia	7~8	紫色	bh，gcf
虎耳草科	球茎虎耳草	S. sibirica	5~11	白色	rp，gcf
虎耳草科	山羊臭虎耳草	S. hirculus	6~9	黄色	bh，gcf

(续)

科名	种名	拉丁名	花期(月)	花色	园林用途
虎耳草科	垫状虎耳草	S. pulvinaria	6~7	白色	bh, gcf
虎耳草科	厚叶岩白菜	Bergenia crassifolia	5~9	红紫色	mp, rp, bf, bh, gcf, scp, pp
虎耳草科	梅花草	Parnassia palustris	7~9	白色	bh, gcf
虎耳草科	新疆梅花草	P. laxmannii	7~8	白色	bh, gcf
蔷薇科	砂生地蔷薇	Chamaerhodos sabulosa	6~7	白色	bh
蔷薇科	高原委陵菜	Potentilla pamiroalaica	6~8	黄色	gcf
蔷薇科	多裂委陵菜	Potentilla multifida	5~8	黄色	bh, gcf
蔷薇科	绢毛委陵菜	P. sericea	5~9	黄色	mp, bh, gcf
蔷薇科	覆瓦委陵菜	P. imbricata	8~9	黄色	gcf
蔷薇科	大萼委陵菜	P. conferta	6~9	黄色	gcf
蔷薇科	鹅绒委陵菜	P. anserina	5~9	黄色	mp, gcf
蔷薇科	二裂委陵菜	P. bifurca	5~9	黄色	gcf
蔷薇科	四蕊山莓草	Sibbaldia tetrandra	5~8	黄色	gcf, pp
蔷薇科	旋果蚊子草	Filipendula ulmaria	6~9	白色	bh, gcf, pp
蔷薇科	野草莓	Fragaria vesca	4~6	白色	bh, gcf, pp
蔷薇科	高山地榆	Sanguisorba alpina	7~8	紫红色	bh, gcf
蔷薇科	地榆	S. officinalis	7~10	紫红色	mp, bh, gcf
蔷薇科	水杨梅	Geum aleppicum	7~10	黄色	bh, gcf
蔷薇科	天山羽衣草	Alchemilla tianschanica	7~8	黄绿色	mp, bh, gcf, scp, pp
豆科	披针叶野决明	Thermopsis lanceolata	5~7	黄色	mp, bh, gcf
豆科	苦豆子	Sophora alopecuroides	5~6	白色或淡黄色	bh, gcf
豆科	苦马豆	Sphaerophysa salsula	5~8	鲜红色变紫红色	bh, gcf
豆科	白花草木樨	Melilotus albus	5~7	白色	bh
豆科	黄香草木樨	M. officinalis	5~9	黄色	bh
豆科	弯花黄芪	Astragalus flexus	5~6	黄色	bh, gcf
豆科	雪地黄芪	A. nivalis	6~7	蓝紫色	gcf, pp
豆科	拟狐尾黄芪	A. vulpinus	5~6	黄色	bh, gcf
豆科	乳白黄芪	A. galactites	5~6	乳白色	gcf
豆科	七溪黄芪	A. heptapotamicus	6~7	白带紫色	rp, gcf, pp
豆科	线叶黄芪	A. nematodes	6~7	暗紫色	gcf
豆科	角黄芪	A. ceratoides	5~7	蓝紫色	gcf
豆科	南疆黄芪	A. nanjiangianus	7~8	淡紫色或淡紫红色	gcf, pp
豆科	纤齿黄芪	A. gracilidentatus	5~6	淡紫色或淡紫红色	gcf
豆科	詹加尔特黄芪	A. dschangartensis	5	蓝紫色	gcf, pp
豆科	托木尔黄芪	A. dsharkenticus	5~6	淡黄色	gcf, pp
豆科	温泉黄芪	A. wenquanensis	6	白色	gcf, pp
豆科	绵果黄芪	A. sieversianus	6~7	黄色	bh, gcf
豆科	费尔干岩黄芪	Hedysarum ferganense	6~7	玫瑰紫色	bh, gcf
豆科	光滑岩黄芪	H. splendens	6~7	玫瑰紫色	bh, gcf
豆科	疏忽岩黄芪	H. neglectum	6~7	紫红色	bh, gcf
豆科	刚毛岩黄芪	H. setosum	7~8	玫瑰紫色	bh, gcf
豆科	红花岩黄芪	Corethrodendron multijugum	6~8	紫红色或玫瑰红色	bh, gcf
豆科	牧地山黧豆	Lathyrus pratensis	6~8	黄色	bh, gcf

(续)

科名	种名	拉丁名	花期（月）	花色	园林用途
豆科	玫红山藜豆	L. tuberosus	6~8	玫瑰红色	bh, gcf
豆科	杂交苜蓿	Medicago × varia	7~8	黄色	mp, gcf
豆科	冰川棘豆	Oxytropis proboscidea	6~9	紫红色	bh, gcf, pp
豆科	巴里坤棘豆	O. barkolensis	6~7	紫色	bh, gcf, pp
豆科	伊朗棘豆	O. savellanica	7~8	紫色	bh, gcf, pp
豆科	米尔克棘豆	O. merkensis	6~7	紫色或淡白色	bh, gcf, pp
豆科	尖齿百脉根	Lotus tenuis	5~8	黄色	mp, bf, gcf
豆科	广布野豌豆	Vicia cracca	5~9	紫色、蓝紫色或紫红色	mp, bh, gcf
豆科	红花车轴草	Trifolium pratense	5~9	紫红色或淡红色	mp, bf, bh, gcf
豆科	白花车轴草	T. repens	5~10	白色、乳白色或淡红色	mp, bf, bh, gcf
豆科	野火球	T. lupinaster	6~10	淡红色至紫红色	mp, bf, bh, gcf, pp
豆科	甘草	Glycyrrhiza uralensis	6~8	紫色、白色或黄色	gcf
柳叶菜科	柳兰	Chamerion angustifolium	6~8	紫红色	cf, bh
柳叶菜科	柳叶菜	Epilobium hirsutum	7~8	紫红色	bh, gcf
大戟科	小萝卜大戟	Euphorbia rapulum	4~6	中间紫色四周淡黄	bh
亚麻科	宿根亚麻	Linum perenne	6~7	蓝色、蓝紫色、淡蓝色	mp, bf, bh, gcf
远志科	新疆远志	Polygala hybrida	5~7	蓝紫色	bh, gcf, pp
芸香科	新疆白鲜	Dictamnus angustifolius	6~7	淡红色并具深红色脉纹	bh
蒺藜科	骆驼蓬	Peganum harmala	5~6	黄白色	mp, bh, gcf
蒺藜科	大叶驼蹄瓣	Zygophyllum macropodum	5	白色	mp, bh, gcf
蒺藜科	宽叶石生驼蹄瓣	Z. rosovii	4~6	白色花瓣、橙黄色雄蕊	mp, bh, gcf
牻牛儿苗科	白花老鹳草	Geranium albiflorum	6~8	白色或淡红色	bh, gcf
牻牛儿苗科	草地老鹳草	G. pratense	6~7	蓝紫色	bh, gcf, pp
牻牛儿苗科	朝鲜老鹳草	G. koreanum	7~8	淡紫色	bh, gcf
牻牛儿苗科	杈枝老鹳草	G. divaricatum	7~9	淡紫色	bh, gcf
牻牛儿苗科	球根老鹳草	G. linearilobum	5~6	紫红色	bh, gcf
牻牛儿苗科	蓝花老鹳草	G. pseudosibiricum	7~8	紫红色	bh, gcf
凤仙花科	短距凤仙花	Impatiens brachycentra	8~9	黄色	gcf
伞形科	葛缕子	Carum carvi	5~8	白色或淡红色	gcf
伞形科	新哈栓翅芹	Prangos herderi	5~6	黄色	bh
伞形科	托里阿魏	Ferula krylovii	5~6	黄色	bh
伞形科	山地阿魏	F. akitschkensis	6	黄色	bh
伞形科	短尖藁本	Ligusticum mucronatum	7~9	白色	bh, gcf
伞形科	短茎球序当归	Archangelica brevicaulis	6~7	白色或淡绿色	bh
伞形科	岩风	Libanotis buchtormensis	7~8	白色	bh, gcf
伞形科	峨参	Anthriscus sylvestris	4~5	白色	bh, gcf
伞形科	金黄柴胡	Bupleurum aureum	7~8	金黄色	cf, bh, gcf
龙胆科	扁蕾	Gentianopsis barbata	7~9	蓝色或淡蓝色	bh, gcf
龙胆科	早春龙胆	Gentiana verna subsp. pontica	6~7	蓝色	gcf
龙胆科	斜升秦艽	G. decumbens	8	蓝紫色	bh, gcf
龙胆科	假水生龙胆	G. pseudoaquatica	4~8	深蓝色	gcf
龙胆科	高山龙胆	G. algida	7~9	白色	bh, gcf
龙胆科	新疆假龙胆	Gentianella turkestanorum	6~7	淡蓝色	bh, gcf

(续)

科名	种名	拉丁名	花期（月）	花色	园林用途
龙胆科	互叶獐牙菜	Swertia obtusa	8~9	淡蓝色	bh，gcf
龙胆科	膜边獐牙菜	S. marginata	8~9	深紫色	bh，gcf
龙胆科	镰萼喉毛花	Comastoma falcatum	7~9	蓝色	gcf
萝藦科	羊角子草	Cynanchum acutum	5~8	白色或淡粉色	bh，gcf
茄科	青杞	Solanum septemlobum	夏秋间	青紫色	bh，gcf
茄科	天仙子	Hyoscyamus niger	6~8	黄色带紫色脉纹	bh
花荵科	花荵	Polemonium caeruleum	6~8	蓝色	bh，gcf，pp
紫草科	短萼鹤虱	Lappula sinaica	5~6	淡蓝色	bh，gcf
紫草科	昭苏滇紫草	Onosma echioides	6	黄色	bh，gcf
紫草科	黄花软紫草	Arnebia guttata	6~10	黄色	bh，gcf，pp
紫草科	假狼紫草	Nonea caspica	4~6	红色	bh，gcf
紫草科	蓝蓟	Echium vulgare	6	蓝紫色	bh，gcf
紫草科	椭圆叶天芥菜	Heliotropium ellipticum	7~9	白色	bh
紫草科	聚合草	Symphytum officinale	5~10	淡紫色、紫红色至黄白色	bh，gcf
紫草科	草原勿忘草	Myosotis alpestris	6~7	蓝色	bh，gcf
紫草科	湿地勿忘草	M. caespitosa	6~7	淡蓝色	bh，gcf
紫草科	稀花勿忘草	M. sparsiflora	6~8	淡蓝色	bh，gcf
唇形科	留兰香	Mentha spicata	7~9	淡紫色	bh，gcf，pp
唇形科	薄荷	M. canadensis	7~9	淡紫色	bh，pp
唇形科	大花荆芥	Nepeta sibirica	6~8	蓝色或淡紫色	bh，gcf，pp
唇形科	盔状黄芩	Scutellaria galericulata	6~7	紫色至蓝色	bh，gcf
唇形科	深裂叶黄芩	S. przewalskii	6~8	黄色	mp，bh，gcf
唇形科	宽苞黄芩	S. sieversii	5~7	黄色	bh，gcf
唇形科	灰白益母草	Leonurus glaucescens	6	淡红紫色	bh，gcf
唇形科	箭叶水苏	Metastachydium sagittatum	7	紫堇色	bh，gcf
唇形科	牛至	Origanum vulgare	7~9	紫红色、淡红至白色	bh，gcf
唇形科	新疆鼠尾草	Salvia deserta	6~10	蓝紫色	bf，bh，gcf，pp
唇形科	矮密花香薷	Elsholtzia densa var. calycocarpa	7~10	蓝紫色	bf，bh，gcf，pp
唇形科	密花香薷	E. densa	7~10	淡紫色	bf，bh，gcf，pp
唇形科	硬尖神香草	Hyssopus cuspidatus	7~8	蓝紫色	bf，bh，gcf，pp
唇形科	草原糙苏	Phlomis pratensis	6~7	紫红色	bh，gcf
唇形科	块根糙苏	P. tuberosa	7~9	紫红色	bh，gcf
唇形科	欧夏至草	Marrubium vulgare	6~8	白色	bh，gcf
唇形科	阔刺兔唇花	Lagochilus platyacanthus	6~7	深红色	bh，gcf
唇形科	全缘叶青兰	Dracocephalum integrifolium	7~8	蓝紫色	bh，gcf
唇形科	无髭毛建草	D. imberbe	7~8	蓝紫色	bh，gcf
唇形科	大花毛建草	D. grandiflorum	7~8	蓝色	bh，gcf
唇形科	垂花青兰	D. nutans	7~9	蓝紫色	bh，gcf
唇形科	长蕊青兰	D. stamineum	7~8	蓝紫色	bh，gcf
唇形科	铺地青兰	D. origanoides	6~7	蓝色	mp，bh，gcf
唇形科	光萼青兰	D. argunense	6~8	蓝紫色	bh，gcf
唇形科	和布克赛尔青兰	D. hobuksarensis	6~7	蓝紫色	mp，bh，gcf
唇形科	白花枝子花	D. heterophyllum	6~8	白色	bh，gcf

(续)

科名	种名	拉丁名	花期(月)	花色	园林用途
唇形科	羽叶枝子花	*D. bipinnatum*	8~9	蓝紫色	bh, gcf
唇形科	小新塔花	*Ziziphora tenuior*	6	粉色、淡紫色	mp, bh, gcf, pp
唇形科	甘肃紫花野芝麻	*Lamium maculatum* var. *kansuense*	7	暗紫色	bh, gcf
唇形科	宝盖草	*L. amplexicaule*	3~5	紫红色或粉红色	bh, gcf
唇形科	短柄野芝麻	*L. album*	7~9	白色	bh, gcf
车前科	北车前	*Plantago media*	6~7	白色	bh, gcf
玄参科	野胡麻	*Dodartia orientalis*	5~9	紫色或深紫红色	bh, gcf
玄参科	短腺小米草	*Euphrasia regelii*	6~7	白色	bh, gcf
玄参科	毛蕊花	*Verbascum thapsus*	6~8	黄色	bh
玄参科	紫毛蕊花	*V. phoeniceum*	5~6	紫色	bh, gcf, pp
玄参科	毛瓣毛蕊花	*V. blattaria*	5~6	黄色	bh
玄参科	鼻花	*Rhinanthus glaber*	6~8	黄色	bh, gcf, pp
玄参科	鼻喙马先蒿	*Pedicularis proboscidea*	6~7	白色或黄色	bh, gcf
玄参科	高升马先蒿	*P. elata*	6	浅玫瑰色	bh, gcf
玄参科	碎米蕨叶马先蒿	*P. cheilanthifolia*	7~8	紫红色至纯白色	bh, gcf, pp
玄参科	欧氏马先蒿	*P. oederi*	6~9	黄白色	bh, gcf
玄参科	小根马先蒿	*P. ludwigii*	7~8	黄白色	bh, gcf
玄参科	羽裂玄参	*Scrophularia kiriloviana*	5~7	紫红色	bh, gcf
玄参科	长距柳穿鱼	*Linaria longicalcarata*	7~8	淡黄色	bf, bh, gcf, pp
玄参科	紫花柳穿鱼	*L. bungei*	5~8	紫色	bf, bh, gcf, pp
玄参科	肝色柳穿鱼	*L. hepatica*	7~8	棕色或带黄色至黄褐色	bf, bh, gcf, pp
玄参科	羽叶婆婆纳	*Veronica pinnata*	6~8	浅蓝色、浅紫色	bh, gcf
玄参科	卷毛婆婆纳	*V. teucrium*	5~7	浅蓝色	bh, gcf
玄参科	穗花婆婆纳	*V. spicata*	7~9	紫色或蓝色	bh, gcf, pp
列当科	弯管列当	*Orobanche cernua*	5~7	淡紫色或淡蓝色	bh, gcf
列当科	分枝列当	*O. aegyptiaca*	4~6	蓝紫色	bh, gcf
桔梗科	桔梗	*Platycodon grandiflorus*	6~9	鲜蓝紫色或蓝白色	bh, gcf, pp
桔梗科	聚花风铃草	*Campanula glomerata* subsp. *speciosa*	6~8	紫色、蓝色或蓝紫色	bh, gcf, pp
桔梗科	新疆风铃草	*C. albertii*	6~7	紫色或蓝色	bh, gcf, pp
桔梗科	西伯利亚风铃草	*C. sibirica*	5~7	淡蓝紫色	bh, gcf
桔梗科	喜马拉雅沙参	*Adenophora himalayana*	7~9	蓝色或蓝紫色	bh, gcf
桔梗科	新疆党参	*Codonopsis clematidea*	6~7	蓝色或淡蓝色	bh, gcf
茜草科	蓬子菜	*Galium verum*	4~8	黄色	bh, gcf
败酱科	中败酱	*Patrinia intermedia*	5~7	黄色	bh, gcf
败酱科	缬草	*Valeriana officinalis*	5~7	淡紫红色或白色	bh, gcf
败酱科	新疆缬草	*V. fedtschenkoi*	6~7	粉红色	bh, gcf
川续断科	黄盆花	*Scabiosa ochroleuca*	7~8	黄白色	bh, gcf, pp
菊科	多葶蒲公英	*Taraxacum multiscaposum*	5~7	黄色	mp, bh, gcf, pp
菊科	紫花蒲公英	*T. lilacinum*	6~7	紫色	mp, bh, gcf, pp
菊科	天山蒲公英	*T. tianschanicum*	6~8	黄色	mp, bh, gcf
菊科	高山紫菀	*Aster alpinus*	6~8	紫色	bh, gcf
菊科	阿尔泰狗娃花	*A. altaicus*	6~9	蓝紫色	mp, bh, gcf
菊科	蓍	*Achillea millefolium*	7~9	白色、粉红色或淡紫红色	bf, bh, gcf, pp

(续)

科名	种名	拉丁名	花期（月）	花色	园林用途
菊科	亚洲蓍	A. asiatica	7~8	粉红色或淡紫红色	bf，bh，gcf，pp
菊科	花花柴	Karelinia caspia	7~9	黄色或紫红色	bh，gcf
菊科	小花矢车菊	Centaurea virgata subsp. squarrosa	7~9	淡紫色或粉红色	bh，gcf
菊科	莲座蓟	Cirsium esculentum	8~9	紫色	bh，gcf
菊科	砂蓝刺头	Echinops gmelini	6~9	蓝色或白色	bh，gcf
菊科	全缘叶蓝刺头	E. integrifolius	8~9	白色	bh，gcf
菊科	大叶橐吾	Ligularia macrophylla	7~8	黄色	bh
菊科	天山橐吾	L. narynensis	5~8	黄色	bh，gcf
菊科	林荫千里光	Senecio nemorensis	6~12	黄色	bh
菊科	新疆千里光	S. jacobaea	5~7	黄色	bh
菊科	橙花飞蓬	Erigeron aurantiacus	7~9	橘红色或黄色至红褐色	bh，gcf
菊科	假泽山飞蓬	E. pseudoseravschanicus	7~9	淡红色或淡紫色	bh，gcf
菊科	长茎飞蓬	E. acris subsp. politus	7~9	淡红色或淡紫色	bh，gcf
菊科	藏寒蓬	Psychrogeton poncinsii	6~9	白色、淡红色	bh，gcf
菊科	毛头牛蒡	Arctium tomentosum	7~9	紫红色	bh
菊科	草地风毛菊	Saussurea amara	7~10	淡紫色	bh
菊科	鼠麹雪兔子	S. gnaphalodes	6~8	紫红色	bh，gcf
菊科	雪莲花	S. involucrata	7~9	紫色	bh，gcf
菊科	冰川雪兔子	S. glacialis	7~8	紫色	bh，gcf
菊科	岩菊蒿	Tanacetum scopulorum	6~8	黄色	rp，bh，gcf
菊科	单头匹菊	T. richterioides	8~9	白色	rp，bh，gcf，pp
菊科	密头菊蒿	T. crassipes	6~8	黄色	bh，gcf
菊科	黑苞匹菊	T. krylovianum	8~9	白色	bh，gcf，pp
菊科	山野火绒草	Leontopodium campestre	7~9	白色	mp，bh，gcf
菊科	矮火绒草	L. nanum	5~6	白色	mp，bh，gcf，pp
菊科	火绒草	L. leontopodioides	7~10	白色	mp，bh，gcf，pp
菊科	菊苣	Cichorium intybus	5~10	蓝色	bh
菊科	柳叶旋覆花	Inula salicina	7~9	黄色	bh
菊科	总状土木香	I. racemosa	8~9	黄色	bh
菊科	顶羽菊	Rhaponticum repens	5~9	粉红色或淡紫色	bh，gcf
菊科	灰叶匹菊	Richteria pyrethroides	9	白色	rp，bh，gcf
菊科	新疆亚菊	Ajania fastigiata	8~10	黄色	bh，gcf
菊科	矮小苓菊	Jurinea algida	7~8	紫红色	bh，gcf
菊科	河西菊	Launaea polydichotoma	5~9	黄色	bh，gcf，pp
菊科	小甘菊	Cancrinia discoidea	4~9	黄色	bh，gcf，pp
菊科	橙舌狗舌草	Tephroseris rufa	6~8	橙黄色或橙红色	bh，gcf
菊科	黄花婆罗门参	Tragopogon orientalis	5~9	黄色	bh，gcf
菊科	膜缘婆罗门参	T. marginifolius	4~7	粉红色或淡紫色	bh，gcf
菊科	蒜叶婆罗门参	T. porrifolius	5~8	紫红色	bh，gcf
菊科	西伯利亚婆罗门参	T. sibiricus	6~8	紫红色	bh，gcf
菊科	婆罗门参	T. pratensis	5~9	黄色	bh，gcf
菊科	长苞婆罗门参	T. heteropappus	6	黄色	bh，gcf
菊科	长茎婆罗门参	T. elongatus	5~7	粉红色或紫红色	bh，gcf

(续)

科名	种名	拉丁名	花期（月）	花色	园林用途
菊科	紫缨乳菀	Galatella chromopappa	7~9	淡紫红或蓝紫色	bh, gcf
菊科	薄叶麻花头	Serratula marginata	6~9	紫红色	bh, gcf
菊科	短喙粉苞菊	Chondrilla brevirostris	6~9	黄色	bh, gcf
菊科	阿尔泰多榔菊	Doronicum altaicum	6~8	黄色	bh, gcf
菊科	近似鼠麴草	Pseudognaphalium affine	1~4	黄色	bh, gcf
百合科	粗柄独尾草	Eremurus inderiensis	5	淡黄色	bh
百合科	异翅独尾草	E. anisopterus	4	白色	cf, bh
百合科	阿尔泰独尾草	E. altaicus	5~6	黄色	cf, bh
百合科	新疆百合	Lilium martagon var. pilosiusculum	6	紫红色	bh, pp
百合科	新疆猪牙花	Erythronium sibiricum	4~6	下部白色，上部紫红色	bh, gcf, pp
百合科	钝瓣顶冰花	Gagea fragifera	4~5	黄色	bh, gcf, pp
百合科	镰叶顶冰花	G. fedtschenkoana	4	黄色	bh, gcf, pp
百合科	新疆天门冬	Asparagus neglectus	5~6	红色	bh, gcf
百合科	额敏贝母	Fritillaria meleagroides	4	深紫色或黑棕色	bh, gcf, pp
百合科	伊犁贝母	F. pallidiflora	5	黄色	bf, bh, gcf, pp
百合科	新疆贝母	F. walujewii	5~6	深紫色	bf, bh, gcf, pp
百合科	多籽蒜	Allium fetisowii	4~6	紫红色	bh, gcf, pp
百合科	北葱	A. schoenoprasum	7~9	紫红色至淡红色	bf, bh, gcf, pp
百合科	褐皮韭	A. korolkowii	7~8	近白色至红色	bh, gcf, pp
百合科	野韭	A. ramosum	7~8	白色	bf, bh, gcf, pp
百合科	管丝韭	A. semenovii	5~8	黄色	bh, gcf, pp
百合科	棱叶韭	A. caeruleum	6~8	天蓝色	bh, gcf, pp
百合科	齿丝山韭	A. nutans	6~9	淡红色至淡紫色	bh, gcf, pp
百合科	天山郁金香	Tulipa tianschanica	4~5	黄色	bh, gcf, pp
百合科	伊犁郁金香	T. iliensis	3~5	黄色	bf, bh, gcf, pp
百合科	柔毛郁金香	T. biflora	4~5	白色	bh, gcf, pp
石蒜科	鸢尾蒜	Ixiolirion tataricum	5~6	蓝紫色至深蓝紫色	bf, bh, gcf, pp
鸢尾科	细叶鸢尾	Iris tenuifolia	4~5	蓝紫色	bh, gcf, pp
鸢尾科	紫苞鸢尾	I. ruthenica	5~6	蓝紫色	bh, gcf, pp
鸢尾科	马蔺	I. lactea	5~6	蓝紫色	bf, bh, gcf, gsp, pp
鸢尾科	蓝花喜盐鸢尾	I. halophila var. sogdiana	5~6	蓝色	bh, gcf, gsp, pp
鸢尾科	喜盐鸢尾	I. halophila	5~6	黄色	bf, bh, gcf, gsp, pp
鸢尾科	中亚鸢尾	I. bloudowii	5	黄色	bh, gcf, pp
鸢尾科	白番红花	Crocus alatavicus	7~8	白色	bf, bh, gcf, pp
兰科	裂唇虎舌兰	Epipogium aphyllum	8~9	白色	bh, gcf, scp, pp
兰科	阴生红门兰	Dactylorhiza umbrosa	5~7	紫红色至淡紫色	bh, gcf, scp, pp
兰科	宽叶红门兰	D. hatagirea	6~8	蓝紫色	bh, gcf, scp, pp
兰科	凹舌掌裂兰	D. viridis	6~8	绿黄色或绿棕色	gcf, scp, pp
兰科	小斑叶兰	Goodyera repens	7~8	白色或带绿色或带粉红色	bh, gcf, scp, pp

阿尔泰金莲花成片景观

新疆白鲜成片景观

垫状耐旱花卉景观（乌恰彩花）

干旱岩石景观（灰叶匹菊）

戈壁滩耐旱花卉景观（宽苞黄芩）

广布野豌豆成片景观

红花疆罂粟景观

野生芍药景观

白番红花景观

(2) 观花观果类

新疆野生观赏植物中，拥有草本观花观果类种质资源有6科8属13种，其中藜科猪毛菜属植物较为突出，可为抗旱耐盐园林提供较好的应用素材。具体种类见表3-5。

表3-5 新疆草本观花观果类植物资源

科名	种名	拉丁名	花果期	花色	果色	园林用途
毛茛科	细叶白头翁	Pulsatilla turczaninovii	花期5月	蓝紫色	灰白	bh，gcf
毛茛科	钟萼白头翁	Pulsatilla campanella	花期5~6月	蓝紫色	灰白	bh，gcf
小檗科	囊果草	Leontice incerta	花期4月、果期5月	黄色	淡黄色	bh
藜科	钝叶猪毛菜	Salsola heptapotamica	花期7~8月、果期8~9月	红色	浅白	bh，gcf
藜科	浆果猪毛菜	Salsola foliosa	花期8~9月、果期9~10月	白色	绿白	bh，gcf
藜科	刺沙蓬	Salsola tragus	花期8~9月、果期9~10月	粉色	绿白	bh，gcf
藜科	紫翅猪毛菜	Salsola affinis	花期7~8月，果期8~9月	红色	绿白	bh，gcf
藜科	柴达木猪毛菜	Salsola zaidamica	花期7~8月、果期8~9月	黄白色	绿白	bh，gcf
蓼科	天山大黄	Rheum wittrockii	花果期5~7月	白绿色	红色	bh，
蓼科	山蓼	Oxyria digyna	花果期6~8月	黄色	红色	bh，gcf，pp
蔷薇科	野草莓	Fragaria vesca	花期4~6月、果期6~9月	白色	红色	bh，gcf，pp
蔷薇科	水杨梅	Geum aleppicum	花果期7~10月	黄色	红色	bh，gcf
百合科	新疆天门冬	Asparagus neglectus	花期5~6月	橘红或红色	红色	bh，gcf

(3) 观叶类

草本观叶类主要是景天科、百合科、牻牛儿苗科、菊科植物，总计有13科21属31种。具体种类参见表3-6。

表3-6 新疆草本观叶类植物资源

科名	种名	拉丁名	园林用途
毛茛科	驴蹄草	Caltha palustris	bh，gcf，pp
蓼科	天山大黄	Rheum wittrockii	bh
十字花科	北香花芥	Hesperis sibirica	bf，bh，gcf，pp
鹿蹄草科	红花鹿蹄草	Pyrola incarnata	bh，gcf，scp，pp
景天科	黄花瓦松	Orostachys spinosa	rp，bh，gcf，pp
景天科	小苞瓦松	O. thyrsiflora	rp，bh，gcf，pp
景天科	卵叶瓦莲	Rosularia platyphylla	rp，bh，gcf，pp
景天科	圆叶八宝	Hylotelephium ewersii	bf，bh，gcf，pp
景天科	杂交费菜	Phedimus hybridus	bf，bh，pp
景天科	白花合景天	Pseudosedum affine	gcf，pp
景天科	红景天	Rhodiola rosea	rp，bh，gcf，pp
景天科	直茎红景天	R. recticaulis	rp，bh，gcf，pp
景天科	狭叶红景天	R. kirilowii	rp，bh，gcf，pp

(续)

科名	种名	拉丁名	园林用途
虎耳草科	厚叶岩白菜	Bergenia crassifolia	mp, rp, bf, bh, gcf, scp, pp
蔷薇科	高山地榆	Sanguisorba alpina	bh, gcf
大戟科	小萝卜大戟	Euphorbia rapulum	bh
蒺藜科	大叶驼蹄瓣	Zygophyllum macropodum	mp, bh, gcf
蒺藜科	宽叶石生驼蹄瓣	Zygophyllum rosovii	mp, bh, gcf
牻牛儿苗科	白花老鹳草	Geranium albiflorum	bh, gcf
牻牛儿苗科	草地老鹳草	Geranium pratense	bh, gcf, pp
牻牛儿苗科	朝鲜老鹳草	Geranium koreanum	bh, gcf
牻牛儿苗科	球根老鹳草	Geranium linearilobum	bh, gcf
唇形科	欧夏至草	Marrubium vulgare	bh, gcf
百合科	粗柄独尾草	Eremurus inderiensis	bh
百合科	异翅独尾草	Eremurus anisopterus	cf, bh
百合科	新疆天门冬	Asparagus neglectus	bh, gcf
兰科	裂唇虎舌兰	Epipogium aphyllum	bh, gcf, scp, pp
兰科	阴生红门兰	Dactylorhiza umbrosa	bh, gcf, scp, pp
兰科	宽叶红门兰	Dactylorhiza hatagirea	bh, gcf, scp, pp
兰科	凹舌掌裂兰	Dactylorhiza viridis	gcf, scp, pp
兰科	小斑叶兰	Goodyera repens	bh, gcf, scp, pp

观叶多肉植物岩石景观（瓦松）

观叶多肉岩石景观（瓦松+苔藓）

（4）地被类观赏植物

地被类观赏植物共有41科182属331种，主要共同点是植株低矮、花小但花量较大、常成片分布。这类观赏植物中部分分布在草地、草甸、流石滩，也是优良的岩石园素材。主要种类参见表3-7。

表3-7 新疆草本地被类观赏植物资源

科名	种名	拉丁名	园林用途
毛茛科	阿尔泰金莲花	Trollius altaicus	bf, bh, gcf, pp
毛茛科	准噶尔金莲花	T. dschungaricus	bf, bh, gcf
毛茛科	淡紫金莲花	T. lilacinus	bh, gcf
毛茛科	圆叶乌头	Aconitum rotundifolium	bh, gcf, pp
毛茛科	扁果草	Isopyrum anemonoides	bh, gcf, pp
毛茛科	西伯利亚耧斗菜	Aquilegia sibirica	bf, bh, gcf
毛茛科	暗紫耧斗菜	A. atrovinosa	bh, gcf, pp
毛茛科	拟耧斗菜	Paraquilegia microphylla	rp, bh, gcf, pp
毛茛科	细叶白头翁	Pulsatilla turczaninovii	bh, gcf
毛茛科	钟萼白头翁	P. campanella	bh, gcf
毛茛科	角果毛茛	Ceratocephala testiculata	bh, gcf
毛茛科	厚叶美花草	Callianthemum alatavicum	bh, gcf, pp
毛茛科	紫堇叶唐松草	Thalictrum isopyroides	bh, gcf
毛茛科	驴蹄草	Caltha palustris	bh, gcf, pp
毛茛科	毛茛	Ranunculus japonicus	mp, bh, gcf
毛茛科	宽瓣毛茛	R. albertii	mp, bh, gcf

(续)

科名	种名	拉丁名	园林用途
毛茛科	云生毛茛	R. nephelogenes	mp，bh，gcf
毛茛科	新疆毛茛	R. songoricus	mp，bh，gcf
毛茛科	伏毛银莲花	Anemone narcissiflora subsp. protracta	bh，gcf
毛茛科	大花银莲花	A. sylvestris	bh，gcf，pp
小檗科	阿尔泰牡丹草	Gymnospermiun altaicum	bh，gcf
罂粟科	新疆海罂粟	Glaucium squamigerum	bh，gcf
罂粟科	托里罂粟	Papaver litvinovii	bh，gcf
罂粟科	野罂粟	P. nudicaule	bf，bh，gcf
罂粟科	灰毛罂粟	P. canescens	bh，gcf
罂粟科	烟堇	Fumaria officinalis	gcf
罂粟科	红花疆罂粟	Roemeria refracta	mp，bf，bh，gcf
罂粟科	薯根延胡索	Corydalis ledebouriana	bh，gcf
罂粟科	阿山黄堇	C. nobilis	bh，gcf，pp
罂粟科	方茎黄堇	C. capnoides	bh，gcf，pp
罂粟科	中亚紫堇	C. semenowii	bh，gcf
藜科	钝叶猪毛菜	Salsola heptapotamica	bh，gcf
藜科	浆果猪毛菜	S. foliosa	bh，gcf
藜科	刺沙蓬	S. tragus	bh，gcf
藜科	紫翅猪毛菜	S. affinis	bh，gcf
藜科	柴达木猪毛菜	S. zaidamica	bh，gcf
藜科	盐生草	Halogeton glomeratus	mp，gcf
石竹科	石竹	Dianthus chinensis	bf，bh，gcf，pp
石竹科	瞿麦	D. superbus	bf，bh，gcf，pp
石竹科	刺叶	Acanthophyllum pungens	mp，rp，bh，gcf
石竹科	麦蓝菜	Vaccaria hispanica	bh，gcf
石竹科	新疆种阜草	Moehringia umbrosa	bh，gcf
石竹科	六齿卷耳	Cerastium cerastoides	bh，gcf
石竹科	高石头花	Gypsophila altissima	bh，gcf，pp
石竹科	准噶尔繁缕	Stellaria soongorica	bh，gcf
石竹科	麦仙翁	Agrostemma githago	bf，bh，gcf，pp
石竹科	新疆米努草	Minuartia kryloviana	bh，gcf
石竹科	二花米努草	M. biflora	bh，gcf
石竹科	白玉草	Silene vulgaris	bh，gcf
石竹科	蔓茎蝇子草	S. repens	mp，bh，gcf
蓼科	叉分蓼	Polygonum divaricatum	bh，gcf
蓼科	山蓼	Oxyria digyna	bh，gcf，pp
白花丹科	细裂补血草	Limonium leptolobum	mp，bh，gcf
白花丹科	大叶补血草	L. gmelinii	bh，gcf
白花丹科	驼舌草	Goniolimon speciosum	bh，gcf
芍药科	块根芍药	Paeonia anomala var. intermedia	bh，gcf，pp
芍药科	新疆芍药	P. sinjiangensis	bh，gcf，pp
芍药科	窄叶芍药	P. anomala	bh，gcf，pp
藤黄科	贯叶连翘	Hypericum perforatum	bh，gcf
堇菜科	双花堇菜	Viola biflora	bh，gcf
堇菜科	阿尔泰堇菜	V. altaica	bh，gcf
堇菜科	大距堇菜	V. macroceras	bh，gcf
十字花科	芝麻菜	Eruca vesicaria subsp. sativa	bh，gcf
十字花科	宽叶独行菜	Lepidium latifolium	bh，gcf

(续)

科名	种名	拉丁名	园林用途
十字花科	群心菜	*Cardaria draba*	bh，gcf
十字花科	欧亚蔊菜	*Rorippa sylvestris*	bh，gcf
十字花科	喜山葶苈	*Draba oreades*	gcf，pp
十字花科	总苞葶苈	*D. involucrata*	gcf
十字花科	刚毛涩荠	*Malcolmia hispida*	gcf
十字花科	尖果寒原荠	*Aphragmus oxycarpus*	gcf
十字花科	团扇荠	*Berteroa incana*	gcf，pp
十字花科	糖芥	*Erysimum bungei*	bh，gcf
十字花科	小花糖芥	*E. cheiranthoides*	bh，gcf
十字花科	蒙古糖芥	*E. flavum*	bh，gcf
十字花科	高山芹叶荠	*Smelowskia bifurcata*	gcf
十字花科	高山离子芥	*Chorispora bungeana*	gcf，pp
十字花科	砂生离子芥	*C. sabulosa*	gcf
十字花科	无茎光籽芥	*Leiospora exscapa*	gcf
十字花科	新疆大蒜芥	*Sisymbrium loeselii*	bh，gcf
十字花科	多型大蒜芥	*S. polymorphum*	bh，gcf
十字花科	线果扇叶芥	*Desideria linearis*	bh，gcf
十字花科	北香花芥	*Hesperis sibirica*	bf，bh，gcf，pp
鹿蹄草科	红花鹿蹄草	*Pyrola incarnata*	bh，gcf，scp，pp
鹿蹄草科	独丽花	*Moneses uniflora*	bh，gcf，scp，pp
报春花科	北点地梅	*Androsace septentrionalis*	bh，gcf，pp
报春花科	大苞点地梅	*A. maxima*	mp，bh，gcf，pp
报春花科	天山点地梅	*A. ovczinnikovii*	mp，bh，gcf，pp
报春花科	鳞叶点地梅	*A. squarrosula*	bh，gcf，pp
报春花科	硕萼报春	*Primula veris* subsp. *macrocalyx*	bf，bh，gcf，pp
报春花科	寒地报春	*P. algida*	bh，gcf
报春花科	长苞大叶报春	*P. macrophylla* var. *moorcroftiana*	bh，gcf
报春花科	假报春	*Cortusa matthioli*	bh，gcf，pp
报春花科	海乳草	*Glaux maritima*	gcf
景天科	黄花瓦松	*Orostachys spinosa*	rp，bh，gcf，pp
景天科	小苞瓦松	*O. thyrsiflora*	rp，bh，gcf，pp
景天科	卵叶瓦莲	*Rosularia platyphylla*	rp，bh，gcf，pp
景天科	圆叶八宝	*Hylotelephium ewersii*	bf，bh，gcf，pp
景天科	白花合景天	*Pseudosedum affine*	gcf，pp
景天科	红景天	*Rhodiola rosea*	rp，bh，gcf，pp
景天科	直茎红景天	*R. recticaulis*	rp，bh，gcf，pp
景天科	狭叶红景天	*R. kirilowii*	rp，bh，gcf，pp
虎耳草科	零余虎耳草	*Saxifraga cernua*	bh，gcf
虎耳草科	挪威虎耳草	*S. oppositifolia*	bh，gcf
虎耳草科	球茎虎耳草	*S. sibirica*	rp，gcf
虎耳草科	山羊臭虎耳草	*S. hirculus*	bh，gcf
虎耳草科	垫状虎耳草	*S. pulvinaria*	bh，gcf
虎耳草科	厚叶岩白菜	*Bergenia crassifolia*	mp，rp，bf，bh，gcf，scp，pp
虎耳草科	梅花草	*Parnassia palustris*	bh，gcf
虎耳草科	新疆梅花草	*P. laxmannii*	bh，gcf
蔷薇科	高原委陵菜	*Potentilla pamiroalaica*	gcf
蔷薇科	多裂委陵菜	*P. multifida*	bh，gcf
蔷薇科	绢毛委陵菜	*P. sericea*	mp，bh，gcf

(续)

科名	种名	拉丁名	园林用途
蔷薇科	覆瓦委陵菜	P. imbricata	gcf
蔷薇科	大萼委陵菜	P. conferta	gcf
蔷薇科	鹅绒委陵菜	P. anserina	mp, gcf
蔷薇科	二裂委陵菜	P. bifurca	gcf
蔷薇科	四蕊山莓草	Sibbaldia tetrandra	gcf, pp
蔷薇科	旋果蚊子草	Filipendula ulmaria	bh, gcf, pp
蔷薇科	野草莓	Fragaria vesca	bh, gcf, pp
蔷薇科	高山地榆	Sanguisorba alpina	bh, gcf
蔷薇科	地榆	S. officinalis	mp, bh, gcf
蔷薇科	水杨梅	Geum aleppicum	bh, gcf
蔷薇科	天山羽衣草	Alchemilla tianschanica	mp, bh, gcf, scp, pp
豆科	披针叶野决明	Thermopsis lanceolata	mp, bh, gcf
豆科	苦豆子	Sophora alopecuroides	bh, gcf
豆科	苦马豆	Sphaerophysa salsula	bh, gcf
豆科	弯花黄芪	Astragalus flexus	bh, gcf
豆科	雪地黄芪	A. nivalis	gcf, pp
豆科	拟狐尾黄芪	A. vulpinus	bh, gcf
豆科	乳白黄芪	A. galactites	gcf
豆科	七溪黄芪	A. heptapotamicus	rp, gcf, pp
豆科	线叶黄芪	A. nematodes	gcf
豆科	角黄芪	A. ceratoides	gcf
豆科	南疆黄芪	A. nanjiangianus	gcf, pp
豆科	纤齿黄芪	A. gracilidentatus	gcf
豆科	詹加尔特黄芪	A. dschangartensis	gcf, pp
豆科	托木尔黄芪	A. dsharkenticus	gcf, pp
豆科	温泉黄芪	A. wenquanensis	gcf, pp
豆科	绵果黄芪	A. sieversianus	bh, gcf
豆科	费尔干岩黄芪	Hedysarum ferganense	bh, gcf
豆科	光滑岩黄芪	H. splendens	bh, gcf
豆科	疏忽岩黄芪	H. neglectum	bh, gcf
豆科	红花岩黄芪	Corethrodendron multijugum	bh, gcf
豆科	刚毛岩黄芪	Hedysarum setosum	bh, gcf
豆科	牧地山黧豆	Lathyrus pratensis	bh, gcf
豆科	玫红山黧豆	L. tuberosus	bh, gcf
豆科	杂交苜蓿	Medicago × varia	mp, gcf
豆科	冰川棘豆	Oxytropis proboscidea	bh, gcf, pp
豆科	巴里坤棘豆	O. barkolensis	bh, gcf, pp
豆科	伊朗棘豆	O. savellanica	bh, gcf, pp
豆科	米尔克棘豆	O. merkensis	bh, gcf, pp
豆科	尖齿百脉根	Lotus tenuis	mp, bf, gcf
豆科	广布野豌豆	Vicia cracca	mp, bh, gcf
豆科	红花车轴草	Trifolium pratense	mp, bf, bh, gcf
豆科	白花车轴草	T. repens	mp, bf, bh, gcf
豆科	野火球	T. lupinaster	mp, bf, bh, gcf, pp
豆科	甘草	Glycyrrhiza uralensis	gcf
柳叶菜科	柳叶菜	Epilobium hirsutum	bh, gcf
亚麻科	宿根亚麻	Linum perenne	mp, bf, bh, gcf

(续)

科名	种名	拉丁名	园林用途
远志科	新疆远志	*Polygala hybrida*	bh, gcf, pp
蒺藜科	骆驼蓬	*Peganum harmala*	mp, bh, gcf
蒺藜科	大叶驼蹄瓣	*Zygophyllum macropodum*	mp, bh, gcf
蒺藜科	宽叶石生驼蹄瓣	*Z. rosovii*	mp, bh, gcf
牻牛儿苗科	白花老鹳草	*Geranium albiflorum*	bh, gcf
牻牛儿苗科	草地老鹳草	*G. pratense*	bh, gcf, pp
牻牛儿苗科	朝鲜老鹳草	*G. koreanum*	bh, gcf
牻牛儿苗科	杈枝老鹳草	*G. divaricatum*	bh, gcf
牻牛儿苗科	球根老鹳草	*G. linearilobum*	bh, gcf
牻牛儿苗科	蓝花老鹳草	*G. pseudosibiricum*	bh, gcf
凤仙花科	短距凤仙花	*Impatiens brachycentra*	gcf
伞形科	葛缕子	*Carum carvi*	gcf
伞形科	短尖藁本	*Ligusticum mucronatum*	bh, gcf
伞形科	岩风	*Libanotis buchtormensis*	bh, gcf
伞形科	峨参	*Anthriscus sylvestris*	bh, gcf
伞形科	金黄柴胡	*Bupleurum aureum*	cf, bh, gcf
龙胆科	扁蕾	*Gentianopsis barbata*	bh, gcf
龙胆科	早春龙胆	*Gentiana verna* subsp. *pontica*	gcf
龙胆科	斜升秦艽	*G. decumbens*	bh, gcf
龙胆科	假水生龙胆	*G. pseudoaquatica*	gcf
龙胆科	高山龙胆	*G. algida*	bh, gcf
龙胆科	新疆假龙胆	*Gentianella turkestanorum*	bh, gcf
龙胆科	互叶獐牙菜	*Swertia obtusa*	bh, gcf
龙胆科	膜边獐牙菜	*S. marginata*	bh, gcf
龙胆科	镰萼喉毛花	*Comastoma falcatum*	gcf
茄科	青杞	*Solanum septemlobum*	bh, gcf
花荵科	花荵	*Polemonium caeruleum*	bh, gcf, pp
紫草科	短萼鹤虱	*Lappula sinaica*	bh, gcf
紫草科	昭苏滇紫草	*Onosma echioides*	bh, gcf
紫草科	黄花软紫草	*Arnebia guttata*	bh, gcf, pp
紫草科	假狼紫草	*Nonea caspica*	bh, gcf
紫草科	蓝蓟	*Echium vulgare*	bh, gcf
紫草科	聚合草	*Symphytum officinale*	bh, gcf
紫草科	草原勿忘草	*Myosotis alpestris*	bh, gcf
紫草科	湿地勿忘草	*M. caespitosa*	bh, gcf
紫草科	稀花勿忘草	*M. sparsiflora*	bh, gcf
唇形科	留兰香	*Mentha spicata*	bh, gcf, pp
唇形科	大花荆芥	*Nepeta sibirica*	bh, gcf, pp
唇形科	盔状黄芩	*Scutellaria galericulata*	bh, gcf
唇形科	深裂叶黄芩	*S. przewalskii*	mp, bh, gcf
唇形科	宽苞黄芩	*S. sieversii*	bh, gcf
唇形科	灰白益母草	*Leonurus glaucescens*	bh, gcf
唇形科	箭叶水苏	*Metastachydium sagittatum*	bh, gcf
唇形科	牛至	*Origanum vulgare*	bh, gcf
唇形科	新疆鼠尾草	*Salvia deserta*	bf, bh, gcf, pp
唇形科	矮密花香薷	*Elsholtzia densa* var. *calycocarpa*	bf, bh, gcf, pp
唇形科	密花香薷	*E. densa*	bf, bh, gcf, pp

(续)

科名	种名	拉丁名	园林用途
唇形科	硬尖神香草	Hyssopus cuspidatus	bf, bh, gcf, pp
唇形科	草原糙苏	Phlomis pratensis	bh, gcf
唇形科	块根糙苏	P. tuberosa	bh, gcf
唇形科	欧夏至草	Marrubium vulgare	bh, gcf
唇形科	阔刺兔唇花	Lagochilus platyacanthus	bh, gcf
唇形科	全缘叶青兰	Dracocephalum integrifolium	bh, gcf
唇形科	无髭毛建草	D. imberbe	bh, gcf
唇形科	大花毛建草	D. grandiflorum	bh, gcf
唇形科	垂花青兰	D. nutans	bh, gcf
唇形科	长蕊青兰	D. stamineum	bh, gcf
唇形科	铺地青兰	D. origanoides	mp, bh, gcf
唇形科	光萼青兰	D. argunense	bh, gcf
唇形科	和布克赛尔青兰	D. hobuksarensis	mp, bh, gcf
唇形科	白花枝子花	D. heterophyllum	bh, gcf
唇形科	羽叶枝子花	D. bipinnatum	bh, gcf
唇形科	小新塔花	Ziziphora tenuior	mp, bh, gcf, pp
唇形科	甘肃紫花野芝麻	Lamium maculatum var. kansuense	bh, gcf
唇形科	宝盖草	L. amplexicaule	bh, gcf
唇形科	短柄野芝麻	L. album	bh, gcf
车前科	北车前	Plantago media	bh, gcf
玄参科	野胡麻	Dodartia orientalis	bh, gcf
玄参科	短腺小米草	Euphrasia regelii	bh, gcf
玄参科	紫毛蕊花	Verbascum phoeniceum	bh, gcf, pp
玄参科	鼻花	Rhinanthus glaber	bh, gcf, pp
玄参科	鼻喙马先蒿	Pedicularis proboscidea	bh, gcf
玄参科	高升马先蒿	P. elata	bh, gcf
玄参科	碎米蕨叶马先蒿	P. cheilanthifolia	bh, gcf, pp
玄参科	欧氏马先蒿	P. oederi	bh, gcf
玄参科	小根马先蒿	P. ludwigii	bh, gcf
玄参科	羽裂玄参	Scrophularia kiriloviana	bh, gcf
玄参科	长距柳穿鱼	Linaria longicalcarata	bf, bh, gcf, pp
玄参科	紫花柳穿鱼	L. bungei	bf, bh, gcf, pp
玄参科	肝色柳穿鱼	L. hepatica	bf, bh, gcf, pp
玄参科	羽叶婆婆纳	Veronica pinnata	bh, gcf
玄参科	卷毛婆婆纳	V. teucrium	bh, gcf
玄参科	穗花婆婆纳	V. spicata	bh, gcf, pp
列当科	弯管列当	Orobanche cernua	bh, gcf
列当科	分枝列当	O. aegyptiaca	bh, gcf
桔梗科	桔梗	Platycodon grandiflorus	bh, gcf, pp
桔梗科	聚花风铃草	Campanula glomerata subsp. speciosa	bh, gcf, pp
桔梗科	新疆风铃草	C. albertii	bh, gcf, pp
桔梗科	西伯利亚风铃草	C. sibirica	bh, gcf
桔梗科	喜马拉雅沙参	Adenophora himalayana	bh, gcf
桔梗科	新疆党参	Codonopsis clematidea	bh, gcf
茜草科	蓬子菜	Galium verum	bh, gcf
败酱科	中败酱	Patrinia intermedia	bh, gcf
败酱科	缬草	Valeriana officinalis	bh, gcf

(续)

科名	种名	拉丁名	园林用途
败酱科	新疆缬草	*V. fedtschenkoi*	bh, gcf
川续断科	黄盆花	*Scabiosa ochroleuca*	bh, gcf, pp
菊科	多葶蒲公英	*Taraxacum multiscaposum*	mp, bh, gcf, pp
菊科	紫花蒲公英	*T. lilacinum*	mp, bh, gcf, pp
菊科	天山蒲公英	*T. tianschanicum*	mp, bh, gcf
菊科	高山紫菀	*Aster alpinus*	bh, gcf
菊科	阿尔泰狗娃花	*A. altaicus*	mp, bh, gcf
菊科	蓍	*Achillea millefolium*	bf, bh, gcf, pp
菊科	亚洲蓍	*A. asiatica*	bf, bh, gcf, pp
菊科	花花柴	*Karelinia caspia*	bh, gcf
菊科	小花矢车菊	*Centaurea virgata* subsp. *squarrosa*	bh, gcf
菊科	莲座蓟	*Cirsium esculentum*	bh, gcf
菊科	砂蓝刺头	*Echinops gmelini*	bh, gcf
菊科	全缘叶蓝刺头	*E. integrifolius*	bh, gcf
菊科	天山橐吾	*Ligularia narynensis*	bh, gcf
菊科	橙花飞蓬	*Erigeron aurantiacus*	bh, gcf
菊科	假泽山飞蓬	*E. pseudoseravschanicus*	bh, gcf
菊科	长茎飞蓬	*E. acris* subsp. *politus*	bh, gcf
菊科	藏寒蓬	*Psychrogeton poncinsii*	bh, gcf
菊科	鼠麴雪兔子	*Saussurea gnaphalodes*	bh, gcf
菊科	雪莲花	*S. involucrata*	bh, gcf
菊科	冰川雪兔子	*S. glacialis*	bh, gcf
菊科	岩菊蒿	*Tanacetum scopulorum*	rp, bh, gcf
菊科	单头匹菊	*T. richterioides*	rp, bh, gcf, pp
菊科	密头菊蒿	*T. crassipes*	bh, gcf
菊科	黑苞匹菊	*T. krylovianum*	bh, gcf, pp
菊科	山野火绒草	*Leontopodium campestre*	mp, bh, gcf
菊科	矮火绒草	*L. nanum*	mp, bh, gcf, pp
菊科	火绒草	*L. leontopodioides*	mp, bh, gcf, pp
菊科	顶羽菊	*Rhaponticum repens*	bh, gcf
菊科	灰叶匹菊	*Richteria pyrethroides*	rp, bh, gcf
菊科	新疆亚菊	*Ajania fastigiata*	bh, gcf
菊科	矮小苓菊	*Jurinea algida*	bh, gcf
菊科	河西菊	*Launaea polydichotoma*	bh, gcf, pp
菊科	小甘菊	*Cancrinia discoidea*	bh, gcf, pp
菊科	橙舌狗舌草	*Tephroseris rufa*	bh, gcf
菊科	黄花婆罗门参	*Tragopogon orientalis*	bh, gcf
菊科	膜缘婆罗门参	*T. marginifolius*	bh, gcf
菊科	蒜叶婆罗门参	*T. porrifolius*	bh, gcf
菊科	西伯利亚婆罗门参	*T. sibiricus*	bh, gcf
菊科	婆罗门参	*T. pratensis*	bh, gcf
菊科	长苞婆罗门参	*T. heteropappus*	bh, gcf
菊科	长茎婆罗门参	*T. elongatus*	bh, gcf
菊科	紫缨乳菀	*Galatella chromopappa*	bh, gcf
菊科	薄叶麻花头	*Serratula marginata*	bh, gcf
菊科	短喙粉苞菊	*Chondrilla brevirostris*	bh, gcf
菊科	阿尔泰多榔菊	*Doronicum altaicum*	bh, gcf

(续)

科名	种名	拉丁名	园林用途
菊科	近似鼠麴草	Pseudognaphalium affine	bh, gcf
百合科	新疆猪牙花	Erythronium sibiricum	bh, gcf, pp
百合科	钝瓣顶冰花	Gagea fragifera	bh, gcf, pp
百合科	镰叶顶冰花	G. fedtschenkoana	bh, gcf, pp
百合科	新疆天门冬	Asparagus neglectus	bh, gcf
百合科	额敏贝母	Fritillaria meleagroides	bh, gcf, pp
百合科	伊犁贝母	F. pallidiflora	bf, bh, gcf, pp
百合科	新疆贝母	F. walujewii	bf, bh, gcf, pp
百合科	多籽蒜	Allium fetisowii	bh, gcf, pp
百合科	北葱	A. schoenoprasum	bf, bh, gcf, pp
百合科	褐皮韭	A. korolkowii	bh, gcf, pp
百合科	野韭	A. ramosum	bf, bh, gcf, pp
百合科	管丝韭	A. semenovii	bh, gcf, pp
百合科	棱叶韭	A. caeruleum	bh, gcf, pp
百合科	齿丝山韭	A. nutans	bh, gcf, pp
百合科	天山郁金香	Tulipa tianschanica	bh, gcf, pp
百合科	伊犁郁金香	T. iliensis	bf, bh, gcf, pp
百合科	柔毛郁金香	T. biflora	bh, gcf, pp
石蒜科	鸢尾蒜	Ixiolirion tataricum	bf, bh, gcf, pp
鸢尾科	细叶鸢尾	Iris tenuifolia	bh, gcf, pp
鸢尾科	紫苞鸢尾	I. ruthenica	bh, gcf, pp
鸢尾科	马蔺	I. lactea	bf, bh, gcf, gsp, pp
鸢尾科	蓝花喜盐鸢尾	I. halophila var. sogdiana	bh, gcf, gsp, pp
鸢尾科	喜盐鸢尾	I. halophila	bf, bh, gcf, gsp, pp
鸢尾科	中亚鸢尾	I. bloudowii	bh, gcf, pp
鸢尾科	白番红花	Crocus alatavicus	bf, bh, gcf, pp
兰科	裂唇虎舌兰	Epipogium aphyllum	bh, gcf, scp, pp
兰科	阴生红门兰	Dactylorhiza umbrosa	bh, gcf, scp, pp
兰科	宽叶红门兰	D. hatagirea	bh, gcf, scp, pp
兰科	凹舌掌裂兰	D. viridis	gcf, scp, pp
兰科	小斑叶兰	Goodyera repens	bh, gcf, scp, pp

2.3 藤本类观赏植物

初步评价筛选的藤本类观赏植物共有2科2属8种。其中，毛茛科铁线莲属植物占绝对优势，共有7种之多，花量大，果实亦有观赏性，观赏期较长。主要植物参见表3-8。

表3-8 新疆藤本类观赏植物资源

科名	种名	拉丁名	花期（月）	花色	园林用途
毛茛科	粉绿铁线莲	Clematis glauca	6~7	蓝紫色	fs, vap
毛茛科	全缘铁线莲	C. integrifolia	6~7	蓝色	fs, bh, gcf
毛茛科	东方铁线莲	C. orientalis	6~7	黄色	fs, vap
毛茛科	伊犁铁线莲	C. iliensis	6~7	淡黄色	fs, vap
毛茛科	西伯利亚铁线莲	C. sibirica	6~7	淡黄色	fs, vap
毛茛科	准噶尔铁线莲	C. songorica	6~7	白色或淡黄色	fs, vap
毛茛科	甘青铁线莲	C. tangutica	6~9	黄色	fs, vap
桑科	啤酒花	Humulus lupulus	7~8	黄绿色	vap

2.4 蕨类观赏植物

蕨类植物共计有3科3属4种，主要种类见表3-9。

表3-9 新疆蕨类观赏植物资源

科名	种名	拉丁名	园林用途
铁角蕨科	铁角蕨	*Asplenium trichomanes*	bh，scp，pp
铁角蕨科	叉叶铁角蕨	*A. septentrionale*	rp，bh，scp
冷蕨科	冷蕨	*Cystopteris fragilis*	bh，scp
岩蕨科	岩蕨	*Woodsia ilvensis*	bh，scp

2.5 水生观赏植物

水生观赏植物筛选共计4科4属4种，观赏特点突出，尤其是雪白睡莲也是重要的花卉育种材料。新疆还有较常见的水生观赏植物如芦苇、香蒲等，野生和应用都较为广泛见表3-10。

表3-10 新疆水生观赏植物资源

科名	种名	拉丁名	花期（月）	花色	园林用途
睡莲科	雪白睡莲	*Nymphaea candida*	6	白色	wp，pp，gcf
龙胆科	荇菜	*Nymphoides peltata*	6~10	黄色	wp，gcf
香蒲科	香蒲	*Typha orientalis*	5~8	黄褐色	wp，gsp
禾本科	芦苇	*Phragmites australis*	5~8	黄褐色	wp，gsp，gcf

草甸景观（糙苏属+老鹳草属+千里光属）

草甸景观（勿忘我属+野草莓）

河滩草甸景观（阴生掌裂兰+葛缕子）

戈壁荒漠景观（砂蓝刺头+蒿属）

荒漠戈壁景观（白麻+芦苇+禾草）

流石滩野花景观

疏林草地景观（白桦+新疆芍药+阿山黄堇）

五花草甸景观

五花草甸景观

五花草甸景观

五花草甸景观

五花草甸景观

五花草甸景观

林缘草甸景观（毛茛+金莲花）

林缘夏季花海景观（千里光+柳兰）

SPECIES 各论

冷蕨科 CYSTOPTERIDACEAE　冷蕨属 *Cystopteris*

中文名　**冷蕨**
拉丁名　*Cystopteris fragilis*

基本形态特征：根状茎短横走或稍伸长，先端和叶柄基部被有鳞片；叶近生或簇生。能育叶长20~35cm；叶柄一般短于叶片，为叶片长的1/3~2/3，鳞片稀疏，略有光泽；叶片披针形至阔披针形，长17~28cm，宽4~5cm，通常二回羽裂至二回羽状，羽片12~15对；叶脉羽状分叉，主脉稍曲折，小脉伸达锯齿先端。叶轴及羽轴，特别是下部羽片着生处多少具稀疏的单细胞至多细胞长节状毛，甚或有少数鳞毛。孢子囊群小，圆形。

分布：产阿尔泰山、萨吾尔山、准噶尔西部山地、天山、昆仑山。海拔1400~3500m。广布于东北、华北、西北各地；亚洲东部、欧洲和北美也有分布。

生境及适应性：生山地针叶林缘、疏林、林中空地、山河岸边；耐阴，喜湿。

观赏及应用价值：观叶类地被。宜开发用作高海拔地区林下地被，又因其在岩缝浅土中生长良好，可用作岩石园布置。

铁角蕨科 ASPLENIACEAE　铁角蕨属 *Asplenium*

中文名　**叉叶铁角蕨**
拉丁名　*Asplenium septentrionale*

基本形态特征：植株高8~15cm。根状茎短而直立或斜升，先端密被鳞片；鳞片线状披针形，薄膜质，黑褐色，有红色光泽，边缘略有齿牙。叶簇生，革质；叶柄长6~10cm，草绿色，基部栗色，有光泽，光滑，顶部为2~3叉，裂片线形，长2~3cm，宽1~1.5mm，顶端常再分裂为2~3条针状的小裂片，基部渐狭如柄状，两侧全缘。叶脉不明显，主脉隐约可见，小脉纤细，几与主脉平行，每小裂片有小脉1条。孢子囊群狭线形，棕色，生于小脉上侧。

分布：产伊犁、阿勒泰、昌吉、乌鲁木齐、石河子、博尔塔拉等地。海拔1800~2000m。亦分布于陕西、西藏；欧洲、巴尔干~小亚细亚、高加索、西西伯利亚、喜马拉雅（西部）和北美也有分布。

生境及适应性：丛生于干旱裸露的岩石缝间，喜阳，耐干旱贫瘠。

观赏及应用价值：观叶类。株型紧凑，叶形纤长而分叉，精巧奇特，宜开发为盆栽或用于岩石园配置。

中文名	**铁角蕨**
拉丁名	*Asplenium trichomanes*

基本形态特征： 植株高10~30cm。根状茎短而直立，密被鳞片；鳞片线状披针形，厚膜质，黑色，有光泽，略带红色，全缘。叶多数，密集簇生；叶纸质；叶柄栗褐色，有光泽；叶片长线形，长渐尖头，基部略变狭，一回羽状；羽片基部的对生，向上对生或互生，中部羽片椭圆形或卵形，基部为近对称或不对称的圆楔形，下部羽片形状多种，卵形、圆形、扇形、三角形或耳形；叶脉羽状，纤细，两面均不明显。孢子囊群阔线形，黄棕色，极斜向上，通常生于上侧小脉，每羽片有4~8枚，位于主脉与叶边之间，不达叶边；囊群盖阔线形，灰白色，后变棕色，膜质，全缘，开向主脉，宿存。

分布： 产昌吉、塔城等地。海拔400~3400m。广泛分布于全世界温带地区和热带、亚热带地区。

生境及适应性： 生林下山谷中的岩石上或石缝中，喜阴湿。

观赏及应用价值： 观叶或盆栽。植株常青，叶柄纤细挺拔，羽片形状奇特，翕动可爱。可盆栽置于室内观赏，也可植于假山缝隙。

岩蕨科 WOODSIACEAE　岩蕨属 *Woodsia*

中文名	**岩蕨**
拉丁名	*Woodsia ilvensis*

基本形态特征： 植株高12~20cm，根状茎短而直立或斜出，与叶柄基部密被鳞片。叶密集簇生；柄栗色，有光泽，基部以上被长节状毛及线状披针形小鳞片，中部以下具水平状的关节；叶片披针形，长8~11cm，二回羽裂；羽片10~20对，无柄，互生或下部的对生，中部羽片较大，疏离，羽状深裂，裂片3~5对。叶脉不明显，在裂片上为多回二歧分枝，小脉不达叶边。叶两面均被节状长毛，下面较密，沿叶轴及羽轴被棕色线形小鳞片及节状长毛。孢子囊群着生于小脉的先端，靠近叶缘；囊群盖碟形。

分布： 产阿勒泰。海拔1300~1500m。亦分布于东北及内蒙古、河北；日本、朝鲜、蒙古、高加索、西伯利亚、欧洲、北美等地也有分布。

生境及适应性： 生山地石缝中。喜半阴，耐贫瘠。

观赏及应用价值： 观叶类。株丛紧凑，根状茎及叶片均直立挺拔，叶质较厚，可开发作盆栽置于室内观赏，也可用于岩石园布置。

松科 PINACEAE　云杉属 *Picea*

中文名	**雪岭云杉**
拉丁名	*Picea schrenkiana*
别　名	雪岭杉

基本形态特征： 乔木，高达35～40m，胸径可达70～100cm；树皮暗褐色，呈块片状开裂；大枝短，近平展，树冠圆柱形或窄尖塔形；小枝下垂，一、二年生时呈淡黄灰色或黄色，无毛或有或疏或密之毛，老枝呈暗灰色。冬芽圆锥状卵圆形，淡褐黄色，叶辐射斜上伸展，四棱状条形，直伸或多少弯曲，长2～3.5cm，横切面菱形，四面均有气孔线。球果成熟前绿色，椭圆状圆柱形或圆柱形，长8～10cm；中部种鳞倒三角状卵形，先端圆；苞鳞倒卵状矩圆形，长约3mm；球果9～10月成熟。

分布： 产巴尔鲁克山、阿拉套山、天山、小帕米和西昆仑山（北坡）。分布于准噶尔阿拉套和中亚地区。

生境及适应性： 生中山和亚高山草甸，草甸草原。喜阳，稍耐阴。

观赏及应用价值： 观姿乔木。侧枝短，树形挺拔峻峭，成片生长于山坡时竖线条感与向上感强；枝叶茂密，针叶墨绿色，与蓝天、雪山、碧湖、草原映衬效果均佳。为新疆天山地区的主要森林及用材树种。宜作为园景树应用。

雪岭云杉

落叶松属 *Larix*

中文名 **新疆落叶松**
拉丁名 *Larix sibirica*
别　名 西伯利亚落叶松

基本形态特征： 乔木，高达40m，胸径80cm；树皮暗灰色、灰褐色或深褐色，纵裂粗糙；大枝平展，树冠尖塔形；小枝不下垂，一年生长枝淡黄色、黄色或淡黄灰色，有光泽，二、三年生枝灰黄色。叶倒披针状条形，长2～4cm，上面中脉隆起，无气孔线，下面沿中脉两侧各有2～3条气孔线。球果卵圆形或长卵圆形，熟时褐色、淡褐色或微带紫色，长2～4cm，径1.5～3cm；中部种鳞三角状卵形、近卵形、菱状卵形或菱形；种子灰白色，具不规则的褐色斑纹，斜倒卵圆形。花期5月，果期9～10月。

分布： 产阿尔泰山、萨吾尔山、北塔山和天山东部各地。海拔1000～3500m。分布于蒙古、中西伯利亚和西西伯利亚、乌拉尔、欧洲东北。

生境及适应性： 生山脉南坡峡谷地带及湿润、向阳的西北坡山地。属阳性树种，喜光，抗寒，耐旱，耐烟尘，对土壤要求不高，以深厚、含石灰质的湿润土壤最好。

观赏及应用价值： 观姿类。树形饱满，秋色叶金黄，可用于建植风景林或作独赏树栽培。新疆落叶松为天山东部及阿尔泰山山区的主要森林树种和新疆分布广、用途大的主要乔木树种，种皮可提制栲胶。

柏科 CUPRESSACEAE　**刺柏属** *Juniperus*

中文名	**西伯利亚刺柏**
拉丁名	*Juniperus sibirica*

基本形态特征： 匍匐灌木，高30～70cm；枝皮灰色，小枝密，粗壮，径约2mm。刺叶三叶轮生，斜伸，通常稍呈镰状弯曲，披针形或椭圆状披针形，先端急尖或上部渐窄成锐尖头，长7～10mm，宽1～1.5mm，上面稍凹，中间有1条较绿色边带为宽的白粉带，间或中下部有微明显的绿色中脉，下面具棱脊。球果圆球形或近球形，径5～7mm，熟时褐黑色，被白粉，通常有3粒种子，间或1～2粒；种子卵圆形，顶端尖，有棱角。

分布： 产阿尔泰山、准噶尔西部山地、天山各地。海拔1400～2500m。分布于黑龙江、吉林、内蒙古、西藏；欧洲、中亚山地、西伯利亚、朝鲜、日本、阿富汗至喜马拉雅山区也有分布。

生境及适应性： 生于林缘、疏林、林中空地及干燥多石山坡。中生植物。

观赏及应用价值： 观姿类。枝条平铺，可用作地被；蓝白色球果观赏价值亦佳。为高山中上部的水土保持树种。可开发作高原地被灌木。

中文名　**新疆方枝柏**
拉丁名　*Juniperus pseudosabina*

基本形态特征：匍匐灌木，枝干弯曲或直，沿地面平铺或斜上伸展，皮灰褐色，裂呈薄片脱落，侧枝直立或斜伸，高达3～4m；小枝直或微呈弧状弯曲，方圆形或四棱形，二、三回分枝径1～1.5mm。鳞叶交叉对生，长1.5～2mm，中部有矩圆形或宽椭圆形的腺体；刺叶仅生于幼树或出现在树龄不大的树上，近披针形，交叉对生或三叶交叉轮生，长8～12mm，先端渐尖。雌雄同株，球果卵圆形或宽椭圆状卵圆形，长7～10mm，径6～7mm，熟时淡褐黑色或蓝黑色，被或多或少的白粉，有1粒种子。

分布：产阿尔泰山、准噶尔西部山地和天山，海拔1500～3000m。国外在西伯利亚、中亚和蒙古北部也有分布。

生境及适应性：生中山、亚高山至高山带林缘、灌丛和石坡，常自成群落。喜光，抗旱，耐干旱瘠薄。

观赏及应用价值：观姿类。干枝铺地，景致优美，可作高海拔或干旱地区地被，也宜孤植于庭园及岩石园观赏；球果亦具观赏价值。为分布区内主要的水土保持树种。

中文名	**叉子圆柏**
拉丁名	*Juniperus sabina*
别　名	欧亚圆柏

基本形态特征： 匍匐灌木，高不及1m，稀灌木或小乔木；枝密，斜上伸展。叶二型：刺叶常生于幼树上，稀在壮龄树上与鳞叶并存，常交互对生或兼有三叶交叉轮生，排列较密，向上斜展，中部有长椭圆形或条形腺体；鳞叶交互对生，斜方形或菱状卵形，长1～2.5mm，背面中部有明显的椭圆形或卵形腺体。雌雄异株，稀同株；雄球花椭圆形或矩圆形；雌球花曲垂或初期直立而随后俯垂。球果生于向下弯曲的小枝顶端，熟前蓝绿色，熟时褐色至紫蓝色或黑色，多少有白粉。

分布： 产阿尔泰山、准噶尔西部山地、天山山地，海拔1000～3000m。分布于内蒙古、宁夏、甘肃、陕西等地；蒙古北部、西伯利亚、中亚、高加索、克里米亚，远及欧洲各地均有分布。

生境及适应性： 生山地干旱山坡、灌丛、林缘；喜光、抗旱、抗烟尘，适应性强，能耐干旱瘠薄。

观赏及应用价值： 观姿类。大枝铺地小枝斜展，园林中已广泛用作地被，也可用于景观林或树丛的镶边，单独或与置石相配植于草坪及岩石中效果亦佳；可作水土保持及固沙造林树种。

麻黄科 EPHEDRACEAE 麻黄属 *Ephedra*

中文名	**膜果麻黄**
拉丁名	*Ephedra przewalskii*
别　名	膜翅麻黄

基本形态特征： 灌木，高50～240cm；木质茎明显，为植株高度的1/2或更高，茎皮灰黄色或灰白色，细纤维状，纵裂成窄椭圆形网眼；茎的上部具多数绿色分枝，2～3枝生于节上，分枝基部再生小枝，形成假轮生状。叶通常3裂并有少数2裂混生，下部1/2～2/3合生。球花通常无梗，常多数密集成团状的复穗花序，对生或轮生于节上；雄球花淡褐色或褐黄色，近圆球形，假花被宽扁而拱凸似蚌壳状；雌球花淡绿褐色或淡红褐色，近圆球形，成熟时苞片增大成干燥半透明的薄膜状；种子通常3粒，稀2粒，包于干燥膜质苞片内。

分布： 产昌吉、乌鲁木齐、石河子、塔城、伊犁、博尔塔拉、吐鲁番、巴音郭楞、和田。分布于青海、甘肃、宁夏、内蒙古；蒙古也有分布。

生境及适应性： 生于石质荒漠与沙地，组成大面积群落，或与梭梭、柽柳、沙拐枣、白刺等旱生植物伴生。喜阳，耐旱耐贫瘠。

观赏及应用价值： 观枝类，冬季亦有黄绿色可赏，防护植物。宜作园林地被，或作水土保持和固沙造林树种；茎枝可作燃料。

中文名	**中麻黄**
拉丁名	*Ephedra intermedia*

基本形态特征： 灌木，高20～100cm；茎直立或匍匐斜上，粗壮，基部分枝多；绿色小枝常被白粉呈灰绿色。叶3裂及2裂混见，下部约2/3合生成鞘状。雄球花通常无梗，数个密集于节上呈团状；雌球花2～3成簇，对生或轮生于节上，无梗或有短梗，苞片3～5轮（每轮3片）或3～5对交叉对生，通常仅基部合生，边缘常有明显膜质窄边；雌球花成熟时肉质红色，椭圆形、卵圆形或矩圆状卵圆形；种子包于肉质红色的苞片内，3粒或2粒，形状变异颇大。花期5～6月，种子7～8月成熟。

分布： 产阿勒泰、昌吉、乌鲁木齐、塔城、伊犁、哈密等地。分布于东北、华北、西北各地；哈萨克斯坦、吉尔吉斯斯坦、塔吉克斯坦也有分布。

生境及适应性： 生荒漠石质戈壁、沙地，沙质、砾质和石质干旱地山坡，局部地区可形成群落。喜阳，耐干旱贫瘠。

观赏及应用价值： 观枝类。小枝灰绿或蓝绿色，四季可赏，果期红色，观赏价值高，宜在戈壁、碎石滩等原生地种植形成荒芜粗犷的特色景观，为干旱区特色地被，也可引入花境、岩石园中种植。可入药。肉质多汁的苞片可食。

膜果麻黄/中麻黄/木贼麻黄/垫状山岭麻黄

中文名	**木贼麻黄**
拉丁名	*Ephedra equisetina*

基本形态特征：直立小灌木，高达1m，木质茎粗长，直立，稀部分匍匐状，基部径达1~1.5cm；小枝细，径约1mm，节间短，长1~3.5cm，多为1.5~2.5cm，常被白粉呈蓝绿色或灰绿色。叶2裂，褐色，大部合生，上部约1/4分离。雄球花单生或3~4个集生于节上，无梗或开花时有短梗，苞片3~4对，基部约1/3合生，假花被近圆形；雌球花常2个对生于节上，窄卵圆形或窄菱形，苞片3对。雌球花成熟时肉质红色；种子通常1粒，窄长卵圆形。花期6~7月，种子8~9月成熟。

分布：产阿勒泰、昌吉、乌鲁木齐、塔城、博尔塔拉、伊犁等地。海拔1300~3000m。分布于河北、山西、内蒙古、陕西、甘肃等地；高加索、中亚、西伯利亚、蒙古等地也有分布。

生境及适应性：生碎石坡地、山脊。喜阳，耐旱，耐贫瘠。

观赏及应用价值：观枝类。四季可赏，园林应用方式及效果同中麻黄。生物碱的含量较其他种类为高，为提制麻黄碱的重要原料。

中文名	**垫状山岭麻黄**
拉丁名	*Ephedra gerardiana* var. *congesta*

基本形态特征：矮小灌木，植株垫状，高5~15cm；木质茎常横卧或倾斜形如根状茎，皮红褐色，纵裂成不规则的条状薄片剥落，先端有少数短的分枝，伸出地面呈粗大结节状；小枝弧曲成团状，纵槽纹较细浅。叶2裂，长2~3mm，裂片三角形或扁圆形，开花时节上面的叶常已干落。雄球花单生于小枝中部的节上，形较小；苞片2~3对，雄花具8枚雄蕊，花药细小，花丝全部合生；雌球花单生，无梗或有梗，具2~3对苞片，苞片1/4~1/3合生，雌花1~2，珠被管短，裂口微斜。雌球花成熟时肉质红色，近圆球形。成熟种子较小。花期7月，种子8~9月成熟。

分布：新疆广泛分布。在云南西北部、四川西南部、西藏南部及东南部均有分布。

生境及适应性：多生于干旱山坡。喜光，耐干旱，耐瘠薄。

观赏及应用价值：观枝、观果、观花类；植株垫状，小枝弧曲成团状，绿色枝、黄花、红果，是一种观赏价值极高的地被植物，可用于草地、山坡、砾石滩的绿化，也可作为盆景材料，与岩石搭配可形成独特景观。

| 中文名 | **双穗麻黄** |
| 拉丁名 | *Ephedra distachya* |

基本形态特征： 小灌木，高10～25cm。地上茎仅1～2节间，粗5～10mm，在其顶端节上发出轮生侧枝，多铺散地面；其中1～2枚增粗，木质化，形成"替代顶芽"继续生长1～2节间后，又重复同样的"顶芽更替"，因而形成无明显主干的垫状灌丛。叶2枚对生，或在枝下部3枚轮生，连合成鞘筒，长1～2mm。雄球花常3枚簇生短枝端，基部具一对阔卵形反折的总苞片；成熟雌球花苞片肉质，呈浆果状，径6～7mm，红至紫红而微发黑，苞片明显具膜质边。花期5～6月，种子7～8月成熟。

分布： 产阿勒泰、昌吉、乌鲁木齐、伊犁、哈密等地。分布于欧洲、地中海南部、克里米亚、高加索、中亚、西西伯利亚等地。

生境及适应性： 生沙地、山前冲积扇、石质低山坡、荒漠化草原。喜阳，耐旱，耐贫瘠。

观赏及应用价值： 观枝类。双穗麻黄是北疆地区分布较普遍的低矮、铺散垫状小灌木，可用作干旱地区地被，防风固沙，保持水土。开发用于岩石园，极具特色。因其小枝末端常卷曲，故通称为蛇麻黄。

睡莲科 NYMPHAEACEAE　睡莲属 *Nymphaea*

| 中文名 | **雪白睡莲** |
| 拉丁名 | *Nymphaea candida* |

基本形态特征： 多年水生草本；根状茎直立或斜升；叶纸质，近圆形，直径10～25cm，叶的基部裂片邻接或重叠；叶柄长达50cm。花径10～20cm，芳香；花梗略和叶柄等长；萼片披针形，长3～5cm，脱落或花期后腐烂；花瓣20～25，白色，卵状矩圆形，长3～5.5cm，外轮比萼片稍长；花托略四角形；花药先端不延长，花粉粒皱缩，具乳突；柱头具6～14辐射线，深凹。浆果扁平至半球形，长2.5～3cm；种子椭圆形。花期6月，果期8月。

分布： 产阿勒泰、巴音郭楞、阿克苏等地。欧洲、西伯利亚及中亚地也有分布。

生境及适应性： 生长在池塘或沼泽水田。喜阳及水湿环境。

观赏及应用价值： 观花类。花大，白色，可作为水生景观应用。也是珍贵的育种材料。

毛茛科 RANUNCULACEAE　侧金盏花属 *Adonis*

中文名	**夏侧金盏花**
拉丁名	*Adonis aestivalis*

基本形态特征： 一年生草本。茎高10～20cm，不分枝或分枝，下部有稀疏短柔毛。茎下部叶小，有长柄，长约3.5cm，其他茎生叶无柄，长达6cm，茎中部以上叶稍密集，二至三回羽状细裂，末回裂片线形或披针状线形，无毛或叶片下部有疏柔毛。花单生茎顶端，无毛，在开花时围在茎近顶部的叶中；萼片约5，膜质，狭菱形或狭卵形；花瓣约8，橙黄色，下部黑紫色，倒披针形，长约10mm；花药宽椭圆形或近球形，子房狭卵形，有1条背肋，顶部渐狭成短花柱。瘦果卵球形。花期6月。

分布： 产新疆西部。在亚洲西部、欧洲也有分布。喜半阴及湿润。

生境及适应性： 生田边草地、疏林、杂木林缘。喜湿润，较耐寒。

观赏及应用价值： 观花类。橙黄色花，带基斑，奇特美丽，观赏价值较高，为较好的花境及地被材料。

中文名	**北侧金盏花**
拉丁名	*Adonis sibirica*

基本形态特征： 多年生草本，除心皮外，全部无毛。有粗根状茎。茎高约40cm，粗3～5mm，基部有鞘状鳞片。茎中部和上部叶约15枚，无柄，卵形或三角形，长达6cm，宽达4cm，二至三回羽状细裂，末回裂片线状披针形，有时有小齿，宽1～1.5mm。花大，直径4～5.5cm；萼片黄绿色，圆卵形，顶部变狭，长约1.5cm，宽约6mm，花瓣黄色，狭倒卵形，长2～2.3cm，宽6～8mm，顶端近圆形或钝，有不等大的小齿；雄蕊长约1.2cm，花药狭长圆形。瘦果有稀疏短柔毛，宿存花柱长约1mm，向下弯曲。花期6月。

分布： 产阿勒泰、塔城等地。海拔1900m。蒙古、西伯利亚等地有分布。

生境及适应性： 生山地阳坡草地。喜半阴及湿润冷凉、土层肥厚。

观赏及应用价值： 观花类。花大明丽，羽叶细腻，宜用于花境布置。

金莲花属 *Trollius*

| 中文名 | **阿尔泰金莲花** |
| 拉丁名 | *Trollius altaicus* |

基本形态特征： 植株全体无毛。茎高26～70cm，茎生叶3枚。基生叶2～5枚，长10～40cm，有长柄；叶片五角形，长3.5～6cm，宽6.5～11cm，三全裂，中央全裂片菱形，三裂近中部，二回裂片有小裂片和锐牙齿，侧全裂片二深裂近基部，上面深裂片与中全裂片相似并近等大。花单独顶生，直径3～5cm；萼片15～18枚，橙色，倒卵形或宽倒卵形，长1.6～2.5cm，宽0.9～2cm，顶端圆形，常疏生小齿，有时全缘；花瓣比雄蕊稍短或与雄蕊等长，线形，顶端渐变狭，长6～13mm；花柱紫色。花期5～7月，果期8月。

分布： 产阿勒泰、塔城、伊犁等地。海拔1200～1500m。蒙古和西伯利亚有分布。

生境及适应性： 生山坡草地及林下。喜冷凉湿润及腐殖土。

观赏及应用价值： 观花类。花大，花形开张奔放，花色金黄，明亮无杂色，丝状花瓣奇特且亭亭玉立，是极佳的花境及花海布置材料；茎长而茎生叶少，可选育开发切花品种。

阿尔泰金莲花

中文名　**准噶尔金莲花**
拉丁名　*Trollius dschungaricus*

基本形态特征： 植株全部无毛。茎高（10）20～50cm，疏生2～3个叶。基生叶3～7，有长柄；叶片五角形，基部心形，三深裂至距基部1～2mm处，深裂片互相覆压，中央深裂片宽椭圆形或椭圆状倒卵形，上部三浅裂，裂片互相多少覆压，边缘生小裂片及不整齐小牙齿，侧深裂片斜扇形，不等二深裂，二回裂片互相多少覆压；叶柄基部具狭鞘。花通常单独顶生，有时2～3朵组成聚伞花序；花梗长5～15cm；萼片黄色或橙黄色，干时不变绿色，8～13片，倒卵形或宽倒卵形；花瓣比雄蕊稍短或与花丝近等长，线形，顶端圆形或带匙形；心皮12～18，花柱淡黄绿色。种子椭圆球形，黑色，光滑。花期6～8月，果期9月。

分布： 产天山和伊犁等地。海拔1800～3100m。在前苏联中亚地区也有分布。

生境及适应性： 生山地草坡或云杉树林下。喜阳，耐半阴，喜冷凉。

观赏及应用价值： 观花类。黄色花，花梗细长，观赏价值较高。可用作花境材料，也可开发为切花材料。

中文名	**淡紫金莲花**
拉丁名	*Trollius lilacinus*

基本形态特征： 植株全部无毛。须根粗壮。茎高10～28cm，疏生2叶。基生叶3～6个，在开花时常尚未抽出或刚刚抽出，有长柄；叶片五角形，长1.8～2.5cm，宽2.8～4cm，三全裂，中央全裂片菱形，三裂至中部或近羽状深裂，二回裂片具少数小裂片及三角形或宽披针形的锐牙齿，侧全裂片斜扇形，不等二深裂近基部。花单独顶生，直径2.5～3.5cm；萼片15～18枚，淡紫色、淡蓝色或白色，倒卵形、宽椭圆形、椭圆形或卵形，长1.2～1.6cm，宽0.55～1.4cm，生不明显小齿；花瓣约8枚，比雄蕊稍短，宽线形，顶端钝或圆形，长5～6mm。花期7～8月，果期8～9月。

分布： 产昌吉、乌鲁木齐、塔城、伊犁、阿克苏等地。海拔2600～3500m。

生境及适应性： 生天山高山草甸和山坡草地。喜湿润冷凉，不耐晒。

观赏及应用价值： 观花类。花淡紫色，常皱曲，有绢感，色彩和形态显娇弱高贵，为该属中珍稀奇特种类。花先叶开放；可开发为盆栽观赏。

乌头属 *Aconitum*

中文名	**白喉乌头**
拉丁名	*Aconitum leucostomum*

基本形态特征： 茎高约1m，中部以下疏被反曲的短柔毛或几无毛，上部有开展的腺毛。基生叶约1枚，与茎下部叶具长柄；叶片约长达14cm，宽达18cm，表面无毛或几无毛，背面疏被短曲毛；叶柄长20～30cm。总状花序长20～45cm，有多数密集的花；轴和花梗密被开展的淡黄色短腺毛；萼片淡蓝紫色，下部带白色，外面被短柔毛，上萼片圆筒形，高1.5～2.4cm，中部粗4～5mm，外缘在中部缢缩，然后向外下方斜展，下缘长0.9～1.5cm；花瓣无毛，距比唇长，稍拳卷。花期7～8月。

分布： 产阿勒泰、伊犁等地。海拔1600～1900m。甘肃西北有分布；哈萨克斯坦有分布。

生境及适应性： 生林缘草地及疏林下。喜湿润冷凉，稍耐旱。

观赏及应用价值： 观花类。花形奇特，花量密集成穗，可用于花境，提升竖向线条感，亦可开发作切花。

中文名	拟黄花乌头
拉丁名	*Aconitum anthoroideum*

基本形态特征： 块根倒卵球形或圆柱形，长1~7cm，粗5~10mm。茎高20~100cm，等距离生叶。叶片五角形，长2~7cm，宽2.4~7cm，三全裂，中央全裂片宽菱形，羽状深裂，末回裂片线形，侧全裂片斜扇形，不等二深裂近基部。顶生总状花序长2~11cm，有2~12花；轴和花梗密被淡黄色短柔毛；下部苞片叶状，其他苞片线形；萼片淡黄色，外面被伸展的短柔毛，上萼片盔形，外缘在下部稍缢缩；花瓣无毛，爪顶部膝状弯曲，瓣片长约7mm，微凹，距近球形。花期8~9月。

分布： 产阿勒泰、塔城等地。海拔1400~1950m。欧洲和西伯利亚有分布。

生境及适应性： 生山坡草地和灌丛中。喜湿润冷凉，稍耐旱。

观赏及应用价值： 观花类。花量密集成穗，花黄色较少，可用于花境或开发切花。块根可供药用。

中文名	圆叶乌头
拉丁名	*Aconitum rotundifolium*

基本形态特征： 块根成对，长约2cm。茎高15~42cm，疏被反曲而紧贴的短柔毛，不分枝或分枝。叶片圆肾形，宽3~6.5cm，三深裂约至本身长度3/4处，中央深裂片倒梯形，三浅裂，侧深裂片扇形，不等三裂稍超过中部。总状花序有3~5花；下部苞片叶状或三裂，其他苞片线形，小苞片生花梗中部或中部之上；萼片淡紫色，外面密被短柔毛，上萼片镰刀形或船状镰刀形，侧萼片斜倒卵形，长1.3~1.6cm；花瓣无毛，瓣片极短，长1~1.5mm，下部裂成2条小丝，距头形，稍向前弯。花期8月。

分布： 产昌吉、塔城、伊犁、巴音郭楞等地。海拔2100~3500m。中亚山区亦有分布。

生境及适应性： 生高山草地和砾质石坡。喜湿润冷凉，稍耐旱。

观赏及应用价值： 观花类。花形奇特，花色明艳，可布置花境或开发为盆栽。

中文名	**展毛多根乌头**
拉丁名	*Aconitum karakolicum* var. *patentipilum*

基本形态特征： 块根长2~5cm，粗1~1.8cm，数个形成水平或斜的链。茎高约1m，密生叶，分枝。叶片五角形，长7~11cm，宽7~14cm，三全裂，中央全裂片宽菱形，二回羽状细裂，侧全裂片斜扇形，不等二裂几达基部。顶生总状花序多少密集；花梗长1.5~3cm；小苞片生花梗中部之上，钻形；萼片紫色，外面疏被短柔毛，上萼片盔形或船状盔形，具爪，高1.2~2.2cm，侧萼片长1~1.6cm，下萼片倒卵状长圆形。花期7~8月。与多根乌头的区别：花序轴和花梗密被开展的短柔毛。

分布： 产伊犁、阿尔泰等地区。海拔1800~3000m。

生境及适应性： 生草地或亚高山草甸。喜湿润冷凉，稍耐旱。

观赏及应用价值： 观花类。花量密集成穗，宜用作花境布置或开发切花。

扁果草属 *Isopyrum*

中文名	**扁果草**
拉丁名	*Isopyrum anemonoides*

基本形态特征： 根状茎细长，粗1~1.5mm，外皮黑褐色。茎直立，柔弱，高10~23cm，无毛。基生叶多数，有长柄，为二回三出复叶，无毛；叶片轮廓三角形，宽达6.5cm，中央小叶具柄，等边菱形至倒卵状圆形，长及宽均1~1.5cm，三全裂或三深裂。茎生叶1~2枚，似基生叶，但较小。花序为简单或复杂的单歧聚伞花序，有2~3花；苞片卵形，三全裂或三深裂；花梗纤细，长达6cm；花径1.5~1.8cm；萼片白色，宽椭圆形至倒卵形，长7~8.5mm，宽4~5mm，顶端圆形或钝；花瓣长圆状船形，长2.5~3mm，基部筒状。花期6~7月，果期7~9月。

分布： 产塔城、博尔塔拉、伊犁、哈密、克孜勒苏、喀什等地。海拔2100~3400m。也分布于西藏、青海、甘肃。

生境及适应性： 生山地草原或林下石缝中。喜湿润冷凉，稍耐旱。

观赏及应用价值： 观花类。花小巧雅致，片植效果好，可植于水边、林下或布置花境。

拟耧斗菜属 *Paraquilegia*

| 中文名 | **拟耧斗菜** |
| 拉丁名 | ***Paraquilegia microphylla*** |

基本形态特征： 根状茎细圆柱形至近纺锤形，粗2~6mm。叶多数，通常为二回三出复叶，无毛；叶片轮廓三角状卵形，宽2~6cm，中央小叶宽菱形至肾状宽菱形，三深裂，每深裂片再2~3细裂，小裂片倒披针形至椭圆状倒披针形，表面绿色，背面淡绿色。花葶直立，比叶长，长3~18cm；苞片2枚，生于花下，对生或互生，倒披针形；花径2.8~5cm；萼片淡堇色或淡紫红色，偶为白色，倒卵形至椭圆状倒卵形，长1.4~2.5cm，顶端近圆形；花瓣倒卵形至倒卵状长椭圆形，顶端微凹，下部浅囊状。花期6~8月，果期8~9月。

分布： 产阿克苏、和田等地。海拔3200m。在我国也分布于西藏、云南、四川、甘肃、青海；国外在不丹、尼泊尔、中亚也有分布。

生境及适应性： 生高山山地石壁或岩石上，喜冷凉，耐干旱贫瘠。

观赏及应用价值： 观花类。株丛圆整，低矮密集，叶形奇特，花量较大，萼片浅蓝紫色，与中心黄色形成对比，色彩优雅，可用于花境、岩石园布置。

楼斗菜属 *Aquilegia*

中文名	**西伯利亚楼斗菜**
拉丁名	*Aquilegia sibirica*

基本形态特征：草本，全体无毛或近无毛。根细长圆柱形，粗4~5mm，通常不分枝，外皮黑褐色。茎直立，高25~70cm，不分枝，罕有1~3条分枝。叶全部基生，通常为一回三出或少数为近二回三出复叶；叶片轮廓卵圆形，宽4~10cm，小叶圆肾形，三深裂或三全裂。花1~4朵，下垂；苞片一至三深裂；萼片蓝色至紫红色，开展，宽椭圆形，长1.9~3cm，顶端微尖；花瓣与萼片同色或为白色，瓣片长方形，长0.9~1.3cm，顶端近圆形，距长0.6~1.2cm，末端甚弯曲。花期6~7月。

分布：产阿勒泰。海拔1600~2000m。蒙古、西伯利亚、中亚山地有分布。

生境及适应性：生海拔间的山地河旁湿地。喜湿润冷凉，喜阳，耐旱，耐贫瘠。

观赏及应用价值：观花类。花形独特，花量大，花期较长，宜作地被或用于花境布置，亦可盆栽。

中文名	**暗紫楼斗菜**
拉丁名	*Aquilegia atrovinosa*

基本形态特征： 根细长圆柱形，粗4~8mm，不分枝，外皮暗褐色。茎单一，直立，高30~60cm。基生叶少数，为二回三出复叶；叶片轮廓宽卵状三角形，宽4~15cm，中央小叶倒卵状楔形，长1.5~3.5cm，宽1.2~2.8cm，顶端三浅裂，浅裂片有2~3个粗圆齿，侧面小叶斜倒卵状楔形，不等二浅裂。花1~5朵，直径3~3.5cm；苞片线状披针形，长达1.6cm；萼片深紫色，狭卵形，长约2.5cm，外面被微柔毛，顶端钝尖；花瓣与萼片同色，瓣片长约1.2cm，距长约1.5cm，末端弯曲。花期5~7月。

分布： 产昌吉、乌鲁木齐、塔城、伊犁等地。海拔1700~2600m。哈萨克斯坦有分布。

生境及适应性： 生山地杉林下、河谷或路旁。喜湿润冷凉，稍耐旱。

观赏及应用价值： 观花类。宜作地被或用于花境布置，亦可盆栽。

白头翁属 *Pulsatilla*

中文名	**细叶白头翁**
拉丁名	*Pulsatilla turczaninovii*

基本形态特征： 植株高15~25cm。基生叶4~5，有长柄，为三回羽状复叶，在开花时开始发育；叶片狭椭圆形，有时卵形，长7~8.5cm，宽2.5~4cm，羽片3~4对，二回羽状细裂，表面无毛，背面疏被柔毛。花葶有柔毛；总苞钟形，长2.8~3.4cm，筒长5~6mm，苞片细裂，末回裂片线形或线状披针形，宽1~1.5mm，背面有柔毛；花梗长约1.5cm，结果时长达15cm；花直立，萼片蓝紫色，卵状长圆形或椭圆形，长2.2~4.2cm，宽1~1.3cm，顶端微尖或钝，背面有长柔毛。聚合果直径约5cm；瘦果纺锤形，长约4mm，密被长柔毛，宿存花柱长约3cm，有向上斜展的长柔毛。花期5月。

分布： 产塔城和阿勒泰。海拔1500~2300m。在宁夏、内蒙古、河北、辽宁、吉林和黑龙江也有分布。蒙古、西伯利亚也有分布。

生境及适应性： 生草原或山地草坡、林边。喜光，耐寒，稍耐旱，对土壤要求不严。

观赏及应用价值： 观花、观果类。花观赏价值高，钟形花，硕大明丽，奇趣可爱，果期毛茸茸，亦具观赏性。可作盆花或布置花境、岩石园。根状茎入药。

中文名	**钟萼白头翁**
拉丁名	*Pulsatilla campanella*

基本形态特征：植株开花时高14～20cm，结果时高达40cm。基生叶5～8，开花时已长大，有长柄，为三回羽状复叶；叶片卵形或狭卵形，长2.8～6cm，宽2～3.5cm，羽片3对，斜卵形，羽状细裂，表面近无毛，背面有疏柔毛；叶柄长2.5～12cm，有长柔毛。花葶1～2，直立，有柔毛；总苞长约1.8cm，筒长约2mm，苞片三深裂，深裂片狭披针形，不分裂或有3小裂片，背面有长柔毛；花梗长2.5～4.5cm，结果时长达22cm；花稍下垂；萼片紫褐色，椭圆状卵形或卵形，长1.4～1.9cm，宽8～9mm，顶端稍向外弯，外面有绢状茸毛。聚合果直径约5cm；宿存花柱长1.5～2.4cm，下部密被开展的长柔毛，上部有贴伏的短柔毛。花期5～6月。

分布：产阿勒泰、昌吉、乌鲁木齐、博尔塔拉、巴音郭楞、阿克苏、喀什等地。海拔1800～3700m。在蒙古、西伯利亚、中亚也有分布。

生境及适应性：生山地草坡。喜光，耐寒，稍耐旱，对土壤要求不严。

观赏及应用价值：观花、观果类。花观赏价值高，钟形花，喜光，耐寒，稍耐旱。硕大明丽，奇趣可爱，果期毛茸茸，亦具观赏性。可作盆花或布置花境、岩石园。根状茎入药。

铁线莲属 *Clematis*

中文名	**粉绿铁线莲**
拉丁名	*Clematis glauca*

基本形态特征：草质藤本。茎纤细，有棱。一至二回羽状复叶；小叶有柄，2～3全裂或深裂、浅裂至不裂，中间裂片较大，椭圆形或长圆形、长卵形，长1.5～5cm，宽1～2cm，基部圆形或圆楔形，全缘或有少数牙齿，两侧裂片短小。常为单聚伞花序，3花；苞片叶状，全缘或2～3裂；萼片4，黄色，或外面基部带紫红色，长椭圆状卵形，顶端渐尖，长1.3～2cm，除外面边缘有短茸毛外，其余无毛，瘦果卵形至倒卵形，长约2mm，宿存花柱长4cm。花期6～7月，果期8～10月。

分布：产阿勒泰、昌吉、乌鲁木齐、塔城、伊犁、哈密、巴音郭楞、喀什、和田等地。海拔1700～2500m。也分布于青海、甘肃南部、陕西、山西等地；蒙古、中亚及西伯利亚地区西南部也有分布。

生境及适应性：生山坡、路边灌丛中。较耐寒，耐旱，喜光，对土壤要求不严。

观赏及应用价值：观花类。花形花色别致，萼片质地较厚，花量大，可攀爬于花架、篱栅，或用于垂直绿化。全草入药。

中文名	**全缘铁线莲**
拉丁名	*Clematis integrifolia*

基本形态特征： 直立草本或半灌木，高1~1.5m。主根粗壮，木质，有多数须根。茎棕黄色，髓部白色，中空。单叶对生；叶片卵圆形至菱状椭圆形，长7~14cm，宽6~11cm，顶端短尖或钝尖，基部宽楔形，边缘全缘，两面无毛仅边缘有曲柔毛，基出主脉3~5条，表面平坦，背面隆起；无叶柄，抱茎。单花顶生，下垂，花梗长5~16cm，密被茸毛；萼片4枚，紫红色、蓝色或白色，直立，长方椭圆形或窄卵形，长3~4.5cm，宽1~1.2cm，顶端反卷并有尖头状凸起。瘦果扁平，宿存花柱细瘦，长4~4.5cm，被稀疏淡黄色开展的柔毛。花期6~7月，果期8月。

分布： 产阿勒泰。海拔1200~1800m。欧洲及西伯利亚地区也有分布。

生境及适应性： 生山坡谷地、河滩地、草坡及小檗灌丛中。喜光，耐半阴，耐寒，稍耐旱。

观赏及应用价值： 观花、观果类。花量大，色彩明丽，果实可爱，可配置花境，或植于林缘、路边、草地边缘作点缀。

中文名	**东方铁线莲**
拉丁名	*Clematis orientalis*

基本形态特征： 草质藤本。茎纤细，有棱。一至二回羽状复叶；小叶有柄，2~3全裂或深裂、浅裂至不分裂，中间裂片较大，长卵形、卵状披针形或线状披针形，全缘或基部有1~2浅裂，两侧裂片较小；叶柄长4~6cm；小叶柄长1.5~2cm。圆锥状聚伞花序或单聚伞花序，多花或少至3花；苞片叶状，全缘；萼片4，黄色、淡黄色或外面带紫红色，斜上展，披针形或长椭圆形，长1.8~2cm，宽4~5mm，内外两面有柔毛，外面边缘有短茸毛。瘦果卵形、椭圆状卵形至倒卵形，扁，长2~4mm，宿存花柱被长柔毛。花期6~7月，果期8~9月。

分布： 产阿勒泰、塔城、博尔塔拉、伊犁、哈密、吐鲁番、巴音郭楞、喀什、和田等地。海拔1000~2000m。从高加索到中亚地区也有分布。

生境及适应性： 生于沟边、路旁或湿地。喜湿润冷凉，喜光，喜土层肥厚。

观赏及应用价值： 观花、观果类。花色鲜黄明亮，果期聚花果量大而密集，犹如簇簇绒团点缀其间。可攀爬于花架、篱栅，或用于垂直绿化。

中文名	**伊犁铁线莲**
拉丁名	*Clematis iliensis*

基本形态特征： 亚灌木藤本。二回三出复叶，小叶片或裂片9枚，卵状椭圆形或窄卵形，纸质，两侧的小叶片常偏斜，顶端及基部全缘，中部有整齐的锯齿，叶脉在表面不显，在背面微隆起。单花，无苞片；花钟状下垂；萼片4枚，淡黄色，长方椭圆形或狭卵形，质薄，脉纹明显，外面有稀疏短柔毛，内面无毛；退化雄蕊花瓣状，条形。瘦果倒卵形，微被毛，宿存花柱有黄色柔毛。花期6~7月，果期7~8月。与西伯利亚铁线莲相似，但萼片大，长5cm，宽2~3cm；叶卵形较大，为一回三出复叶。

分布： 产伊犁。海拔1500m左右。

生境及适应性： 生于天山西部的云杉林下、林缘和河谷。喜土层肥厚。

观赏及应用价值： 观花、果类。花大且繁密，花期长，果实可爱。可用于垂直绿化，攀缘花架、篱栅等。

中文名	**西伯利亚铁线莲**
拉丁名	*Clematis sibirica*

基本形态特征： 亚灌木藤本，长达3m。二回三出复叶，小叶片或裂片9枚，卵状椭圆形或窄卵形，纸质，长3~6cm，宽1.2~2.5cm，两侧的小叶片常偏斜，顶端及基部全缘，中部有整齐的锯齿，叶脉在表面不显，在背面微隆起。单花，花梗长6~10cm，无苞片；花钟状下垂，直径3cm；萼片4枚，淡黄色，长方椭圆形或狭卵形，长3~6cm，质薄，脉纹明显，外面有稀疏短柔毛，内面无毛；退化雄蕊花瓣状，条形。瘦果倒卵形，长5mm，微被毛，宿存花柱长3~3.5cm，有黄色柔毛。花期6~7月，果期7~8月。

分布： 产阿勒泰、昌吉、乌鲁木齐、塔城、博尔塔拉、伊犁、哈密、阿克苏等地。海拔1200~2000m。也产吉林、黑龙江。欧洲、西伯利亚、中亚山区也有分布。

生境及适应性： 生林边、路边及云杉林下。喜湿润冷凉，喜半阴。喜土层肥厚。

观赏及应用价值： 观花、果类。花大且繁密，花期长，果实可爱。可用于垂直绿化，攀缘花架、篱栅等。

中文名	**准噶尔铁线莲**
拉丁名	*Clematis songorica*

基本形态特征：直立小灌木，高40~120cm。单叶对生或簇生；叶片薄革质，长圆状披针形、狭披针形至披针形，长3~15cm，宽0.2~2cm，顶端锐尖或钝，基部渐成柄。叶分裂程度变异较大，茎下部叶子从全缘至边缘整齐的锯齿，茎上部叶子全缘、边缘锯齿裂至羽状裂；花序为聚伞花序或圆锥状聚伞花序，顶生；花径2~3cm；萼片4，开展，白色或淡黄色，长圆状倒卵形至宽倒卵形，长0.5~2cm，顶端常近截短而有凸头或凸尖，外面密生茸毛；宿存花柱长2~3cm。花期6~7月，果期7~8月。

分布：产阿勒泰、昌吉、乌鲁木齐、石河子、塔城、伊犁、吐鲁番、巴音郭楞、喀什等地。海拔1000~2500m。内蒙古西部有分布；蒙古、中亚荒漠地区也有分布。

生境及适应性：生于荒漠低山麓前洪积扇、石砾质冲积堆以及荒漠河岸。喜光，耐寒耐旱，不耐积水，耐贫瘠。

观赏及应用价值：观花类。可布置花境或植于林缘、路边观赏。亦可用于岩石园，盆景造型。

中文名	**甘青铁线莲**
拉丁名	*Clematis tangutica*

基本形态特征：落叶藤本，长1~4m。主根粗壮，木质。茎有明显的棱，幼时被长柔毛，后脱落。一回羽状复叶，有5~7小叶；小叶片基部常浅裂、深裂或全裂，侧生裂片小，中裂片较大，卵状长圆形、狭长圆形或披针形，边缘有不整齐缺刻状的锯齿。花单生，有时为单聚伞花序，有3花，腋生；花序梗粗壮，长4~20cm，有柔毛，萼片4，黄色外面带紫色，斜上展，狭卵形、椭圆状长圆形，外面边缘有短茸毛，内面无毛；子房密生柔毛。瘦果倒卵形，长约4mm，有长柔毛，宿存花柱长达4cm。花期6~9月，果期9~10月。

分布：产乌鲁木齐、天山、吐鲁番、哈密、伊犁、巴音郭楞、阿克苏、和田等地。海拔2160~2700m。也分布于西藏、四川、青海、甘肃、陕西；前苏联中亚地区也有分布。

生境及适应性：生高原草地或灌丛中。喜湿润冷凉，喜半阴。

观赏及应用价值：观花、观果类植物；黄色花，花大量多，花形奇特，果有长茸毛，观赏价值较好，可用于垂直绿化，也可作花廊架。

翠雀属 *Delphinium*

| 中文名 | **毛果船苞翠雀花** |
| 拉丁名 | *Delphinium naviculare* var. *lasiocarpum* |

基本形态特征： 茎高约70cm，不分枝。茎、花梗和萼片外面均疏被黄色短腺毛；子房疏被短柔毛。基生叶及茎下部叶有长柄；叶片肾状五角形，长3.3～4.3cm，宽5.2～5.6cm，三深裂，中深裂片菱状倒梯形或菱形，急尖，三浅裂，两面疏被长糙毛；叶柄长为叶片的3～4倍，被与茎相同的毛。总状花序狭长，长约30cm；下部苞片三裂，长1.4～1.7cm，其他苞片船状卵形，长7～10mm；萼片紫色，上萼片宽椭圆形，长约1.2cm；花瓣黑色，无毛；退化雄蕊黑色，瓣片与爪近等长，长圆形，二裂近中部，上部有长缘毛，腹面有淡黄色髯毛。花期8月。

分布： 产伊犁、塔城等地。海拔1600～1700m。

生境及适应性： 生于山地草坡与林下草地，耐阴。不耐晒，耐寒，喜湿润。

观赏及应用价值： 观花，花形别致，色彩淡雅。或丛植，栽植于花坛、花境。花序长，也可用作切花。

中文名	**和丰翠雀花**
拉丁名	*Delphinium sauricum*

基本形态特征： 茎高30~80cm。粗3~6mm，不分枝，叶3~5枚在茎基部排列紧密，茎生叶近等距排列，具长柄；叶片圆肾形。总状花序长12~25mm，多花；花梗与花序轴靠近，长2~7cm；小苞片距花2~6mm；卵状披针形，渐尖，密被稍长的白色柔毛；萼片蓝紫色，上萼片宽卵形，侧萼片与下萼片椭圆形或椭圆状卵形，外面密被伏贴的白色柔毛；距钻形，长约1.5cm；花瓣黑褐色，顶端微裂，无毛；退化雄蕊褐色，瓣片倒卵形，长约5mm，顶端二浅裂，腹面有淡黄色髯毛，爪与瓣片近等长或稍长；雄蕊无毛。花期7~8月，果期8~9月。

分布： 产塔城。海拔1700~2100m。在哈萨克斯坦毗邻地区也有分布。

生境及适应性： 生山坡草地或林缘。喜湿润冷凉，喜光，喜土层肥厚。

观赏及应用价值： 观花类。花密集穗状，可用于布置花境，或开发作切花。

角果毛茛属 *Ceratocephala*

中文名	**角果毛茛**
拉丁名	*Ceratocephala testiculata*

基本形态特征： 一年生小草本，高5~8cm，全体有绢状短柔毛。叶10余枚，最外圈的数叶较小，不分裂，倒披针形或线形，长3~6mm，其余的叶较大，3全裂，长5~15mm，有蛛丝状柔毛，有时无毛。花葶2~8条，顶生1花；花小，直径约5mm；萼片绿色，5，长约3mm，外面有密白柔毛，果期增大，长达8mm，宿存；花瓣多白色，5，披针形，与萼片近等长，宽约0.5mm，有爪，蜜槽点状。聚合果长圆形至圆柱形，长达2cm，直径5~8mm；瘦果多数，扁卵形，长约2mm，有白色柔毛，喙与果体近等长，顶端成黄色硬刺。花果期3~5月。

分布： 产阿勒泰、昌吉、乌鲁木齐、石河子、塔城、克拉玛依、博尔塔拉、伊犁等地。海拔1200~1800m。在欧洲和亚洲西部广布。

生境及适应性： 生于路边草地、林缘甚至荒漠草原。耐寒，稍耐旱，喜光。

观赏及应用价值： 观花类。植株低矮，光照充足地大面积种植宜形成地被，也可用于花境或岩石园点缀。

美花草属 *Callianthemum*

中文名　厚叶美花草
拉丁名　*Callianthemum alatavicum*

基本形态特征： 植株全体无毛。根状茎粗3~4mm。茎渐升或近直立，长8~18cm，结果时达21cm，不分枝或有1分枝。基生叶3~4，在开花时尚未完全发育，有长柄，为三回羽状复叶；叶片干时亚革质，狭卵形或卵状长圆形，长3.7~8.8cm，宽2.2~4.5cm，羽片4~5对；叶柄长3.5~10cm，基部有鞘。茎生叶2~3，似基生叶，但较小。花径1.7~2.5cm；萼片5，近椭圆形，花瓣5~7，白色，基部橙色，倒卵形，长9~14mm，顶端圆形；雄蕊长约为花瓣1/2，花药狭长圆形。聚合果近球形，直径1~1.2cm。花期5~6月。

分布： 产乌鲁木齐、伊犁、阿克苏、克孜勒苏、喀什等地。海拔3000m以上。在中亚天山、帕米尔有分布，据记载在准噶尔西部山地也有分布。

生境及适应性： 生于高山草甸和河谷草甸。喜湿润冷凉及肥厚土壤，喜光。

观赏及应用价值： 观花类，花色洁白明亮，花形端正，可作为地被、花境、花坛应用。

唐松草属 *Thalictrum*

中文名　紫堇叶唐松草
拉丁名　*Thalictrum isopyroides*

基本形态特征： 植株高20~40cm。基生叶约3个，与茎下部叶有短粗柄，为四回三出羽状复叶；叶片长约4.5cm；小叶厚，稍肉质，顶生小叶有短柄，宽菱形，三深裂，裂片披针状条形或狭倒披针形，全缘；叶柄长1~1.8cm，有狭鞘。圆锥花序顶生，长12~20cm，有稀疏的花；苞片卵形；萼片4，黄绿色或紫晕，卵形；雄蕊5~8，顶端有短尖头，花丝丝形；心皮3~5，无柄。瘦果狭椭圆形，有8条粗纵肋，宿存柱头长约0.6mm。花期6月。

分布： 产新疆西部。海拔1200m左右。在亚洲西南部也有分布。

生境及适应性： 多生于石砾山坡或林缘草地。耐寒喜光，喜砂质土。

观赏及应用价值： 观花类。叶形奇特，圆锥花序，花小巧精致，可应用于花境。

驴蹄草属 *Caltha*

中文名	**驴蹄草**
拉丁名	*Caltha palustris*

基本形态特征： 多年生草本，全部无毛，有多数肉质须根。茎高20~48cm，实心，在中部或中部以上分枝。叶片圆形、圆肾形或心形，长2.5~5cm，宽3~9cm，顶端圆形，基部深心形或基部二裂片互相覆压，边缘全部密生正三角形小牙齿；叶柄长7~24cm。茎或分枝顶部有由2朵花组成的简单的单歧聚伞花序；苞片三角状心形，边缘生牙齿；萼片5，黄色，倒卵形或狭倒卵形，长1~1.8cm，宽0.6~1.2cm，顶端圆形。花期5~9月，6月开始结果。

分布： 产阿勒泰。2500~2900m。在我国也分布于西藏、云南、四川、浙江、甘肃、陕西、河南、山西、河北、内蒙古。在北半球温带及寒温带地区广布。

生境及适应性： 通常生于山谷溪边或湿草甸，有时也生在草坡或林下较阴湿处。喜湿润冷凉，较耐寒，不耐旱，喜光耐半阴，喜腐殖土。

观赏及应用价值： 观花、观叶类。宜作为地被植于水边、洼地及盆栽。花黄色明丽，花期长，叶大而翠绿，覆盖效果好。

毛茛属 *Ranunculus*

中文名	**毛茛**
拉丁名	*Ranunculus japonicus*

基本形态特征： 多年生草本。茎直立，高30~70cm，中空，生开展或贴伏的柔毛。基生叶多数；叶片圆心形或五角形，长及宽为3~10cm，基部心形或截形，通常3深裂不达基部，两面贴生柔毛。下部叶与基生叶相似，渐向上叶柄变短，叶片较小，3深裂，裂片披针形；最上部叶线形，全缘，无柄。聚伞花序有多数花，疏散；花径1.5~2.2cm；萼片椭圆形，长4~6mm，生白柔毛；花瓣5，倒卵状圆形，长6~11mm，宽4~8mm，蜜槽鳞片长1~2mm；花托短小，无毛。聚合果近球形，直径6~8mm；瘦果扁平，长2~2.5mm。花果期4~9月。

分布： 产天山。海拔1800m左右。广泛分布于各地；朝鲜、日本、蒙古、东西伯利亚有分布。

生境及适应性： 生于田沟旁和林缘路边的湿草地上，喜温暖湿润气候，喜光。

观赏及应用价值： 观花类。花亮黄色，花量大，群体效果好，宜作疏林地被或缀花草坪，亦可作为草原花海素材。

中文名	**宽瓣毛茛**
拉丁名	*Ranunculus albertii*

基本形态特征： 多年生草本。根状茎短，簇生多数须根。茎高8～20cm，近直立，单一或有1～2分枝，上部散生白色柔毛。基生叶数枚，叶片肾圆形，长1～3cm，宽稍大于长，边缘有圆齿。茎生叶2～3枚，5～7掌状中裂，基部呈鞘状抱茎。花单生茎顶，直径2～3cm；萼片宽卵形，长5～9mm，带紫色；花瓣5～8，宽倒卵形，长8～14mm，宽与长近相等，顶端截圆形或有1、2个凹缺，基部有短宽的爪；花托生白色细柔毛。花果期5～8月。

分布： 产伊犁、巴音郭楞等地。海拔2000～2700m。中亚也有分布。

生境及适应性： 生山谷湿草地或阴坡草地。喜光，耐半阴，喜冷凉湿润及腐殖土。

观赏及应用价值： 观花类。花色明亮，犹如繁星，铺地效果好，是优良的地被、花境及缀花草坪材料。

中文名	**云生毛茛**
拉丁名	*Ranunculus nephelogenes*

基本形态特征：矮小灌木，高0.5~1.5m。枝条红褐色，开展，密布黄白色皮刺。小叶7~9，叶片小，长圆形或椭圆形，边缘多具重锯齿，齿尖多具腺体，两面无毛；叶柄有散生小皮刺和腺毛；托叶全缘有腺毛，离生部分披针形。花单生，少2~3朵集生；花瓣粉红色；花梗光滑或有腺毛；苞片卵形，边缘有腺毛；萼片全缘，披针形，先端扩展为叶状，内面有密的白色茸毛，外面密被腺毛。果实长圆形或圆形，鲜红色，肉质，萼片直立宿存。花期6~7月，果期8~9月。

分布：产巴音郭楞。海拔3000~4800m。西藏、云南、四川、青海、甘肃有分布；尼泊尔也有分布。

生境及适应性：生于高山草甸、河滩湖边及沼泽草地，喜冷凉湿润，喜光。

观赏及应用价值：观花类。花色金黄，花期时宛若繁星点点，可作为地被、花境应用，较耐水湿，亦可作浅水及水际栽培。

中文名	**新疆毛茛**
拉丁名	*Ranunculus songoricus*

基本形态特征：多年生草本。根状茎斜生，须根多数簇生。茎直立或斜升，高20~35cm，自下部分枝，无毛或上部有短毛。基生叶数枚；叶片近心状圆形或五角形，直径1.5~3.5cm，3深裂至3全裂，裂片倒卵状楔形，有圆齿裂或3~5浅裂，质地较厚，无毛。茎生叶3~5深裂。花单生，直径约2cm；花梗细长，生白短毛；萼片椭圆形，长5~7mm，带紫褐色，外面有黄白色柔毛；花瓣5，宽倒卵形，长8~10mm，基部楔形成爪。聚合果卵球形，直径约5mm。花果期6~8月。

分布：产伊犁、博尔塔拉等地。海拔2000m。中亚山区有分布。

生境及适应性：生于山地草坡上及疏林、林缘。喜半阴，耐寒，不耐瘠薄。

观赏及应用价值：观花类。花色明丽，花繁茂，地被效果好，可用于花境、花坛及岩石园布置。

银莲花属 *Anemone*

中文名　伏毛银莲花
拉丁名　*Anemone narcissiflora* subsp. *protracta*

基本形态特征： 植株高30~37cm。根状茎长约6cm。基生叶7~9，有长柄；叶片圆卵形或近圆形，长3~5cm，宽5~7cm，基部心形，三全裂，中全裂片有柄或近无柄，菱状倒卵形或扇状倒卵形，三裂至中部或超过中部，末回裂片卵形或披针形，侧全裂片斜扇形，不等二或三深裂，边缘有密睫毛；叶柄长10~20cm，有贴生或近贴生的长柔毛。花葶直立；苞片约4，无柄，菱形或宽菱形，三深裂，或倒披针形，不分裂，顶端有3齿；伞辐2~5，长1~7cm，有柔毛，萼片5，白色，倒卵形，外面有短柔毛；雄蕊长2~4mm，花药金黄。花期6~7月。

分布： 产新疆西部。海拔1850~2700m。

生境及适应性： 生于山地草坡或云杉林中。喜光，耐半阴，喜湿润，喜土层肥厚。

观赏及应用价值： 观花类。白色花，黄色花药点缀其中，花小而量大，花葶细长，是良好的花境材料，也可作岩石园点缀或盆花栽培。

中文名　大花银莲花
拉丁名　*Anemone sylvestris*

基本形态特征： 多年生草本，植株高18~50cm。基生叶3~9，有长柄；叶片心状五角形，长2~5cm，宽2.5~8cm，三全裂，中裂片近无柄或有极短柄，菱形或倒卵状菱形，三裂近中部。花葶1，直立；苞片3；花梗1，长5.5~24cm，有短柔毛；萼片5~6，白色，倒卵形，长1.5~2cm，宽1~1.4cm，外面密被绢状短柔毛；花托近球形，与雄蕊近等长；子房密被短柔毛，柱头球形。聚合果直径约1cm；瘦果，有短柄，密被长绵毛。花期5~6月。

分布： 产阿勒泰、昌吉、乌鲁木齐、塔城、哈密等地。海拔1200~3400m。分布于吉林、黑龙江、内蒙古等地。欧洲、西伯利亚及蒙古也有分布。

生境及适应性： 生山谷及草地、林缘。喜湿润冷凉，喜半阴，喜土层肥厚。

观赏及应用价值： 观花类。花大，花量也大，花色纯白，花葶高出花丛，宜布置花境或疏林下，也可开发为盆花。

小檗科 BERBERIDACEAE　小檗属 *Berberis*

中文名	**伊犁小檗**
拉丁名	*Berberis iliensis*

基本形态特征： 落叶灌木，高1~2.5m。枝圆柱形，无毛，老枝暗灰色或紫红色，幼枝淡紫红色，有光泽，无疣点；茎刺单生或三分叉，长1~3cm。叶纸质，长圆状椭圆形或倒卵形，长2~5cm，宽8~15mm，全缘。总状花序具10~25朵花，长3~5cm，具总梗，长约5mm；花梗长5~10mm。无毛；苞片长1~1.5mm；花黄色；萼片2轮，外萼片椭圆形，内萼片倒卵形，花瓣倒卵形，先端缺裂。浆果卵状椭圆形，亮红色，不被白粉。花期5~6月，果期7~9月。

分布： 产新疆天山以北，伊犁、阿勒泰、乌鲁木齐等地。海拔630~2000m。哈萨克斯坦也有分布。

生境及适应性： 生于干燥地、河滩沙地、草坡、路边或田边。耐旱，适应性强。

观赏及应用价值： 观叶、观花、观果类植物。花黄色，花量大，果红色，观赏期长，秋叶发红，可作为绿（刺）篱、花果灌丛应用。

中文名	**异果小檗**
拉丁名	*Berberis atrocarpa*
别 名	黑果小檗

基本形态特征：常绿灌木，高1~2m。枝棕灰色或棕黑色；茎刺三分叉，长1~4cm，淡黄色。叶厚纸质，披针形或长圆状椭圆形，长3~7cm，宽7~14mm，先端急尖，上面深绿色，有光泽，背面淡绿色；叶缘平展或微向背面反卷，每边具5~10刺齿，偶有近全缘。花3~10朵簇生，黄色；萼片2轮，外萼片长圆状倒卵形，内萼片倒卵形；花瓣倒卵形，长约6mm，宽约4.5mm，先端圆形，深锐裂，基部楔形，具2枚分离腺体。浆果先红色后黑色，卵状，顶端具明显宿存花柱。花期4月，果期5~8月。

分布：产阿勒泰、塔城、博尔塔拉、乌鲁木齐、昌吉、哈密、伊犁、阿克苏、喀什等地。海拔600~2800m。蒙古及哈萨克斯坦有分布。

生境及适应性：生于山坡灌丛中、疏林下、林缘或岩石上。喜冷凉，喜光，耐半阴，稍耐旱，对土壤要求不严。

观赏及应用价值：观花、观果类。花果量大密集，观赏性强。宜与山石建筑相配，亦可列植形成（花）刺篱。

中文名	**喀什小檗**
拉丁名	*Berberis kaschgarica*

基本形态特征：落叶灌木，高约1m。枝圆柱形，紫红色，有光泽；茎刺三分叉，长1～2.5cm，淡黄色。叶纸质，倒披针形，长10～25mm，宽2～5mm。总状花序具5～9朵花，长1.5～3cm，总梗基部常有1至数花簇生。花梗长4～10mm，簇生花梗长达13mm；花黄色；萼片2轮，外萼片椭圆形，内萼片倒卵形；花瓣长圆形，长约4mm，宽约2mm，先端缺裂，基部楔形，具2枚分离腺体。浆果卵球形，黑色，顶端具明显宿存花柱。花期5～6月，果期6～8月。

分布：产阿克苏、喀什、和田等地。海拔2200～4200m。俄罗斯也有分布。

生境及适应性：生于山谷阶地、山坡、林缘或灌丛中。喜光，耐寒耐旱，耐贫瘠。

观赏及应用价值：观花、观果类。花果量大密集，观赏性强。宜与山石建筑相配，亦可列植形成（花）刺篱。

中文名	**西伯利亚小檗**
拉丁名	*Berberis sibirica*

基本形态特征：落叶灌木，高0.5～1m。幼枝红褐色；茎刺3～5（7）分叉，细弱，长3～11mm，有时刺基部增宽略呈叶状。叶纸质，倒卵形、倒披针形或倒卵状长圆形，长1～2.5cm，宽5～8mm，两面中脉、侧脉和网脉明显隆起，叶缘有时略呈波状，每边具4～7硬直刺状牙齿。花单生；花梗长7～12mm，无毛；萼片2轮，外萼片长圆状卵形，内萼片倒卵形；花瓣倒卵形，长约4.5mm，宽约2.5mm，先端浅缺裂，基部具2枚分离的腺体。浆果倒卵形，红色，顶端无宿存花柱。花期5～7月，果期8～9月。

分布：产阿勒泰、塔城等地。海拔1300～2200m，也产于内蒙古、东北、河北、山西。西伯利亚、蒙古也有分布。

生境及适应性：生于高山碎石坡、陡峭山坡、荒漠地区、林下。喜冷凉，喜光，耐半阴，稍耐旱，对土壤要求不严。

观赏及应用价值：观花、观果类。花果量大密集，观赏性强。宜与山石建筑相配，亦可列植形成（花）刺篱。

囊果草属 *Leontice*

中文名	**囊果草**
拉丁名	*Leontice incerta*

基本形态特征：多年生草本，植株高5～20cm。块根卵状、球状或不规则。茎圆柱形，基部常具光泽，浅棕褐色。茎生叶2，互生，着生于茎顶部，二至三回三出深裂，裂片椭圆形或倒卵形，全缘，具3～5条基出脉，两面无毛。总状花序顶生，长4～6cm，具总梗，长2～2.4cm；苞片近圆形或阔卵形，肉质；花梗粗壮，长达1.2cm；萼片6，花瓣状，椭圆形或卵形，黄色，长于花瓣；花瓣蜜腺状，倒卵形，基部呈爪。瘦果大，近球形，直径可达2.5～4.5cm，膀胱状膨胀，不开裂，具明显的网状脉，上部淡紫色。花期4月，果期5月。

分布：产乌鲁木齐、伊利、阿尔泰等地。哈萨克斯坦也有分布。

生境及适应性：生于荒漠低山山坡、固定沙地和梭梭林下。喜光，耐寒耐旱，耐贫瘠。

观赏及应用价值：观花、观果类。花朵密集，花色明丽；果形奇特，排列紧实呈团簇状；叶色灰绿，叶形亦佳；宜用于花境及岩石园点缀。株型矮小，具有极大的开发成盆栽观赏的价值。

新牡丹草属 *Gymnospermium*

中文名	**阿尔泰牡丹草**
拉丁名	*Gymnospermiun altaicum*
别　名	新牡丹草

基本形态特征： 多年生草本，高5～25cm。块根球形，直径1～2.5cm。茎单一或数个簇生。基生叶一至二回复叶。总状花序顶生或腋生，偶单生叶腋；花柄长4～10mm；萼片淡黄色，5～6片，长椭圆形，花瓣6，黄色，矩形，长约2.5mm，顶端近截形，边缘外翻，基部龙骨状而连于花丝基部；子房长卵形，无柄或有很短的柄，向上渐细成花柱，花柱明显，颜色可以区别。蒴果小，花柱宿存。花期5月，果期6月。

分布： 产阿勒泰、塔城等地。海拔1300～1800m，西伯利亚及中亚有分布。

生境及适应性： 生长在草原带的河岸、桦木林下。喜湿润冷凉，喜半阴，喜土层肥厚。

观赏及应用价值： 观花类。花朵密集，花色明丽。宜用作地被，或用于花坛、花境布置。

罂粟科 PAPAVERACEAE　烟堇属 *Fumaria*

中文名	**烟堇**
拉丁名	*Fumaria officinalis*

基本形态特征： 一年生草本，高10～40cm。茎自基部多分枝。叶片多回羽状分裂。总状花序顶生和对叶生，长1.5～2cm，多花，密集排列。花瓣粉红色或紫红色，上花瓣长5～6mm，花瓣片膜质，先端圆钝或稀微缺刻，绿色带紫，背部具暗紫色的鸡冠状突起，下花瓣舟状狭长圆形，先端绿色带紫，边缘开展，内花瓣匙状长圆形，先端具圆尖突，上部暗紫色。果序长2～3cm。花果期5～8月。

分布： 产阿勒泰、塔城、博尔塔拉、哈密、昌吉、乌鲁木齐、伊犁、巴音郭楞、阿克苏、喀什等地。海拔620～2200m。中亚、小亚细亚、东欧及西欧均有分布。

生境及适应性： 生耕地、果园、村边、路旁或石坡。喜光，耐寒耐旱，耐贫瘠。

观赏及应用价值： 观花类。花形奇特，花量较多，低矮，可作地被及岩石园点缀。

海罂粟属 *Glaucium*

中文名	**新疆海罂粟**
拉丁名	*Glaucium squamigerum*
别　名	鳞果海罂粟

基本形态特征： 二年生或多年生草本，高20~40cm。茎3~5，直立，不分枝，疏生白色皮刺。基生叶多数，叶片轮廓狭倒披针形，长4~13cm，宽1~3cm，大头羽状深裂，下部裂片三角形，上部裂片宽卵形、宽倒卵形或近圆形，边缘具不规则的锯齿或圆齿，齿端具软骨质的短尖头，两面灰绿色，幼时被皮刺，老时光滑。花单个顶生；花瓣近圆形或宽卵形，长1.5~2.5cm，金黄色，基部常有橘色斑。蒴果线状圆柱形，具稀疏的刺状鳞片，成熟时自基部向先端开裂；果梗粗壮，长12~18cm，具多数种子。花果期5~10月。

分布： 产新疆各地。海拔860~2600m。中亚地区广泛分布。

生境及适应性： 生山坡砾石缝、路边碎石堆、荒漠或河滩。喜光，耐寒耐旱，耐贫瘠。

观赏及应用价值： 观花类。花色金黄，明亮耀眼，随风摇曳，观赏性强；宜用作地被，或用于花坛、花境布置。因其直根性，宜在应用地就地播种形成花海或花带。

罂粟属 *Papaver*

中文名	**野罂粟**
拉丁名	*Papaver nudicaule*

基本形态特征： 多年生草本，高20～60cm。茎极缩短。叶全部基生，叶片轮廓卵形至披针形，长3～8cm，羽状浅裂、深裂或全裂。花葶1至数枚，圆柱形，直立，密被或疏被斜展的刚毛。花单生于花葶先端；花瓣4，宽楔形或倒卵形，长2～3cm，边缘具浅波状圆齿，基部具短爪，淡黄色、黄色或橙黄色，稀红色。蒴果狭倒卵形或倒卵状长圆形，密被紧贴的刚毛，具4～8条淡色的宽肋；柱头盘平扁，花果期5～9月。

分布： 产阿勒泰、塔城、博尔塔拉、昌吉、乌鲁木齐、巴音郭楞等地。海拔1000～2500m。东北及内蒙古有分布；蒙古、西伯利亚也有。

生境及适应性： 生于林下、林缘、山坡草地。喜冷凉，喜光，耐半阴，稍耐旱，对土壤要求不高。

观赏及应用价值： 观花类。花大色艳，花量较大，花瓣绢质感。可作花海、缀花草坪，宜用于花境及岩石园点缀。

中文名	**灰毛罂粟**
拉丁名	*Papaver canescens*
别　名	天山罂粟、阿尔泰罂粟

基本形态特征： 多年生草本，植株矮小，高5～20cm，全株被刚毛。叶全部基生，叶片轮廓披针形至卵形，长2～5cm，宽1～2cm，羽状分裂，裂片2～3对，两面被毛；叶柄长2～7cm，平扁，基部扩大成鞘。花葶1至数枚，直立或有时弯曲，被毛。花单生于花葶先端，直径3～5cm；花蕾椭圆形或椭圆状圆形；萼片2，舟状宽卵形；花瓣4，宽倒卵形或扇形，长1.5～3cm，黄色或橘黄色。蒴果长圆形，被毛。花果期6～8月。

分布： 产塔城、阿勒泰、博尔塔拉、伊犁、巴音郭楞等地。海拔1500～3500m。俄罗斯和蒙古有分布。

生境及适应性： 生于高山草甸、草原、山坡或石坡。喜光，耐寒，耐旱。

观赏及应用价值： 观花类。花大，单生于纤细花葶顶端，随风轻曳，花色鲜亮，质薄如翼。宜用于花境及岩石园点缀，亦可作为盆栽观赏。

| 中文名 | **托里罂粟** |
| 拉丁名 | *Papaver densum* |

基本形态特征： 一年生草本，高30～45cm。茎直立，分枝。茎生叶下部者具短柄，条状长圆形，羽状浅裂或具稀疏的大锯齿。花单生于枝端，花瓣红色或橘红色，花瓣较小，长1～1.5cm，有时在中下部有一暗色的斑，花瓣先端常齿裂。蒴果倒卵形。花期5月，果期6月。

分布： 产塔城、博尔塔拉等地。海拔1500～2000m。

生境及适应性： 多生于滩地、林缘及山谷疏林。喜光，耐寒，耐旱，不耐积水。

观赏及应用价值： 观花类。花色艳丽，花形奇特，如飞舞彩蝶，观赏性强。宜用作地被，或用于花坛、花境布置。

疆罂粟属 *Roemeria*

中文名	**红花疆罂粟**
拉丁名	*Roemeria refracta*

基本形态特征： 一年生草本，高20～40cm。主根圆柱形，垂直，长达8cm，少分枝。茎直立，圆柱形，具分枝，疏被灰黄色刚毛。叶片轮廓卵形，二回羽状深裂，小裂片线形或线状长圆形，绿色，背面疏被刚毛，叶脉两面均明显。花单个顶生和腋生，花梗长达14cm，被紧贴、灰黄色刚毛；花瓣卵形至近圆形，长2～3cm，鲜红色，基部约7mm为暗紫色。蒴果狭圆柱形，向上渐狭，长4～5cm，成熟时4瓣自顶端向基部开裂。花果期4～6月。
分布： 产伊犁。海拔860～1100m。中亚和伊朗有分布。
生境及适应性： 生山坡荒漠草原草地，或为绿洲地带杂生。喜光，耐寒耐旱，耐贫瘠。
观赏及应用价值： 观花类。花大色艳，花量较大。可作缀花草坪或花海，开花时红成片，较为壮观。

紫堇属 *Corydalis*

中文名	**薯根延胡索**
拉丁名	*Corydalis ledebouriana*

基本形态特征： 多年生草本，高10～25cm，茎上升或近直立。块茎扁圆球形，马铃薯状，直径4～6cm。茎不分枝，具2枚对生叶，叶无柄，二至三回三出，末回小叶宽卵形至椭圆形。总状花序明显高出叶，具4～10花。花具淡紫色顶端和粉红色或近白色的距，稀为红紫色或近白色。外花瓣较狭，急尖至渐尖。上花瓣长1.6～2.7cm；距长9～15mm，常上弯，近末端常多少膨大。下花瓣瓣片明显反折。内花瓣长9～15mm。花期7～8月。
分布： 产伊犁、霍城、塔城、奎屯、库车等地。海拔1000～3000m。中亚、伊朗、阿富汗南部和巴基斯坦有分布。
生境及适应性： 生于林下腐殖土或砾石坡地。喜湿润冷凉，喜半阴，喜土层肥厚。
观赏及应用价值： 观花类。花形奇特，花量较大，可作地被、缀花草坪，也可开发为盆栽。块茎可供药用。

中文名	**阿山黄堇**
拉丁名	*Corydalis nobilis*
别　名	阿勒泰黄堇

基本形态特征： 多年生草本，高25～60cm，于根茎处分枝。茎具棱槽，基生叶具长柄，茎生叶柄短或无柄，叶片卵形或宽卵形，二回羽状叶。总状花序顶生，果时伸长；花梗短于苞片；萼片膜质，长宽近相等，有不规则的齿；花冠黄色，内侧花瓣顶端紫色，上花瓣顶端钝或有急尖，背侧沿中脉有浅圆弧状的翅，近基部背侧成龙骨状，距筒状；上翅、下花瓣前端兜状，有1钝尖头；内侧花瓣瓣片稍长于爪，瓣片顶端相连，有膜质宽边，爪向下渐窄，雄蕊上花丝变宽与内侧花瓣相连。蒴果长椭圆形。花期5月，果期6月。

分布： 产阿勒泰、塔城。海拔1900m。西伯利亚及哈萨克斯坦有分布。

生境及适应性： 生长于山区林下或河谷。喜湿润冷凉，耐寒，喜光，稍耐阴，喜土层肥厚。

观赏及应用价值： 观花类。花形奇特，花量较大，株型紧凑，可作花境及地被观花植物或盆栽观赏。

中文名	**方茎黄堇**
拉丁名	*Corydalis capnoides*
别　名	真堇

基本形态特征： 一年生草本，高20～40cm。茎直立，具棱，有多数伸展的分枝。基生叶宽卵形，二回三出分裂；茎生叶多数，疏离，互生，宽卵形，三回三出分裂。总状花序生于茎及分枝先端，长1.5～3cm，有6～8花。萼片近圆形；花瓣淡黄色，有时先端淡绿色，上花瓣长1.1～1.3cm，花瓣片舟状卵形，距圆筒形，短于花瓣片，稍下弯，下花瓣长约8mm，爪宽条形，内花瓣长约7mm。蒴果线状长圆形。花果期6～8月。

分布： 产伊犁、塔城、乌鲁木齐等天山各地。海拔1800～2600m。俄罗斯的西伯利亚、中亚、蒙古至欧洲中部和南部均有分布。

生境及适应性： 生于山坡云杉林缘或林中湿处。喜湿润冷凉，喜半阴，喜土层肥厚。

观赏及应用价值： 观花类。花淡黄色，明丽，花形奇特。可作地被或缀花草坪，亦可宜用于花境及岩石园点缀。

中文名	**中亚紫堇**
拉丁名	*Corydalis semenowii*
别　名	中亚黄堇、天山黄堇

基本形态特征： 多年生草本，高达75cm。茎直立，有分枝，茎上有细棱。叶长5~30cm，宽1.5~15cm，二回羽状复叶。总状花序顶生或腋生，花密集，每花1苞片，苞片倒披针形；萼片2，长三角状；花瓣淡黄色，上面的花瓣连距长1.5mm，前端渐尖上翘，距长约3mm，下面的花瓣倒披针状条形，顶端背侧稍作龙骨状，内侧花瓣瓣片长于爪，瓣片顶端龙骨状，相连，边缘膜质；雄蕊花丝扁；子房线形。蒴果下垂，常作镰状弯曲，苞片常宿存。花期6~7月，果期7~8月。

分布： 产伊犁、乌鲁木齐、昌吉、阿克苏。海拔1000~2000m。中亚有分布。

生境及适应性： 生长在森林带的林间空地、林缘。喜湿润冷凉，喜半阴，喜土层肥厚。

观赏及应用价值： 观花类。花密集，淡黄色，花形奇特，花量较大。宜用于花境及岩石园点缀，亦可作为盆栽观赏。

桑科 MORACEAE　葎草属 *Humulus*

中文名	**啤酒花**
拉丁名	*Humulus lupulus*

基本形态特征： 多年生攀缘草本，茎、枝和叶柄密生茸毛和倒钩刺。叶卵形或宽卵形，长4~11cm，宽4~8cm，先端急尖，基部心形或近圆形，不裂或3~5裂，边缘具粗锯齿，表面密生小刺毛，背面疏生小毛和黄色腺点；叶柄长不超过叶片。雄花排列为圆锥花序，花被片与雄蕊均为5；雌花每两朵生于一苞片腋间；苞片呈覆瓦状排列为一近球形的穗状花序。果穗球果状，直径3~4cm；宿存苞片干膜质，果实增大，长约1cm，无毛，具油点。花期秋季。

分布： 产阿尔泰和天山各地。北方常见栽培。欧洲、地中海、小亚细亚、中亚、西伯利亚、北美也有分布。

生境及适应性： 生山地林缘、灌丛、河谷。喜冷凉，喜光，耐半阴，稍耐旱，对土壤要求不高。

观赏及应用价值： 观花、观姿类。花穗（果穗）形状奇特，观赏期长，可攀缘用于垂直绿化。果穗供制啤酒用，雌花可药用。

桦木科 BETULACEAE 桦木属 *Betula*

中文名	**垂枝桦**
拉丁名	*Betula pendula*
别　名	疣枝桦

基本形态特征： 乔木，高达25m；树皮灰色或黄白色，薄片剥裂；枝条细长，通常下垂，暗褐色或黑褐色，无毛光亮；小枝褐色，细瘦无毛，间或疏生树脂状腺体。叶厚纸质，三角状卵形或菱状卵形，长3～7.5cm，宽1.5～6cm，顶端渐尖或尾状渐尖，基部阔楔形或截形；叶柄细瘦无毛。果序矩圆形至矩圆状圆柱形；序梗纤细，下垂，无毛；果苞两面均密被短柔毛，中裂片卵形或三角状卵形，侧裂片矩圆形，较中裂片长。小坚果长倒卵形，膜质翅稍长于果，宽为果的2倍。花期4月上旬至5月上旬，果期7月。

分布： 产昌吉、塔城及阿勒泰。海拔500～2000m。分布于蒙古、西伯利亚以及欧洲、巴尔干、地中海等地。

生境及适应性： 生河滩、山谷、山脚湿润地带或向阳的石山坡。喜光，喜湿润，对土壤要求不严，生长较快。

观赏及应用价值： 观干、观姿。园林可作庭院树、风景林或孤赏树。树形优美，干皮美丽，秋叶金黄。

垂枝桦

中文名	**天山桦**
拉丁名	*Betula tianschanica*

基本形态特征： 小乔木，高4~12m；树皮淡黄褐色或黄白色，成层剥裂；枝条灰褐色或暗褐色，被或疏或密的树脂状腺体或无腺体，无毛；小枝褐色，被柔毛及树脂点；叶卵状菱形，厚纸质，长2~7cm，宽1~6cm，顶端锐尖或渐尖，基部宽楔形或楔形，幼时两面疏生腺点，成熟后则无毛无腺点。果序直立或下垂，矩圆状圆柱形；果苞长5~8mm，两面均被短柔毛，背面尤密，中裂片三角形或矩圆形，侧裂片卵形，微开展至横展。小坚果倒卵形，膜质翅与果等宽或较果宽，长于果。果期8月。

分布： 生于天山南北坡，在各地林缘、疏林或混交林中甚为普遍。海拔1300~2500m。中亚山区有分布。

生境及适应性： 生河岸阶地、沟谷、阴山坡或砾石坡。喜湿润冷凉，耐寒，喜光，稍耐阴，喜土层肥厚。

观赏及应用价值： 观姿、观干类。树姿挺拔秀美，干皮明显，秋叶金黄。园林可作庭院树、行道树、风景林、防护植物。

藜科 CHENOPODIACEAE 猪毛菜属 *Salsola*

中文名	**钝叶猪毛菜**
拉丁名	*Salsola heptapotamica*

基本形态特征： 一年生草本，高15~40cm；茎直立，自基部分枝。叶片圆柱形，长1~1.5cm，宽1~2mm，顶端钝圆。花序穗状，生枝条顶部，花排列稀疏；苞片长卵形；花被片披针形，膜质，无毛，果时自背面中下部生翅；翅3个为半圆形，膜质，黄褐色，有多数细而密集的脉，2个较狭窄，花被片果时（包括翅）直径10~12m；花被片在翅以上部分，顶端渐尖，无毛，上部近于膜质，聚集成圆锥体；花药顶端有泡状附属物；鲜黄色，干后为白色。花期7~8月，果期8~9月。

分布： 产阿勒泰、昌吉、塔城、博尔塔拉、伊犁等地。中亚、哈萨克斯坦也有分布。

生境及适应性： 生于平原盐土荒漠及盐化沙地、盐湖边、耐寒、耐盐碱、适应性强。

观赏及应用价值： 观花、观果类。果时的具翅花被片红色，型似花瓣，十分奇特，可作为花境、盐碱地、荒地生态绿化应用。

中文名	**浆果猪毛菜**
拉丁名	*Salsola foliosa*

基本形态特征： 一年生草本，高20～40cm；茎直立，自基部分枝，枝条近肉质，光滑无毛，灰绿色，干后为黑褐色。叶片棒状，长1～2cm，宽1.5～2.5mm，肉质，无毛，灰绿色。花簇生，呈团伞状，每1花簇有花3～5朵，遍布于全植株；小苞片宽卵形，顶端钝，边缘膜质；花被片倒卵形，近膜质，顶端钝，果时自背面中上部生翅；翅膜质，半圆形，大小近相等，全缘，黄褐色，有多数细而密集的脉，花被果时直径5～7mm；花被片在翅以上部分，宽三角形，膜质，稍弯曲，不包覆果实。果实为浆果状，多汁，球形。花期8～9月，果期9～10月。

分布： 产乌鲁木齐、昌吉、塔城、伊犁等。海拔700～900m。高加索、中亚、哈萨克斯坦、西伯利亚、蒙古也有分布。

生境及适应性： 生于平原砾石荒漠、撂荒地及含盐土壤。耐盐碱，耐旱，适应性强。

观赏及应用价值： 观花、观果类植物，株形奇特，可作为花境应用，亦是盐碱地被推荐植物。

中文名	**刺沙蓬**
拉丁名	*Salsola tragus*
别 名	细叶猪毛菜

基本形态特征： 一年生草本，高30～100cm；茎直立，自基部分枝，茎、枝生短硬毛或近于无毛，有白色或紫红色条纹。叶片半圆柱形或圆柱形，长1.5～4cm，宽1～1.5mm，顶端有刺状尖。花序穗状，生于枝条的上部；苞片长卵形，顶端有刺状尖，小苞片卵形，顶端有刺状尖；花被片长卵形，膜质，无毛，背面有1条脉；花被片果时变硬，自背面中部生翅；翅3个较大，肾形或倒卵形，膜质，无色或淡紫红色，有数条粗壮而稀疏的脉，2个较狭窄，花被果时直径7～10mm；花被片在翅以上部分近革质，顶端为薄膜质，向中央聚集，包覆果实。花期8～9月，果期9～10月。

分布： 产阿勒泰、昌吉、乌鲁木齐、石河子、塔城、克拉玛依、伊犁、巴音郭楞、阿克苏、克孜勒苏、喀什、和田等地。海拔280～1400m。东北、华北、西北各地及华东部分区域也有分布。蒙古及前苏联境内均有分布。

生境及适应性： 通常生于平原盐生荒漠、琵琶柴荒漠、洪积扇砾质荒漠的小沙堆及河漫滩沙地。耐瘠薄，耐旱，耐盐碱。

观赏及应用价值： 观花、观果类植物，株形奇特，可作为花境应用，亦是盐碱地被推荐植物。植株带刺，应用应注意。

| 中文名 | **紫翅猪毛菜** |
| 拉丁名 | *Salsola affinis* |

基本形态特征： 一年生草本，高10~30cm，自基部分枝；枝互生，最基部的枝近对生，密生柔毛。叶互生，下部的叶近对生，叶片半圆柱状，长1~2.5cm，宽2~3mm，密生短柔毛。花序穗状，生于枝条的上部；苞片宽卵形，顶端钝，边缘膜质；小苞片卵形；花被片披针形，膜质，顶端尖，果时自背面中下部生翅；翅3个为肾形，膜质，紫红色或暗褐色，有多数细而密集的脉，2个较小为倒卵形，花被果时直径5~10mm；花被片在翅以上部分为披针形，膜质，向中央聚集，形成圆锥体；花药附属物椭圆形，白色。花期7~8月，果期8~9月。

分布： 产阿勒泰、昌吉、乌鲁木齐、塔城、博尔塔拉等。海拔200~1000m。中亚、哈萨克斯坦也有分布。

生境及适应性： 生于平原和低山的砾质荒漠、荒漠草原。耐瘠薄、耐旱、耐盐碱。

观赏及应用价值： 同浆果猪毛菜。其果翅为紫红色，也有观果功能。

中文名	柴达木猪毛菜
拉丁名	*Salsola zaidamica*

基本形态特征： 一年生草本，高8~15cm，自基部分枝；枝互生。叶互生，多而密集，叶片狭披针形，近扁平。花单生，几遍布于全植株；苞片长于小苞片，顶端有刺状尖；小苞片卵形，基部边缘膜质，苞片及小苞片均密生乳头状小突起；花被片长卵形，近膜质，无毛，果时变硬，呈革质，自背面中部生狭窄而稍肥厚的突起；花被片在突起以上部分，向中央折曲，紧贴果实，整个花被的外形为杯状；翅圆形或宽卵形，黄白色或带粉色；柱头丝状，花极短。花期7~8月，果期8~9月。

分布： 产吐鲁番、巴音郭楞。海拔900~1100m。青海、甘肃有分布；蒙古也有。

生境及适应性： 多生于湖滨盐生荒漠、盐化沙地及洪积扇砾石荒漠。耐盐碱，耐瘠薄，耐旱。

观赏及应用价值： 同浆果猪毛菜。

梭梭属 *Haloxylon*

中文名	白梭梭
拉丁名	*Haloxylon persicum*

基本形态特征： 小乔木，高1~7m。树皮灰白色；老枝灰褐色或淡黄褐色，通常具环状裂隙；当年生枝淡绿色，通常弯垂，节间长5~15mm；叶对生，鳞片状，三角形，先端具芒尖，平伏于枝，腋间具绵毛。花单生于二年生枝条的短枝上；小苞片舟状，卵形，与花被等长，边缘膜质；花被片倒卵形，先端钝或略急尖，果时背面具翅；翅扇形或近圆形，宽4~7mm，淡黄色，脉不明显；花盘不明显。胞果淡黄褐色，果皮不与种子贴生。花期5~7月，果期8~10月。

分布： 产阿泰勒、昌吉、塔城、伊犁、博尔塔拉。甘肃也有引种栽培；中亚、哈萨克斯坦、阿富汗、伊朗、叙利亚等地也有分布。

生境及适应性： 生于固定沙丘、半固定沙丘、流动沙丘及丘间厚层沙地。

观赏及应用价值： 观姿。园林中可作为地被，是优良的固沙植物；木材坚硬，可用来做薪炭材；幼枝又为骆驼、羊的良好饲料。

盐穗木属 *Halostachys*

中文名	**盐穗木**
拉丁名	*Halostachys caspica*

基本形态特征： 灌木，高50～200cm。茎直立，多分枝；老枝通常无叶，小枝肉质，蓝绿色，有关节，密生小突起。叶鳞片状，对生，顶端尖，基部联合。花序穗状，交互对生，圆柱形，长1.5～3cm，直径2～3mm，花序柄有关节；花被倒卵形，顶部3浅裂，裂片内折；子房卵形，柱头2，钻状，有小突起。胞果卵形，果皮膜质。花果期7～9月。

分布： 产阿勒泰、昌吉、伊犁、吐鲁番、巴音郭楞、阿克苏、喀什、和田等地。海拔480～1500m。甘肃北部也有分布；高加索、中亚、哈萨克斯坦、伊朗、阿富汗和蒙古也有。

生境及适应性： 生于冲积洪积扇扇缘地带、河流冲积平原及盐湖边的强盐渍化土、结皮盐土、龟裂盐土等，常与其他盐生植物组成盐生荒漠。

观赏及应用价值： 观叶观姿。园林可作防护植物、花境、地被、沙生植物。

盐生草属 *Halogeton*

中文名	**盐生草**
拉丁名	*Halogeton glomeratus*

基本形态特征： 一年生草本，高5～30cm。茎直立，多分枝；枝互生，基部的枝近于对生，无毛，无乳头状小突起，灰绿色。叶互生，叶片圆柱形，长4～12mm，宽1.5～2mm，顶端有长刺毛，有时长刺毛脱落。花腋生，通常4～6朵聚集成团伞花序，遍布于植株；花被片披针形，膜质，背面有1条粗脉，果时自背面近顶部生翅；翅半圆形，膜质，大小近相等，有多数明显的脉，有时翅不发育而花被增厚成革质；雄蕊通常为2；种子直立，圆形。花果期7～9月。

分布： 产阿勒泰、塔城、伊犁、哈密、巴音郭楞、阿克苏、喀什、和田等地。也产甘肃西部、青海及西藏；蒙古、前苏联西伯利亚和中亚地区亦有。

生境及适应性： 生于山脚、戈壁滩。耐寒，耐旱，耐瘠薄。

观赏及应用价值： 观花果类。叶子肉质，花小密集。可作花境、岩生植物。

假木贼属 *Anabasis*

中文名	**无叶假木贼**
拉丁名	*Anabasis aphylla*

基本形态特征： 矮小灌木，高0.5~1.5m。枝条红褐色，开展，密布黄白色皮刺。小叶7~9，叶片小，长圆形或椭圆形，边缘多具重锯齿，齿尖多具腺体，两面无毛；叶柄有散生小皮刺和腺毛；托叶全缘有腺毛，离生部分披针形。花单生，少2~3朵集生；花瓣粉红色；花梗光滑或有腺毛；苞片卵形，边缘有腺毛；萼片全缘，披针形，先端扩展为叶状，内面有密的白色茸毛，外面密被腺毛。果实长圆形或圆形，鲜红色，肉质，直径约1cm，萼片直立宿存。花期6~7月，果期8~9月。

分布： 产昌吉、乌鲁木齐、塔城、博尔塔拉、伊犁、哈密、巴音郭楞、阿克苏、喀什等地，天山北麓、南麓普遍分布。海拔330~1900m。

生境及适应性： 生于戈壁、冲积扇、干旱山坡等处，耐旱、耐盐碱。

观赏及应用价值： 观花、观叶类。枝型美观，覆地效果好，可作为园林地被、花坛、花境、荒地绿化应用。

石竹科 CARYOPHYLLACEAE 石竹属 *Dianthus*

中文名	**石竹**
拉丁名	*Dianthus chinensis*
别名	洛阳花

基本形态特征： 多年生草本，高30~50cm，全株无毛，带粉绿色。茎由根颈生出，疏丛生，直立；叶片线状披针形，顶端渐尖，基部稍狭，全缘或有细小齿，中脉较显。花单生枝端或数花集成聚伞花序；花梗长1~3cm；苞片卵形，顶端长渐尖，长达花萼1/2以上，边缘膜质，有缘毛；花萼圆筒形，有纵条纹，萼齿披针形，直伸，顶端尖，有缘毛；花瓣瓣片倒卵状三角形，有紫红色、粉红色、鲜红色或白色，顶缘不整齐齿裂，喉部有斑纹，疏生髯毛；雄蕊露出喉部外，花药蓝色；子房长圆形，花柱线形。蒴果圆筒形，包于宿存萼内。花期5~6月，果期7~9月。

分布： 产昌吉、乌鲁木齐、石河子、克拉玛依、伊犁。分布于南北各地；朝鲜也有。

生境及适应性： 生于向阳丘陵地、干山坡、山坡林缘、灌丛间、疏林下、草甸及碱性草原。喜光，耐寒耐旱，耐贫瘠。

观赏及应用价值： 观花。花色多样，适应性强。可作盆栽花卉、花境花卉、观花地被植物、花坛花卉等。

中文名	瞿麦
拉丁名	*Dianthus superbus*

基本形态特征： 多年生草本，高40～60cm。茎丛生，直立，绿色，无毛，上部分枝；叶片线状披针形，顶端锐尖，中脉特显，基部合生成鞘状，绿色，有时带粉绿色。花1～2生枝端，有时顶下腋生；苞片2～3对，倒卵形，长6～10mm，顶端长尖；花萼圆筒形，常染紫红色晕，萼齿披针形，长4～5mm；花瓣包于萼筒内，瓣片宽倒卵形，边缘繸裂至中部或中部以上，通常淡红色或带紫色，稀白色，喉部具丝毛状鳞片；雄蕊和花柱微外露。蒴果圆筒形，与宿存萼等长或微长，顶端4裂；黑色，有光泽。花期6～9月，果期8～10月。

分布： 产阿勒泰、昌吉、乌鲁木齐、塔城、博尔塔拉、伊犁、哈密。海拔1500～3300m。分布于各地；欧、亚温带地区也有。

生境及适应性： 生于山野、草丛、岩石缝中或山地针叶林带。喜冷凉，喜光，耐半阴，稍耐旱，对土壤要求不高。

观赏及应用价值： 观花。花色鲜艳，花瓣雅致，可作盆栽花卉、花境花卉、地被观花植物、花坛花卉；亦可以全草入药。

刺石竹属 *Acanthophyllum*

中文名	刺叶
拉丁名	*Acanthophyllum pungens*

基本形态特征： 多年生草本，全株被白色短柔毛。主根粗壮；茎分枝，基部木质化，节间较短，茎高15～35cm；叶腋有刺状短小叶枝，小枝上叶刺状，叶无柄，钻形，质硬如针刺，长1～3.5cm，基部稍宽，两面密被茸毛。头状聚伞花序生于茎及枝的顶端；花几无梗；苞片叶状，质硬，先端刺状，反折，边缘具缘毛；花萼筒形，被白色短柔毛，萼齿5，宽三角形，齿端有硬刺头，外面带浅紫色；花瓣5，淡红玫瑰色，矩圆状匙形，宽2～2.5mm，全缘，基部渐狭为狭条形，比萼长0.5～1倍；雄蕊10，长约为花瓣片2倍。花期7月。

分布： 产阿勒泰、塔城、伊犁、博尔塔拉。海拔约1300m。分布于蒙古、俄罗斯、哈萨克斯坦等。

生境及适应性： 生于石质山坡、沙丘、固定沙地。喜光，耐寒耐旱，耐贫瘠。

观赏及应用价值： 观花类。株型紧凑，花量大而成球，美观大方，可作岩生植物、地被、沙生植物、阴地观叶植物；亦可固沙、作牧草等。

麦蓝菜属 *Vaccaria*

中文名	**麦蓝菜**
拉丁名	*Vaccaria hispanica*
别　名	王不留行、麦蓝子

基本形态特征： 一或二年生草本，高30～70cm，全株无毛；茎单生，直立，上部分枝；叶片卵状披针形或披针形，基部圆形或近心形，微抱茎，顶端急尖，具3基出脉。伞房花序稀疏；花梗细；苞片披针形，着生花梗中上部；花萼卵状圆锥形，后期微膨大呈球形，棱绿色，棱间绿白色，近膜质，萼齿小，三角形，顶端急尖，边缘膜质；雌雄蕊柄极短；花瓣淡红色，基部具楔形长爪，淡绿色，瓣片狭倒卵形，斜展或平展，微凹缺，有时具不明显的缺刻；雄蕊内藏；花柱线形，微外露。蒴果宽卵形或近圆球形。花期5～7月，果期6～8月。

分布： 产阿勒泰、昌吉、乌鲁木齐、塔城、哈密、喀什、吐鲁番。我国除华南外，各地广布；欧、亚温带及其他地区也有。

生境及适应性： 生于草坡、撂荒地或麦田中。喜冷凉，喜光，耐半阴，稍耐旱，对土壤要求不高。

观赏及应用价值： 观花。花多而充满逸趣，可作盆栽花卉、花境花卉、花坛花卉、地被；还可以制造淀粉和酿酒。

种阜草属 *Moehringia*

中文名	**新疆种阜草**
拉丁名	*Moehringia umbrosa*
别　名	耐阴美苓草、喜阴种阜草

基本形态特征： 多年生草本，高5～18cm，根状茎长而匍匐，直立茎被短柔毛。叶片长圆状披针形、卵状披针形或披针形，长1～3cm，无柄，上面疏生短柔毛，下面柔毛较密，中脉较明显。花单生叶腋或茎顶；花梗细，长1.2～1.7cm，被短柔毛；萼片卵状披针形，顶端急尖，基部具毛；花瓣白色，长圆状倒卵形；雄蕊花丝有毛；花柱线形。蒴果卵圆状。花期6～7月，果期7～8月。

分布： 产阿勒泰、昌吉、乌鲁木齐、伊犁。海拔1900～2700m。分布于中亚、西伯利亚。

生境及适应性： 生于山坡、草地、针叶林下或高山灌丛。喜湿润冷凉，喜半阴，喜土层肥厚。

观赏及应用价值： 观花。花量大，覆盖效果好。可作花境花卉、地被。

卷耳属 Cerastium

中文名	**六齿卷耳**
拉丁名	*Cerastium cerastoides*

基本形态特征： 多年生草本，高10～20cm。茎丛生，基部稍匍生，节上生根，上部分枝，密生柔毛。叶片线状披针形，长0.8～2cm，宽1.5～2mm，顶端渐尖，叶腋具不育短枝。聚伞花序，具3～7花，稀单生；苞片草质，披针形；花梗长1.5～2cm，密被短腺柔毛，果时下折；萼片宽披针形，长4～6mm，边缘膜质，具单脉，近无毛；花瓣倒卵形，长8～12mm，顶端2浅裂至1/4；雄蕊10；花柱3。蒴果圆柱状，6齿裂。花期5～8月，果期8～9月。

分布： 产阿勒泰、昌吉、塔城、伊犁、吐鲁番、巴音郭楞、阿克苏、喀什等地。海拔2000～3500m，甚至高达4700m。也产吉林、辽宁和西藏。中亚及欧美、喜马拉雅山区都有分布。

生境及适应性： 生于高山及亚高山草甸。喜光，耐寒，耐旱，不耐积水。

观赏及应用价值： 观花。花朵明亮可爱，花量大而密集，植株紧凑，可作花境花卉、地被植物、沙生岩石园植物。

石头花属 Gypsophila

中文名	**高石头花**
拉丁名	*Gypsophila altissima*

基本形态特征： 多年生草本，高50～80cm。茎直立，一般单生，有时2～3出，上部分枝，被腺毛。叶苍白色，叶片线状倒披针形，长1.5～8cm，宽3～12mm，顶端急尖或微钝，基部渐狭，无柄，具1明显中脉，下部叶较长。伞房状聚伞花序，较疏散；花梗长2～5mm，无毛；苞片卵形，顶端急尖，基部渐狭，具缘毛，膜质；花萼钟形，萼齿卵形，顶端圆，具缘毛；花瓣白色或淡粉红色，长为花萼的1～1.5倍，倒卵状长圆形，顶端微凹；雄蕊与花瓣等长或较短。蒴果球形，稍长于宿存萼。花期6～7月，果期7～8月。

分布： 产伊犁。海拔1350～2450m。俄罗斯、哈萨克斯坦及欧洲也有。

生境及适应性： 生于山坡、山谷草地、河滩、水沟边。喜光照充足，喜凉爽，耐寒，耐干旱瘠薄，也耐盐碱。

观赏及应用价值： 观花类。花白色，小而繁密。可用于花境及岩石园。

繁缕属 *Stellaria*

中文名	**准噶尔繁缕**
拉丁名	*Stellaria soongorica*

基本形态特征： 多年生草本，高15～25cm，全株无毛。根状茎细。茎单生或疏丛生，微具四棱。叶片线状披针形或线形，长2.5～6cm，宽2.5～4mm，顶端长渐尖，两面无毛，基部被柔毛，无柄。花单个顶生或腋生；花梗细，长1.5～5.5（～8）cm；苞片披针形；萼片5，卵状披针形，顶端渐尖；花瓣5，白色，顶端2深裂，裂片长圆状倒披针形；雄蕊10，长1～1.2mm，花药黄褐色；子房卵形；花柱3，果时外露。蒴果长圆状卵圆形，深褐色或近黑色，长于宿存萼，6齿裂。花期6～7月，果期8～9月。

分布： 产阿勒泰、昌吉、塔城、博尔塔拉、伊犁、哈密、吐鲁番、巴音郭楞、阿克苏、克孜勒苏、喀什等地。海拔1900～2600m。也分布于吉尔吉斯斯坦、哈萨克斯坦、塔吉克斯坦以及中亚其他地区。

生境及适应性： 生于山坡林缘、疏林下或高山草甸。喜冷凉，喜光，耐半阴，稍耐旱，对土壤要求不高。

观赏及应用价值： 观花类。花洁白，在草坪上宛若繁星缕缕，可作为地被、花境及岩石园。

麦仙翁属 *Agrostemma*

中文名	**麦仙翁**
拉丁名	*Agrostemma githago*

基本形态特征： 根茎近直，粗约5mm。茎多数，不分枝，直立或基部伏地，高17～37cm，紫褐色，钝四棱形，被倒向的小毛。叶几无柄，披针形或卵状披针形，长1.5～3cm，宽4～8mm，全缘。轮伞花序生茎顶部3～6对叶腋中；花具短梗；苞片倒卵形或倒卵状披针形，两侧具4～5小齿，齿具细刺。花红紫色，长10～17mm，筒部密被毛，2裂约至1/3处，5齿近相等，均具短尖刺，上唇中齿卵形，侧齿披针形，下唇2齿也为披针形，较上唇侧齿稍窄。花冠蓝紫色，长14～17mm，外面密被白色柔毛。花丝疏被短柔毛。花期7～8月。

分布： 产伊犁一带。

生境及适应性： 生于草地、林缘、缓坡。喜光，耐寒，耐旱，不耐积水。

观赏及应用价值： 观花类。花紫白色，艳丽，可作为地被、花境与花坛用花。

山漆姑属 *Minuartia*

中文名	**新疆米努草**
拉丁名	*Minuartia kryloviana*
别 名	长冠米努草

基本形态特征： 多年生草本，高5~20cm。茎平卧，基部木质化，直立，分枝，无毛。叶片线形，长5~15mm，宽0.3~1mm，顶端渐尖，无毛或被腺毛，具3脉。花呈聚伞花序，花梗长1.5~3cm，无毛；萼片卵状披针形，长3.5~5mm，顶端急尖，具显著3脉，上部被稀疏柔毛；花瓣白色，长圆状倒卵形，长约7mm，宽约1.5mm，基部渐狭，顶端全缘或微凹，或具齿；雄蕊10，短于花瓣，花药黄色；花柱3。蒴果卵状长圆形，与宿存萼近等长。花期5~6月，果期6~7月。

分布： 产昌吉、塔城、伊犁等地。海拔2150~3400m。俄罗斯和中亚地区也有。

生境及适应性： 生于山坡或岩石上。耐旱，耐寒，喜光。

观赏及应用价值： 观花类。叶线形，花白色，小而精致，富有野趣。可用于布置岩石园。

中文名	**二花米努草**
拉丁名	*Minuartia biflora*

基本形态特征： 多年生草本。茎直立，高3~7cm。叶片线形，长6~10mm，宽0.5~1mm，顶端急尖，在下部边缘具短睫毛，叶脉无毛。花1~3朵顶生，花梗长2~12mm；萼片卵状长圆形，长2.5~3.5mm，顶端钝，具3脉；花瓣白色，长圆形，与萼片近等长，顶端全缘；雄蕊10，花药黄色，花丝纤细。蒴果卵圆形，黄绿色，长4mm，宽2.5mm，比宿存萼稍长。花期6~8月，果期8~9月。

分布： 产新疆博格达山。海拔3600m左右。欧洲、俄罗斯、哈萨克斯坦、蒙古以及北美洲也有。

生境及适应性： 生于高山或亚高山石质山坡，或高山草甸。喜光，耐寒，耐旱，喜腐殖土。

观赏及应用价值： 观花类。植株垫状，吸附于岩石上，叶线形，似多肉，花白色，小而精致。可用于布置岩石园或开发用作屋顶绿化。

蝇子草属 *Silene*

中文名	**白玉草**
拉丁名	*Silene vulgaris*
别　名	狗筋麦瓶草

基本形态特征： 多年生草本，高40~100cm，全株无毛，呈灰绿色。根微粗壮，木质。茎疏丛生，直立。叶片卵状披针形、披针形或卵形，长4~10cm，宽1~3（~4.5）cm，中脉明显，上部茎生叶片基部楔形、截形或圆形，微抱茎。二歧聚伞花序大型；花微俯垂；苞片卵状披针形，草质；花萼宽卵形，呈囊状，长13~16mm，直径5~7mm，近膜质，常显紫堇色；雌雄蕊柄无毛，长约2mm；花瓣白色，长15~18mm，爪楔状倒披针形；副花冠缺；雄蕊明显外露，花丝无毛，花药蓝紫色；花柱明显外露。蒴果近圆球形。花期6~8月，果期8~9月。

分布： 产乌鲁木齐、塔城等地。海拔1300~2000m。也分布于内蒙古、黑龙江等地；欧洲也有。

生境及适应性： 生于阳坡草丛，耐贫瘠，适应性强。喜光，耐寒耐旱，耐贫瘠。

观赏及应用价值： 观花类。花白色，花形奇特，可作为花境与花坛用花。

中文名	**蔓茎蝇子草**
拉丁名	*Silene repens*
别　名	匍生蝇子草

基本形态特征： 多年生草本，高15~50cm，全株被短柔毛。茎疏丛生或单生。叶片线状披针形、披针形、倒披针形或长圆状披针形，长2~7cm，宽3~12mm，两面被柔毛，边缘基部具缘毛。总状圆锥花序，小聚伞花序常具1~3花；花梗长3~8mm；苞片披针形，草质；花萼筒状棒形，常带紫色，被柔毛；雌雄蕊柄被短柔毛，长4~8mm；花瓣白色，稀黄白色，爪倒披针形，瓣片平展，轮廓倒卵形，浅2裂或深达其中部；副花冠片长圆状，顶端钝，有时具裂片；雄蕊微外露，花丝无毛；花柱微外露。蒴果卵形。花期6~8月，果期7~9月。

分布： 产阿勒泰、昌吉、乌鲁木齐、石河子、塔城、伊犁、哈密、阿克苏等地。海拔1400~2450m。也分布于东北、华北、西北各地；日本、蒙古、俄罗斯也有。

生境及适应性： 生于河岸、山坡草地、湿草甸子、湖边的固定沙丘、草原、多石砾干山坡，耐旱，耐湿，耐贫瘠。

观赏及应用价值： 观花类。花形奇特，可作为地被、花境与花坛用花。

中文名	**狗筋蝇子草**
拉丁名	*Silene venosa*

基本形态特征： 多年生草本，高10~90cm，全株无毛，呈灰绿色，根多数，略呈细纺锤形。茎直立，丛生，上部分枝，节部膨大。叶披针形至卵状披针形，长5~8cm，茎下部叶基部渐狭成短柄，边缘具刺状细齿，中脉明显；茎上部叶无柄，基部抱茎，边缘平滑。花顶生，形成较稀疏的大型聚伞花序；花梗下垂，与萼等长或比萼短；萼筒广卵形，膜质，膨大成囊泡状，常带紫堇色，边缘具白色短毛；雌雄蕊无毛；花瓣白色，平展，瓣片2裂深达基部，爪上部宽，基部渐狭；雄蕊超出花冠。蒴果略呈球形。花期6~8月，果期7~9月。

分布： 产阿勒泰、昌吉、乌鲁木齐、昌吉、石河子、塔城、博尔塔拉、伊犁、巴音郭楞等地。海拔1300~2400m。分布于东北各省及西藏等；蒙古、土耳其、伊朗、尼泊尔、印度、哈萨克斯坦也有。

生境及适应性： 生于高山草甸、草地、山谷灌丛及田间。喜光，耐寒耐旱，耐贫瘠。

观赏及应用价值： 观花类。花形奇特，花姿疏逸，可作花境花卉、岩生植物、地被；全草可入药。

蓼科 POLYGONACEAE　蓼属 *Polygonum*

中文名	**珠芽蓼**
拉丁名	*Polygonum viviparum*

基本形态特征： 多年生草本。根状茎粗壮。茎直立，高15~60cm，不分枝，通常2~4条自根状茎发出；基生叶长圆形或卵状披针形，长3~10cm，顶端尖或渐尖，基部圆形或楔形，两面无毛，边缘脉端增厚，外卷，具长叶柄；茎生叶较小，披针形，近无柄；托叶鞘筒状，膜质，偏斜，开裂。总状花序呈穗状，顶生，紧密，下部生珠芽；苞片卵形，膜质，每苞内具1~2花；花梗细弱；花被5深裂，白色或淡红色。花被片椭圆形；雄蕊8，花丝不等长；花柱3，下部合生。瘦果卵形，具3棱。花果期6~9月。

分布： 产阿勒泰、昌吉、乌鲁木齐、塔城、博尔塔拉、伊犁、哈密、吐鲁番、巴音郭楞、阿克苏。海拔1600~4630m。分布于东北、华北、西南及陕西、甘肃、青海；欧洲、北美、亚洲其他地区也有。

生境及适应性： 生于云杉林下、森林草甸、高山和亚高山草甸、苔藓和岩石的冻土带。喜冷凉，喜光，耐半阴，稍耐旱，对土壤要求不高。

观赏及应用价值： 观花类。花序直立，花朵密集，花期较长，可用于花境、庭院地被及岩石园点缀。

中文名	**叉分蓼**
拉丁名	*Polygonum divaricatum*

基本形态特征： 多年生草本，高70～120cm。茎直立，无毛，自基部分枝，分枝呈叉状开展，植株外形呈球形。叶披针形或长圆形，长5～12cm，顶端急尖，基部楔形或狭楔形，边缘通常具短缘毛；托叶鞘膜质，偏斜，开裂，脱落。花序圆锥状，分枝开展；苞片卵形，边缘膜质，背部具脉，每苞片内具2～3花；花梗长2～2.5mm，与苞片近等长，顶部具关节；花被5深裂，白色，椭圆形，大小不相等；雄蕊7～8，比花被短；花柱3，极短，柱头头状。瘦果宽椭圆形，具3锐棱。花果期6～8月。

分布： 产阿勒泰。海拔1000～2100m。分布于东北及内蒙古、河北、山西等地；西伯利亚、蒙古、朝鲜也有。

生境及适应性： 生于河谷滩地、山地灌丛、林间空地、混交林和针叶林下。喜冷凉，喜光，耐半阴，稍耐旱，对土壤要求不高。

观赏及应用价值： 观花类。花量大，花色明丽，花期较长，层次感丰富，是花境的较佳材料，亦可用于庭园、岩石园点缀；根可入药。

木蓼属 *Atraphaxis*

中文名	**拳木蓼**
拉丁名	*Atraphaxis compacta*

基本形态特征： 小灌木，高30～50cm。主干粗壮，弯拐，树皮条裂灰色；木质枝劲直，水平方向伸展，顶端无叶，具刺；当年生枝条短缩，生叶或花；托叶鞘圆筒状，顶端具2个细长的牙齿；叶排列紧密，簇生，灰绿色至蓝绿色，圆形或宽卵形，长4～7mm，顶端圆或钝，基部圆形或宽楔形，两面均无毛，具明显的网脉。花3～6，簇生叶腋；花梗关节位于中部或稍上；花被片4，粉红色，内轮花被片圆心形，具明显的网脉，外轮花被片卵状长圆形，果时向下反折。瘦果宽卵形，双凸镜状。花果期6～8月。

分布： 产阿勒泰、乌鲁木齐、塔城、博尔塔拉、巴音郭楞等地。海拔350～1500m。西西伯利亚、中亚、蒙古也有。

生境及适应性： 生荒漠、道旁、胡杨林下盐碱地及冲积扇洪水沟边。喜光，耐寒耐旱，耐贫瘠。

观赏及应用价值： 观花类。花密集，株型紧凑，观赏期较长。可用于花境点缀或沙生区、岩石园布置。

中文名	**木蓼**
拉丁名	*Atraphaxis frutescens*
别 名	灌木蓼

基本形态特征：灌木，高50～100cm，多分枝。主干粗壮，树皮暗灰褐色呈纤细状剥离；当年生枝细长，直立或开展，无毛，顶端具叶或花；托叶鞘圆筒状，膜质透明，顶端具2个尖锐的牙齿；叶蓝绿色至灰绿色，披针形或长圆形，长1～2.5cm，具短尖，边缘通常下卷，两面无毛，具突起的中脉及不明显的羽状脉纹。花序为疏松的总状花序；花被片粉红色，具白色边缘；内轮花被片圆形或阔椭圆形，基部近截形或稍心形，全缘或波状，具突出的网脉，外轮花被片卵圆形，向下反折。瘦果狭卵形，具3棱。花果期6～8月。

分布：产阿勒泰、乌鲁木齐、塔城、伊犁、博尔塔拉、阿克苏。海拔500～3000m。欧洲、俄罗斯、哈萨克斯坦也有。

生境及适应性：生砾石坡地、戈壁滩、山谷灌丛、干涸河道、干旱草原、沙丘及田边。喜光，耐寒耐旱，耐贫瘠。

观赏及应用价值：观花、观果类。花密集，花期较长，果翅发红，可赏性强，可用于岩石园或花境点缀。

沙拐枣属 *Calligonum*

中文名	**小沙拐枣**
拉丁名	*Calligonum pumilum*

基本形态特征：灌木，通常高30～50cm。老枝淡灰色或淡黄灰色；幼枝灰绿色，节间长1～3.5cm。花被片淡红色，果时反折。果（包括刺）宽椭圆形，长7～12mm，宽6～8mm；瘦果长卵形，扭转，肋突出，沟槽深；每肋刺1行，纤细，毛发状，质脆，易折断，基部分离，中下部2～3次2～3分叉。花期4～5月，果期5～6月。

分布：产新疆东部。海拔700～1500m。

生境及适应性：生于沙砾质荒漠。旱生植物，喜光，极耐干旱，并有抗高温、耐盐碱、耐风蚀、抗沙埋的能力。

观赏及应用价值：观花、观果类，以花灌木形式运用，花果饱满奇特，观赏期长，可用于干旱区绿化美化及岩石园边缘布置。也是荒漠地区的防风固沙先锋植物之一，还是牲畜饲料与蜜源植物。

中文名	**奇台沙拐枣**
拉丁名	*Calligonum klementzii*

基本形态特征： 灌木，高通常50~90cm，极少1~1.5m，多分枝。老枝黄灰色或灰色，多拐曲；幼枝节间长1~3cm。叶线形，长2~6mm。花1~3朵生叶腋；花梗长2~4mm；花被片深红色，宽椭圆形，果时反折。果宽卵形，淡黄色、黄褐色或褐色，长1~2cm，宽1.2~2cm；瘦果长圆形，微扭转，肋不突出，肋间沟槽不明显；翅近革质，宽2~3mm不等，表面有突出脉纹，边缘不规则缺裂，并渐变窄成刺；刺较稀疏或较密，质硬，扁平，等长或稍长于瘦果宽。花期5~6月，果期6~7月。

分布： 产新疆东部。海拔500~700m。

生境及适应性： 生于固定沙丘上。耐旱、耐寒、耐高温、耐水涝。

观赏及应用价值： 观花、观果类。花色艳丽，果实繁密，观赏价值较高，观赏期长，以花灌木形式应用，是荒漠、半荒漠地带优良固沙植物种之一，也是沙区绿化美化的优选树种。植株固沙性能强，寿命长。

中文名	**密刺沙拐枣**
拉丁名	*Calligonum densum*

基本形态特征： 灌木，高1~2m。老枝淡灰色或黄灰色，微扭曲；当年生幼枝灰绿色，节间长1~5cm。叶鳞片状，长1~2mm。花小，通常2~4朵簇生叶腋；花梗长2~4mm，中下部有关节；花被片宽卵形，果时反折。果（包括翅与刺）圆球形或近球形，径1.2~2mm；瘦果圆锥形，顶端尖，扭转，肋极突出，每肋生2翅；翅较硬，宽2~2.5mm，翅缘不整齐，生刺，刺扁平，较硬，稠密，近中部2次叉状分枝，末枝细，伸展交织，掩藏瘦果。花期5~6月，果期6~7月。

分布： 产新疆西部。海拔640m左右。

生境及适应性： 生于半固定沙丘。耐干旱、耐寒、耐高温，适应性强、繁殖力强。

观赏及应用价值： 观花、观果类，以花灌木形式运用，花果饱满奇特，观赏期长，可用于干旱区绿化美化及岩石园边缘布置。也是荒漠地区的防风固沙先锋植物之一，还是牲畜饲料与蜜源植物。

中文名	**泡果沙拐枣**
拉丁名	*Calligonum calliphysa*

基本形态特征： 半灌木，高40～100cm。多分枝，枝开展，老枝黄灰色或淡褐色，呈"之"字形拐曲；幼枝灰绿色，有关节，节间长1～3cm；叶线形，长3～6mm，与托叶鞘分离；托叶鞘膜质，淡黄色。花通常2～4朵，生叶腋，较稠密；中下部有关节；花被片宽卵形，鲜时白色，背部中央绿色，干后淡黄色。瘦果椭圆形，肋较宽，每肋有刺3行；刺密，柔软，外罩一层薄膜呈泡状果；果圆球形或宽椭圆形，幼果淡黄色、淡红色或红色，成熟果淡黄色、黄褐色或红褐色。花期4～6月，果期5～7月。

分布： 产阿勒泰、昌吉、乌鲁木齐、博尔塔拉、吐鲁番、巴音郭楞。海拔500～800m。内蒙古有分布，甘肃有引种栽培；蒙古和中亚也有分布。

生境及适应性： 生于平原荒漠中砾石荒漠，沙地及固定沙丘。喜光，耐寒耐旱，耐贫瘠。

观赏及应用价值： 观花、观果类。花色艳丽，果实繁密，观赏价值较高，观赏期长，以花灌木形式应用，是荒漠、半荒漠地带优良固沙植物之一，也是沙区绿化美化的优选树种。植株固沙性能强，寿命长。

中文名	**红果沙拐枣**
拉丁名	*Calligonum rubicundum*
别　名	红皮沙拐枣

基本形态特征： 灌木，高80～150cm。老枝木质化，暗红色、红褐色或灰褐色；当年生幼枝灰绿色，有节；叶线形，长2～5mm。花被粉红色或红色，果时反折。果实（包括翅）卵圆形、宽卵形或近圆形，长14～20mm，宽14～18mm；幼果淡绿色、淡黄色、金黄色或鲜红色，成熟果淡黄色、黄褐色或暗红色；瘦果扭转，肋较宽；翅近革质，较厚，质硬，有肋纹，边缘有齿或全缘。花期5～6月，果期6～7月。

分布： 产阿勒泰、吐鲁番。海拔450～1000m。哈萨克斯坦斋桑盆地有分布。

生境及适应性： 生于半固定沙丘、固定沙丘和沙地。喜光，耐寒耐旱，耐贫瘠。

观赏及应用价值： 观花、观果类。花色艳丽，果实繁密，观赏价值较高，观赏期长，以花灌木形式应用，是荒漠、半荒漠地带优良固沙植物种之一，也是沙区绿化美化的优选树种。植株固沙性能强，寿命长。

泡果沙拐枣/红果沙拐枣

中文名　**乔木状沙拐枣**
拉丁名　*Calligonum arborescens*

基本形态特征：灌木，高2～4m，通常自近基部分枝。茎和木质老枝黄白色，常有极显著裂纹及褐色条纹；当年生幼枝草质，灰绿色。叶鳞片状，长1～2mm，有褐色短尖头，与蜡质叶鞘连合。花2～3朵生叶腋，花梗长约3mm，中下部有关节。瘦果椭圆形，具圆柱形长尖头，极扭转，4条果肋，刺在瘦果顶端略呈束状，每肋上2行，基部稍扁，分离，中上部2～3次叉状分枝，不掩藏瘦果，幼果黄色或红色，熟果淡黄色或红褐色。花期4～5月，果期5～6月。在吐鲁番8～9月出现第二次花果期。

分布：自中亚引入，吐鲁番和博尔塔拉有栽培。海拔2000～3500m。宁夏、甘肃也有栽培。

生境及适应性：生于山坡林缘、半固定沙丘边缘。喜光，耐寒耐旱，耐贫瘠。

观赏及应用价值：观花、观果类。花艳丽，果实繁密，观赏价值较高，观赏期长，以花灌木形式应用，是荒漠、半荒漠地带优良固沙植物种之一，也是沙区绿化美化的优选树种。植株固沙性能强，寿命长。

中文名	**艾比湖沙拐枣**
拉丁名	*Calligonum ebinuricum*
别　名	精河沙拐枣

基本形态特征： 灌木，高0.8~1.5m，栽培高达2~3m。分枝较少，疏展，幼株近球形，老株中央枝直立，侧枝伸展成平卧而呈塔形；叶线形，微弯；托叶膜质，与叶连合。花1~3朵生叶腋，花被片椭圆形，淡红色，果时反折。果（包括刺）宽卵形或卵圆形；瘦果卵圆形或长圆形，具2~4mm长喙，极扭转，肋通常不明显，少钝圆，近无沟槽或具浅沟；每肋生刺2行，每行5~7刺，分离，相距约1mm，极稀疏或较稀疏，纤细，刺毛状，或稍粗成细刺，柔软或较软，中上部2次2~3分叉，末叉直展，瘦果顶端长喙上的刺较粗，成束状。花期4~5月，果期5~7月，吐鲁番在8~9月有第二次花果期。

分布： 中国特有，产新疆天山北麓。海拔500~600m。

生境及适应性： 生半固定沙丘和沙砾质荒漠及流动沙丘。喜光，耐寒耐旱，耐贫瘠。

观赏及应用价值： 观花、观果类，以花灌木形式运用，花果饱满奇特，观赏期长，可用于干旱区绿化美化及岩石园边缘布置。也是荒漠地区的防风固沙先锋植物之一，还是牲畜饲料与蜜源植物。

大黄属 *Rheum*

中文名	**天山大黄**
拉丁名	*Rheum wittrockii*

基本形态特征： 多年生草本，高50~100cm；茎中空，直径约1cm，具细棱线，光滑或近节部被毛；基生叶2~4片，叶片卵形到三角状卵形或卵心形，顶端钝急尖，基部心形，边缘具弱皱波，基出脉5~7条，叶上面光滑无毛，下面被白短毛；叶柄细，半圆柱状，与叶片近等长，被稀疏乳突状毛或不明显；茎生叶2~4片；托叶鞘抱茎，外被短毛。大型圆锥花序分枝较疏；花小；花梗关节在中部以下；花被白绿色，内外轮各3片；果实圆形或矩圆形，两端心形到深心形，翅宽，达4~5mm，幼时红色。花果期5~7月。

分布： 产昌吉、乌鲁木齐、塔城、伊犁、吐鲁番、巴音郭楞、阿克苏、克孜勒苏等地。海拔1200~3200m。也分布于中亚。

生境及适应性： 生于草原、森林、山地草甸中的山坡，悬崖石缝。喜冷凉，喜光，耐半阴，稍耐旱，对土壤要求不高。

观赏及应用价值： 观花、观果、观叶类。花序密集、大型，蕾期红，果量大，可赏性强。叶大较奇特，秋叶常发红。可用于花境及岩石园布置。根茎入药。

山蓼属 *Oxyria*

中文名	**山蓼**
拉丁名	*Oxyria digyna*

基本形态特征： 多年生草本，高10～30cm。根状茎粗壮，茎直立，单生或数条自根状茎发出，无毛，具细纵沟。基生叶叶片肾形或圆肾形，纸质，顶端圆钝，基部宽心形，边缘近全缘，下面沿叶脉具极稀疏短硬毛；托叶鞘短筒状，膜质，顶端偏斜。花序圆锥状，分枝极稀疏，无毛，花两性，苞片膜质；花被片成2轮，果时内轮2片增大，倒卵形，紧贴果实，外轮2个，反折；雄蕊6，花药长圆形，花丝钻状；子房扁平，花柱2。瘦果卵形，两侧边缘具膜质翅，连翅外形近圆形，顶端凹陷；翅淡红色，边缘具小齿。花果期6～8月。

分布： 产阿勒泰、昌吉、乌鲁木齐、塔城、伊犁、巴音郭楞、克孜勒苏、喀什。海拔1700～4900m。分布于吉林、陕西、四川、西藏；欧洲、北美、亚洲其他具有高山和极地的国家也有分布。

生境及适应性： 生于高山和亚高山的河滩、水边、石质坡地和石缝中。喜湿润冷凉，喜半阴，喜土层肥厚。

观赏及应用价值： 观姿、观花类。植株低矮密集，花穗精巧可爱，可作花境及地被材料。叶略带酸味，可食用；全草可入药。

白花丹科 PLUMBAGINACEAE 补血草属 *Limonium*

中文名	**木本补血草**
拉丁名	*Limonium suffruticosum*

基本形态特征： 矮小半灌木，高10～50cm。茎基木质，多头，从基部丛出木质分枝；下部有老叶柄基残存的鞘膜。叶互生在当年枝上部，或由去年生枝的腋芽发出呈簇状，长圆状匙形至披针状匙形，叶柄基部扩张成半抱茎而有宽膜质边缘的鞘，鞘端有2直立耳状膜片。花序轴由当年生枝叶腋伸出，圆柱状无毛，具少数分枝；穗状花序由2～7个小穗组成，呈簇状或小型头状着生在花序分枝的各节和顶端。萼倒圆锥状，筒部被毛至完全无毛；萼檐白色，裂片卵状三角形，间生裂片明显。花冠淡紫色至蓝紫色。花期8～10月，果期9～10月。

分布： 产阿勒泰、昌吉、塔城、伊犁等地。海拔600～800m。分布于欧洲东部、俄罗斯（西伯利亚、高加索）、中亚各国、伊朗、阿富汗、蒙古。

生境及适应性： 生于北疆山前平原、盐化沙地、戈壁盐碱地、草甸盐土。喜光，耐寒耐旱，耐贫瘠。

观赏及应用价值： 观花类。花量大，色彩明丽，花期长。可作防护植物、干旱区地被、岩石园点缀及盆栽观赏，亦可作干花。

中文名	**细裂补血草**
拉丁名	*Limonium leptolobum*
别　名	精河补血草

基本形态特征： 多年生草本，高20～40cm，全株（除萼或第一内苞外）无毛；叶基生，匙形至披针状倒卵形，先端钝或圆，基部渐狭成细柄，开花时叶常存在。花序伞房状，花序轴2～15枚，圆柱状，由下部数回叉状分枝，有"之"字形曲折，不育枝少；穗状花序短，由3～7（9）个小穗组成，每2～3个穗状花序在枝端集成一近头状的疏松团簇；小穗含2～3（4）花；萼漏斗状，下半部或下部2/3沿脉密被毛，萼檐粉红色或淡紫红色，不久变白，裂片通常上部褶叠而致先端呈渐尖状，脉伸出裂片先端呈一芒尖；花冠黄色。花期5～7月，果期7～8月。

分布： 产昌吉、石河子、塔城、伊犁、博尔塔拉、吐鲁番、阿克苏等地。海拔600～2500m。分布于中亚各国。

生境及适应性： 生于南北疆平原荒漠、石质坡地及山地草原。喜光，耐寒耐旱，耐贫瘠。

观赏及应用价值： 观花类。花量大，色彩明丽，花期长。可作防护植物、干旱区地被、岩石园点缀及盆栽观赏，亦可作干花。

中文名	**大叶补血草**
拉丁名	*Limonium gmelinii*

基本形态特征： 多年生草本，高30~80cm。叶基生，较厚硬，长圆状倒卵形、长椭圆形或卵形，宽大，先端钝圆，下表面常带灰白色，花时叶不凋落。花序呈大型伞房状或圆锥状，花序轴常单生，圆柱状，节部具大型褐色鳞片，小枝细而直；穗状花序，密集在末级分枝的上部至顶端，由2~7个小穗紧密排列而成；萼倒圆锥形，萼筒基部和内方两脉上被毛，萼檐淡紫色至白色，裂片先端钝，脉不达裂片基部；花冠蓝紫色。花期7~9月，果期8~9月。

分布： 产阿勒泰、昌吉、乌鲁木齐、石河子、塔城、伊犁、哈密等地。海拔1000~2000m。分布于欧洲、俄罗斯（西伯利亚）、中亚各国、蒙古。

生境及适应性： 生于阿尔泰山、塔尔巴哈台山、天山北坡山地草原带的盐碱地及平原盐渍化的低地、山地河岸、湖岸的盐土地上。喜光，耐寒耐旱，耐贫瘠。

观赏及应用价值： 观花类。花量大，色彩明丽，花期长。可作防护植物、干旱区地被，岩石园点缀及盆栽观赏，亦可作干花。

彩花属 *Acantholimon*

中文名	**刺叶彩花**
拉丁名	*Acantholimon alatavicum*
别名	刺矾松

基本形态特征： 垫状小灌木，新枝长5~15（25）mm。叶常为灰绿色，针状或线状锥形，横切面扁三棱形，刚硬，两面无毛而常有钙质颗粒，先端钝尖，春叶常较夏叶略短。花序有明显花序轴，不分枝，或多或少被密短毛，上部由（1~2）5~8个小穗排成二列组成穗状花序；外苞和第一内苞无毛，外苞长圆状卵形，先端渐尖，第一内苞先端钝或急尖；萼漏斗状，脉间（有时仅上半部）被稀疏短茸毛，萼檐白色，无毛或下部沿脉有毛，先端有5或10个不明显的浅圆裂片，脉紫褐色，伸达萼檐顶缘；花冠淡紫红色。花期9~10月。

分布： 产昌吉、塔城、博尔塔拉、哈密、阿克苏、克孜勒苏、喀什等地。海拔1300~2500m。分布于中亚各国。

生境及适应性： 生荒漠草原地带，生在多石的山坡上。喜光，耐寒耐旱，耐贫瘠。

观赏及应用价值： 观花类。花密集、量大，色彩鲜艳，枝条紧凑低矮，宜用于花境及岩石园点缀。也可作防护植物。

中文名	**天山彩花**
拉丁名	*Acantholimon tianschanicum*
别　名	垫状刺矶松

基本形态特征：紧密垫状小灌木；小枝上端每年增长极短，只被几层紧密贴伏的新叶。叶通常淡灰绿色，披针形至线形，横切面扁三棱形至近扁平，先端通常渐尖，有明显短锐尖，两面无毛，常有细小钙质颗粒。花序无花序轴，通常仅为单个小穗直接着生新枝基部的叶腋，全部露于枝端叶外；小穗含1~3花；萼漏斗状，萼筒脉上被疏短毛或几无毛，萼檐暗紫红色，无毛，先端有10个不明显的浅圆裂片或近截形，脉伸达萼檐边缘；花冠淡紫红色或淡红色。花期6~9月，果期7~10月。

分布：产克孜勒苏、阿克苏。海拔1700~3500m。分布于中亚。

生境及适应性：生于天山南坡、帕米尔高原的石质荒漠、干旱砾石山坡。喜光，耐寒耐旱，耐贫瘠。

观赏及应用价值：观花类。花密集、量大，色彩鲜艳，枝条紧凑低矮，宜用于花境及岩石园点缀。也可作防护植物。

中文名	**乌恰彩花**
拉丁名	*Acantholimon popovii*
别　名	乌恰矾松

基本形态特征： 疏松垫状小灌木，新枝长3～5mm；叶绿色或淡灰绿色，线形，横切面近扁平，两面无毛，常多少有细小的钙质颗粒，先端有短锐尖，干枯老叶宿存，刺状。花序有明显花序轴，伸出叶外，不分枝，被密毛，上部由2～4个小穗通常偏于一侧排列成常近头状的穗状花序；小穗含2～3花，萼漏斗状，萼筒沿脉被密毛，萼檐白色，先端有10个大小相间的浅裂片，脉暗紫红色，常略伸于萼檐顶缘之外；花冠粉红色。花期6～8月，果期7～9月。

分布： 产克孜勒苏、喀什。海拔1800～2000m。

生境及适应性： 生于帕米尔高原的石质荒漠高原。喜光，耐寒耐旱，耐贫瘠。

观赏及应用价值： 观花类。花密集、量大，色彩鲜艳，枝条紧凑低矮，宜用于花境及岩石园点缀。也可作防护植物。

驼舌草属 *Goniolimon*

中文名	**驼舌草**
拉丁名	*Goniolimon speciosum*
别　名	刺叶矾松、棱枝草

基本形态特征： 多年生草本，高10～50cm。叶基生，倒卵形至披针形，基部渐狭，渐成两侧具绿色边带的宽扁叶柄，两面显被钙质颗粒。花序呈伞房状或圆锥状；花序轴下部圆柱状，常在上半部作二至三回分枝，主轴在分枝以上处以及各分枝上有明显的棱或窄翅而呈二棱形或三棱形；穗状花序列于各级分枝的上部和顶端，由5～11个小穗排成紧密的覆瓦状二列而成；萼被毛，萼檐裂片无齿牙，先端钝或略近急尖，有时具不明显的间生小裂片，脉常紫褐色，不达于萼檐中部；花冠紫红色。花期6～7月，果期7～8月。

分布： 产阿勒泰、乌鲁木齐、昌吉、塔城、伊犁、博尔塔拉、哈密、吐鲁番、巴音郭楞等地。海拔1800～2800m。分布内蒙古；蒙古和原苏联也有分布。

生境及适应性： 生于阿尔泰山、准噶尔西部山地、天山北部的针叶林阳坡、山地草原、干旱草原、干旱山坡。喜光，耐寒耐旱，耐贫瘠。

观赏及应用价值： 观花类。花繁密，花色明丽，花期较长，宜用于花境及岩石园点缀。

芍药科 PAEONIACEAE　芍药属 *Paeonia*

中文名	**新疆芍药**
拉丁名	*Paeonia sinjiangensis*

基本形态特征： 多年生草本，全体无毛。主根垂直，多分枝，分枝圆柱形；茎高40~80cm，基部具几枚鞘状鳞片；叶为一至二回三出复叶，叶片轮廓宽卵形；小叶呈羽状分裂，裂片披针形至线状披针形，顶端渐尖，全缘。花单生茎顶；苞片3~5，线形至披针形，绿色，不分裂；萼片5，卵形，淡绿色，有时带红色；花瓣9，红色，倒卵形；心皮4~5，少有2或3，无毛；蓇葖卵状，无毛；种子黑色。花期6~7月，果期7~8月。

分布： 产阿勒泰。海拔1200~2100m。

生境及适应性： 生于新疆北部阿尔泰山区、准噶尔西部山地（萨吾尔山）阴坡林下。喜湿润冷凉，耐寒，喜光，稍耐阴，喜土层肥厚。

观赏及应用价值： 观花类。花大色艳，花量较大，宜用作地被，或用于花坛、花境布置，可作为盆栽观赏。亦可开发选育切花。

中文名　**窄叶芍药**
拉丁名　*Paeonia anomala*

基本形态特征：多年生草本。块根纺锤形或近球形，直径1.2～3cm。茎高50～70cm，无毛。叶为一至二回三出复叶，叶片轮廓宽卵形；小叶呈羽状分裂，裂片线状披针形至披针形，表面绿色，背面淡绿色，两面均无毛。花单生茎顶，直径5.5～7cm；苞片3，披针形至线状披针形，萼片3，宽卵形，带红色，顶端具尖头；花瓣约9，紫红色，长圆形，长3.5～4cm，宽1.2～2cm，顶部啮蚀状；花丝长4～5mm，花药长圆形；花盘发育不明显；心皮2（3）。蓇葖无毛。花期5～6月，果期8月。

分布：产新疆西北部阿尔泰及天山山区。海拔1200～2000m。在欧洲东部、西伯利亚及中亚、蒙古也有分布。

生境及适应性：生针叶林下或阴湿山坡。喜光也稍耐阴，耐寒，不耐旱。喜湿润冷凉，耐寒，喜光，稍耐阴，喜土层肥厚。

观赏及应用价值：观花类。花大色艳，花量较大，宜用作地被，或用于花坛、花境布置，可作为盆栽观赏。亦可开发选育切花。

中文名	**块根芍药**
拉丁名	*Paeonia anomala* var. *intermedia*

基本形态特征： 多年生草本，块根纺锤形或近球形。茎高50～100cm，无毛，叶为一回至二回三出复叶，宽卵形；小叶羽状分裂，裂片披针形或狭披针形，全缘，无毛。花单生于茎顶；苞片披针形或线状披针形；萼片宽卵形，带红色，顶端具尖头；花瓣约9，紫红色，长圆状倒卵形，顶部啮蚀状；花药长圆形；花盘发育不明显；心皮幼时密被淡黄色柔毛。蓇葖密被黄色柔毛，种子黑色。花期6～7月，果期8～9月。

分布： 产阿勒泰、塔城等地。海拔1100～2200m。国外在欧洲、西伯利亚及蒙古有分布。

生境及适应性： 生针叶林下、山坡草地和林下阴湿处。喜湿润冷凉，耐寒，喜光，稍耐阴，喜土层肥厚。

观赏及应用价值： 观花类。花大色艳，花量较大，宜用作地被，或用于花坛、花境布置，可作为盆栽观赏。亦可开发选育切花。

锦葵科 MALVACEAE　花葵属 *Lavatera*

中文名　**新疆花葵**
拉丁名　*Lavatera cachemiriana*

基本形态特征： 多年生草本，高1m，被星状疏柔毛。叶基生的近圆形，顶生的常3~5裂，裂片三角形，边缘具圆锯齿，基部心形，上面被疏柔毛，下面被星状柔毛；叶柄被星状疏柔毛。花排列成近总状花序，顶生或簇生于叶腋间，花梗被星状疏柔毛；小苞片3枚，阔卵形，全缘，基部合生成杯形，密被星状柔毛；萼钟形，5裂，裂片卵状披针形，密被星状柔毛；花冠淡紫红色，花瓣倒卵形，先端深2裂，基部楔形，密被星状长髯毛；花药黄色。分果瓣肾形，平滑无毛。花期6~8月。

分布： 产于阿勒泰和塔城。海拔540~2200m。中亚、克什米尔和阿尔泰山也有分布。

生境及适应性： 生湿草地或山地阳坡。喜阳，喜冷凉，稍耐贫瘠。

观赏及应用价值： 观花类。花大色艳，花量较大，竖线条感较强，可用于花境布置或作地被点缀。

藤黄科 CLUSIACEAE　金丝桃属 *Hypericum*

中文名	**贯叶连翘**
拉丁名	*Hypericum perforatum*
别　名	穿叶金丝桃、小金丝桃、小叶金丝桃、夜关门、铁帚把

基本形态特征： 多年生草本，高20～60cm，全株无毛。茎直立，多分枝，两侧各有1纵线棱；叶无柄，密集，椭圆形至线形，基部近心形而抱茎，边缘全缘，背卷，坚纸质，时有黑色腺点。花序为5～7花两歧状的聚伞花序，生于茎及分枝顶端，组成顶生圆锥花序；苞片及小苞片线形；萼片长圆形或披针形；花瓣黄色，长圆形或长圆状椭圆形，边缘一侧常具疏齿；雄蕊多数，3束，花丝长短不一，花药黄色，具黑腺点；花柱3。蒴果长圆状卵珠形。花期7～8月，果期9～10月。

分布： 产阿勒泰、昌吉、塔城、伊犁。海拔600～1950m。我国河北、山西、陕西、甘肃、山东、江苏、江西、河南、湖北、湖南、四川及贵州也有分布；南欧、塞浦路斯、非洲、近东、中亚、印度至蒙古和俄罗斯也有分布。

生境及适应性： 生于荒漠、沙质干山坡、草原灌丛、山地河谷、山地林空间及山地森林阳坡等处。喜光，耐寒，耐旱，不耐积水。

观赏及应用价值： 花朵密集，花色明丽，宜用作地被，或用于花坛、花境布置。

堇菜科 VIOLACEAE　堇菜属 *Viola*

中文名	**双花堇菜**
拉丁名	*Viola biflora*

基本形态特征： 多年生草本。地上茎较细弱，通常无毛或幼茎上被疏柔毛。基生叶具长柄，叶片肾形或近圆形，边缘具钝齿；茎生叶具短柄，叶柄无毛至被短毛；托叶与叶柄离生，有细齿。花黄色或淡黄色，开花末期变淡白色；花梗细弱，上部有2枚披针形小苞片；萼片线状披针形；花瓣长圆状倒卵形，具紫色脉纹，侧方花瓣里面无须毛，下方花瓣连距；下方雄蕊之距呈短角状。蒴果长圆状卵形。花果期5～9月。

分布： 产昌吉、乌鲁木齐、石河子、塔城、博尔塔拉、伊犁、巴音郭楞、阿克苏、喀什。海拔2500～4000m。我国东北、华北、西北，以及中南和西南有分布；欧洲、北美洲、俄罗斯、朝鲜、日本、蒙古以及中亚也有分布。

生境及适应性： 生于高山及亚高山地带草甸、林下、河谷石隙、河滩及水沟边。喜冷凉，喜光，耐半阴，稍耐旱，对土壤要求不高。

观赏及应用价值： 观花类。花朵精致可爱，花色明丽，花量较大，植株低矮，可用于地被、花境，亦可盆栽观赏。

中文名　**阿尔泰堇菜**
拉丁名　*Viola altaica*

基本形态特征： 多年生草本，高4～17cm。地上茎极短，密被多数叶片；叶片圆卵形或长圆状卵形，边缘具圆齿；叶柄较叶片长；托叶卵形，羽状半裂或深裂，边缘散生短毛。花较大，瓣长0.6～1.5cm，黄色或蓝紫色；萼片长圆状披针形，边缘通常疏生细齿；上方花瓣近卵圆形，侧方及下方花瓣基部具明显的紫黑色条纹，侧方花瓣里面基部通常稍有须毛，下方花瓣的距稍超出萼片的附属物，通常微向上弯曲。蒴果长圆状卵形。花期5～8月。

分布： 产阿勒泰、塔城、伊犁、巴音郭楞、阿克苏。海拔2200～3300m。俄罗斯（西西伯利亚）、蒙古、哈萨克斯坦、吉尔吉斯斯坦也有分布。

生境及适应性： 生于阿尔泰山和天山的高山及亚高山草甸、山坡林下、草地等处。喜湿润冷凉，耐寒，喜光，稍耐阴，喜土层肥厚。

观赏及应用价值： 观花类。花朵精致可爱，花色多变，植株低矮，可作花坛、花境、地被及盆栽植物。也是优秀的三色堇育种资源。

中文名	**大距堇菜**
拉丁名	*Viola macroceras*

基本形态特征： 多年生草本，无地上茎，根状茎短，斜生或垂直，具少数带白色须根。叶基生；叶片心形或卵状心形，先端尖，基部具短而较深的弯缺，通常呈楔形下延于叶柄，边缘具浅圆齿，果期叶较大；叶柄长1～8cm，果期长达14cm；托叶在根状茎上部密生，白色，膜质，卵状披针形，先端急尖，全缘或疏生较长流苏，1/2与叶柄合生。花紫堇色或蓝紫色，有芳香；瓣长10～12mm，侧方花瓣里面近基部有须毛，距较粗。蒴果椭圆形，顶端钝，无毛。种子大，褐色或带红褐色。花期4～5月。

分布： 产伊犁、塔城。西伯利亚、中亚地区也有分布。

生境及适应性： 多生长于山谷路边。性喜光，喜湿润的环境，耐阴也耐寒，不择土壤，适应性极强。

观赏及应用价值： 观花类。花朵精致可爱，花色明丽，花量较大，植株低矮，可用于地被、花境，亦可盆栽观赏。

柽柳科 TAMARICACEAE　　柽柳属 *Tamarix*

中文名	**多枝柽柳**
拉丁名	*Tamarix ramosissima*

基本形态特征： 灌木或小乔木状，高1～3m，老干和老枝的树皮暗灰色，当年生木质化的生长枝淡红或橙黄色。木质化生长枝上的叶披针形；绿色营养枝上的叶短卵圆形或三角状心脏形。总状花序生在当年生枝顶，集成顶生圆锥花序；苞片披针形、卵状披针形或条状钻形、卵状长圆形，渐尖；花5数；花萼广椭圆状卵形或卵形；花瓣粉红色或紫色，倒卵形至阔椭圆状倒卵形；子房锥形瓶状具三棱，花柱3，棍棒状。蒴果三棱圆锥形瓶状。花期5～9月。

分布： 在新疆分布广泛。产西藏、青海、甘肃、内蒙古和宁夏；东欧、前苏联、伊朗、阿富汗和蒙古也有分布。

生境及适应性： 生于河漫滩、河谷阶地上、沙质和黏土质盐碱化的平原上、沙丘上。耐旱，耐盐碱。

观赏及应用价值： 观花、观姿类。花量大而密集，花色明丽，花期长，无花期的枝与叶在荒漠区亦有一定可赏性。可作庭院绿化美化，适用范围广，也是沙区、荒漠区的主要防风固沙物种。

中文名	**细穗柽柳**
拉丁名	*Tamarix leptostachya*

基本形态特征： 灌木，高1~3m，老枝树皮淡棕色、青灰色或火红色；当年生木质化生长枝灰紫色或火红色，小枝略紧靠；生长枝上的叶狭卵形、卵状披针形，急尖，半抱茎，略下延；营养枝上的叶狭卵形、卵状披针形，急尖，下延。总状花序细长，总花梗生于当年生幼枝顶端，集生成密集的球形或卵状大型圆锥花序；苞片钻形，渐尖，直伸；花梗与花萼等长或略长；花5数，小；花萼卵形；花瓣倒卵形，淡紫红色或粉红色，一半向外弯，早落；花药心形，无尖突；子房细圆锥形，花柱3。蒴果细。花期6~7月。

分布： 在新疆分布广泛。也产青海、甘肃、宁夏、内蒙古；在俄罗斯（中亚）和蒙古也有分布。

生境及适应性： 主要生长在荒漠地区盆地下游的潮湿和松陷盐土上、丘间低地、河湖沿岸、河漫滩和灌溉绿洲的盐土上。耐旱，耐盐碱。

观赏及应用价值： 观花、观姿类。花量大而密集，花色明丽，花期长，无花期的枝与叶在荒漠区亦有一定可赏性。可作庭院绿化美化，适用范围广，也是沙区、荒漠区的主要防风固沙物种。

琵琶柴属 *Reaumuria*

中文名	**红砂**
拉丁名	*Reaumuria soongarica*
别　名	琵琶柴

基本形态特征：小灌木，高10～30cm，多分枝，老枝灰褐色，具波状剥裂，皮灰白色；叶肉质，短圆柱形，浅灰蓝绿色，具点状泌盐腺体，4～6枚簇生，花期变紫红色；小枝多拐曲，淡红色。花单生在极度短缩的小枝顶端，或在幼枝上端集为总状花序状；苞片披针形；花萼钟形，下部合生，裂片三角形，边缘白膜质，具点状腺体；花瓣白色略带淡红，长圆形，下半部内侧的附属物倒披针形，着生在花瓣中脉的两侧；雄蕊分离。蒴果长椭圆形或纺锤形。花期7～8月，果期8～9月。

分布：新疆各地广布，南疆更多。分布于青海、甘肃、宁夏和内蒙古，直到东北西部。原苏联、蒙古也有分布。

生境及适应性：生于荒漠地区的山前冲积、洪积平原上和戈壁侵蚀面上，亦生于低地边缘，基质多为粗砾质戈壁，在盐土和碱土上可以延伸到草原区域。喜光，耐寒耐旱，耐贫瘠。

观赏及应用价值：观花类。花朵密集，花色明丽，宜用于花境及岩石园点缀，也可作防护植物。

水柏枝属 *Myricaria*

中文名	**宽苞水柏枝**
拉丁名	*Myricaria bracteata*
别　名	河柏、水柽柳、臭红柳

基本形态特征：灌木，高0.5～3m，多分枝；老枝灰褐色或紫褐色，多年生枝红棕色或黄绿色，有光泽和条纹。叶密生于当年生绿色小枝上，卵形到线状披针形，常具狭膜质的边。总状花序顶生于当年生枝条上，密集呈穗状；苞片通常宽卵形或椭圆形，边缘为膜质；中脉基部残留于花序轴上常呈龙骨状脊；萼片披针形到长圆形，常内弯，具宽膜质边；花瓣倒卵形或倒卵状长圆形，常内曲，基部狭缩，具脉纹，粉红色、淡红色或淡紫色；雄蕊略短于花瓣；蒴果狭圆锥形。花期6～7月，果期8～9月。

分布：产昌吉、乌鲁木齐、塔城、博尔塔拉、昌吉、伊犁、哈密、吐鲁番、巴音郭楞、阿克苏、喀什。海拔1100～3300m。内蒙古、河北、山西、宁夏、甘肃、青海、西藏有分布；俄罗斯、中亚、蒙古、印度、巴基斯坦、阿富汗也有分布。

生境及适应性：生于河谷砂砾质河滩、湖边砂地以及山前冲积扇砂砾质戈壁上。喜光，耐半阴，耐寒，耐旱，也耐涝。

观赏及应用价值：观花、观姿类。花密集成穗，花期较长，可用于水边、庭院地被布置，亦可作为风景林的林缘补充。

杨柳科 SALICACEAE 杨属 *Populus*

中文名	**胡杨**
拉丁名	*Populus euphratica*
别　名	异叶胡杨、梧桐

基本形态特征：乔木，高10～15m，稀灌木状。树皮淡灰褐色，下部条裂；萌枝细，圆形，光滑或微有茸毛；芽椭圆形，光滑，褐色；苗期和萌枝叶披针形或线状披针形，全缘或不规则的疏波状齿牙缘；成年树小枝泥黄色；叶形多变化，卵圆形、卵圆状披针形等，先端有粗齿牙，两面同色；叶柄微扁，约与叶片等长。雄花序细圆柱形，雄蕊花药紫红色；苞片略呈菱形，上部有疏齿牙；雌花序轴有短茸毛或无毛，柱头鲜红或淡黄绿色。花期5月，果期7～8月。

分布：产北纬36°30′～47°，东经82°30′～96°的广大区域。主要集中在塔里木河上游叶尔羌河、喀什河及塔里木河中游一带。海拔800～2400m。分布于内蒙古、宁夏、甘肃、青海等地；蒙古、中亚、高加索、埃及、叙利亚、印度、伊朗、伊拉克、阿富汗、巴基斯坦亦有分布。

生境及适应性：生荒漠河流沿岸、排水良好的冲积砂质壤土上。胡杨抗盐、抗旱、抗寒、抗风、喜光、喜砂质土壤。

观赏及应用价值：观秋色叶、观姿类。成树树姿雄奇俊美，寿命长，"千年胡杨"集自然与文化景观于一体，秋色叶及老树枝干都具有极强的观赏性，胡杨林不仅景观效果好，更是优良的水土保持植物。可作庭院树、行道树、风景林、防护植物。

胡杨

中文名	苦杨
拉丁名	*Populus laurifolia*

基本形态特征： 乔木，高10～15m；树冠宽阔。树皮淡灰色，下部较暗有沟裂。萌枝有锐棱肋，姜黄色，小枝淡黄色，有棱，密被茸毛或稀无毛。萌枝叶披针形或卵状披针形，长10～15cm，边缘有密腺锯齿；短枝叶椭圆形、卵形、长圆状卵形，长6～12cm，宽4～7cm，先端急尖或短渐尖，基部圆形或楔形，边缘有细钝齿，有睫毛，两面沿叶脉常有疏茸毛。雄花序长3～4cm，雄蕊30～40，花药紫红色；苞片常早落；雌花序长5～6cm，果期增长，轴密被茸毛。蒴果卵圆形。花期4～5月，果期6月。

分布： 产阿勒泰、昌吉、塔城、哈密等地。海拔500～1900m。西伯利亚也有。

生境及适应性： 生长在新疆大青河、小青河、乌伦古河、额尔齐斯河、克朗河、布尔津河、哈巴河、塔城的白杨河及其他山地河谷。喜光、耐寒、喜湿、湿润肥沃的砂壤土，不耐干旱瘠薄，不耐盐碱。

观赏及应用价值： 观叶、观姿类。大树树姿苍劲，秋色叶金黄。可作孤植树或丛植焦点树，也可作为河谷造林更新树种。

白花菜科 CLEOMACEAE　山柑属 *Capparis*

中文名	爪瓣山柑
拉丁名	*Capparis himalayensis*

基本形态特征： 平卧灌木，茎长50～80（100）cm，新生枝密被长短混生白色柔毛；刺尖利，常平展而尖端外弯。叶椭圆形或近圆形。花大，单出腋生；花瓣异形，上面2个异色，内侧至少中部以下黄绿色至绿色，质地增厚，由基部至近中部向内折叠，折叠部分绿色，彼此紧贴，背部弯拱，外侧膜质，白色，下面2个花瓣白色，分离，有爪，瓣片长圆状倒卵形；花丝不等长（1.2～4cm）。果椭圆形，干后暗绿色，表面有6～8条纵行暗红色细棱；成熟后开裂，露出红色果肉与极多的种子。种子肾形。花期6～7月，果期8～9月。该种在《新疆植物志》中记载为刺山柑 *Capparis spinosa*。

分布： 产北疆和东疆，乌鲁木齐到乌苏一带最常见。海拔1100m以下。西藏有分布；自巴基斯坦东北部到印度西北部及尼泊尔西部都有。

生境及适应性： 生于平原、空旷田野、山坡阳处。喜光，耐旱，耐贫瘠，较耐寒。

观赏及应用价值： 观花、观果类。花大，异形，白中带绿，花丝多而奇长。果椭圆，暗绿色，带暗红色细棱，亦具观赏性。植株覆盖效果好，茎铺地面，根粗壮，在产区是一种优良的固沙植物。可作为地被植物，尤其是进行坡面绿化美化。

十字花科 BRASSICACEAE 芝麻菜属 *Eruca*

中文名	**芝麻菜**
拉丁名	*Eruca vesicaria* subsp. *sativa*
别　名	芸芥

基本形态特征： 一年生草本，高30~60cm。茎直立，多分枝。叶片倒卵形，长6~10cm，宽3~6cm，大头羽状深裂或不裂，裂片顶端圆，全缘，有钝齿或波状缘，叶柄向基部有睫毛；总状花序花时伞房状；花梗长约3mm；萼片椭圆形，长8~10mm；花瓣黄色，有紫色脉纹，瓣片倒卵状长圆形，长8~9mm，宽5~8mm；雄蕊6，花丝细，长约1cm，花药条形；长角果圆柱状，有窄边，果瓣隆起，厚，中脉显著。花期5~6月。

分布： 产阿勒泰、塔城、伊犁、石河子、昌吉、乌鲁木齐、吐鲁番、巴音郭楞、喀什、和田等地。海拔200~1200m。也分布在东北、华北、西北各地及四川。欧洲北部，亚洲的北部、中部与西部也有。

生境及适应性： 生长在草原地带的路边、山坡以及农田。喜光，耐寒耐旱，耐贫瘠。

观赏及应用价值： 观花类。花朵密集，花色明丽，花朵上常有脉纹，较奇特。可用于花境、花坛。

独行菜属 *Lepidium*

中文名	**宽叶独行菜**
拉丁名	*Lepidium latifolium*
别　名	光苞独行菜

基本形态特征： 多年生草本，高30~85cm。茎直立，多分枝。叶革质，基生叶及下部茎生叶长圆形或卵形，长3~9cm，宽3~4cm，全缘，叶柄长约4cm；茎生叶无柄，披针形、卵状披针或宽卵形，长2~10cm，宽0.5~3cm，全缘或有锯齿。总状花序分枝成圆锥状；萼片宽卵形，有宽的膜质边缘；花瓣白色，长约2mm，瓣片近圆形。短角果宽椭圆形或矩圆形，长约2.5mm，宽约2mm，先端无翅，花柱短或近无，柱头头状。花期5~7月，果期7~9月。

分布： 产阿勒泰、塔城、伊犁、昌吉、乌鲁木齐、石河子、哈密、吐鲁番、巴音郭楞、喀什、和田等地。海拔400~1500m。分布于陕西北部、甘肃。亚洲的中部、西部与北部也有。

生境及适应性： 生长在农业区的田边、宅旁，含盐的沙滩，低山带的冲积扇。喜光，耐寒耐旱，耐贫瘠。

观赏及应用价值： 观花类。花朵密集，花色明丽，植株低矮，可应用于花境、花坛及岩石园点缀。

群心菜属 *Cardaria*

中文名	**群心菜**
拉丁名	*Cardaria draba*

基本形态特征： 多年生草本，高18~40cm，被短柔毛。茎直立，多分枝。基生叶早枯，茎生叶卵形、长圆形或披针形，长2~7cm，全缘或有不明显的齿；圆锥花序伞房状，在果期稍为伸长；萼片长圆形，长约2mm，有宽的膜质边缘；花瓣白色，匙形，长3~4mm，有爪；盛开时花柱比子房长。短角果宽卵形，膨胀，长2.5~3.5mm，宽3~5mm，基部心形，果瓣无毛，有明显的脉纹。花期5~6月，果期6~7月。

分布： 产阿勒泰、伊犁、塔城、昌吉、乌鲁木齐等地。海拔400~1000m。分布在辽宁；亚洲的中部与西部、欧洲的中部与西部也有。

生境及适应性： 生长在草原带及荒漠带的农区山坡、水渠边以及田边。喜光，耐寒耐旱，耐贫瘠，亦耐涝。

观赏及应用价值： 观花类。圆锥花序密集，白色明丽，花量繁多，可用于花境、花坛，亦可大片种植于景区，形成地被型特色景观。

光籽芥属 *Leiospora*

中文名	**无茎光籽芥**
拉丁名	*Leiospora exscapa*
别　名	无茎条果芥

基本形态特征： 多年生草本，高5~10cm；具肥厚根状茎。基生叶呈莲座状，肉质，叶片倒卵形或匙形，长2~4cm，宽5~10mm，顶端钝圆，全缘，基部渐窄成扁平叶柄，叶片下面及边缘密被白色单毛，上面毛较少或近于无毛。无茎，花葶数个，顶生1花，花较大；萼片直立，长圆形，外面上部带紫色，散生单毛，内轮萼片呈囊状；花瓣粉红色或紫色，倒卵形或匙形，有明显紫色脉纹，下部具爪，与萼片等长；子房线形，微扁。长角果条形而扁，果瓣中脉明显。花期5~6月，果期6~7月。

分布： 产巴音郭楞、阿克苏、克孜勒苏、喀什、和田。海拔3700m左右。也分布于中亚、巴基斯坦、克什米尔地区、西伯利亚西部及阿尔泰山等地。

生境及适应性： 生于河滩砂砾地。喜光，耐旱，耐瘠薄。

观赏及应用价值： 观花类。粉红色或紫色花，花大而美丽，有香气，可用于布置花境，也可用于岩石园或迷你盆栽。

蔊菜属 *Rorippa*

中文名	**欧亚蔊菜**
拉丁名	*Rorippa sylvestris*

基本形态特征： 一、二年生至多年生草本，高30~60cm，植株近无毛。茎单一或基部分枝，直立或呈铺散状。叶羽状全裂或羽状分裂，下部叶有柄，基部具小叶耳，裂片披针形或近长圆形，边缘具不整齐锯齿；茎上部叶近无柄，裂片渐狭小，边缘齿渐少。总状花序顶生或腋生，初密集成头状，结果时延长；萼片长椭圆形，长2~2.5mm，宽约1mm；花瓣黄色，宽匙形，长4~4.5mm，宽约1.5mm，基部具爪，瓣片具脉纹；雄蕊6，近等长，花丝扁平。长角果线状圆柱形，微向上弯（未熟）。花果期5~9月。

分布： 产伊犁。亚洲与欧洲均有分布。

生境及适应性： 生长在农区的田边、水渠边。喜湿润。喜冷凉，喜光，耐半阴，稍耐旱，对土壤要求不高。

观赏及应用价值： 观花类。花黄色明丽，花量较大，株丛紧凑，可作为地被、花境、花坛绿化应用。

葶苈属 *Draba*

| 中文名 | **喜山葶苈** |
| 拉丁名 | *Draba oreades* |

基本形态特征： 多年生草本，高2～10cm。根茎分枝多，下部留有鳞片状枯叶，上部叶丛生成莲座状，有时呈互生，叶片长圆形至倒披针形，长6～25mm，宽2～4mm，顶端渐钝，基部楔形，全缘，有时有锯齿，下面和叶缘有单毛、叉状毛或少量不规则分枝毛，上面有时近于无毛。花茎高5～8cm，无叶或偶有1叶，密生长单毛、叉状毛。总状花序密集成近于头状，结实时疏松，但不伸长；小花梗长1～2mm；萼片长卵形，背面有单毛；花瓣黄色，倒卵形。短角果短宽卵形，果瓣不平。花期6～8月。

分布： 产乌鲁木齐、巴音郭楞、阿克苏、喀什、伊犁、阿勒泰等地。海拔3000～5300m。也产内蒙古、陕西、甘肃、青海、四川、云南、西藏；中亚、克什米尔地区和印度也有分布。

生境及适应性： 生于高山岩石边及高山石砾沟边裂缝中。喜光，耐寒，耐旱，耐瘠薄。

观赏及应用价值： 观花类。花色明丽，花小密集，低矮莲座状，可用于布置花境、岩石园，也可作迷你盆栽。

| 中文名 | **总苞葶苈** |
| 拉丁名 | *Draba involucrata* |

基本形态特征： 多年生丛生草本。根茎分枝密，下部覆盖条状披针形枯叶，禾草色，细长，上部密生莲座状叶。花茎无叶，高0.5～2cm，被单毛、叉状毛，毛灰白色；莲座状叶倒卵形，长3～12mm，疏生单毛、叉状毛，近于星状的分枝毛，有时无毛，叶全缘或两边有细齿及单长毛，基部呈楔形，渐窄成柄。总状花序有花3～10朵，密集成伞房状；小花梗长3～6mm；子房卵形；花柱长约0.5mm。果实椭圆形或卵形，长4～5mm，宽约2mm，无毛；种子卵圆形。花期6月。

分布： 产阿克苏、喀什。海拔3300～5100m。也产青海、四川、云南、西藏东部。

生境及适应性： 生于悬岩上或山坡沟谷。耐阴，耐瘠薄。

观赏及应用价值： 观花类。黄色花，伞房花序，花小密集，常丛生一团，观赏价值极高。可用作花境材料，也可作观花地被植物。

涩荠属 *Malcolmia*

| 中文名 | **刚毛涩荠** |
| 拉丁名 | *Malcolmia hispida* |

基本形态特征： 一年生草本，高20～30cm，全体密生细长硬单毛及叉状毛。茎多数，较粗，从基部多分枝。叶长圆形，长1.5～4cm，宽5～12mm，顶端急尖，基部楔形，边缘有几对疏波状齿或近全缘；叶柄长5～10mm。总状花序顶生，花紫红色，直径2～3mm，花梗长1～2mm；萼片窄长圆形，外面有细长分叉毛；花瓣倒披针形，具不显明脉纹，基部具爪。长角果线形，坚硬，劲直，近水平开展；果梗粗。花果期6～9月。

分布： 产乌鲁木齐、吐鲁番、昌吉、阿克苏、克孜勒苏、石河子。也产甘肃、青海；前苏联有分布。

生境及适应性： 生在山坡旱地中。喜光，耐旱，耐瘠薄。

观赏及应用价值： 观花类。紫花较明丽，花量较大，可用作花境及岩石园布置材料。

寒原荠属 *Aphragmus*

中文名	**尖果寒原荠**
拉丁名	*Aphragmus oxycarpus*
别　名	小果寒原荠、寒原荠

基本形态特征： 多年生草本，高2～7cm，被单毛与二叉毛，尤以花梗上为密。茎直立，近地面分枝，基部有残存叶柄，茎下部深红色。基生叶密集，叶片窄卵圆形或匙形，顶端钝，基部渐窄成柄，全缘或有1对齿，上部茎生叶入花序的成苞片状。花序呈疏松的伞房状，花梗长3～6mm；萼片长宽近相等，长约2mm，无毛，常为紫色；花瓣白色或淡紫色，卵圆形，长4.5～5mm，顶端钝或微缺。短角果长圆状披针形，长6～8mm，宽1.5～2mm，顶端渐细；花序轴不伸长，短角果密集。花期7月。

分布： 产喀什。海拔4400m左右。也产四川、云南、西藏；前苏联的中亚也有分布。

生境及适应性： 生于山顶草丛中。喜光，抗寒，耐瘠薄。

观赏及应用价值： 观花类。白色或淡紫色花，伞房状花序，花量密集，是较好的观赏地被植物，可用于花境、花坛的布置，也可作盆花。

团扇荠属 *Berteroa*

中文名	**团扇荠**
拉丁名	*Berteroa incana*

基本形态特征： 二年生草本，高20～80cm，被分枝毛。茎不分枝，或于中、上部分枝。基生叶早枯，茎生叶向上渐小，下部叶长圆形，长4～6cm，宽8～15mm，顶端钝圆或略尖，边缘具不明显的波状齿或齿，上部叶长圆形，长约1cm，宽1～2mm，边缘有不明显的齿。花序伞房状，果期伸长；萼片直立，长圆形；花瓣白色，长5～8mm，顶端2深裂，深达2mm，为花瓣长的1/3～2/5，裂片顶端圆，花瓣下部1/3为爪；长雄蕊花丝扁，向基部变宽；短雄蕊花丝单侧具齿。短角果椭圆形，长约6mm，宽3～5mm；花柱宿存；果瓣扁平。花期6～7月。

分布： 产伊犁、阿勒泰、塔城、博尔塔拉、昌吉、乌鲁木齐、吐鲁番等地。海拔800～1900m。西伯利亚、中亚、欧洲有分布。

生境及适应性： 生长在草原及荒漠地带的田边、山麓、灌丛下。喜光，亦耐寒，适应性强，耐瘠薄。

观赏及应用价值： 观花类。花白色，可作为地被、花境及岩石园。

糖芥属 *Erysimum*

中文名	**糖芥**
拉丁名	*Erysimum bungei*

基本形态特征： 一年或二年生草本，高30～60cm，密生伏贴2叉毛；茎直立，不分枝或上部分枝，具棱角。叶披针形或长圆状线形，基生叶长5～15cm，宽5～20mm，顶端急尖，基部渐狭，全缘，两面有2叉毛；叶柄长1.5～2cm；上部叶有短柄或无柄，基部近抱茎，边缘有波状齿或近全缘。总状花序顶生，有多数花；萼片长圆形，密生2叉毛，边缘白色膜质；花瓣橘黄色，倒披针形，有细脉纹，顶端圆形，基部具长爪；雄蕊6，近等长。长角果线形，稍呈四棱形；果梗斜上开展。花期6～8月，果期7～9月。

分布： 产新疆天山。也产东北、华北、江苏、陕西、四川；蒙古、朝鲜、前苏联均有分布。

生境及适应性： 多生在田边荒地、山坡。喜光，耐旱，耐瘠薄。

观赏及应用价值： 观花类。橘黄色花，总状花序，花量密集，也可用于布置花境或岩石园。

中文名	**小花糖芥**
拉丁名	*Erysimum cheiranthoides*

基本形态特征： 一年生草本，高15～50cm；茎直立，分枝或不分枝，有棱角，具2叉毛。基生叶莲座状，无柄，平铺地面；叶柄长7～20mm；茎生叶披针形或线形，顶端急尖，基部楔形，边缘具深波状疏齿或近全缘，两面具3叉毛。总状花序顶生，果期长达17cm；萼片长圆形或线形，外面有3叉毛；花瓣浅黄色，长圆形，长4～5mm，顶端圆形或截形，下部具爪。长角果圆柱形，侧扁，稍有棱，具3叉毛；果瓣有1条不明显中脉；花柱长约1mm，柱头头状；果梗粗。花期5月，果期6月。

分布： 产乌鲁木齐、哈密、昌吉、博尔塔拉、伊犁、塔城、阿勒泰。海拔500～2000m。也产吉林、辽宁、内蒙古、河北、山西、山东、河南、安徽、江苏、湖北、湖南、陕西、甘肃、宁夏、四川、云南；蒙古、朝鲜、欧洲、非洲及美国均有分布。

生境及适应性： 生于山坡、山谷、路旁及村旁荒地。喜光，耐半阴，耐旱，耐瘠薄。

观赏及应用价值： 观花类。黄色花，总状花序，植株较高，花小密集，是良好的花境材料。

中文名	**蒙古糖芥**
拉丁名	*Erysimum flavum*
别名	兴安糖芥

基本形态特征： 多年生草本，高15～30cm，全株密生伏贴2叉丁字毛。茎数个，直立，从基部分枝，稍有棱角。基生叶莲座状，叶片线状长圆形、倒披针形或宽线形，长3～5cm，宽1.5～2mm，顶端急尖，基部渐狭，全缘；茎生叶线形，叶片较短，宽1～1.5mm，无柄。总状花序果期延长达20cm；萼片长圆形，顶端圆形，边缘白色膜质；花瓣黄色，宽倒卵形或近圆形，长10～12mm，爪长6～7mm。长角果线状长圆形，长4～6cm；果梗较粗。花期5～6月，果期7～8月。

分布： 产博尔塔拉、昌吉、巴音郭楞、喀什等地。黑龙江、内蒙古、西藏也有；分布于蒙古、前苏联、中亚、巴基斯坦。

生境及适应性： 多生于石砾山坡。喜光，耐寒，耐旱。

观赏及应用价值： 观花类。花黄色，花量较大。可用于布置花境或岩石园。

芹叶荠属 *Smelowskia*

| 中文名 | **高山芹叶荠** |
| 拉丁名 | *Smelowskia bifurcata* |

基本形态特征： 多年生草本，高5～20cm，全株被弯曲长单毛，并杂有分枝毛。根茎粗长，近地面处分枝，并覆有宿存叶柄，地面上成密丛。基生叶具柄，长5～8cm，向基部变宽，有较长的睫毛；茎生叶柄短或无柄，叶片羽状深裂，末端或近末端的裂片再作二回裂，小裂片2～3，近基部的裂片不再裂，裂片倒卵形或倒卵状椭圆形。花序伞房状，果期伸长，下部数花有苞片，花梗长3～4mm；萼片长圆状卵圆形；花瓣圆形或长圆状倒卵形，白色，后变黄色，具长爪。短角果无毛，长倒卵形，果瓣舟状，中脉明显。花期6～7月。

分布： 产乌鲁木齐、巴音郭楞、伊犁、和田、阿勒泰等地。海拔3100～4100m。

生境及适应性： 生长在高山石缝有泥土处。喜光，抗寒，耐旱，耐瘠薄。

观赏及应用价值： 观花类。白色或黄色花，伞房状花序，可应用于高山缀花草地，亦可用于岩石园。

离子芥属 *Chorispora*

| 中文名 | **高山离子芥** |
| 拉丁名 | *Chorispora bungeana* |

基本形态特征： 多年生高山草本，高3～10cm；茎短缩，植株具白色疏柔毛。叶多数，基生，叶片长椭圆形，羽状深裂或全裂，裂片近卵形，全缘，顶端裂片最大，背面具白色柔毛；叶柄扁平，具毛。花单生，花柄细，长2～3cm；萼片宽椭圆形，背面具白色疏毛，内轮2枚略大，基部呈囊状；花瓣紫色，宽倒卵形，顶端凹缺，基部具长爪。长角果念珠状，顶端具细而短的喙，果梗与果实近等长。种子淡褐色，椭圆形而扁。花果期7～8月。

分布： 产乌鲁木齐、吐鲁番、巴音郭楞、克孜勒苏、伊犁。海拔2900～3700m。前苏联、巴基斯坦、阿富汗也有分布。

生境及适应性： 生于山坡草地或沼泽地。喜冷凉，喜光，耐半阴，稍耐旱，对土壤要求不高。

观赏及应用价值： 观花类。紫色花，花量密集，观赏价值极高，可用作观赏地被植物或岩石园，也可做盆花。

中文名	**砂生离子芥**
拉丁名	*Chorispora sabulosa*

基本形态特征： 多年生草本，高3~15cm，具腺体。基生叶莲座状，倒披针形或长椭圆形，无毛或具腺毛，羽状深裂，深波状齿或全缘；无茎生叶。总状花序；萼片略带紫色，卵形；花瓣紫色，宽倒卵形，先端钝。角果线状圆筒形，念珠状。花果期6~7月。

分布： 产克什米尔地区。海拔2900~4800m。也产西藏；印度、哈萨克斯坦、巴基斯坦、塔吉克斯坦和乌兹别克斯坦也有分布。

生境及适应性： 生长于山地。喜光，抗寒，耐旱，耐瘠薄。

观赏及应用价值： 观花类。紫色花，总状花序，基生叶莲座状，可用作迷你盆栽观赏花卉，也可用于布置花境、岩石园。

条果芥属 *Parrya*

中文名	**灌木条果芥**
拉丁名	*Parrya fruticulosa*
别 名	灌丛条果芥

基本形态特征： 多年生呈小灌木状，高15cm左右，近于无毛。分枝丛生，老枝无叶，木质化，稍弯曲，当年生枝有叶。叶基生呈莲座状，早落，叶片条状长圆形或很少为线状披针形，全缘或有少数牙齿或为浅羽裂。花葶高约10cm，超出基生叶，顶生花数朵，很少1~2朵，花梗比花短，果期伸长；萼片直立，长圆形或条形，长9~11mm，内轮萼片较宽，基部呈囊状，外面淡紫色；花瓣紫色或淡紫色，倒心形，长20~25mm，宽5~7mm，顶端圆或微凹，具爪，爪几与萼片等长；雄蕊窄条形，花丝膜质扁平，向基部渐扩大。长角果。花期6~7月。

分布： 产伊犁、博尔塔拉。海拔1800m。中亚有分布。

生境及适应性： 生于山顶石缝中或山地阳坡。喜光，耐旱，耐寒。

观赏及应用价值： 观花类。花紫色，花量较大。可用于布置花境、岩石园。

大蒜芥属 *Sisymbrium*

中文名	**新疆大蒜芥**
拉丁名	*Sisymbrium loeselii*

基本形态特征： 一年生草本，高20~100cm，具长单毛。茎直立。叶羽状深裂至全裂，中、下部茎生叶顶端裂片较大，三角状长圆形、戟形至长戟形，两侧具波状齿或小齿；上部叶顶端裂片向上渐次加长，长圆状条形，其他特征与中、下部叶同，但渐小。伞房状花序顶生，果期伸长；萼片长圆形，但多在背面具长单毛；花瓣黄色，长圆形至椭圆形，长5.5~7mm，宽2.2~2.5mm，与瓣爪等长。长角果圆筒状，具棱，长2~3.5cm，无毛，略弯曲；果梗长6~10mm，斜向上展开。花期5~8月。

分布： 产北疆各地。海拔500~1500m。西伯利亚、中亚、克什米尔地区、土耳其、欧洲也有分布。

生境及适应性： 生长在荒漠带的绿洲及草原带的田野。适应性强。

观赏及应用价值： 观花类。花黄色，可作为地被、花境、花坛应用。

中文名	**多型大蒜芥**
拉丁名	*Sisymbrium polymorphum*

基本形态特征： 多年生草本，高20~70cm。茎直立，分枝，有时基部木质化。基生叶有柄，叶片羽状深裂至全裂，长1.5~8cm，宽5~20mm；上部的叶条形至线形，长1~5cm，全缘，多贴生。花序伞房状，顶生，果期极为伸长；萼片黄色，披针形，直立，外轮的顶端钝圆，背面顶端有1兜状突起，内轮的无突起，基部略呈囊状；花瓣亮黄色，长圆状倒卵形或楔形，长6~7.5mm，顶端钝圆或截形。长角果线形，长2.5~3cm；果梗长7~10mm，斜向上展开。花期4~5月。

分布： 产阿勒泰、伊犁。海拔700~1600m。黑龙江、内蒙古也有分布；西伯利亚、中亚以及蒙古、小亚细亚、欧洲均有分布。

生境及适应性： 生于干旱山坡。喜光，耐旱，耐寒。

观赏及应用价值： 观花类。花黄色，花量大。可用于布置花境。

高原芥属 *Desideria*

中文名	**线果扇叶芥**
拉丁名	*Desideria linearis*（*Christolea parkeri*）
别　名	线果高原芥

基本形态特征： 多年生草本，高约10cm，被单毛，很少有叉状毛。基生叶窄匙形，长10~15mm，宽3~5mm，全缘或前端有1~3浅齿，顶端钝；茎生叶短，叶片披针形至线形。总状花序有花10~15朵，有苞叶；萼片长约3mm；花瓣白色，常于基部变为紫色，长5~8mm。角果线形（未成熟），长约10mm，宽约1mm，常近基部变为紫色，被毛；柱头扁，2浅裂。花期7月。

分布： 产喀什。海拔4000m左右。中亚山区也有分布。

生境及适应性： 生长在高山荒漠的流石坡及砾石坡地。喜光，耐寒，耐旱。

观赏及应用价值： 观花类。植株低矮，叶肉质被毛；花瓣白色，常于基部变为紫色。可盆栽观赏或用于布置岩石园。

香花芥属 *Hesperis*

中文名	**北香花芥**
拉丁名	*Hesperis sibirica*

基本形态特征：二年生草本，高35～130cm；茎直立，上部分枝，叶及花梗具长单毛及短单毛，并杂有腺毛。茎下部叶卵状披针形，长3～7cm，宽5～20mm，顶端急尖或渐尖，基部楔形，边缘有小牙齿；叶柄长1～1.5cm；茎生叶无柄，窄披针形，长1.5～3.5cm，有锯齿至近全缘。总状花序顶生或腋生；花径约1.5cm，玫瑰红色或紫色；花梗长4～12mm；萼片椭圆形，外面有长毛；花瓣倒卵形，长15～20mm，具长爪。长角果窄线形，无毛或具腺毛；果梗长8～25mm，具腺毛。花、果期6～8月。

分布：产乌鲁木齐、克孜勒苏、伊犁、阿勒泰。前苏联欧洲部分、西伯利亚以及蒙古也有分布。

生境及适应性：生在山坡。喜光，耐旱，耐瘠薄。

观赏及应用价值：观花类。紫色花，总状花序，花葶细长，花量密集，花期较长，是良好的花境材料。

杜鹃花科 ERICACEAE 越橘属 *Vaccinium*

中文名	**越橘**
拉丁名	*Vaccinium vitis-idaea*

基本形态特征：常绿矮小灌木，地下部分有细长匍匐的根状茎，地上部分植株高10～30cm。茎纤细，直立或下部平卧，枝及幼枝被灰白色短柔毛。叶密生，叶片革质，椭圆形或倒卵形，边缘反卷，有浅波状小钝齿；叶柄短，长约1mm，被微毛。花序短总状，生于去年生枝顶，长1～1.5cm，有2～8朵花；苞片红色，宽卵形；小苞片2，卵形；萼筒无毛，萼片4，宽三角形；花冠白色或淡红色，钟状，4裂，直立；浆果球形，直径5～10mm，紫红色。花期6～7月，果期8～9月。

分布：产阿勒泰。海拔900～3200m。分布于黑龙江、吉林、内蒙古；原苏联、蒙古、朝鲜及北美、北欧也有。

生境及适应性：常见于落叶松林下、白桦林下、高山草原或水湿台地，常成片生长。生于高山沼地、石南灌丛、针叶林、亚高山牧场和北极地区的冻原。喜冷凉，喜光，耐半阴，稍耐旱，喜腐殖土。

观赏及应用价值：观花、观果类。白花红果，为典型的木本地被，与其他植物搭配可构成美丽的花境，亦可用于岩石园背阴处。叶可代茶饮用，果可食用，味酸甜。

鹿蹄草科 PYROLACEAE 鹿蹄草属 *Pyrola*

中文名	**红花鹿蹄草**
拉丁名	*Pyrola incarnata*

基本形态特征： 常绿草本状小半灌木，高15～30cm；根茎细长，横生，斜升，有分枝。叶3～7，基生，薄革质，稍有光泽，近圆形或圆卵形或卵状椭圆形，长3.5～6cm，宽2.5～5.5cm，边缘近全缘，两面有时带紫色；叶柄长5.5～7cm，较叶片长达1倍，有时带紫色。总状花序长5～16cm，有7～15花，花倾斜，花冠广开，碗形，直径13～20mm，紫红色；萼片三角状宽披针形；花瓣倒圆卵形；花柱倾斜，上部向上弯曲，顶端有环状突起，伸出花冠。蒴果扁球形，带紫红色。花期6～7月，果期8～9月。

分布： 产阿勒泰。海拔1000～2500m。分布于东北及内蒙古、河北、山西等地；朝鲜、日本、蒙古、俄罗斯、哈萨克斯坦也有分布。

生境及适应性： 生于疏林下、林缘、灌丛、河谷、山地草甸草原。性喜阴湿冷凉，森林一经采伐，则很难正常生长发育。

观赏及应用价值： 观花、观叶类植物。叶常绿，叶柄和花葶常带紫色，花冠为紫红色，观赏性强，可应用于耐阴地被或溪谷边。

独丽花属 *Moneses*

中文名	**独丽花**
拉丁名	*Moneses uniflora*

基本形态特征： 常绿草本状小半灌木，高3～17cm。具线状细、长、匍匐或微升起的根状茎。叶集生于茎基部，卵圆形、宽卵形或圆形，长1～1.5cm，宽1～2cm，顶端圆钝，边缘有细锯齿；叶柄细，长5～12mm。上部有1～2个分开的苞片；花葶细长；花大，淡绿色或淡白色，直径约2.5cm，直立或稍俯垂；花瓣5，卵圆形，广展开，长7～10mm，宽4～7mm；萼片卵状椭圆形；花柱细长，直立，无毛，基部有5个蜜腺；花盘10浅裂。蒴果直立，球形。花期6～7月，果期7～8月。

分布： 产阿勒泰、昌吉、塔城、博尔塔拉、伊犁等地。分布于东北、内蒙古、山西、甘肃、台湾、云南等地；日本、俄罗斯、中亚各国和欧洲、北美也有分布。

生境及适应性： 生于山地北坡针叶林。喜半阴，喜湿润冷凉，喜土层肥厚，耐寒。

观赏及应用价值： 观花类。花朵较大，奇特，花色淡白或淡绿，植株低矮，可用于花境，也可用于缀花草地，形成美丽的地被景观。还可开发成迷你盆栽观赏。

报春花科 PRIMULACEAE　点地梅属 *Androsace*

中文名	**北点地梅**
拉丁名	*Androsace septentrionalis*

基本形态特征： 一年生草本。主根直而细长。植物体疏被分叉和不分叉的短柔毛。叶丛莲座状，直径1~6cm，叶倒披针形或长圆状披针形，长8~35mm，宽1.5~6mm，中部以上边缘具稀疏牙齿，近无柄。花葶1至数个，直立，高8~30cm；伞形花序多花；苞片小，线状披针形至钻形，长2~3.5mm，疏被短柔毛；花梗长短不等，纤细，长10~70mm，花后期伸长；花萼钟状；花冠白色，喉部淡黄色，花冠裂片长圆形或倒卵形，长1~1.2mm，宽0.6~1mm，先端全缘或具不明显的细齿。蒴果近球形。花期5~6月，果期6~7月。

分布： 分布于阿尔泰山、天山、帕米尔高原。海拔1300~4500m。

生境及适应性： 生于高山、亚高山草原、山坡草地、碎石质坡地。喜冷凉，喜光，耐半阴，稍耐旱，对土壤要求不高。

观赏及应用价值： 观花类。花葶较长，花冠白色，可应用于草坪或坡地。

中文名	**大苞点地梅**
拉丁名	*Androsace maxima*

基本形态特征： 一年生草本，主根细长，具少数支根。莲座状叶丛单生；叶片狭倒卵形、椭圆形或倒披针形，长5~15mm，宽2~5mm，中上部边缘有小牙齿，质地较厚，两面近于无毛或疏被柔毛。花葶2~4个自叶丛中抽出，高2~7.5cm；伞形花序多花；苞片大，椭圆形或倒卵状长圆形；花梗直立，长1~1.5cm；花萼杯状，果时增大，长可达9mm，分裂约达全长的2/5；裂片三角状披针形，质地稍厚，老时黄褐色；花冠白色或淡粉红色，直径3~4mm，筒部长约为花萼的2/3。蒴果近球形，与宿存花萼长等长或稍短。花期6~7月，果期8月。

分布： 产新疆北部。在内蒙古、甘肃、宁夏、陕西、山西等地也有分布；广布种，分布于北非、欧洲、中亚至西伯利亚。

生境及适应性： 散生于山谷草地、山坡砾石地、固定沙地及丘间低地。喜光，耐寒，耐旱，不耐积水。

观赏及应用价值： 观花类。伞形花序多花，花期较早，花色白色或淡粉红色，自播自繁能力强，可作为疏林或低矮草坪中的点缀。

中文名　**天山点地梅**
拉丁名　*Androsace ovczinnikovii*

基本形态特征： 多年生草本，植株由根出条上着生的莲座状叶丛形成疏丛。根出条细，节间长1.5～3cm，幼时红褐色，老时深紫褐色。莲座状叶丛直径1.5～2.5cm，灰绿色；叶为不明显的两型，外层叶线形或狭舌形，腹面近于无毛，背面中上部和边缘被柔毛；内层叶线形至线状倒披针形，先端稍钝。花葶1～3枚自叶丛中抽出，高1.5～10cm；伞形花序3～8花；苞片椭圆形至卵状披针形；花梗近等长，长5～8mm；花萼杯状或阔钟状，分裂近达中部，裂片卵形；花冠白色至粉红色，直径4.5～6mm，裂片倒卵形。花期6月。

分布： 产新疆天山。海拔2500～3100m。哈萨克斯坦亦有分布。

生境及适应性： 生于山坡疏林下和山地草地。喜冷凉，喜光，耐半阴，稍耐旱，对土壤要求不高。

观赏及应用价值： 观花、观叶类。叶色灰绿，被白色茸毛，莲座状叶，白色或粉红色小花，花葶细长，颜色鲜红，极具观赏价值。多与岩石相配置，也可用于草地或坡地绿化。

中文名	**鳞叶点地梅**
拉丁名	*Androsace squarrosula*

基本形态特征： 多年生草本。主根细长，具少数支根。地上部分由多数根出条组成疏丛；根出条深褐色，节上有枯叶丛；上部节间短或叶丛叠生其上，形成柱状体。莲座状叶丛；叶呈不明显的两型，外层叶卵形至阔卵圆形；内层叶披针形，无毛或具稀疏缘毛，带软骨质。花葶通常极短，藏于叶丛中；苞片2枚，披针形或阔披针形；花单生，近于无梗；花萼钟状，分裂近达中部，裂片卵状椭圆形，先端稍钝；花冠白色，筒部略高出花萼，裂片倒卵状长圆形。花期5~6月。

分布： 产新疆西南部及昆仑山北坡。海拔3000~3300m。

生境及适应性： 生于河谷山坡。喜光，耐寒耐旱，耐贫瘠。

观赏及应用价值： 观花类。白色花，花葶细长，多作观赏地被植物，也可用于岩石园。

报春花属 *Primula*

中文名	**硕萼报春**
拉丁名	*Primula veris* subsp. *macrocalyx*
别　名	大黄花九轮草

基本形态特征： 多年生草本。叶倒卵状矩圆形，长5~15cm，宽3~6cm，先端圆钝，基部楔形，边缘有不整齐细锯齿，上面绿色，下面灰绿色，密被短柔毛，叶柄具翼，为叶片长度1/4~1/3。花葶高10~30cm，被柔毛，伞形花序1轮，被6~10朵花，花梗长2~5cm，密被毛。苞片线状披针形，长6~10mm。花萼钟形，被毛，长1.5~2cm，明显具5条锐纵棱，裂片三角状披针形，长达萼筒1/3。花冠黄色，喉部橙红色，或花冠为红紫色，喉部为橙黄色，花冠筒与花萼等长，花冠裂片倒卵形，先端浅2裂。花期5~6月，果期7~8月。

分布： 产塔城、伊犁。海拔1500~2000m。伊朗、俄罗斯也有分布。

生境及适应性： 生长于山地阴坡草地。耐阴，喜湿，耐寒，喜草甸土。

观赏及应用价值： 观花类。花葶高高挺出花丛，伞形花序小花多，花萼大，钟形，花冠黄色，鲜亮而美丽。可盆栽观赏、花境及草地布置。

中文名	**寒地报春**
拉丁名	*Primula algida*

基本形态特征： 多年生草本，具极短的根状茎和多数纤维状长根。叶丛高1.5~7cm，基部无芽鳞；叶片倒卵状矩圆形至倒披针形，连柄长1.5~5cm，宽0.5~1.5cm，边缘具锐尖小牙齿；叶柄甚短。花葶高3~20cm，果期长可达35cm，顶端被粉或无粉；伞形花序近头状，具3~12花；苞片线形至线状披针形，花谢后反折；花梗长达15mm；花萼钟状，具5棱，常染紫色；花冠堇紫色，稀白色，冠檐直径8~15mm，筒部带黄色或白色，长6~10mm，喉部具环状附属物；花冠裂片倒卵形，先端深2裂；有长花柱与短花柱。花期5~6月，果期7月。

分布： 产塔城。海拔1100~2200m。分布于欧洲东南部各国、俄罗斯、哈萨克斯坦、吉尔吉斯斯坦、伊朗北部。

生境及适应性： 生于山地草甸、河谷、林缘、山沟草地。喜冷凉，喜光，耐半阴，稍耐旱，对土壤要求不高。

观赏及应用价值： 观花类。伞形花序，花冠堇紫色，可应用于浅河堤、岩石园、花境等，亦可作盆花观赏。

中文名	长苞大叶报春
拉丁名	*Primula macrophylla* var. *moorcroftiana*

基本形态特征：多年生草本。根状茎短，具多数长根。叶丛基部由鳞片、叶柄包叠成假茎状，高3～5cm。叶片披针形至倒披针形，通常长5～12cm，宽1.5～3cm，边缘通常极狭外卷，全缘或具细齿；叶柄具宽翅。花葶高10～25cm，近顶端被粉；伞形花序1轮，5至多花；苞片叶状，通常长于花梗；花萼筒状，裂片披针形；花冠紫色或蓝紫色，裂片近圆形或倒卵圆形，先端具凹缺；长花柱花：冠筒仅稍长于花萼，花柱约与花萼等长；短花柱花：冠筒约长于花萼0.5倍，花柱长达花萼中部。花期6～7月，果期8～9月。

分布：产新疆西南部。海拔4000～4700m。西藏西部也有分布；喜马拉雅山西段、尼泊尔、克什米尔地区均有分布。

生境及适应性：生长于沼泽化草甸，生山河岸上、瀑布附近、常流水的山岩上。喜光、耐寒，喜湿润的腐殖土、泥炭土。

观赏及应用价值：观花类。蓝紫色伞状花序，花葶细长，群丛可爱，可用作高海拔岩石园，也可用于布置花境。

假报春属 *Cortusa*

中文名	**假报春**
拉丁名	*Cortusa matthioli*

基本形态特征： 多年生草本。株高20～25（40）cm。叶基生，轮廓近圆形，长3.5～8cm，宽4～9cm，边缘掌状浅裂，裂片三角状半圆形，上面深绿色，下面淡灰色，被毛；叶柄长为叶片的2～3倍，被柔毛。花葶直立，通常高出叶丛1倍；伞形花序5～10花；苞片狭楔形；花梗纤细，不等长；花萼分裂略超过中部，裂片披针形；花冠漏斗状钟形，紫红色，长8～10cm，分裂略超过中部，裂片长圆形；雄蕊着生于花冠基部；花柱伸出花冠外。花期5～7月，果期7～8月。

分布： 生于阿尔泰山、天山、帕米尔高原、昆仑山、阿尔金山。海拔1200～3800m。分布于欧洲至西伯利亚。

生境及适应性： 生于高山和亚高山草甸、山谷阳坡草地、山坡石缝、林缘、林间空地、河滩灌丛下。喜光，耐寒，耐旱，不耐积水。

观赏及应用价值： 观花类。伞形花序，花冠堇紫色，可应用于岩石园、花境等，亦可开发盆花观赏。

海乳草属 *Glaux*

| 中文名 | **海乳草** |
| 拉丁名 | *Glaux maritima* |

基本形态特征：茎高3~25cm，直立或下部匍伏，节间短，通常有分枝。叶近于无柄，交互对生或有时互生，近茎基部的3~4对鳞片状，膜质，上部叶肉质，线形、线状长圆形或近匙形，长4~15mm，宽1.5~5mm，全缘。花单生于茎中上部叶腋；花梗长可达1.5mm，有时极短，不明显；花萼钟形，白色或粉红色，花冠状，长约4mm，分裂达中部，裂片倒卵状长圆形，宽1.5~2mm，先端圆形；雄蕊5，稍短于花萼；花柱与雄蕊等长或稍短。花期6月，果期7~8月。

分布：南北疆平原荒漠广布。我国北方各地均有分布；欧洲各国、哈萨克斯坦、吉尔吉斯斯坦、塔吉克斯坦、蒙古、日本、朝鲜、印度、巴基斯坦、伊朗、阿富汗、小亚西亚、北美各国均有分布。

生境及适应性：生于平原荒漠、潮湿草地、河边、渠沿、湖岸。喜光耐半阴，耐寒，喜湿。

观赏及应用价值：观花类。白色小花，多应用于草地、河边及其他公共绿地，亦可应用于岩石园。

景天科 CRASSULACEAE 瓦松属 *Orostachys*

| 中文名 | **黄花瓦松** |
| 拉丁名 | *Orostachys spinosa* |

基本形态特征：二年生草本。第一年有莲座丛，密被叶；莲座叶长圆形，先端有白色半圆形软骨质附属物，顶端有2~4mm长的软骨质刺尖。花茎高10~30cm；叶互生，宽线形至倒披针形，长1~3cm，宽2~5mm。穗状或总状花序顶生，狭长，长5~20cm；苞片披针形至长圆形，有刺尖；萼片5，卵状长圆形，长2~3mm，先端渐尖，有刺状尖头，有红色斑点；花瓣5，黄绿色，卵状披针形，长5~7mm，宽1.5mm，基部合生，先端渐尖；雄蕊10，花药黄色。蓇葖果椭圆状披针形。花期7~8月，果期9月。

分布：分布于天山北坡、准噶尔阿拉套山、巴尔鲁克山、萨香尔山、阿尔泰山等地区。海拔640~2300m。我国西藏、甘肃、内蒙古、辽宁、吉林、黑龙江等地有分布。俄罗斯、哈萨克斯坦、蒙古、朝鲜也有分布。

生境及适应性：生于干旱石质山坡、山顶石缝中。喜光，耐寒耐旱，耐贫瘠。

观赏及应用价值：观花、观叶类植物，穗状或总状花序，花药黄色，多应用于岩石园、多肉专类园，也可作盆花。

中文名	**小苞瓦松**
拉丁名	*Orostachys thyrsiflora*

基本形态特征： 二年生草本。第一年有莲座丛，莲座叶短，淡绿，线状长圆形，先端渐变成软骨质附属物，长1.5~2mm，边缘有细齿或全缘。第二年自莲座中央伸出花茎，高5~20cm；茎生叶线状长圆形，长4~7mm，宽1~1.5mm。总状花序长4~14cm；苞片卵状长圆形，渐尖，比花短；花梗长2mm；萼片5，三角状卵形，急尖；花瓣5，白色或淡红色，长圆形，基部稍合生；雄蕊10，花药紫色。蓇葖果直立。花期7~8月，果期8~9月。

分布： 分布于天山、帕米尔山地、昆仑山。海拔600~4100m。西藏、甘肃等地有分布；俄罗斯、哈萨克斯坦、吉尔吉斯斯坦、塔吉克斯坦、蒙古也有分布。

生境及适应性： 生于干旱石质山坡、山顶石缝、山前荒漠草原、河谷阶地。喜光，耐寒耐旱，耐贫瘠。

观赏及应用价值： 观花、观叶类植物，穗状或总状花序，花药黄色，多应用于岩石园、多肉专类园，也可作盆花。

瓦莲属 *Rosularia*

中文名	**卵叶瓦莲**
拉丁名	*Rosularia platyphylla*

基本形态特征： 多年生草本。地下部分块茎状，圆卵形，根粗。花茎1~4个，高5~10cm，斜上，不分枝，有短毛，发自莲座丛边上的基生叶腋；莲座直径5~10cm，基生叶扁平，菱状倒卵形或匙形，长1.5~4cm，宽1.2~2cm，先端钝或有微缺，或钝急尖，基部有时渐狭，有缘毛，两面有短柔毛；茎生叶疏生，互生，无柄，长圆形至线形，长1~1.5cm，宽4~5mm，有缘毛，两面有短毛。聚伞花序伞房状，短；萼片5，卵形；花冠白色，裂片卵形，反折；雄蕊10，比花冠短。蓇葖果长圆形。花期6~7月，果期8月。

分布： 产乌鲁木齐、昌吉、石河子、塔城、伊犁、吐鲁番、巴音郭楞、阿克苏等地。海拔1200~2700m。哈萨克斯坦、吉尔吉斯斯坦、塔吉克斯坦也有分布。

生境及适应性： 生于山沟石缝、石质坡地。喜光，耐寒耐旱，耐贫瘠。

观赏及应用价值： 观叶多肉植物，叶紧凑呈莲座状，精致小巧，可作为盆栽、地被与岩石园专类园应用。

八宝属 *Hylotelephium*

| 中文名 | **圆叶八宝** |
| 拉丁名 | *Hylotelephium ewersii* |

基本形态特征：多年生草本。根状茎木质，分枝，根细，绳索状。茎多数，近基部木质而分枝，紫棕色，上升，高5~25cm，无毛。叶对生，宽卵形，或几为圆形，长1.5~2cm，先端钝渐尖，边全缘或有不明显的牙齿；无柄；叶常有褐色斑点。伞形聚伞花序，花密生，宽2~3cm；萼片5，披针形；花瓣5，紫红色，卵状披针形，长5mm，急尖，雄蕊10，较花瓣短，花丝浅红色，花药紫色。蓇葖果直立。花期7~8月。

分布：产阿勒泰、昌吉、乌鲁木齐、石河子、塔城、博尔塔拉、伊犁、哈密、吐鲁番、巴音郭楞、阿克苏、克孜勒苏、喀什等地。海拔400~4200m。巴基斯坦、蒙古及前苏联也有分布。

生境及适应性：生于山坡石缝、林下石质坡地、山谷石崖、河沟水边。喜光，耐寒耐旱，耐贫瘠，稍喜湿润冷凉。

观赏及应用价值：观花、观叶类植物，红花肉质叶，多应用于岩石园、多肉专类园，也可作盆栽。

景天属 *Sedum*

中文名	**杂交景天**
拉丁名	*Sedum hybridum*
别 名	杂交费菜

基本形态特征： 多年生草木。根状茎长，分枝，木质，绳索状，蔓生。茎斜升，匍匐茎生根；不育枝短；花枝高达30cm。叶互生，匙状椭圆形至倒卵形，长1.5～3cm，宽1～2cm，先端钝，基部楔形，边缘有钝锯齿。花序聚伞状，顶生；萼片5，线形或长圆形，不等长；花瓣5，黄色，披针形，长8～10mm，宽4mm；雄蕊10，与花瓣等长或稍短；花药橙黄色；鳞片小，横宽；心皮5，黄绿色，稍开展，花柱细长。蓇葖果椭圆形。花期6～7月，果期8～10月。

分布： 分布于天山北坡、准噶尔阿拉套山、阿尔泰山。海拔730～2700m。蒙古、俄罗斯、哈萨克斯坦、吉尔吉斯斯坦也有分布。

生境及适应性： 生于山沟水边、山坡石缝、碎石质草地、山谷阴处，喜冷凉，喜光，耐半阴，稍耐旱，对土壤要求不高。

观赏及应用价值： 观花、观叶类植物，红花肉质叶，多应用于岩石园、多肉专类园，也可作盆栽。

合景天属 *Pseudosedum*

中文名	**白花合景天**
拉丁名	*Pseudosedum affine*

基本形态特征： 多年生草本。根有分枝，多数，束生。花茎数个，下部平卧，常生根，上部直立，高8～15cm。叶互生，有宽距，线形至近长圆形、半圆柱形，长4～6mm，宽1～1.5mm。花序伞房状，长1.5～2.5cm，宽2.5～4cm，分枝近蝎尾状；萼片5～6，近卵形；花瓣5～6，白色，长圆形，长5～6mm；雄蕊10～12。蓇葖果卵形。花期5～6月，果期7～8月。

分布： 产阿勒泰、塔城、博尔塔拉、伊犁等地。海拔730～1700m。俄罗斯、哈萨克斯坦、吉尔吉斯斯坦也有分布。

生境及适应性： 生于砾石质山坡、山前碎石质荒漠草地、山沟阴坡。喜冷凉，喜光，耐半阴，稍耐旱，对土壤要求不高。

观赏及应用价值： 观叶、观花类。花纯白色，叶多肉质紧凑，株型奇特，常作为盆栽、地被与岩石园专类园应用。

红景天属 *Rhodiola*

| 中文名 | **红景天** |
| 拉丁名 | *Rhodiola rosea* |

基本形态特征： 多年生草本。根粗壮，直立。根颈短，先端被鳞片。花茎高20～30cm。叶疏生，长圆形至椭圆状倒披针形或长圆状宽卵形，长7～35m，宽5～18m，先端急尖或渐尖，全缘或上部有少数牙齿，基部稍抱茎。花序伞房状，密集多花，长2cm，宽3～6cm；雌雄异株；萼片4，披针状线形；花瓣4，黄绿色，线状倒披针形或长圆形；雄蕊8，较花瓣长；雌花心皮4，花柱外弯。蓇葖果披针形或线状披针形，直立。花期4～6月，果期7～9月。

分布： 产阿勒泰、昌吉、乌鲁木齐、塔城、博尔塔拉、伊犁等地。海拔1800～3000m。欧洲北部、俄罗斯（北极及西伯利亚地区）、哈萨克斯坦、蒙古、朝鲜、日本也有分布。

生境及适应性： 生于山顶石缝、石质山坡、高山草甸、林间空地，耐旱耐寒，抗性强。喜光，耐半阴。

观赏及应用价值： 观花、观叶类植物，花黄色密集，叶多肉质，可作为地被、岩石园专类园与荒地生态绿化应用。

| 中文名 | **直茎红景天** |
| 拉丁名 | *Rhodiola recticaulis* |

基本形态特征： 多年生草本。主根粗，木质化。根颈木质，直径3～6cm，分枝，分枝直径1.5cm，先端被鳞片，鳞片三角形，长宽各1cm，钝，褐色。花茎多数，老茎宿存，高8～15cm，直径1.5～2mm，直立，稍有沟。叶互生，椭圆形或椭圆状长圆形，长8～10mm，宽2～3mm，边缘有粗牙齿，直立，黄绿色。花序紧密，伞房状头状花序，宽1.5～2cm，有叶；花小，有短梗；雌雄异株；萼片4，红色，椭圆形，长2mm，钝；花瓣4，黄色，长圆状椭圆形；雄蕊8，较花瓣长，花丝黄色，花药圆。蓇葖果有短喙，长圆形。花期6～8月，果期7～9月。

分布： 产新疆天山及南部。海拔3800～4530m。伊朗、前苏联境内也有。

生境及适应性： 生于高山草地、山坡石缝中。喜光，耐寒耐旱，耐贫瘠。

观赏及应用价值： 观花、观叶类植物，红花肉质叶，多应用于岩石园、多肉专类园，也可作盆栽。

中文名	**狭叶红景天**
拉丁名	*Rhodiola kirilowii*

基本形态特征： 多年生草本。根粗，直立。根颈直径1.5cm，先端被三角形鳞片。花茎少数，高15~60cm，少数可达90cm，直径4~6mm，叶密生。叶互生，线形至线状披针形，长4~6cm，宽2~5mm，先端急尖，边缘有疏锯齿，或有时全缘，无柄。花序伞房状，多花，宽7~10cm；雌雄异株；萼片5或4，三角形，先端急尖；花瓣5或4，绿黄色，倒披针形，长3~4mm，宽0.8mm；花丝花药黄色。蓇葖果长圆状披针形。花期6~7月，果期7~8月。

分布： 产阿勒泰、昌吉、乌鲁木齐、塔城、博尔塔拉、伊犁、哈密、巴音郭楞等地。海拔2000~5600m。我国西藏、云南、四川、青海等地有分布；哈萨克斯坦、吉尔吉斯斯坦、塔吉克斯坦也有分布。

生境及适应性： 生于石质山坡、山崖石缝、森林阳坡、山谷水边、山顶碎石堆。喜光，耐寒耐旱，耐贫瘠。

观赏及应用价值： 观花、观叶类植物，黄花肉质叶，多应用于岩石园、多肉专类园，也可作盆栽。

虎耳草科 SAXIFRAGACEAE 虎耳草属 *Saxifraga*

中文名	**零余虎耳草**
拉丁名	*Saxifraga cernua*

基本形态特征： 多年生草本，高5~28cm。茎被腺柔毛；叶腋部具珠芽，有时发出鞭匐枝。基生叶具长柄，叶片肾状，长0.7~1.5cm，宽0.9~1.8cm，常5~7掌状浅裂，两面及叶缘均具腺毛；茎下部叶与基生叶同型，向上渐变小，叶片由浅裂渐变为全缘，叶柄亦渐短。单花生于茎顶或枝顶端，有时为2花，或3~5聚伞花序；苞腋具珠芽；花梗、花萼背面及边缘具腺毛，花瓣白色或淡黄色，倒卵形，先端微凹或钝，基部渐狭具爪，3~7脉；雄蕊长4~5.5mm，花丝钻形；雌蕊2心皮中下部合生，子房近上位，卵球形。花果期7~9月。

分布： 分布于天山及帕米尔高原。海拔2100~4500m。吉林、内蒙古、河北、山西、陕西、宁夏、青海、四川、云南、西藏等地有分布；印度、不丹、朝鲜、日本、原苏联及北半球其他高山地区和寒带均有分布。

生境及适应性： 生于高山冰碛阶地、高山和亚高山草甸、沼泽草甸及云杉林下。喜湿润冷凉，喜半阴，喜土层肥厚。

观赏及应用价值： 观花类。白色小花可爱，珠芽发红，精致，可应用于缀花草坪与岩石园。

中文名	挪威虎耳草
拉丁名	*Saxifraga oppositifolia*

基本形态特征： 多年生草本，高约6cm，小主轴多分枝。花茎疏被褐色柔毛。小主轴之叶交互对生，茎生叶对生，较疏，稍肉质，近倒卵形，长4.2~4.5mm，宽2.6~2.9mm，先端钝，两面无毛，边缘具柔毛。花单生于茎顶；花梗长约3mm，疏生褐色柔毛；萼片在花期直立，革质，卵形至椭圆状卵形，先端钝，两面无毛，边缘具柔毛，6~7脉于先端半汇合至汇合；花瓣紫色，狭倒卵状匙形，长约12mm，宽约5mm，先端微凹，基部渐狭成爪，约具7脉；雄蕊长约7mm，花丝钻形；花盘不明显；子房近椭球形。花期7~8月。

分布： 产阿勒泰。海拔3900~5600m。西藏西部也有分布；蒙古、西伯利亚、欧洲及克什米尔地区和北美均有分布。

生境及适应性： 生于砾石山坡及山坡草甸。喜光，耐寒耐旱，耐贫瘠。

观赏及应用价值： 观花类。紫色小花密集，垫状，可用于岩石园或盆栽。

中文名	球茎虎耳草
拉丁名	*Saxifraga sibirica*

基本形态特征： 多年生草本，高6.5~25cm，具鳞茎。茎密被腺柔毛。基生叶具长柄，叶片肾形，长0.7~1.8cm，宽1~2.7cm，7~9浅裂，裂片卵形、阔卵形至扁圆形；茎生叶肾形、阔卵形至扁圆形，长0.45~1.5cm，宽0.5~2cm，基部肾形、截形至楔形，5~9浅裂，叶柄长1~9mm。聚伞花序伞房状，长2.3~17cm，具2~13花，稀单花；花梗纤细，长1.5~4cm，被腺柔毛；萼片直立，披针形至长圆形；花瓣白色，倒卵形至狭倒卵形，长6~14.5mm，宽1.5~4.7mm，基部渐狭呈爪，3~8脉，无痂体；2心皮中下部合生；子房卵球形，花柱2。花果期5~11月。

分布： 产阿勒泰、昌吉、乌鲁木齐、石河子、塔城、博尔塔拉、伊犁、哈密、巴音郭楞、喀什等地。海拔770~5100m。黑龙江、河北、山西、山东、四川、云南、西藏等地有分布；印度、尼泊尔、蒙古、中亚及西伯利亚也有分布。

生境及适应性： 生于高山岩石缝隙、山地阴坡及山谷灌丛、草地。喜湿润冷凉，喜半阴，喜土层肥厚，耐贫瘠。

观赏及应用价值： 观花类。白色小花，花梗细长，可与岩石相结合形成独特的岩石景观。

中文名	**山羊臭虎耳草**
拉丁名	*Saxifraga hirculus*

基本形态特征： 多年生草本，高6.5~21cm。茎疏被褐色卷曲柔毛，而叶腋部之毛较密。基生叶具长柄，叶片椭圆形、披针形、长圆形至线状长圆形，长1.1~2.2cm，宽3~10mm，叶柄长1.2~2.2cm；茎生叶向上渐变小，下部者具短柄，上部者渐变无柄，披针形至长圆形，长0.4~2.2cm，宽1~6mm。单花生于茎顶，或聚伞花序长2~3.7cm，具2~4花；花梗长0.9~1.3cm，被褐色卷曲柔毛；萼片在花期由直立变开展至反曲，椭圆形至狭卵形；花瓣黄色，椭圆形、倒卵形至狭卵形，长0.8~1cm，宽3~7mm，7~11脉，具2痂体；子房近上位，卵球形，花柱2。花果期6~9月。

分布： 产阿勒泰、昌吉、乌鲁木齐至巴音郭楞途中、乌库公路途中、天山达坂、石河子、塔城、伊犁等地。海拔2100~4600m。山西、四川、云南、西藏等地也产；西伯利亚、欧洲北部、东部及中部均有。

生境及适应性： 生于高山沼泽草甸、亚高山草甸、山谷流水溪边、山坡阴湿草地及山坡砾石堆，林下偶有分布。喜冷凉，喜光，耐半阴，稍耐旱，对土壤要求不高，喜湿润。

观赏及应用价值： 观花类。黄色小花，可与其他虎耳草属植物一起应用于虎耳草专类植物园中。

中文名	**垫状虎耳草**
拉丁名	*Saxifraga pulvinaria*

基本形态特征： 多年生草本，高4.5~6cm；小主轴极多分枝，叠结呈座垫状。花茎长1.4~1.9mm，埋藏于莲座叶丛中，不外露。小主轴之叶覆瓦状排列，密集呈莲座状，肉质肥厚，狭椭圆形，长约3.3mm；茎生叶3~4枚，线状长圆形，长3.5~4mm。花单生于茎顶；花梗长约0.3mm；苞片近长圆形；萼片在花期直立，肉质肥厚，近三角状卵形至阔卵形，3脉于先端汇合；花瓣白色，倒卵形、倒披针形至长圆形，长3.5~5.3mm，宽1.5~2.1mm，先端微凹或钝圆，基部渐狭成爪，具5~6脉，无痂体；花盘环状；子房近下位。花期6~7月。

分布： 产喀什地区。云南、西藏也产。海拔3900~5200m。尼泊尔、印度、克什米尔地区均有。

生境及适应性： 生高山岩石缝隙。喜光，耐旱，耐寒，耐贫瘠。

观赏及应用价值： 观花、盆栽类。株丛矮小垫状，茎叶肉质密集，花瓣白色，形态奇特，富有趣味。可布置岩石园或盆栽观赏。

茶藨子属 *Ribes*

中文名	**天山茶藨子**
拉丁名	*Ribes meyeri*

基本形态特征： 落叶灌木，高1～2m。小枝灰棕色或浅褐色，皮长条状剥离，嫩枝带黄色或浅红色；芽小，卵圆形或长圆形。叶近圆形，宽几与长相似，基部浅心脏形，稀截形，两面无毛，稀于下面脉腋间稍有短柔毛，掌状5，稀3浅裂，裂片三角形或卵状三角形，先端急尖或稍钝，顶生裂片比侧生裂片稍长或近等长，边缘具粗锯齿；叶柄无毛，近基部具疏腺毛。花两性，总状花序，花朵排列紧密；花序轴和花梗具短柔毛或几无毛。果实圆形，鲜红色，多汁而味酸。花期5～6月，果期7～8月。

分布： 产新疆北部、西部至西南部。海拔1400～3900m。也分布于四川、甘肃、青海；西伯利亚和中亚也有分布。

生境及适应性： 生长于山坡疏林内、沟边云杉林下或阴坡路边灌丛中。喜光、耐寒，耐阴性强，对土壤要求不严。

观赏及应用价值： 观果类。果鲜红密集，多以灌木的形式应用。适于庭院、山石、坡地、林缘丛植，也是北部盐碱地区不可多得的优良庭园绿化材料。

岩白菜属 *Bergenia*

中文名	**厚叶岩白菜**
拉丁名	*Bergenia crassifolia*

基本形态特征： 多年生草本，高15～31cm。根状茎粗壮，具鳞片和枯残托叶鞘。叶均基生；叶片革质，倒卵形、狭倒卵形或椭圆形，长5～12.5cm，宽3.2～9.5cm，边缘具波状齿；叶柄长3～9cm，基部具托叶鞘，托叶鞘边缘无毛。聚伞花序圆锥状，长3.5～13cm，具多花；花梗长2～4mm；萼片在花期直立，革质，倒卵形至三角状阔倒卵形，长3～4mm，宽2～4mm；花瓣红紫色，椭圆形至阔卵形，长7～8mm，宽4.6～5mm，多脉；雄蕊长约4.5mm；子房卵球形。花果期5～9月。

分布： 产阿勒泰。海拔1100～1800m。蒙古北部、朝鲜北部及俄罗斯西伯利亚也广泛分布。

生境及适应性： 生于落叶松林下或阳坡石隙。喜冷凉，喜光，耐半阴，稍耐旱，对土壤要求不高。

观赏及应用价值： 观花、观叶类。聚伞花序，花瓣红紫色，叶子肥大，可应用于花境、林阴草地及岩石园。

梅花草属 *Parnassia*

中文名	**梅花草**
拉丁名	*Parnassia palustris*

基本形态特征： 多年生草本，高20~50cm。基生叶丛生，卵圆形或心脏形，长1~3cm，宽1.5~3.5cm，基部心脏形，全缘，叶柄长；花茎中部仅1枚无柄叶，形状同基生叶。花白色，单一顶生，直径1.5~3.5cm；萼片5，长椭圆形；花瓣白色，宽卵形或倒卵形，先端圆钝或短渐尖，全缘，有显著自基部发出的7~13条脉，常有紫色斑点；雄蕊5，与花瓣互生，退化雄蕊丝裂状11~23裂，裂瓣先端有头状腺体；子房上位；花柱短，先端4裂。蒴果卵圆形。花期7~9月，果期10月。

分布： 产阿勒泰、昌吉、乌鲁木齐、塔城、博尔塔拉、伊犁、巴音郭楞、阿克苏。海拔1000~3100m。河北、山西、陕西、甘肃、内蒙古及东北各地均产；蒙古、朝鲜、日本、前苏联、欧洲、北美及北非各地普遍分布。

生境及适应性： 生于山坡湿草地、山地草甸、河谷阶地、河漫滩、山溪河边及沼泽地。喜湿润冷凉，耐寒，喜光，稍耐阴，喜土层肥厚。

观赏及应用价值： 观花。花朵极美，洁白如玉，瓣纹精致，可以作为地被观赏植物。

中文名	**新疆梅花草**
拉丁名	*Parnassia laxmannii*

基本形态特征： 基生叶具柄；叶片卵形或长卵形，先端钝，基部截形、微心形或下延连于叶柄，全缘，上面深绿色，下面淡绿色，有明显3~5条脉；叶柄长1.4~1.8cm，扁平，两侧膜质；托叶膜质，白色，大部贴生于叶柄，边有褐色流苏状毛，早落。花单生于茎顶，花瓣白色，倒卵形，稀匙形，长0.8~1cm，雄蕊5，花丝扁平，向基部加宽，花药长圆形，顶生。蒴果被褐色小点。花期7~8月，果期9月开始。

分布： 产巴音郭楞。海拔2460~2560m。俄罗斯、哈萨克斯坦、蒙古也有。

生境及适应性： 生于东北坡云杉林边缘，山谷冲积平原阴湿处或山谷河滩草甸中。不太耐旱，喜温暖湿润环境。喜湿润冷凉，耐寒，喜光，稍耐阴，喜土层肥厚。

观赏及应用价值： 观花类。小花白色，多以地被的形式应用，也可用于室内盆栽观赏，可植于假山缝隙，柔化山石轮廓，丰富景观色彩，极为雅致。

蔷薇科 ROSACEAE 蔷薇属 *Rosa*

中文名	**尖刺蔷薇**
拉丁名	*Rosa oxyacantha*

基本形态特征： 矮小灌木，高0.5～1.5m。枝条红褐色，开展，密布黄白色皮刺。小叶7～9，叶片小，长圆形或椭圆形，边缘多具重锯齿，齿尖多具腺体，两面无毛；叶柄有散生小皮刺和腺毛；托叶全缘有腺毛，离生部分披针形。花单生，少2～3朵集生；花瓣粉红色；花梗光滑或有腺毛；苞片卵形，边缘有腺毛；萼片全缘，披针形，先端扩展为叶状，内面有密的白色茸毛，外面密被腺毛。果实长圆形或圆形，鲜红色，肉质，直径约1cm，萼片直立宿存。花期6～7月，果期8～9月。

分布： 产阿勒泰，其他地方少见。海拔1100～1400m。西伯利亚、蒙古也有。

生境及适应性： 多生于林缘、山地灌丛。较耐寒，不太耐旱，喜冷凉湿润环境。

观赏及应用价值： 观花、观果类。花色艳丽，果鲜红密集，多以花灌木的形式应用。

中文名	**密刺蔷薇**
拉丁名	*Rosa spinosissima*
别　名	多刺蔷薇

基本形态特征： 矮小灌木。当年生小枝红褐色，枝条密被皮刺、刺毛。奇数羽状复叶，小叶5～11枚，两面无毛，边缘有单锯齿或重锯齿；具托叶，和叶柄连合。花常单生于叶腋，少数2～3朵集生；无苞片；花托球形；萼片披针形，全缘，果期宿存，萼筒颈部缢缩。花瓣5，较大，稀4，白色、黄色多，很少有粉红色；花柱离生，比雄蕊短很多，不外伸。果实近球形，瘦果熟时紫黑色。花期5～6月，果期7～9月。

分布： 该种中国只有新疆分布，广泛生长于北疆地区，如阿勒泰、博尔塔拉、伊犁等地。海拔1165～2250m。中亚及欧洲也有。

生境及适应性： 生于河岸、山地、沟谷灌丛、草地等，尤以阿尔泰山地普遍，常有大面积分布。抗寒性较好，在稍冷凉湿润的环境中生长最好。

观赏及应用价值： 观花、观果类。分布广，形态差异大。花朵繁密、群体效果好，果实也较为美丽，综合观赏效果良好。

中文名	**刺蔷薇**
拉丁名	*Rosa acicularis*

基本形态特征：灌木，高达1~3m。分枝多，小枝圆柱形，红褐色或紫褐色，无毛；常密生细直皮刺、针刺。小叶3~7；叶柄、叶轴疏生柔毛、针刺；小叶片大，边缘有单锯齿或不明显重锯齿，近叶基部全缘，上面无毛，深绿色，下面浅绿色有柔毛，沿中脉较密；托叶贴合于叶柄，边缘有腺齿，下面被毛。花常单生或2~3朵簇生；花梗无毛或密生腺毛；萼片披针形，狭窄，外面有毛或无毛；花瓣玫瑰红色，宽倒卵形，芳香；花柱被毛，离生，比雄蕊短。果实椭圆形或梨形，红色，较大，有明显的颈部，有腺或无腺。花期6~7月，果期7~9月。

分布：广布种，主要分布于北疆地区的沿天山和阿尔泰山区一带。海拔450~1820m。我国的东北、华北等地都有分布；欧洲、西伯利亚、远东地区、蒙古北部、北美洲等地也有分布。

生境及适应性：生于山地草原阳处、河滩沙地、灌丛中或林缘处。耐寒，喜冷凉，稍耐旱，病虫害少。

观赏及应用价值：观花、观果类。花色鲜艳，花果量大而繁密，观赏价值高。

中文名	**腺齿蔷薇**
拉丁名	*Rosa albertii*
别 名	落萼蔷薇、阿氏蔷薇

基本形态特征：较矮灌木，一般高1~2m。分枝多，呈弧形开展，小枝灰褐色或紫褐色，无毛，有散生直细皮刺及密集针刺。小叶5~7，小叶片椭圆形至倒卵形，边缘有重锯齿，齿尖常有腺体，上面无毛，叶背面有短柔毛；叶柄和叶轴常被毛及稀疏针刺；托叶大部分贴生于叶柄，离生部分卵状披针形，边缘有腺毛。花常单生或2~3朵簇生，花瓣白色，与萼片等长；花托光滑；苞片卵形，边缘有腺毛；花梗有或无腺毛；萼片卵状披针形，有尾尖，偶有腺毛。果梨形或椭圆形，橙红色，表面光滑，果期萼片与花盘脱落。种子长圆形，淡黄色。花期6~8月，果期8~10月。

分布：产昌吉、乌鲁木齐、伊犁、塔城等地。海拔1200~2000m。我国青海、甘肃有分布；西西伯利亚及中亚有分布。

生境及适应性：生长环境多变，多生于中山带林缘、林中谷地、石质山坡灌丛、河漫滩等，喜湿润，故降水多的山地分布较多。抗寒性好，稍耐旱，病虫害少。

观赏及应用价值：观花、观果类。该种果量大，果期红果累累，观赏性好，果可作为育种筛选的优良材料。

中文名	**大花密刺蔷薇**
拉丁名	*Rosa spinosissirna* var. *altaica*
别　名	大花多刺蔷薇、阿尔泰蔷薇

基本形态特征：该种与原变种比较，花较大，白色，直径4～6cm；刚毛较少，花梗无毛。果实也较大，常紫黑色。

分布：产阿勒泰。哈萨克斯坦、西伯利亚也有分布。

生境及适应性：与密刺蔷薇相似。喜冷凉，喜光，耐半阴，稍耐旱，对土壤要求不高。

观赏及应用价值：观花、观果类。花朵密集、花量大，果形优美、深紫红（黑）色。

中文名	**宽刺蔷薇**
拉丁名	*Rosa platyacantha*

基本形态特征： 直立小灌木，高1~2m。枝条粗壮，小枝暗红色，开展，无毛；刺同型，多而坚硬，扁圆而基部膨大，黄色，生于叶片基部。小叶5~7，叶片近圆形或长圆形，叶缘有锯齿；托叶大部贴生于叶柄，仅顶端部分离生，有腺齿。花单生于叶腋或2~3朵集生；花梗无毛，无苞片；花瓣黄色，先端微凹，基部楔形；花柱离生，比雄蕊短。果球形至卵球形，暗红色至紫褐色；萼片披针形，是萼筒长度的2倍，外面无毛，内面被柔毛，全缘，宿存、直立。花期5~8月，果期8~11月。

分布： 新疆平原、山区均有分布，北疆分布较广。海拔1100~1800m。中亚、西欧各国亦有分布。

生境及适应性： 生长环境比较丰富，包括河滩地、农田、荒地，以及干旱的山坡、碎石坡地、林缘灌丛等。喜光，耐寒耐旱，耐贫瘠，喜冷凉。

观赏及应用价值： 观花、观果类。花色鲜艳，花量大，是优良的庭院观赏花灌木，果期也颇为壮观。果含维生素C，可食用或药用。

中文名	**腺毛蔷薇**
拉丁名	*Rosa fedtschenkoana*
别　名	腺果蔷薇、菲氏蔷薇

基本形态特征： 小灌木，高2~4m。多分枝，小枝圆柱形，具细弱皮刺，老枝有淡黄色、坚硬直立、大的皮刺。小叶通常7，小叶片近圆形或卵形，近革质，苍白色，边缘有单锯齿，两面无毛；叶柄有稀疏腺毛；托叶离生部分披针形或卵形，边缘有腺毛。花单生，有时2~4朵集生；苞片边缘及花梗有腺毛；花径3~4cm；花瓣白色，稀粉红色，长于萼片；花柱离生，被毛。果长圆形或卵圆形，深红色，密被腺毛。萼片直立宿存，花期6~8月，果期8~10月。

分布： 产乌鲁木齐、博尔塔拉、伊犁等地。海拔2400~2700m。中亚、阿富汗、蒙古也有。

生境及适应性： 多生于山地林缘、河滩灌丛或干旱坡地。该种适应性强，较耐寒耐旱，故引种比较容易。

观赏及应用价值： 观花、观果类。本种变异性强，皮刺的粗细、腺毛的多少和果实形状变化大，可作为花灌木用于园林点缀。

中文名	**樟味蔷薇**
拉丁名	*Rosa majalis* (*Rosa cinnamomea*)
别　名	樟叶蔷薇、桂味蔷薇

基本形态特征： 小灌木，高1~2m。多基部分枝，枝棕褐色有光泽，刺疏生，粗细不一，在叶柄下部对生，基部扁平。小叶5~7，叶正面绿色，常被伏贴毛，叶背密生短伏毛，灰绿色，叶脉突出，叶片边缘有尖锯齿；托叶对生，披针形。花单生，稀2~3朵簇生，花径3~6cm；花梗短，光滑无毛；苞片5，全缘，披针形，长于花瓣，边缘及背面有腺毛；花瓣粉红色。果长椭圆形至球形，橘红色，光滑，萼片宿存。花期6~7月，果期8~9月。

分布： 产塔城、阿勒泰等地。海拔1200~1800m。西伯利亚及欧洲也有。

生境及适应性： 生于林缘、山坡、河谷灌丛。此种耐寒，喜冷凉湿润气候及腐殖质土壤。

观赏及应用价值： 观花、观果类。花色非常艳丽，果实美观，可引种到园林作为花灌木点植、丛植等。

中文名	矮蔷薇
拉丁名	*Rosa nanothamnus*

基本形态特征：灌木，高1.5～2m。枝条开展，有刺，黄白色，花枝上皮刺短，萌条枝上刺异型。小叶5～9，圆形至倒卵形，无柄或具短柄，多两面或背面被茸毛，有时沿脉被细腺点，边缘有腺状齿；托叶狭窄，离生部分有三角形的耳，边缘有腺点。花1～3朵，花瓣白色或粉红色；花梗短；花梗、花萼均密被腺毛，萼片稍短于花瓣，萼片宿存。果球形或卵圆形，有腺毛或脱落，红色。花期6～7月，果期8～9月。

分布：主要分布于帕米尔高原山区。海拔约2500m。中亚各国、阿富汗地区亦见分布。

生境及适应性：生于碎石坡地或高寒的原始森林下限林缘和林间。植株生长缓慢，抗寒性较好，亦耐瘠薄。

观赏及应用价值：观花、观果类。植株低矮，果大而美，可作为地被或点缀于庭院。

中文名	藏边蔷薇
拉丁名	*Rosa webbiana*
别　名	大果蔷薇

基本形态特征：灌木，高1～2m。小枝细弱，具成对或散生的皮刺，圆柱形，黄白色，粗细不一。小叶5～9片，上面无毛，下面有伏毛，近基部全缘，中上部为单锯齿；托叶宽，离生部分卵形，边缘有腺点。花单生，稀2～3朵；苞片边缘有腺齿，外面有明显中脉和侧脉；花梗和萼筒无毛或有腺毛；苞片边缘有腺齿，中脉、侧脉明显；花瓣大，淡粉红色或玫瑰色；花柱离生，比雄蕊短，萼片全缘，三角状披针形，外披腺毛，内被短柔毛。蔷薇果近球形或卵圆形，亮红色、肉质，下垂，萼片宿存开展。花期6～7月，果期7～9月。

分布：产克孜勒苏、喀什、和田等地。海拔1300～2800m。我国也产西藏；国外的阿富汗、蒙古、中亚、印度北部、克什米尔地区等也有分布。

生境及适应性：多生于干旱向阳坡地、河滩、林缘、路边灌丛等环境。喜冷凉，喜光，耐半阴，稍耐旱，对土壤要求不高。

观赏及应用价值：观花、观果类。果实鲜艳，富含肉质纤维，熟时极其漂亮，而其花为玫瑰红色，综合观赏性状很好。作为花灌木点植、丛植于庭院中。

中文名 **单叶蔷薇**
拉丁名 *Rosa persica (Rosa berberifolia)*
别　名 小檗叶蔷薇

基本形态特征： 该种为低矮铺散或开展分枝小灌木，高30~50cm。老枝黄褐色，粗糙，嫩枝黄色、光滑；皮刺黄色，散生或成对生于叶基部。单叶，革质，边缘有锯齿，叶中部以下近全缘，多两面无毛，无或近无叶柄，无托叶。花单生于枝端；花梗无毛或有针刺；萼片披针形，内外有毛；花瓣黄色，基部有紫色斑点，长于萼片；雄蕊紫色，多数；心皮多数，花柱密被长柔毛。果实近球形，熟时暗紫褐色，无毛，密被黄褐色针刺，萼片宿存。花期5~6月，果期7~9月。

分布： 中国仅分布于新疆准噶尔盆地西南部周边，尤其在乌鲁木齐、昌吉、石河子、塔城、霍城等地分布较多。海拔500~1000m。

生境及适应性： 生于干旱的荒漠、荒地、碎石路、微盐碱地、水渠边等。喜光，耐寒耐旱，耐贫瘠，不耐积水。

观赏及应用价值： 观花、观果类。花金黄色有彩斑，是非常好的月季育种材料。可作蔷薇专类园，亦可作绿篱和花灌木。

中文名	**疏花蔷薇**
拉丁名	*Rosa laxa*
别　名	土耳其斯坦蔷薇

基本形态特征： 灌木，高1~2m。基部分枝多，小枝圆柱形，无毛，向阳面有时呈紫红色，常有成对或散生、淡黄色、镰刀状皮刺。小叶7~9；叶轴、叶柄疏生腺毛；叶片大小不一，边缘常为单锯齿，两面光滑无毛或背面微被柔毛，叶背叶脉明显；托叶边缘疏生腺齿。花常3~6朵聚生为伞房状，时有单生；花梗、花托常光滑；萼片全缘，边缘有柔毛；花较大，直径约3cm，花瓣5，多为白色，亦有粉色；花柱离生，密被长柔毛。蔷薇果长圆形或圆球形，顶部有短颈，红色、有光泽，萼片宿存。花期6~8月，果期8~9月。在南疆9~10月初尚有少量二次花开。

分布： 在新疆分布很普遍，是新疆分布最广的一个种，北疆海拔500~2500m，南疆海拔700~2700m。前苏联境内、蒙古也有分布。

生境及适应性： 北疆的生长环境包括沙石滩地、前山山坡灌丛、溪边、林缘、干河床及田边路旁等地，而南疆的生长环境包括干河床的戈壁荒地、田边、盐碱地、河滩地等地。耐寒耐旱，适应性强，病虫害少。

观赏及应用价值： 观花、观果类。花密，色艳，香浓，秋果红艳。可作绿篱布置，或丛植、点植；亦是优秀的耐寒育种材料。

中文名	**喀什疏花蔷薇**
拉丁名	*Rosa laxa* var. *kaschgarica*

基本形态特征： 为疏花蔷薇的变种，与原变种的区别为：小枝及花梗常为紫红色；皮刺多对生，且皮刺宽大、坚硬，呈显著镰刀状下弯，基部极扁宽，下延；小叶质厚，形小，近革质，两面被毛。苞片奇特，顶部分裂为大裂片，裂片边缘有齿或不规则羽裂；花多，一般6~9，呈大型伞房花序；花白色或淡粉色，较小。果实较原变种小，颈部较长，卵球形或近圆球形。花期6~8月，果期8~10月。

分布： 仅在南疆分布，产于塔里木盆地附近的平原荒漠地区。海拔750~1700m。中亚、西伯利亚、蒙古的类似生境亦有分布记载。

生境及适应性： 多生于平原荒漠，还存在于干旱山坡、季节性河谷、砾石地、盐碱地等。耐寒，耐旱，耐盐碱。

观赏及应用价值： 观花、观果类。花密，色艳，香浓，秋果红艳。可作绿篱布置，或丛植、点植；亦是优秀的耐寒育种材料。

中文名	**毛叶疏花蔷薇**
拉丁名	*Rosa laxa* var. *mollis*

基本形态特征： 该变种与原变种的区别主要是小叶片上下两面均密被短柔毛，性状稳定。花色绝大多数为白色。

分布： 生于北疆的阿勒泰；南疆亦有零星分布。

生境及适应性： 阴湿草地、河滩或杨树林下。喜冷凉，喜光，耐半阴，稍耐旱，对土壤要求不高。

观赏及应用价值： 观花、观果类。果期时红果累累，蔚为壮观，可作绿篱布置，或丛植、点植；亦是优秀的耐寒育种材料。

中文名	**托木尔蔷薇**
拉丁名	*Rosa tomurensis* (*Rosa laxa* var. *tomurensis*)
别　名	单果疏花蔷薇

基本形态特征： 与原变种区别特征：皮刺稀少，皮刺先端弯曲不显著；苞片较大，卵形；花朵常常单生，极少2~3朵，且单花花朵较大，花梗很长，达1.5~2cm；果实大，长1.5~2cm，宽1~1.5cm，常下垂状，果表面光滑。果梗基部略有一些膨大，早期的腺体及腺毛易落。花期6~7月，果期8~10月。

分布： 该种分布区域及数量很局限，为地域性特有变种。仅分布于新疆南疆天山南坡托木尔峰自然保护区内，近年发现南疆帕米尔高原也有分布。

生境及适应性： 多生长在河岸边的灌丛、干旱山地河谷中。喜冷凉，喜光，耐半阴，稍耐旱，对土壤要求不高。

观赏及应用价值： 观花、观果类。花大果大，且数量多，可作为育种材料及花灌木应用。

中文名	**弯刺蔷薇**
拉丁名	*Rosa beggeriana*
别 名	落萼蔷薇

基本形态特征：直立灌木，高1.5~3m。分枝较多，稍弯曲，嫩枝常紫褐色，圆柱形，无毛；皮刺同型，基部膨大，淡黄色，镰刀状弯曲。小叶5~9，宽椭圆形或椭圆状倒卵形，叶大小变化大，上面深绿色，无毛，下面灰绿色，时有毛，中脉突起；边缘有单锯齿，近基部全缘；叶柄和叶轴疏生刺毛；托叶离生部分卵形，边缘有腺齿。花常数朵呈伞房状或圆锥状花序；花梗长，光滑或疏生毛；苞片1~3，边缘有腺齿；花瓣5，白色，稀粉红色；花柱离生，比雄蕊短很多。蔷薇果常近球形，光滑，初红色后转为黑紫色，果成熟后花盘与萼片脱落。花期5~7月，果期7~10月。

分布：主要分布在新疆南北疆地区，主产沿天山山区。海拔1000~2800m。在甘肃也有分布；并广泛生长于中亚各国。

生境及适应性：生于河谷砂地、河滩地、干旱阳坡、林缘。适应性极强，病虫害少，抗寒性突出。

观赏及应用价值：观花、观果类。白花红果，抗性较好，是蔷薇育种的优良材料。可作绿篱布置，或丛植、点植；亦是优秀的耐寒育种材料。

中文名	**毛叶弯刺蔷薇**
拉丁名	*Rosa beggeriana* var. *liouii*
别 名	毛叶落萼蔷薇

基本形态特征：本变种与原变种的区别在于小叶片两面密被柔毛，花梗及萼筒常密被柔毛。

分布：产伊犁山区。

生境及适应性：生于河谷、河滩地、干旱阳坡、林缘。适应性极强，病虫害少，抗寒性突出。

观赏及应用价值：观花、观果类。白花红果，抗性较好，是蔷薇育种的优良材料。可作绿篱布置，或丛植、点植；亦是优秀的耐寒育种材料。

中文名	**伊犁蔷薇**
拉丁名	*Rosa iliensis*
别　名	黑果蔷薇

基本形态特征： 低矮灌木，高1~2m。枝条细弱，半缠绕；皮刺同型，疏生，基本都呈镰刀状弯曲，基部较宽。小叶5~7片，窄椭圆形，两面无毛，叶缘有单锯齿，近基部全缘；叶柄瘦，有短茸毛，散生小刺；托叶离生部分呈狭披针形耳状。花单生或呈伞房状花序，花瓣白色；苞片披针形，有毛，萼片先端渐尖，具短茸毛。果球形至卵圆形，黑色，光滑，成熟时萼片脱落。花期6~8月，果期8~10月。也有学者认为该种可以作为弯刺蔷薇变种*R. beggriana* var. *silverhjelmii*。

分布： 新疆特有种。主要分布在伊犁及阿勒泰。海拔780~1200m。中亚也有分布。

生境及适应性： 生于河滩阶地、山带林缘、谷地灌丛等。喜光，耐半阴，耐寒耐旱，病虫害少。

观赏及应用价值： 观花、观果类。花果多而密，观赏效果好，抗性强，具有很好的应用前景。

中文名	**西藏蔷薇**
拉丁名	*Rosa tibetica*

基本形态特征： 小灌木，高1~1.8m；小枝稍弯，无毛，成对或散生直立皮刺，常混有针刺。小叶5~7；小叶片长圆形，边缘有重锯齿，齿尖常带腺，两面通常无毛，中脉及侧脉明显；小叶柄和叶轴有散生腺毛和小皮刺；托叶大部贴生于叶柄，边缘有腺毛。花单生，花径3~4cm，花瓣白色；花梗长约2cm；花有苞片，苞片卵形，先端有3裂，边缘有腺毛；花柱离生，稍伸出。果卵球形，光滑无毛，萼片直立宿存。花期6~7月，果期8~10月。

分布： 产伊犁、阿尔泰、昭苏、阿克苏、喀什等地。海拔2500~4000m。也产西藏东部。

生境及适应性： 生于林缘、疏林下。喜光，耐半阴，喜冷凉，对土壤要求不高。

观赏及应用价值： 观花、观果类。花量大，果大而红，有一定观赏性，可作为花灌木地被应用或作刺篱，也是月季耐寒育种材料。

地蔷薇属 Chamaerhodos

中文名	**砂生地蔷薇**
拉丁名	*Chamaerhodos sabulosa*

基本形态特征： 多年生草本；茎多数，丛生，平铺或上升，高6～10cm，少有达18cm，微坚硬，茎叶及叶柄均有短腺毛及长柔毛。基生叶莲座状，长1～3cm，三回三深裂，一回裂片三全裂，二回裂片二至三回浅裂或不裂，小裂片长圆匙形；托叶不裂；茎生叶少数或不存，似基生叶，三深裂，裂片二至三全裂或不裂。圆锥状聚伞花序顶生，多花；苞片及小苞片条形，不裂；花小；萼筒钟形或倒圆锥形，萼片三角卵形，直立；花瓣披针状匙形或楔形，白色或粉红色。瘦果卵形。花期6～7月，果期8～9月。

分布： 产塔城、巴音郭楞、阿勒泰。也产内蒙古、西藏；蒙古、前苏联也有分布。

生境及适应性： 生于河边沙地或砾地。

观赏及应用价值： 观花类。花白色，小巧精致，叶形奇特，多用作观赏地被植物。

委陵菜属 Potentilla

中文名	**高原委陵菜**
拉丁名	*Potentilla pamiroalaica*
别　名	帕米尔委陵菜

基本形态特征： 多年生草本。花茎通常上升，稀直立，高5～22cm，被白色伏生柔毛。基生叶为羽状复叶，有小叶3～5对，极稀小叶接近掌状排列，叶柄被白色伏生柔毛，小叶对生或互生，无柄，小叶片卵形或倒卵长圆形，通常长0.5～1.3cm，宽0.3～0.7cm；基生叶托叶褐色膜质，外面被白色绢毛，稀以后脱落几无毛，茎生叶托叶草质，绿色，卵形或卵状披针形，全缘。花序疏散，少花，花梗长1.5～3cm，密被伏生柔毛；花径1.2～1.5cm；萼片三角状披针形或卵状披针形，顶端急尖或渐尖；花瓣黄色，倒卵形，顶端微凹，比萼片长；花柱近顶生，基部稍膨大。瘦果光滑。花果期6～8月。

分布： 产吐鲁番、巴音郭楞、克孜勒苏、喀什等地。海拔700～4050m。分布于西藏；中亚也有。

生境及适应性： 生于山坡草地及林缘。耐旱、耐寒。

观赏及应用价值： 观花类。花黄色，紧贴地面，可作为园林地被、荒地绿化应用。

中文名	**多裂委陵菜**
拉丁名	*Potentilla multifida*

基本形态特征： 多年生草本。花茎上升，稀直立，高12～40cm。基生叶羽状复叶，有小叶3～5对，稀达6对，间隔0.5～2cm；小叶片对生，稀互生，羽状深裂几达中脉，长椭圆形或宽卵形，长1～5cm，宽0.8～2cm；茎生叶2～3，与基生叶形状相似，唯小叶对数向上逐渐减少；基生叶托叶膜质，褐色；茎生叶托叶草质，绿色，卵形或卵状披针形，顶端急尖或渐尖，二裂或全缘。花序为伞房状聚伞花序；花径1.2～1.5cm；萼片三角状卵形，顶端急尖或渐尖；花瓣黄色，倒卵形，顶端微凹；花柱圆锥形，近顶生，基部具乳头状膨大，柱头稍扩大。瘦果平滑或具皱纹。花期5～8月。

分布： 产阿勒泰、哈密、昌吉、塔城、伊犁、喀什等南北疆各地。海拔1700～3000m。分布于东北、华北、西北各地及四川、云南、西藏等地。

生境及适应性： 生于河谷、林缘及山坡草地。耐阴，喜湿。

观赏及应用价值： 观花类。花黄色，可作为地被、花境、荒地绿化应用。

中文名	**绢毛委陵菜**
拉丁名	*Potentilla sericea*

基本形态特征： 多年生草本。花茎直立或上升，高5～20cm。基生叶为羽状复叶，有小叶3～6对，间隔0.3～0.5cm；小叶片长圆形，上部小叶比下部小叶大，通常长0.5～1.5cm，宽0.3～0.8cm；基生叶托叶膜质，褐色，外面被绢毛或长柔毛，茎生叶托叶草质，绿色，卵圆形，顶端渐尖，边缘锐裂稀全缘，外被长柔毛。聚伞花序疏散；花梗长1～2cm，密被短柔毛及长柔毛；花径0.8～2.2cm；萼片三角状卵形，顶端急尖，副萼片披针形，顶端圆钝，比萼片稍短，稀近等长；花瓣黄色，倒卵形，顶端微凹，比萼片稍长；花柱近顶生，花柱基部膨大。瘦果长圆卵形，褐色，有皱纹。花果期5～9月。

分布： 产阿勒泰、乌鲁木齐、博尔塔拉、伊犁、哈密等地。海拔1800m左右。分布于东北、西北各地及西藏等；西伯利亚、蒙古也有。

生境及适应性： 生于山地草原及河滩地。喜湿润环境。

观赏及应用价值： 观花类。花黄色，可作为地被、花境、荒地绿化应用。

中文名	**覆瓦委陵菜**
拉丁名	*Potentilla imbricata*

基本形态特征： 多年生草本。花茎直立，多分枝，高10～22cm。茎生叶极多，羽状，有小叶5～8对，连叶柄长2～6cm，叶柄被灰色茸毛状柔毛；小叶片常互生，椭圆形或倒卵椭圆形，顶端急尖，常2裂；茎生叶托叶草质，灰绿色，常2～3深裂。伞房状聚伞花序生于枝顶，疏散；花径6～8mm；萼片三角状卵形，顶端急尖，副萼片椭圆形，顶端急尖，长约为萼片的一半；花瓣黄色，倒卵椭圆形，顶端圆钝，与萼片近等长或稍长；花柱棒形，近侧生，基部稍狭，顶端在柱头下缢缩，柱头扩大；心皮沿脐部被稀疏柔毛。瘦果成熟后有脉纹。花果期8～9月。

分布： 产阿勒泰。海拔500～600m。哈萨克斯坦、蒙古也有。

生境及适应性： 生于低洼盐碱地及干旱河滩。耐盐碱，耐旱，耐瘠薄。

观赏及应用价值： 观花类。花黄色，可作为地被、花境、荒地绿化应用。

中文名	**大萼委陵菜**
拉丁名	*Potentilla conferta*

基本形态特征： 多年生草本。花茎直立或上升，高20～45cm。基生叶为羽状复叶，有小叶3～6对；小叶片对生或互生，披针形或长椭圆形，长1～5cm，宽0.5～2cm，边缘羽状中裂或深裂；茎生叶与基生叶相似，唯小叶对数较少；基生叶托叶膜质，褐色，茎生叶托叶草质，绿色，常齿牙状分裂或不分裂，顶端渐尖。聚伞花序多花至少花，春季时常密集于顶端，夏秋时花梗常伸长疏散；花径1.2～1.5cm；萼片三角状卵形或椭圆卵形；花瓣黄色，倒卵形；花柱圆锥形，基部膨大，柱头微扩大。瘦果卵形或半球形。花期6～9月。

分布： 产阿勒泰、昌吉、乌鲁木齐、塔城、伊犁、哈密、巴音郭楞等地。海拔1800～2400m。分布东北、华北、西北及四川、云南、西藏等地；中亚、西伯利亚、蒙古也有。

生境及适应性： 生于山间谷地、林下或山坡草地。耐阴。

观赏及应用价值： 观花类。花黄色，可作为地被、花境、荒地绿化应用。

中文名	**鹅绒委陵菜**
拉丁名	*Potentilla anserina*

基本形态特征：多年生草本，在根下部有时有块根。茎匍匐，在节处生根，节间长5~75cm，被疏毛或无毛。基生叶多数，为不整齐的羽状复叶，有小叶5~11对，在叶片间混杂有极小叶片，小叶椭圆形、倒卵形或长圆形，长1~3cm，宽0.5~1cm，基部阔楔形，边缘有缺刻状锯齿。花单生叶腋；花梗长4~8cm，被疏柔毛；花径1.5~2cm；花萼被绢毛及柔毛，副萼片椭圆状披针形，常2~3裂，萼片三角状卵形，顶端渐尖；花瓣黄色，倒卵形，顶端圆形，比萼片长1倍。花期5~9月。

分布：产阿勒泰、乌鲁木齐、哈密、阿克苏等地。海拔1700~3100m。分布于东北、华北、西北及四川、云南、西藏等地；北温带广布种。

生境及适应性：生于谷地草甸、溪旁及山地草原。耐寒，喜冷凉。

观赏及应用价值：观花类。可应用于草坪及花境，根含淀粉，可制食品及酿酒，又可入药。

中文名	**二裂委陵菜**
拉丁名	*Potentilla bifurca*

基本形态特征：多年生草本或亚灌木。根圆柱形，纤细，木质。花茎直立或上升，高5~20cm，密被疏柔毛或微硬毛。羽状复叶，有小叶5~8对；叶柄密被疏柔毛或微硬毛，小叶片无柄，对生稀互生，椭圆形或倒椭圆形，顶端常2裂，稀3裂，基部楔形或宽楔形；下部叶托叶膜质，褐色，上部茎生叶托叶草质，绿色，卵状椭圆形。近伞房状聚伞花序，顶生，疏散；花径0.7~1cm；萼片卵圆形，顶端急尖，副萼片椭圆形，顶端急尖或钝，外面被疏柔毛；花瓣黄色，倒卵形，顶端圆钝，比萼片稍长；心皮沿腹部有稀疏柔毛；花柱侧生，棒形。瘦果表面光滑。花果期5~9月。

分布：在新疆分布广泛。海拔800~3600m。也产黑龙江、内蒙古、河北、山西、陕西、甘肃、宁夏、青海、四川；蒙古、前苏联、朝鲜有分布。

生境及适应性：生地边、道旁、沙滩、山坡草地、黄土坡、半干旱荒漠草原及疏林下。喜光，耐旱，耐寒，耐瘠薄。

观赏及应用价值：观花类。本种植物幼芽密集簇生，形成红紫色的垫状丛，内蒙古土名称"地红花"，可作花境材料。可入药；又为中等饲料植物，羊与骆驼均喜食。

中文名	**金露梅**
拉丁名	*Potentilla fruticosa*

基本形态特征： 灌木，高0.5～2m，多分枝，树皮纵向剥落。小枝红褐色。羽状复叶，有小叶2对，稀3小叶；叶柄被绢毛或疏柔毛；小叶片长圆形、倒卵长圆形或卵状披针形，长0.7～2cm，宽0.4～1cm，全缘，疏被绢毛或柔毛；托叶薄膜质，宽大，外面被长柔毛或脱落。单花或数朵生于枝顶，花梗密被长柔毛或绢毛；花径2.2～3cm；萼片卵圆形，副萼片披针形至倒卵状披针形；花瓣黄色，宽倒卵形，顶端圆钝，比萼片长；花柱近基生，柱头扩大。瘦果近卵形。花果期6～9月。

分布： 南北疆均有分布。海拔1000～4000m。在黑龙江、吉林、辽宁、内蒙古、云南、西藏也有分布。

生境及适应性： 生长于山坡草地、砾石坡、灌丛及林缘。耐寒，喜冷凉，较耐贫瘠。

观赏及应用价值： 观花类。本种枝叶茂密，黄花鲜艳，适宜作庭园观赏灌木，或作矮篱也很美观，藏民广泛用作建筑材料，填充在屋檐下或门窗上下。嫩叶可代茶叶饮用，花、叶均可入药。

沼委陵菜属 *Comarum*

中文名	**西北沼委陵菜**
拉丁名	*Comarum salesovianum*
别　名	白花沼委陵菜

基本形态特征： 亚灌木，高30～100cm。茎直立。奇数羽状复叶，小叶片7～11枚，纸质，互生或近对生，长圆状披针形或卵状披针形，长1.5～3.5cm，宽4～12mm，边缘有尖锐锯齿；托叶膜质，先端长尾尖。聚伞花序顶生或腋生，有数朵疏生花；花梗长1.5～3cm；花径2.5～3cm；萼筒倒圆锥形，萼片三角状卵形；花瓣倒卵形，长1～1.5cm，白色或红色，无毛，先端圆钝，基部有短爪；雄蕊约20，花丝长5～6mm；花托肥厚，半球形，密生长柔毛；子房长圆状卵形，有长柔毛。瘦果多数，长圆状卵形，有长柔毛，外有宿存副萼片及萼片包裹。花期6～8月，果期8～10月。

分布： 产昌吉、塔城、伊犁、哈密、巴音郭楞、克孜勒苏等地。海拔1800～3000m。分布于西北各地及西藏等；蒙古、西伯利亚、中亚、喜玛拉雅等地也有。

生境及适应性： 生于碎石坡地及谷地灌丛。喜阳，耐半阴，喜冷凉，耐瘠薄。

观赏及应用价值： 观花、观叶类植物，花白色，花萼紫色，叶形奇特，可作为园林地被、花境、花坛应用。

李属 *Prunus*

中文名	樱桃李
拉丁名	*Prunus cerasifera*

基本形态特征：灌木或小乔木，高可达8m；有棘刺；小枝暗红色，无毛。叶片椭圆形、卵形或倒卵形，极稀椭圆状披针形，长2~6cm，宽2~6cm，先端急尖，边缘有圆钝锯齿；叶柄长6~12mm；托叶早落。花1朵，稀2朵；花梗长1~2.2cm；花径2~2.5cm；萼筒钟状，萼片长卵形，先端圆钝，边有疏浅锯齿；花瓣白色，长圆形或匙形，边缘波状，基部楔形，着生在萼筒边缘；雄蕊25~30，花丝长短不等，紧密地排成不规则2轮，比花瓣稍短；雌蕊1，花柱比雄蕊稍长。核果近球形或椭圆形。花期4月，果期8月。

分布：产伊犁。海拔800~2000m。中亚山区也有。

生境及适应性：生于山间台地或坡地灌丛。喜光，喜温暖湿润。

观赏及应用价值：观花、观叶、观果类。花白色，盛开时满树繁花，观赏价值极高，可作为园景树应用。

櫻桃李

中文名	杏
拉丁名	*Prunus armeniaca*

基本形态特征： 乔木，高5~12m；树冠圆形、扁圆形或长圆形；树皮灰褐色，纵裂；多年生枝浅褐色。叶片宽卵形或圆卵形，长5~9cm，宽4~8cm，叶边有圆钝锯齿；叶柄长2~3.5cm。花单生，直径2~3cm，先于叶开放；花梗短，被短柔毛；花萼紫绿色；萼筒圆筒形；萼片卵形至卵状长圆形，花后反折；花瓣圆形至倒卵形，白色或带红色；雄蕊20~45，稍短于花瓣；子房被短柔毛，花柱稍长。果实球形，稀倒卵形，直径约2.5cm，白色、黄色至黄红色，常具红晕，微被短柔毛；果肉多汁，成熟时不开裂。花期3~4月，果期6~7月。

分布： 产伊犁、喀什、和田等地。海拔可达3000m。东北、华北各地也有；中亚山地有野生片林。

生境及适应性： 野生成纯林或与野苹果林混生。耐寒，抗旱。

观赏及应用价值： 观花、观形类。早春开花，先花后叶；可与苍松、翠柏配植于池旁湖畔或植于山石崖边、庭院堂前，具观赏性。是选育耐寒抗病杏品种的重要种质资源。

山莓草属 *Sibbaldia*

中文名	**四蕊山莓草**
拉丁名	*Sibbaldia tetrandra*

基本形态特征：丛生或垫状多年生草本。根粗壮，圆柱形。花茎高2～5cm。三出复叶，连叶柄长0.5～1.5cm，叶柄被白色疏柔毛；小叶倒卵状长圆形，长5～8mm，宽3～4mm，顶端截平，有3齿，基部楔形，两面绿色，被白色疏柔毛，幼时较密；托叶膜质，褐色，扩大，外面被稀疏长柔毛。花1～2顶生；花径4～8mm；萼片4，三角卵形，顶端急尖或圆钝，副萼片细小，披针形或卵形，顶端渐尖至急尖，与萼片近等长或稍短；花瓣4枚，黄色，倒卵长圆形，与萼片近等长或稍长；雄蕊4，插生在花盘外面，花盘宽阔，4裂；花柱侧生。瘦果光滑。花果期5～8月。

分布：产乌鲁木齐、吐鲁番、和田等地。海拔2800～4000m。分布于青海、西藏等地；中亚、喜马拉雅也有。

生境及适应性：生于山坡石缝。耐旱，耐瘠薄。

观赏及应用价值：观花类。花淡黄色，小巧可爱，植株匍地。可作为地被、花境、岩石专类园应用。

苹果属 *Malus*

中文名	**新疆野苹果**
拉丁名	*Malus sieversii*

基本形态特征：乔木，高达2～10m，稀14m；小枝短粗，圆柱形，嫩时具短柔毛，二年生枝微屈曲，无毛，暗灰红色，具疏生长圆形皮孔。叶片卵形、宽椭圆形、稀倒卵形，长6～11cm，宽3～5.5cm，边缘具圆钝锯齿；叶柄长1.2～3.5cm，具疏生柔毛；托叶早落。花序近伞形，具花3～6朵。花梗较粗，密被白色茸毛；花径3～3.5cm；萼片宽披针形或三角状披针形，全缘；花瓣倒卵形，长1.5～2cm，基部有短爪，粉色；雄蕊20，花丝长短不等，长约为花瓣之半；花柱5，基部密被白色茸毛，与雄蕊约等长或稍长。果实大，球形或扁球形，直径3～4.5cm。花期5月，果期8～10月。

分布：产塔城、伊犁等地。海拔1100～1400m。中亚山地也有。

生境及适应性：生于山间台地、阴坡和半阴坡，常组成大面积纯林，为古亚热带的残遗阔叶林。喜光，喜温暖湿润。

观赏及应用价值：观花、观果类。花粉白色，盛开时满树繁花，观赏价值极高，可作为园景树应用。野生苹果群落是优秀、重要的种质基因库。

花楸属 *Sorbus*

中文名　**天山花楸**
拉丁名　*Sorbus tianschanica*

基本形态特征： 灌木或小乔木，高达5m；小枝粗壮，圆柱形，褐色或灰褐色，有皮孔，嫩枝红褐色。奇数羽状复叶，连叶柄长14～17cm，叶柄长1.5～3.3cm；小叶片（4）6～7对，间隔1.5～2cm，顶端和基部的稍小，卵状披针形，长5～7cm，宽1.2～2cm，边缘大部分有锐锯齿；叶轴微具窄翅，上面有沟，无毛。复伞房花序大形，花梗长4～8mm；花径15～18（20）mm；萼筒钟状，内外两面均无毛；萼片三角形，外面无毛，内面有白色柔毛；花瓣卵形或椭圆形，长6～9mm，宽5～7mm，先端圆钝，白色。果实球形，鲜红色，先端具宿存闭合萼片。花期5～6月，果期9～10月。

分布： 产哈密、塔城等地，较普遍。海拔1800～2800m。青海、甘肃也有；中亚也有。

生境及适应性： 生于林缘或林中空地。

观赏及应用价值： 一般为圆头状灌木丛至小乔木，枝叶雅致，具密集的花朵和红色果实，春（夏）花秋实，可栽培作景观树，行道绿化。

天山花楸

蚊子草属 *Filipendula*

中文名　**旋果蚊子草**
拉丁名　*Filipendula ulmaria*

基本形态特征： 多年生草本，高80~120cm。茎有棱，光滑无毛。叶为羽状复叶，有小叶2~5对，叶柄无毛；顶生小叶3~5裂，裂片披针形到长圆状披针形，顶端渐尖，边缘有重锯齿或不明显裂片，上面无毛，下面被白色茸毛；侧生小叶比顶生小叶稍小，长圆状卵形，边缘有重锯齿或不明显裂片；托叶草质，绿色，半心形或卵状披针形，边缘有锐齿。顶生圆锥花序，花梗疏被短柔毛；花径约5mm；萼片卵形，顶端急尖或圆钝，外面密被短柔毛；花瓣白色，倒卵形。瘦果几无柄。花果期6~9月。

分布： 产伊犁、阿勒泰、塔城等地。海拔1200~2400m。广布于欧亚北极地及寒温带，南可达土耳其、中亚及蒙古。

生境及适应性： 生山谷阴处、沼泽、林缘及水边。耐阴，喜湿。

观赏及应用价值： 观花类。花白色，密集，可作为地被、花境、花坛应用。

草莓属 *Fragaria*

中文名　**野草莓**
拉丁名　*Fragaria vesca*
别　名　森林草莓

基本形态特征： 多年生草本。高5~30cm，茎被开展柔毛。3小叶，稀羽状5小叶，小叶无柄或具短柄；小叶片倒卵圆形或宽卵圆形，长1~5cm，宽0.6~4cm，边缘具缺刻状锯齿，锯齿圆钝或急尖，上面绿色，下面淡绿色，被毛；叶柄长3~20cm，疏被开展柔毛。花序聚伞状，有花2~5朵，基部具一有柄小叶或为淡绿色钻形苞片，花梗被毛，长1~3cm；萼片卵状披针形，副萼片窄披针形，花瓣白色，倒卵形，基部具短爪；雄蕊20枚，不等长；雌蕊多数。聚合果卵球形，红色。花期4~6月，果期6~9月。

分布： 产阿勒泰、塔城、博尔塔拉、伊犁等地，极常见。海拔1400~2200m。分布于东北南部、西北及西南各地。北温带广布种。

生境及适应性： 生于山坡、草坡、草地、林下、林缘。喜半阴及冷凉。

观赏及应用价值： 观果类。花小果小，叶形独特，可应用于草地及河堤。

地榆属 *Sanguisorba*

中文名	**高山地榆**
拉丁名	*Sanguisorba alpina*

基本形态特征：多年生草本。根粗壮，圆柱形。茎高30~80cm，无毛或几无毛。叶为羽状复叶，有小叶4~9对，叶柄无毛，小叶有柄；小叶片椭圆形或长椭圆形，稀卵形，长1.5~7cm，宽1~4cm，边缘有缺刻状尖锐锯齿；穗状花序圆柱形，稀椭圆形，从基部向上逐渐开放，花后伸长，下垂，通常长1~4cm，伸长后可达5cm；苞片淡黄褐色，未开花时显著比花蕾长，比萼片长1~2倍；萼片白色，或微带淡红色，卵形；雄蕊4枚，比萼片长2~3倍。果被疏柔毛，萼片宿存。花果期7~8月。

分布：产阿勒泰、塔城、伊犁等地。海拔1200~2700m。分布于宁夏、甘肃等地；中亚、西伯利亚、蒙古也有。

生境及适应性：生于中山带草原、谷地灌丛、山坡、沟谷水边、沼地及林缘。喜冷凉，耐半阴，稍耐贫瘠。

观赏及应用价值：观花、观叶类。叶形美观，穗状花序摇曳于翠叶之间，高贵典雅，可作花境背景或栽植于庭园、花园供观赏。

中文名	**地榆**
拉丁名	*Sanguisorba officinalis*

基本形态特征：多年生草本，高30~120cm。根粗壮，表面棕褐色或紫褐色，有纵皱及横裂纹，横切面黄白或紫红色，较平正。茎直立，无毛或基部有稀疏腺毛。基生叶为羽状复叶，有小叶4~6对；小叶片有短柄，卵形或长圆状卵形，长1~7cm，宽0.5~3cm，两面绿色，无毛。穗状花序椭圆形、圆柱形或卵球形，直立，从花序顶端向下开放，萼片4枚，紫红色，背面被疏柔毛；雄蕊4枚，花丝丝状，与萼片近等长或稍短。果实包藏在宿存萼筒内。花果期7~10月。

分布：产阿勒泰、昌吉、乌鲁木齐、塔城、伊犁等地。海拔30~3000m。广布于我国各地；欧洲、亚洲北温带分布也广。

生境及适应性：生于草原、草甸、山坡草地、灌丛中、疏林下。喜光，适应性强，对气候和土壤要求不严，耐旱，抗寒，耐瘠薄或弱碱性土壤，在沙地、荒地和黄土沟谷也能生长，但在湿润、肥沃土壤的河岸、山沟和平原上生长最好；栗钙土上生长不好。

观赏及应用价值：观花类植物。本种根可药用，嫩叶可食，又作代茶饮。可用于地被，花境或干花。

稠李属 *Padus*

| 中文名 | **稠李** |
| 拉丁名 | *Padus avium* |

基本形态特征：落叶乔木，高可达15m；树皮粗糙而多斑纹，老枝紫褐色或灰褐色；小枝红褐色或带黄褐色。叶片椭圆形、长圆形或长圆倒卵形，长4~10cm，宽2~4.5cm，边缘有不规则锐锯齿；托叶膜质，线形，边有带腺锯齿，早落。总状花序具有多花，长7~10cm，基部通常有2~3叶，叶片与枝生叶同形；花梗长1~1.5cm，总花梗和花梗通常无毛；花径1~1.6cm；萼筒钟状；萼片三角状卵形；花瓣白色，长圆形；核果卵球形，红褐色至黑色。花期4~5月，果期5~10月。

分布：产阿勒泰、塔城、伊犁等地。海拔880~2500m。也产黑龙江、吉林、辽宁、内蒙古、河北、山西、河南、山东等地；朝鲜、日本、前苏联也有分布。

生境及适应性：生于山坡、山谷或灌丛中。喜阳，稍耐阴，耐寒。

观赏及应用价值：观花类。在欧洲和北亚长期栽培，有垂枝、花叶、大花、小花、重瓣、黄果和红果等品种，供观赏用于庭院、道路、公园等。

栒子属 *Cotoneaster*

中文名	**毛叶水栒子**
拉丁名	*Cotoneaster submultiflorus*
别　名	毛叶栒子

基本形态特征：落叶直立灌木，高1~2m；小枝细，圆柱形，棕褐色或灰褐色。叶片卵形、菱状卵形至椭圆形，长2~4cm，宽1.2~2cm，先端急尖或圆钝，基部宽楔形，全缘；叶柄长4~7mm，微具柔毛；托叶披针形，有柔毛，多数脱落。花多数，呈聚伞花序；花梗长4~6mm；苞片线形，有柔毛；花径8~10mm；萼筒钟状，外面被柔毛，内面无毛；萼片三角形，外面被柔毛，内面无毛；花瓣平展，卵形或近圆形，长3~5mm，白色；雄蕊15~20，短于花瓣；花柱2，离生，稍短于雄蕊。果实近球形，亮红色。花期5~6月，果期9月。

分布：产伊犁。海拔900~2000m。在西北各地有分布。

生境及适应性：生于岩石缝间或灌木丛中。

观赏及应用价值：花果具有一定的观赏性，可以作花果篱或灌丛点缀于道路、庭院。

中文名	**黑果栒子**
拉丁名	*Cotoneaster melanocarpus*

基本形态特征： 落叶灌木，高1～2m；枝条开展，小枝圆柱形，褐色或紫褐色，幼时具短柔毛，不久脱落无毛。叶片卵状椭圆形至宽卵形，长2～4.5cm，宽1～3cm，全缘；托叶披针形，具毛，部分宿存。花3～15朵组成聚伞花序，总花梗和花梗具柔毛，下垂；花梗长3～7（9）mm；苞片线形，有柔毛；花径约7mm；萼筒钟状，内外两面无毛；萼片三角形，先端钝；花瓣直立，近圆形，长与宽各为3～4mm，粉红色；雄蕊20，短于花瓣；花柱2～3，离生，比花瓣短；子房先端具柔毛。果实近球形，蓝黑色，有蜡粉。花期5～6月，果期8～9月。

分布： 产阿勒泰、昌吉、塔城、伊犁。海拔700～2500m。分布于内蒙古、吉林、黑龙江、河北、甘肃等地；蒙古以及中亚山地均有分布。

生境及适应性： 生于山坡或谷地灌丛。喜阳耐寒、耐土壤干旱、贫瘠，但不耐湿涝，抗性强。

观赏及应用价值： 观花、观枝、观果类植物，其枝强叶茂，耐修剪，可作为花果篱应用，亦可孤植、丛植于庭院中。

中文名	**单花栒子**
拉丁名	*Cotoneaster uniflorus*

基本形态特征： 落叶矮小灌木，有时平贴地面，高不过1m；小枝圆柱形，灰褐色至灰黑色。叶片多数卵形，稀卵状椭圆形，长1.8～3.5cm，宽1.3～2.5cm，全缘；托叶披针形，紫红色，有稀疏柔毛。花单生，有时为2；花梗极短，有稀疏柔毛；花径7～8mm；萼筒钟状，内外两面均无毛；萼片三角形，先端稍钝或急尖，边缘有时具数个浅锯齿；花瓣直立，近圆形，长与宽各为3～3.5mm，先端圆钝，基部具短爪，粉红色；雄蕊15～20，短于花瓣；花柱2～3，离生，比雄蕊短。果实球形，红色，常具3小核。花期5～6月，果期8～9月。

分布： 产阿勒泰、塔城。海拔1500～2100m。分布于青海。中亚、蒙古也有。

生境及适应性： 生于碎石坡地及林缘。喜阳耐旱，耐瘠薄。

观赏及应用价值： 观花、观枝、观果类植物，其枝强叶茂，耐修剪，可作为花果篱应用，亦可孤植、丛植于庭院中。

中文名 **准噶尔栒子**
拉丁名 *Cotoneaster soongoricus*

基本形态特征： 落叶灌木，高达1～2.5m；枝条开张。叶片广椭圆形、近圆形或卵形，长1.5～5cm，宽1～2cm，下面被白色茸毛；叶柄具茸毛；花3～12朵，呈聚伞花序，总花梗和花梗被白色茸毛；花梗长2～3mm；花径8～9mm；萼筒钟状，外被茸毛，内面无毛；萼片宽三角形，先端急尖，外面有茸毛；花瓣平展，卵形至近圆形，先端圆钝，稀微凹，基部有短爪，内面近基部微具带白色细柔毛，白色；雄蕊18～20，稍短于花瓣，花药黄色；花柱2，离生，稍短于雄蕊；子房顶部密生白色柔毛。果实卵形至椭圆形，红色，具1～2小核。花期5～6月，果期9～10月。

分布： 产阿克苏。海拔2300m。分布于内蒙古、甘肃、宁夏、四川及西藏等地；中亚也有。

生境及适应性： 生于干旱山坡。喜阳，耐寒，耐旱。

观赏及应用价值： 观花、观果类。花白色，果红色，可作为绿篱、花灌木应用于庭院、道路及护坡。

中文名	**水枸子**
拉丁名	*Cotoneaster multiflorus*
别　名	多花枸子

基本形态特征： 落叶灌木，高达4m；枝条细瘦，常呈弓形弯曲，小枝圆柱形，红褐色或棕褐色，无毛。叶片卵形或宽卵形，长2~4cm，宽1.5~3cm；托叶线形，疏生柔毛，脱落。花多数，约5~21朵，呈疏松的聚伞花序，总花梗和花梗无毛，稀微具柔毛；苞片线形，无毛或微具柔毛；花径1~1.2cm；萼筒钟状，内外两面均无毛；萼片三角形，先端急尖；花瓣平展，白色，近圆形，直径约4~5mm，先端圆钝或微缺，基部有短爪；雄蕊约20，稍短于花瓣；花柱通常2，离生，比雄蕊短；子房先端有柔毛。果实近球形或倒卵形，红色。花期5~6月，果期8~9月。

分布： 产阿勒泰、塔城。海拔1200~1800m。分布于东北、华北、西北及西南各地；西伯利亚也有。

生境及适应性： 生于干旱坡地及谷地灌丛。性强健，耐寒，喜光，稍耐阴，不耐涝。

观赏及应用价值： 观花、观果类。其初夏白花繁盛，入秋红果累累，是优良的园林应用物种，已较广泛应用。

山楂属 *Crataegus*

中文名	**准噶尔山楂**
拉丁名	*Crataegus songarica*

基本形态特征： 小乔木，稀灌木，高3~5m。当年生枝条紫红色，多年生枝条灰褐色，刺粗壮。叶片阔卵形或菱形，常2~3羽状深裂，顶端裂片有不规则的缺刻状粗齿牙，幼叶时有毛，后脱落；托叶呈镰刀状弯曲，边缘有齿。多花的伞房花序；萼筒钟状，萼片三角状卵形或宽披针形，较萼筒短；雄蕊15~20，花药粉红色；花柱2~3，子房顶端有柔毛。果实椭圆形或球形，直径1~1.5cm，黑紫色，具少数淡色斑点；萼片宿存，反折。花期5~6月，果期7~8月。

分布： 产伊犁。海拔700~2000m。中亚山地及伊朗也有。

生境及适应性： 生于河谷或干旱碎石坡地。喜光，稍耐阴，喜温暖湿润，耐寒。

观赏及应用价值： 观花、观果类。花白色密集，果红色可作为花灌木、盆景应用，亦可孤植、片植作为景观树。

中文名	辽宁山楂
拉丁名	*Crataegus sanguinea*
别 名	红果山楂

基本形态特征： 落叶灌木，稀小乔木，高达2～4m；刺短粗，锥形，长约1cm；当年生枝无毛，紫红色或紫褐色，多年生枝灰褐色，有光泽。叶片宽卵形或菱状卵形，长5～6cm，宽3.5～4.5cm，边缘通常有3～5对浅裂片和重锯齿，两面散生短柔毛；托叶草质。伞房花序，直径2～3cm，多花，密集，花梗长5～6mm；苞片早落；花径约8mm；萼筒钟状，外面无毛；萼片三角状卵形，先端急尖，全缘；花瓣长圆形，白色；雄蕊20，花药淡红色或紫色，约与花瓣等长；花柱3（5），柱头半球形。果实近球形，直径约1cm，血红色。花期5～6月，果期7～8月。

分布： 产阿勒泰、塔城。分布于东北、华北各地及内蒙古；西伯利亚及蒙古也有。

生境及适应性： 生于山地林缘或河边。喜光，喜温暖湿润。

观赏及应用价值： 观花、观果类。花白色密集，果红色。可作为花果篱、盆景应用，亦可孤植、片植作为景观树。

中文名	阿尔泰山楂
拉丁名	*Crataegus altaica*
别 名	黄果山楂

基本形态特征： 中型乔木，高3～6m；小枝粗壮，光亮，紫褐色或红褐色，老时灰褐色。叶片宽卵形或三角卵形，长5～9cm，宽4～7cm，通常有2～4对裂片，基部1对分裂较深，裂片卵形或宽卵形，叶脉显著；叶柄长2.5～4cm，无毛；托叶大，镰刀形或心形，边缘有腺齿。复伞房花序，多花密集；花梗长5～7mm；苞片膜质，披针形，边缘有腺齿；花径1.2～1.5cm；萼筒钟状，外面无毛；萼片比萼筒短；花瓣近圆形，直径约5mm，黄绿色；雄蕊20，比花瓣稍短；花柱4～5。果实球形，黄色或橘红色，果肉粉质。花期5～6月，果期8～9月。

分布： 产新疆中部和北部。海拔500～1900m。

生境及适应性： 生于林缘、谷地及山间台地，平原地区常见栽培。喜阳，耐寒。

观赏及应用价值： 花和果及秋色叶观赏性强，可以作为园景树，孤植，列植及片植于园林中。

路边青属 *Geum*

中文名	**水杨梅**
拉丁名	*Geum aleppicum*

基本形态特征： 多年生草本。茎直立，高30～100cm。基生叶为大头羽状复叶，通常有小叶2～6对，连叶柄长10～25cm，叶柄被粗硬毛，小叶大小极不相等，顶生小叶最大，长4～8cm，宽5～10cm，顶端急尖或圆钝，基部宽心形至宽楔形；茎生叶羽状复叶，向上小叶逐渐减少，顶生小叶披针形或倒卵披针形。花序顶生，疏散排列，花梗被短柔毛或微硬毛；花径1～1.7cm；花瓣黄色，几圆形，比萼片长；萼片卵状三角形。聚合果倒卵球形，瘦果被长硬毛，常后期发红。花果期7～10月。

分布： 产伊犁、阿勒泰、塔城、昌吉，极为常见。海拔200～3500m。分布于北方及西南各地。

生境及适应性： 生山坡草地、沟边、地边、河滩、林间隙地及林缘。喜半阴，喜冷凉湿润。

观赏及应用价值： 观花观果类植物。黄色小花，红色小果似杨梅，是一种花果均具观赏价值的草花。可用作花境或庭院布置。

羽衣草属 *Alchemilla*

中文名	**天山羽衣草**
拉丁名	*Alchemilla tianschanica*

基本形态特征： 多年生草本，高20～50cm，植株黄绿色。茎长于基生叶叶柄或超过1倍。基生叶直立或向外倾；叶柄密被平展的柔毛；叶片圆或肾形，长2～8cm，宽2.5～10cm，7～9浅裂，裂片半圆形或尖卵形，边缘有细锯齿，茎生叶数枚；托叶具尖齿。花序小，为多花紧密的聚伞花序；花序梗细，有棱角；花黄绿色，花梗等于或短于萼筒，光滑；萼筒圆锥形，无毛或仅在基部有开展的柔毛；萼片短于萼筒，宽卵形，副萼片小，比萼片短2倍和窄于萼片。花期7～8月。

分布： 产乌鲁木齐、塔城、伊犁。海拔1600～2400m。中亚山地也有分布。

生境及适应性： 生于山间溪旁草丛或山坡草地及林缘。喜阳，耐半阴，耐寒。

观赏及应用价值： 叶掌状独特可爱，水落不沾，株丛丰满，可以作为观叶地被植物，亦可盆栽。

绣线菊属 *Spiraea*

中文名	**金丝桃叶绣线菊**
拉丁名	*Spiraea hypericifolia*

基本形态特征： 灌木，高达1.5m；枝条直立而开张，小枝圆柱形，幼时无毛或微被短柔毛，棕褐色。叶片长圆倒卵形或倒卵状披针形，长1.5~2cm，宽0.5~0.7cm，先端急尖或圆钝，基部具不显著的3脉或羽状脉；叶柄短或近于无柄，无毛。伞形花序无总梗，具花5~11朵，花梗长1~1.5cm，无毛或微被短柔毛；花径5~7mm；萼筒钟状，外面无毛，内面具短柔毛；萼片三角形，先端急尖；花瓣近圆形或倒卵形，先端钝，长2~3mm，白色。蓇葖果直立开张，无毛。花期5~6月，果期6~9月。

分布： 产阿勒泰、昌吉、乌鲁木齐、塔城、伊犁、哈密等地。海拔600~2200m。分布于西北各地。

生境及适应性： 生于干旱地区向阳坡地或灌木丛中。喜阳，耐寒，稍耐旱。

观赏及应用价值： 花朵密集，观赏价值较高，可以作为观花绿篱，或丛植于庭院、道路、山石旁。

中文名	**欧亚绣线菊**
拉丁名	*Spiraea media*

基本形态特征： 直立灌木，高0.5~2m；小枝细，近圆柱形，灰褐色，嫩时带红褐色，无毛或近无毛。叶片椭圆形至披针形，长1~2.5cm，宽0.5~1.5cm，先端急尖，稀圆钝，基部楔形，全缘或先端有2~5锯齿，有羽状脉；叶柄长1~2mm，无毛。伞形总状花序无毛，常具9~15朵花；花梗长1~1.5cm，无毛；苞片披针形，无毛；花径0.7~1cm；萼筒宽钟状，外面无毛，内面被短柔毛；萼片卵状三角形，先端急尖或圆钝；花瓣近圆形，先端钝，长与宽各为3~4.5cm，白色。蓇葖果较直立开张，具反折萼片。花期5~6月，果期6~8月。

分布： 产阿勒泰、塔城。海拔750~1600m。分布于东北三省及内蒙古等；国外在日本、蒙古以及远东、西伯利亚、欧洲均有分布。

生境及适应性： 生于多石山地、山坡草原或疏密杂木林内。喜半阴，耐寒。

观赏及应用价值： 本种花朵较大，有细长花丝，可供观赏。可以作为观花绿篱，或丛植于道路、山石、庭院等处。

中文名	**绣线菊**
拉丁名	*Spiraea salicifolia*
别　名	柳叶绣线菊

基本形态特征： 直立灌木，高1～2m；枝条密集，小枝稍有棱角，黄褐色。叶片长圆披针形至披针形，长4～8cm，宽1～2.5cm，先端急尖或渐尖，基部楔形，边缘密生锐锯齿，有时为重锯齿，两面无毛；叶柄长1～4mm，无毛。花序为长圆形或金字塔形的圆锥花序，长6～13cm，直径3～5cm，被细短柔毛，花朵密集；花梗长4～7mm；苞片披针形至线状披针形；花径5～7mm；萼筒钟状；萼片三角形，内面微被短柔毛；花瓣卵形，先端通常圆钝，长2～3mm，宽2～2.5mm，粉红色。蓇葖果直立。花期6～8月，果期8～9月。

分布： 产伊犁、阿勒泰。海拔200～900m。产黑龙江、吉林、辽宁、内蒙古、河北。

生境及适应性： 生长于河流沿岸、湿草原、空旷地和山沟中。喜冷凉湿润。

观赏及应用价值： 夏季盛开粉红色鲜艳花朵，花序密集，可作为花灌木、绿篱等应用，又为蜜源植物。

中文名	**高山绣线菊**
拉丁名	*Spiraea alpina*

基本形态特征： 灌木，高50～120cm；枝条直立或开张，小枝有明显棱角。叶片多数簇生，线状披针形至长圆状倒卵形，长7～16mm，宽2～4mm，先端急尖或圆钝。伞形总状花序具短总梗，有花3～15朵；花梗长5～8mm，无毛；苞片小，线形；花径5～7mm；萼片三角形，先端急尖；花瓣倒卵形或近圆形，先端圆钝或微凹，长与宽各为2～3mm，白色；雄蕊20，几与花瓣等长或稍短于花瓣；花盘显著，圆环形，具10个发达的裂片；子房外被短柔毛，花柱短于雄蕊。蓇葖果开张，常具直立或半开张萼片。花期6～7月，果期8～9月。

分布： 产阿勒泰。海拔2000～4000m。也分布于陕西、甘肃、青海、四川、西藏等地；国外在西伯利亚也有。

生境及适应性： 生于山坡草丛或干旱坡地。耐寒、耐旱、耐瘠薄、耐阴湿，适应性强。

观赏及应用价值： 观花类。花白色，花朵繁密，株型优美，可作为绿篱、花灌木应用。

中文名	**三裂绣线菊**
拉丁名	*Spiraea trilobata*
别　名	三桠绣线菊

基本形态特征： 灌木，高1～2m；小枝细瘦，开展，稍呈"之"字形弯曲，嫩时褐黄色，无毛，老时暗灰褐色。叶片近圆形，长1.7～3cm，宽1.5～3cm，先端钝，常3裂。伞形花序具总梗，无毛，有花15～30朵；苞片线形或倒披针形，上部深裂成细裂片；花径6～8mm；萼筒钟状，外面无毛，内面有灰白色短柔毛；萼片三角形，先端急尖，内面具稀疏短柔毛；花瓣宽倒卵形，先端常微凹，长与宽各2.5～4mm；雄蕊18～20，比花瓣短。蓇葖果开张。花期5～6月，果期7～8月。

分布： 原产东北、华北。喀什有引种。海拔450～2400m。

生境及适应性： 生于多岩石向阳坡地或灌木丛中。喜光，耐旱耐寒。

观赏及应用价值： 观花类。树姿优美，枝叶繁密，花白色小巧密集，布满枝头，可作为绿篱、花灌木应用。

中文名	**蒙古绣线菊**
拉丁名	*Spiraea mongolica*

基本形态特征： 灌木，高达3m；小枝细瘦，有棱角，幼时无毛，红褐色，老时灰褐色。叶片长圆形或椭圆形，长8～20mm，宽3.5～7mm，先端圆钝或微尖，有羽状脉；叶柄极短，长1～2mm，无毛。伞形总状花序具总梗，有花8～15朵；花径5～7mm；萼筒近钟状，外面无毛，内面有短柔毛；萼片三角形，先端急尖，内面具短柔毛；花瓣近圆形，先端钝，稀微凹，长与宽各为2～4mm，白色；雄蕊18～25，几与花瓣等长；子房具短柔毛，花柱短于雄蕊。蓇葖果直立开张。花期5～7月，果期7～9月。

分布： 新疆广泛分布。海拔1600～3600m。也产内蒙古、河北、河南、山西、陕西、甘肃、青海、四川、西藏。

生境及适应性： 生于山坡灌丛中或山顶及山谷多石砾地。喜光，耐旱耐寒。

观赏及应用价值： 观花类。花白色繁密，可作为绿篱、花灌木应用。

中文名	**天山绣线菊**
拉丁名	*Spiraea tianschanica*

基本形态特征： 矮灌木。枝灰褐色，呈片状剥落。叶片长圆状倒卵形，长6~20mm，宽2~20mm，稀狭窄，先端钝圆，或具短尖，基部楔形收缩成极短的柄，上面灰绿色，下面色淡，无毛，稀有毛。花序伞房状，花梗长2.5~5mm，萼筒钟状；花瓣在芽时常呈鲜玫瑰红色，后变为黄白色。蓇葖果光滑。花期5~7月，果期8月。

分布： 产伊犁。海拔2000m。中亚天山也有。喜阳，耐寒。

生境及适应性： 生于干旱石质山坡。耐旱，耐贫瘠。

观赏及应用价值： 观花类。花黄白色繁密，布满枝条，可作为绿篱、花灌木应用，亦可开发做切花。

悬钩子属 *Rubus*

中文名	**石生悬钩子**
拉丁名	*Rubus saxatilis*

基本形态特征： 灌木，高20~60cm；茎细，圆柱形，不育茎有鞭状匍枝，具小针刺和稀疏柔毛，有时具腺毛。复叶常具3小叶，或稀单叶分裂，小叶片卵状菱形至长圆状菱形，托叶离生，花枝上的托叶卵形或椭圆形。花常2~10朵成束或呈伞房状花序；总花梗长短不齐，和花梗均被小针刺和稀疏柔毛，常混生腺毛；花小，直径约在1cm以下；花萼陀螺形或在果期为盆形，外面有柔毛；萼片卵状披针形，几与花瓣等长；花瓣小，匙形或长圆形，白色，直立。果实球形，红色，直径1~1.5cm，小核果较大。花期6~7月，果期7~8月。

分布： 产阿勒泰、昌吉、伊犁。海拔达3000m。分布于北方各地；蒙古、西伯利亚、日本及西欧、北美均有。

生境及适应性： 生石砾地，灌丛或针、阔叶混交林下。耐寒，喜半阴。

观赏及应用价值： 是地被观花、观果植物，果可食，诱人，可以在花坛、花境中点缀应用。

中文名　**库页悬钩子**
拉丁名　*Rubus sachalinensis*

基本形态特征： 灌木或矮小灌木，高0.6～2m；枝紫褐色，小枝具柔毛，老时脱落，被较密直立针刺。小叶常3枚，不孕枝上有时具5小叶，卵形或长圆状卵形，长3～7cm，宽1.5～4（5）cm，边缘有不规则粗锯齿或缺刻状锯齿。花5～9朵组成伞房状花序，顶生或腋生，稀单花腋生；总花梗和花梗具柔毛，密被针刺和腺毛；花梗长1～2cm；花径约1cm；花萼外面密被短柔毛，具针刺和腺毛；萼片三角状披针形，长约1cm，顶端长尾尖；花瓣舌状或匙形，白色，短于萼片，基部具爪；花柱基部和子房具茸毛。果实卵球形。花期6～7月，果期8～9月。

分布： 产阿勒泰、昌吉、乌鲁木齐、塔城、伊犁。海拔1500m。分布于北方部分地区；西伯利亚、日本也有。

生境及适应性： 生于谷地灌丛或林缘。耐阴，耐寒，喜冷凉。

观赏及应用价值： 观花、观果类。花白色，果红色可食，可作为绿篱、花灌木应用。

中文名　**欧洲木莓**
拉丁名　*Rubus caesius*
别　名　黑果悬钩子

基本形态特征： 攀缘灌木，高达1.5m；小枝黄绿色至浅褐色，无毛或微具柔毛，常具白粉，被大小不等的皮刺。小叶3枚，宽卵形或菱状卵形，长4～7cm，宽3～7cm，边缘具缺刻状粗锐重锯齿，通常3浅裂；叶柄被细柔毛和皮刺。花数朵或10余朵组成伞房或短总状花序，腋生花序少花；总花梗、花梗和花萼均被柔毛和小刺，有时混生短腺毛；苞片宽披针形，有柔毛或短腺毛；花径达2cm；萼片卵状披针形，顶端尾尖；花瓣宽椭圆形或宽长圆形，白色，基部具短爪；花柱与子房均无毛。果实近球形，直径约1cm，黑色。无毛。花期6～7月，果期8月。

分布： 产塔城、伊犁等地。海拔1000～1500m。西欧、小亚细亚、西亚、前苏联也有分布。

生境及适应性： 生山谷林下或河谷边。喜湿润及冷凉。

观赏及应用价值： 观花类。花白色，果紫黑色诱人，可作为藤架、绿篱应用。

豆科 LEGUMINOSAE　骆驼刺属 *Alhagi*

中文名	**骆驼刺**
拉丁名	*Alhagi sparsifolia*

基本形态特征： 半灌木，高25～40cm。茎直立，具细条纹。叶互生，卵形、倒卵形或倒圆卵形，长8～15mm，宽5～10mm，先端圆形，具短硬尖，基部楔形，全缘，无毛，具短柄。总状花序，腋生，花序轴变成坚硬的锐刺，刺长为叶的2～3倍，无毛，当年生枝条的刺上具花3～6（8）朵，老茎的刺上无花；花径8～10mm；花冠深紫红色，旗瓣倒长卵形，先端钝圆或截平，基部具短瓣柄，翼瓣长圆形，长为旗瓣的3/4，龙骨瓣与旗瓣约等长。荚果线形，常弯曲，几无毛。花期7月。

分布： 产于新疆各地。也产内蒙古、甘肃、青海；分布于哈萨克斯坦、乌兹别克斯坦、土库曼斯坦、吉尔吉斯斯坦和塔吉克斯坦。

生境及适应性： 生于荒漠地区的沙地、河岸、农田边。

观赏及应用价值： 观花。花期红花繁茂，观赏性好，可作为干旱贫瘠区绿化美化。也是重要的固沙植物，耐旱，根系能深达地下7～8m；在吐鲁番地区，枝叶为重要民族用药，亦为饲料。

苦马豆属 *Sphaerophysa*

中文名	**苦马豆**
拉丁名	*Sphaerophysa salsula*

基本形态特征： 半灌木或多年生草本，茎直立或下部匍匐，高0.3～0.6m。托叶线状披针形。叶轴长5～8.5cm，上面具沟槽；小叶11～21片，倒卵形至倒卵状长圆形，先端微凹至圆，具短尖头，基部圆至宽楔形。总状花序常较叶长，长6.5～13（17）cm，生6～16花；花冠初呈鲜红色，后变紫红色，旗瓣瓣片近圆形，向外反折，长12～13mm，宽12～16mm，先端微凹，基部具短瓣柄，翼瓣较龙骨瓣短，连柄长12mm，先端圆，龙骨瓣长13mm，宽4～5mm。荚果椭圆形至卵圆形，膨胀，先端圆。花期5～8月，果期6～9月。

分布： 新疆广泛分布。产吉林、辽宁、内蒙古、河北、山西、陕西、宁夏、甘肃、青海。

生境及适应性： 生于海拔960～3180m的山坡、草原、荒地、沙滩、戈壁绿洲、沟渠旁及盐池周围，较耐干旱，习见于盐化草甸、强度钙质性灰钙土上。

观赏及应用价值： 观花观果。颜色极鲜艳，花果繁密，观赏期长。植株作绿肥以及骆驼、山羊与绵羊的饲料。地上部分可入药。可作地被及荒坡绿化。

铃铛刺属 *Halimodendron*

中文名 **铃铛刺**
拉丁名 *Halimodendron halodendron*

基本形态特征： 灌木，高0.5～2m。树皮暗灰褐色；分枝密，具短枝；长枝褐色至灰黄色，有棱。叶轴宿存，呈针刺状；小叶倒披针形，长1.2～3cm，宽6～10mm，顶端圆或微凹，有凸尖，基部楔形，初时两面密被银白色绢毛，后渐无毛；小叶柄极短。总状花序生2～5花；总花梗长1.5～3cm，密被绢质长柔毛；花长1～1.6cm，旗瓣边缘稍反折，翼瓣与旗瓣近等长，龙骨瓣较翼瓣稍短。荚果长1.5～2.5cm，宽0.5～1.2cm，背腹稍扁，两侧缝线稍下凹，无纵隔膜，先端有喙，基部偏斜，裂瓣通常扭曲。花期7月，果期8月。

分布： 新疆广泛分布。产内蒙古西北部和甘肃（河西走廊沙地）。

生境及适应性： 生于荒漠盐化沙土和河流沿岸的盐质土上，也常见于胡杨林下。

观赏及应用价值： 观花，花色优雅，花量大，可作花灌木及绿篱应用，果亦有一定可赏性。本种还可作改良盐碱土和固沙植物。

草木樨属 *Melilotus*

中文名	**白花草木樨**
拉丁名	*Melilotus albus*
别　名	白香草木樨

基本形态特征： 一、二年生草本，高70～200cm。茎直立，圆柱形，中空，多分枝，几无毛。羽状三出复叶；小叶长圆形或倒披针状长圆形，长15～30cm，宽（4）6～12mm，先端钝圆，基部楔形。总状花序长9～20cm，腋生，具花40～100朵，排列疏松；花冠白色，旗瓣椭圆形，稍长于翼瓣，龙骨瓣与翼瓣等长或稍短。荚果椭圆形至长圆形，先端锐尖，具尖喙，表面脉纹细，网状，棕褐色，老熟后变黑褐色；有种子1～2粒。花期5～7月，果期7～9月。

分布： 新疆各地有栽培；东北、华北、西北各地有栽培世界各地均有栽培。

生境及适应性： 野生于新疆阿尔泰山的低山河谷，海拔500～1000m。喜湿润气候，亦耐干旱及耐寒。

观赏及应用价值： 观花。花量大，枝繁叶茂，地被效果好，可用于花境及边坡绿化。本种适应北方气候，生长旺盛，是优良的饲料植物与绿肥。

中文名	**黄香草木樨**
拉丁名	*Melilotus officinalis*

基本形态特征： 二年生草本，高40～100（250）cm。茎直立，粗壮，多分枝，具纵棱，微被柔毛。羽状三出复叶；小叶倒卵形、阔卵形、倒披针形至线形，长15～25（30）mm，宽5～15mm，先端钝圆或截形，基部阔楔形，边缘具不整齐疏浅齿。总状花序长6～15（20）cm，腋生，具花30～70朵，初时稠密，花开后渐疏松，花序轴在花期中显著伸展；花冠黄色，旗瓣倒卵形，与翼瓣近等长，龙骨瓣稍短或三者均近等长。荚果卵形，棕黑色。花期5～9月，果期6～10月。

分布： 新疆各地广为栽培。长江流域以南各地东北、华北、西北及西藏等地有栽培；亚洲、欧洲均有分布。本种原产于欧洲。

生境及适应性： 野生于中山带以下的阴湿谷地、河旁疏林下及农田边缘、渠旁、路边。耐碱性土壤，适应性较强，喜冷凉。

观赏及应用价值： 观花。花亮黄色，花量大，花枝长而多，可用于花境及庭院点缀；亦为牧草。

槐属 *Sophora*

中文名	**苦豆子**
拉丁名	*Sophora alopecuroides*

基本形态特征： 草本，或基部木质化呈亚灌木状，高约1m。枝被白色或淡灰白色长柔毛或贴伏柔毛。羽状复叶；叶柄长1~2cm；托叶着生于小叶柄的侧面，常早落；小叶7~13对，对生或近互生，纸质，披针状长圆形或椭圆状长圆形，中脉上面常凹陷。总状花序顶生；花多数，密生；花梗长3~5mm；苞片似托叶，脱落；花萼斜钟状；花冠白色或淡黄色，旗瓣形状多变，通常为长圆状倒披针形，先端圆或微缺，翼瓣常单侧生，长约16mm，卵状长圆形，具三角形耳，皱褶明显，龙骨瓣与翼瓣相似。荚果串珠状，直。花期5~6月，果期8~10月。

分布： 产于新疆各地。内蒙古、山西、河南、陕西、宁夏、甘肃、青海、西藏等地有分布；俄罗斯、中亚各国、阿富汗、伊朗、土耳其、巴基斯坦和印度（北部）也有分布。

生境及适应性： 多生于干旱沙漠和草原边缘地带。喜阳及冷凉，亦耐旱，耐盐碱。

观赏及应用价值： 本种耐旱耐碱性强，生长快，在黄河两岸常栽培以固定土沙；观花地被，花序直，花量大。一些地区作为药用。

野决明属 *Thermopsis*

中文名	**披针叶野决明**
拉丁名	*Thermopsis lanceolata*
别名	披针叶黄华、东方野决明

基本形态特征： 多年生草本，高12~30（40）cm。茎直立，分枝或单一，具沟棱，被黄白色贴伏或伸展柔毛。3小叶；叶柄短，长3~8mm；托叶叶状，卵状披针形；小叶狭长圆形、倒披针形。总状花序顶生，长6~17cm，具花2~6轮，排列疏松；苞片线状卵形或卵形，先端渐尖，宿存；萼钟形，长1.5~2.2cm，密被毛，背部稍呈囊状隆起。花冠黄色，旗瓣近圆形，先端微凹，基部渐狭成瓣柄，龙骨瓣宽为翼瓣的1.5~2倍。荚果线形，长5~9cm，宽7~12mm，先端具尖喙，被细柔毛，黄褐色。花期5~7月，果期6~10月。

分布： 产阿尔泰地区和乌鲁木齐。内蒙古、河北、山西、陕西、宁夏、甘肃有分布。

生境及适应性： 生于草原沙丘、河岸和砾滩。

观赏及应用价值： 观花。花色靓丽，株型整齐，可在花坛、花境中应用，植株有毒，少量供药用。

苦豆子/披针叶野决明

黄芪属 *Astragalus*

| 中文名 | **弯花黄芪** |
| 拉丁名 | ***Astragalus flexus*** |

基本形态特征： 多年生草本。茎短缩，高20～30cm，被开展的白色柔毛或近无毛。奇数羽状复叶，具15～25片小叶，长12～30cm；小叶近圆形或倒卵形，长5～20mm，先端钝圆或微凹，基部近圆形，上面无毛，下面被白色柔毛，边缘被长缘毛，具短柄。总状花序生10～15花，稍稀疏；总花梗长5～15cm，通常较叶短，散生白色长柔毛；花冠黄色，旗瓣长圆状倒卵形，翼瓣较龙骨瓣短，龙骨瓣瓣片半卵形。荚果卵状长圆形，长20～25mm，先端尖，无毛或疏生长柔毛，近假2室。花果期5～6月。

分布： 产阿勒泰、昌吉、五家渠、石河子、塔城。海拔310～900m。

生境及适应性： 多生于沙地及干旱缓坡。喜阳，耐寒。

观赏及应用价值： 花朵有一定观赏性，果亦奇特，可作为地被观花植物。

| 中文名 | **雪地黄芪** |
| 拉丁名 | ***Astragalus nivalis*** |

基本形态特征： 多年生草本，常密丛状，被灰白色伏贴毛。茎斜上，稀匍匐，高8～25cm。羽状复叶有9～17片小叶，长2～5cm；小叶圆形或卵圆形，长2～5mm，顶端钝圆。总状花序圆球形，生数花；苞片卵圆形，被白、黑色毛；花萼初期管状，长8～11mm，果期膨大成卵圆形，被伏贴或半开展的白毛和较少的黑毛；花冠淡蓝紫色；旗瓣长15～22mm，瓣片长圆状倒卵形，先端微凹，下部1/3处收狭成瓣柄，翼瓣较旗瓣稍短，瓣片长圆形，上部微开展，先端2裂，较瓣柄短，龙骨瓣较翼瓣短，瓣柄较瓣片长。荚果卵状椭圆形。花期6～7月，果期7～8月。

分布： 产伊犁、巴音郭楞、克孜勒苏、和田等地。海拔2500～4000m。青海、西藏有分布；中亚地区也产。

生境及适应性： 生于高原、河滩及山顶。喜光，耐旱，耐寒。

观赏及应用价值： 观花、观叶类。花淡蓝色，花萼奇特，紫红色，果期膨大，富有趣味；用于布置岩石园、花境或开发为盆栽观赏。

中文名	**拟狐尾黄芪**
拉丁名	*Astragalus vulpinus*
别　名	拟狐尾黄耆

基本形态特征： 多年生草本。根圆锥形，少分枝。茎直立，单生，高25~50cm，有细棱，不分枝。羽状复叶有25~31片小叶；托叶卵状披针形或披针形；小叶近对生，宽卵形至狭卵形。总状花序生多数花，密集呈头状或卵状；总花梗长4~6cm，苞片线状披针形；花梗长1~2mm；花萼钟状，萼筒与萼齿近等长；花冠黄色，旗瓣长圆形，翼瓣狭长圆形，龙骨瓣近半圆形；子房无柄，被淡褐色长柔毛，花柱丝形。荚果卵形，密被白色长柔毛，假2室，无果颈。花期5~6月，果期6~7月。

分布： 产新疆北部。海拔600~1200m。原苏联也有分布。

生境及适应性： 生于沙丘湿地、戈壁或石块与土壤混合的阳坡上。耐旱，耐寒。

观赏及应用价值： 观花类。黄色总状花序，结果后有白色长茸毛，观赏时期较长，可作花境材料，也可作沙漠专类园材料。

中文名	**乳白黄芪**
拉丁名	*Astragalus galactites*
别　名	白花黄芪

基本形态特征： 多年生草本，高5~15cm。根粗壮。茎极短缩。羽状复叶有9~37片小叶；叶柄较叶轴短；托叶膜质；小叶长圆形或狭长圆形，稀为披针形或近椭圆形。花生于基部叶腋，通常2花簇生；苞片披针形或线状披针形；花萼管状钟形，萼齿线状披针形或近丝状，长与萼筒等长或稍短；花冠乳白色或稍带黄色，旗瓣狭长圆形，瓣片先端有时2浅裂，龙骨瓣长17~20mm；子房无柄，有毛，花柱细长。荚果小，卵形或倒卵形，1室，后期宿萼脱落。花期5~6月，果期6~8月。

分布： 产和田。海拔1000~3500m。也产东北、西北及内蒙古；蒙古及西伯利亚也有分布。

生境及适应性： 生于草原砂质土上及向阳山坡。喜阳，耐寒，稍耐旱。

观赏及应用价值： 观花类。乳白色花，花密集，株型紧凑，极具观赏价值，可作观赏地被植物，也可开发作盆栽。

中文名	**七溪黄芪**
拉丁名	*Astragalus heptapotamicus*
别 名	温宿黄芪

基本形态特征： 多年生低矮草本，高2～4cm。茎极短缩，不明显，接近地面丛生呈垫状；地下茎肥厚，横生。羽状复叶有3～9片小叶，通常7片，长0.5～1.5cm；托叶合生，卵圆形，被白色伏贴毛；小叶倒卵形或倒卵状长圆形。总状花序生2～4花，近伞形；总花梗与叶等长或稍长；苞片卵圆形，近膜质，被稀疏黑白混生毛；花萼钟状管形，密被黑色和少量白色的伏贴毛，萼齿钻形；花冠白带紫色，旗瓣宽倒卵形，翼瓣长圆形，龙骨瓣半圆形；子房有短柄，被白色毛。荚果狭线状长圆形，有短喙，密被开展的毛，假2室。花期6～7月，果期7～8月。

分布： 产新疆北部。海拔2100m。中亚及哈萨克斯坦也有分布。

生境及适应性： 生于多石和黏土山坡。喜光，耐寒，耐旱，耐瘠薄。

观赏及应用价值： 观花类。花冠淡紫色，花密生，花梗较短，株型匍匐。可用作观花地被植物，也可与岩石相搭配，形成独特的岩石园景观。

中文名	**线叶黄芪**
拉丁名	*Astragalus nematodes*

基本形态特征： 多年生丛生草本，高10～15cm。茎极短缩。羽状复叶有3～7片小叶，罕有9片小叶，长3～5cm，被伏贴白毛；托叶三角状披针形，下部与叶柄贴生，被白色伏贴毛；小叶狭线形。总状花序生5～11花；总花梗较叶长，被白色伏贴毛；苞片披针形，较花梗稍长；花梗长1～1.5mm；花萼钟状，被黑白色混生的伏贴毛，萼齿钻状，与萼筒等长或稍短；花冠暗紫色，旗瓣近圆形，翼瓣长圆形，龙骨瓣长为瓣柄的1.5倍；子房长圆形，有毛。荚果斜向上直立，线状长圆形。种子长圆形，淡栗褐色。花期6～7月，果期8～9月。认为本种即《新疆植物志》记载的类线叶黄芪（*Astragalus nematodioides*）。

分布： 产喀什、巴音郭楞。中亚、哈萨克斯坦也有分布。

生境及适应性： 生于山坡碎石地及山地草原。喜光，稍耐瘠薄。

观赏及应用价值： 观花类。花萼钟状，花冠暗紫色，叶纤细，观赏价值较高。可用作观花地被植物，也可用作花境材料。

七溪黄芪/线叶黄芪/角黄芪/南疆黄芪

中文名	**角黄芪**
拉丁名	*Astragalus ceratoides*

基本形态特征： 多年生草本，高12～30cm。茎的地下部分木质化，弯曲，地上部分短缩；当年生枝直立，被灰白色伏贴毛。羽状复叶有13～19片小叶；托叶离生，卵状三角形，渐尖；小叶长圆形或狭披针形，淡绿色。总状花序因花序轴短缩，呈头状或伞房状，生6～10花；总花梗长为叶长的1.5倍，苞片卵圆形，被伏贴毛，较花梗短或与其等长；花萼管状；花冠蓝紫色，旗瓣菱状长圆形，翼瓣较旗瓣短，瓣片较瓣柄短，先端有时微凹，龙骨瓣较翼瓣短，瓣柄较瓣片长1.5倍；子房近无柄，被伏贴毛。荚果线形。花期5～7月，果期6～8月。

分布： 产新疆北部。哈萨克斯坦、西伯利亚及阿尔泰也有分布。

生境及适应性： 生于砾石山坡阳处、草原牧场等地。喜光，耐旱，耐寒。

观赏及应用价值： 观花类。总状花序较密，花冠蓝紫色，是较好的观花地被植物。可用作缀花草地、花境，或与岩石相搭配形成岩石园景观。

中文名	**南疆黄芪**
拉丁名	*Astragalus nanjiangianus*

基本形态特征： 多年生草本。根纤细，直径1.5～2mm，淡黄褐色。茎上升或平卧，纤细，长8～15cm，被灰白色短伏毛，分枝。羽状复叶有13～19（21）片小叶，长2.5～3cm；小叶对生，椭圆形或狭倒卵状长圆形，先端钝或突尖，基部宽楔形或钝形。总状花序生10～15花，密集而短；总花梗较叶长，连同花序轴疏被灰白色短伏毛；苞片线形；花萼钟状，被较密黑色及白色伏毛，萼齿钻形；花冠淡紫色或淡紫红色，旗瓣倒卵形，翼瓣狭长圆形，龙骨瓣半圆形；子房有柄，被白色伏毛，柄长约2mm。荚果未见。花期7～8月。

分布： 产新疆南部。海拔2500～3200m。

生境及适应性： 生于河边、草原、干草原渠沟低洼地方。耐阴，喜湿。

观赏及应用价值： 观花类。总状花序扁平、紧凑，蝶形花冠淡紫色或淡紫红色，花量繁多。可用于花境材料或观花地被植物。

中文名	**纤齿黄芪**
拉丁名	*Astragalus gracilidentatus*

基本形态特征： 多年生草本。茎纤细，平铺，被灰白色半开展的毛。羽状复叶有11～19（21）片小叶，长7～10cm；托叶离生，披针形；小叶长圆形、狭倒卵形或近圆形。总状花序头状，生3～5花；花近无梗，苞片狭披针形；花萼初期钟状管形，后膨大胀裂；花冠淡紫色，旗瓣倒卵状长圆形，顶端钝或微凹，较瓣柄长3～4倍，翼瓣较旗瓣短，瓣片长圆形，先端微凹，较瓣柄稍长，龙骨瓣长5～6mm，瓣片先端钝圆，较瓣柄短。荚果球状卵形。花期5～6月，果期6～7月。

分布： 产阿勒泰、阿克苏、青河、富蕴等地。海拔800～1200m。中国特有。

生境及适应性： 生于山坡及河边等地。喜湿润，耐寒。

观赏及应用价值： 观花类。总状花序，蝶形花冠，花冠淡紫色。可用于花境或溪水河边种植。

中文名	**詹加尔特黄芪**
拉丁名	*Astragalus dschangartensis*

基本形态特征： 多年生丛生小草本，高5～9cm。茎极短缩，不明显，地下部分粗硬，多分枝。羽状复叶有3～7小叶，稀有达11片，长2～3cm；小叶狭长圆形或线状披针形，先端锐尖，两面被灰白色伏贴毛。总状花序，花序轴短缩成头状，花后稍延伸，生5～10花；总花梗纤细，长为叶的2～4倍；苞片卵形或卵状长圆形；花萼钟状，萼齿线状三角形，约为萼筒长的1/3；花冠蓝紫色，旗瓣倒卵状圆形，先端微凹，基部有短瓣柄，翼瓣长圆形，先端扩展，微凹，瓣柄短，龙骨瓣半椭圆形，较瓣柄稍长；子房无柄，被白色长毛。荚果斜向上直立，线状长圆形，新月形弯曲。花期5月，果期8月。

分布： 产阿克苏、拜城、喀什、和田。海拔1900～3100m。天山中部詹加尔特河流域亦有分布。

生境及适应性： 生于山坡及干草原。喜光，耐寒，耐瘠薄。

观赏及应用价值： 观花类。总状花序密集，蝶形花蓝紫色，株型低矮，是较好的地被观赏植物。可用于花境、岩石园等布置。

中文名	**托木尔黄芪**
拉丁名	*Astragalus dsharkenticus*

基本形态特征： 多年生草本。根木质化，粗壮弯曲。根颈生多数蔓状的细茎，长13～40cm，具伏贴的茸毛，淡绿色。羽状复叶有7～13（15）片小叶，长4～7cm；小叶通常披针形，稀长圆形，锐尖，两面被白色伏贴毛。总状花序生4～10花，排列紧密，近伞房状；花序轴和花梗被黑色毛；总花梗长5～15cm，被白色伏贴毛，淡绿色；苞片披针形；花萼管状，萼齿丝状；花冠淡黄色，旗瓣倒卵形，先端微凹，中部缢缩，下部收狭成瓣柄，翼瓣线状长圆形，先端偏斜，2浅裂，较瓣柄稍长，龙骨瓣半长圆形，较瓣柄稍短；子房无柄。荚果呈弧状。花期5～6月，果熟期6～7月。

分布： 产新疆西部。海拔1890m以上。中亚地区也有分布。

生境及适应性： 生于山坡草地及草滩边缘。喜光，耐旱，耐寒。

观赏及应用价值： 观花类。总状花序，蝶形花冠，花萼管状纤细，花冠淡黄色，花量繁多。可用于花境材料或观花地被。也是当地优良牧草。

中文名	**温泉黄芪**
拉丁名	*Astragalus wenquanensis*

基本形态特征： 多年生低矮小草本，高2～5cm。根粗壮，颈部分枝。茎极短缩，不明显。羽状复叶有3～5（7）小叶，被白色伏贴毛，长1～2cm；小叶倒卵形或椭圆形，长4～6mm，宽2～4mm，先端钝圆或急尖，两面被伏贴毛。总状花序近头状，生（3）5～7花，排列紧密；总花梗与叶等长或稍长，被白色伏贴毛，紧接花序轴处有时混生黑色毛；苞片披针形，膜质，较花梗长，缘被白色长毛；花萼早期膨大，卵形，常带粉红色，萼齿钻形，长为萼筒的1/5，被较多的黑毛；花瓣白色（或瓣端、基部及背面带紫晕）；子房近无毛。荚果未见。花期6月。

分布： 产新疆西部。海拔1700m左右。

生境及适应性： 生于阳坡草原。喜光，喜凉爽，耐旱，耐寒。

观赏及应用价值： 观花类。总状花序，花冠白色带紫晕，雅致美观，花量较多，匍匐性好。可用于花境、岩石园或观花地被。

中文名	**绵果黄芪**
拉丁名	*Astragalus sieversianus*
别　名	绵果黄耆

基本形态特征： 多年生草本，高60~150cm。茎单一，直立，中空，密被开展的白色或淡褐色长柔毛。奇数羽状复叶，具17~25片小叶，长15~25cm；叶柄向上逐渐变短；托叶离生，三角状披针形；小叶长圆状椭圆形，具短柄。总状花序生3~5花，稍稀疏；总花梗较短；苞片膜质，线状披针形；花梗较短；花萼管状钟形，密被柔毛，萼齿狭披针形或锥形；花冠黄色，旗瓣长圆状卵形，翼瓣长圆形，龙骨瓣半卵形；子房无柄，密被长柔毛。荚果宽卵形，革质，膨胀，果瓣具海绵状组织；种子多数，肾形，褐色。花果期6~7月。

分布： 产伊犁、塔城等地。海拔1000m左右。分布于中亚、天山和帕米尔阿赖（西部）地区。

生境及适应性： 生于山坡阴湿处或草地边缘。喜阴，喜湿润，耐寒。

观赏及应用价值： 观花类。植株挺立，总状花序，蝶形花，黄色，极具观赏性。可用于花境，亦可开发作切花。

岩黄芪属 *Hedysarum*

中文名	**费尔干岩黄芪**
拉丁名	*Hedysarum ferganense*

基本形态特征： 多年生草本，高8~15cm。根粗壮，强烈木质化。茎缩短不明显，被灰白色短柔毛，基部通常围以残存叶柄。叶簇生，长5~10cm；托叶三角状披针形，棕褐色干膜质；小叶通常7~11（~13）；叶片卵状长圆形或长椭圆形。总状花序腋生，超出叶近1倍，花序轴和总花梗被短柔毛；花序长卵形或有时近头状，具8~20朵花；苞片披针形，棕褐色；花萼短钟状；花冠玫瑰紫色，旗瓣倒卵形，翼瓣线形，长为旗瓣的3/4，龙骨瓣与旗瓣约等长；子房线形。荚果2~3节，节荚近圆形。花期6~7月，果期8~9月。

分布： 产新疆天山以北地区。一般还分布于中亚山地。

生境及适应性： 生于山地草原砂砾质山坡。喜光，耐旱，耐寒，耐瘠薄。

观赏及应用价值： 观花类。总状花序，花冠玫瑰紫色，花色艳丽，花小密集，是较好的观赏植物。可用作花境材料及岩石园。

中文名	**光滑岩黄芪**
拉丁名	*Hedysarum splendens*

基本形态特征： 多年生草本，高20~50cm。根木质化；根颈向上分枝。茎缩短不明显，基部木质化，围以残存的叶柄和无叶片的鳞片状托叶。叶簇生，叶片长6~16cm，与叶柄近等长；托叶宽披针形；叶轴被短柔毛；小叶一般7~9，具短柄；小叶片阔卵形。总状花序2~3，腋生，高出叶约1倍，花序轴被灰白色短柔毛；花多数，外展或稍下垂，疏散排列；苞片披针形；萼钟状；花冠玫瑰紫色，旗瓣倒阔卵形，翼瓣长为旗瓣的1/3，龙骨瓣与旗瓣近等长。荚果通常2~3节，节荚近圆形。花期6~7月，果期7~8月。

分布： 产阿尔泰、富蕴、青河等地。俄罗斯西西伯利亚亦分布。海拔600~1000m。

生境及适应性： 生于山地草原及石质山坡。喜光，耐旱，耐寒，耐瘠薄。

观赏及应用价值： 观花类。总状花序，花萼钟状，花冠玫瑰紫色，颜色艳丽，花量繁多。可用于花境或岩石园植物。

中文名	**疏忽岩黄芪**
拉丁名	*Hedysarum neglectum*

基本形态特征： 多年生草本，高30~50cm。根为直根，肥厚呈细长的圆锥状；根颈向上分枝。茎多数，直立，被疏柔毛或后期近无毛。托叶披针形，外被疏柔毛；叶长8~12cm；叶轴被短柔毛；小叶11~15，具不明显的短柄；小叶片长卵形或卵状长圆形，上面无毛，下面被疏柔毛。总状花序腋生，与总花梗一起共长10~20cm；花多数，排列较密集；苞片披针形，外被柔毛；萼钟状，被短柔毛，上萼齿三角状，萼间呈宽的凹陷，下萼齿三角状钻形；花冠紫红色，旗瓣倒卵形，翼瓣线形，龙骨瓣长于旗瓣2mm；子房线形。荚果3~4节，节荚圆形或卵形，扁平。花期6~7月，果期8~9月。

分布： 产阿尔泰、天山等地。也分布于俄罗斯西西伯利亚和中亚西天山。

生境及适应性： 生长于亚高山的砾石质山坡、河谷草甸和灌丛。喜冷凉湿润。

观赏及应用价值： 观花类。总状花序，花冠紫红色，观赏价值极高。可用作花境或岩石园植物。

中文名	**刚毛岩黄芪**
拉丁名	*Hedysarum setosum*

基本形态特征： 多年生草本，高约20cm。茎缩短，不明显，叶簇生状，仰卧或上升，长6~10cm；小叶9~13枚，卵形或卵状椭圆形，长6~9mm，宽3~15mm，先端急尖，上面被疏柔毛，下面被密的灰白色贴伏柔毛。总状花序腋生，超出叶近1倍，花序阔卵形，长3~4cm，具多数花，花后期时花序明显延伸，花的排列较疏散；花长16~19mm，上部花序的花斜上升，下部的花平展；苞片披针形；花萼针状；花冠玫瑰紫色，旗瓣倒阔卵形，长17~18mm，先端圆形，微凹，基部渐狭成楔形的短柄，翼瓣线形，龙骨瓣稍短于旗瓣，前端暗紫红色；子房线形。花期7~8月，果期8~9月。

分布： 产巴音郭楞、克孜勒苏等天山南部地区。海拔2400~3500m。也分布于中亚西天山。

生境及适应性： 生于亚高山和高山草原。喜光，耐寒，耐贫瘠。

观赏及应用价值： 观花类。花冠玫瑰紫色，花量较大，花枝长。可用于布置花境、岩石园。

羊柴属 *Corethrodendron*

中文名	**红花岩黄芪**
拉丁名	*Corethrodendron multijugum*
	（*Hedysarum multijugum*）
别 名	红花山竹子

基本形态特征： 半灌木或仅基部木质化而呈草本状，高40~80cm，茎直立，多分枝，具细条纹，密被灰白色短柔毛。叶长6~18cm，小叶通常15~29枚，阔卵形或卵圆形。总状花序腋生，上部明显超出叶，花序长达28cm；花9~25朵，长16~21mm，外展或平展，疏散排列，果期下垂；萼斜钟状，长5~6mm；花冠紫红色或玫瑰状红色，旗瓣倒阔卵形，先端圆形，微凹，基部楔形，翼瓣线形，长为旗瓣的1/2，龙骨瓣稍短于旗瓣；子房线形。荚果通常2~3节，节荚椭圆形或半圆形，边缘具较多的刺。花期6~8月，果期8~9月。

分布： 产喀什、克孜勒苏、和田等地。海拔1000~2800m。四川、西藏、青海、甘肃、宁夏、陕西、山西、内蒙古、河南和湖北有分布。

生境及适应性： 生于荒漠地区的砾石质洪积扇、河滩，草原地区的砾石质山坡以及某些落叶阔叶林地区的干燥山坡和砾石河滩。喜光，耐寒，耐旱。

观赏及应用价值： 观花类。花序长，花冠紫红色或玫瑰状红色，旗瓣中部有黄色斑点；复叶亦具观赏性。可用于布置花境或庭院点缀。

山黧豆属 *Lathyrus*

中文名	**牧地山黧豆**
拉丁名	*Lathyrus pratensis*

基本形态特征： 多年生草本，高30～120cm。叶具1对小叶；托叶箭形，基部两侧不对称，长（5）10～45mm，宽3～10（～15）mm；小叶椭圆形、披针形或线状披针形，长10～30（～50）mm，宽2～9（～13）mm，先端渐尖，基部宽楔形或近圆形，具平行脉。总状花序腋生，具5～12朵花，长于叶数倍；花黄色，长12～18mm；旗瓣长约14mm，瓣片近圆形，宽7～9mm，翼瓣稍短于旗瓣，龙骨瓣稍短于翼瓣，瓣片近半月形。荚果线形，黑色，具网纹。花期6～8月，果期8～10月。

分布： 产阿勒泰、塔城、博尔塔拉、昌吉、石河子、伊犁、巴音郭楞等地。海拔1000～3000m。东北、西北及西南等地也有分布；较广泛分布于欧亚温带和非洲（北部）。

生境及适应性： 生于山坡草地、疏林下、路旁阴处。喜半阴，喜冷凉。

观赏及应用价值： 观花。花色亮黄色，叶纤雅翠绿，观赏性好。可作地被及花境。亦为饲料及蜜源植物。

中文名	**玫红山黧豆**
拉丁名	*Lathyrus tuberosus*

基本形态特征： 多年生草本，具长圆形块根。茎无毛，高30～120cm，无翅。叶具小叶1对，托叶狭半肾形；小叶椭圆形或长圆形，先端圆钝，具细尖，基部楔形，具近平行的侧脉，两面无毛。总状花序腋生，具2～7朵花，总花梗长于叶，长达11cm；花梗长约6mm；花玫瑰红色，有香味，长1.5～2cm；旗瓣瓣片扁圆形或扁卵形，先端微凹，翼瓣片倒卵形，龙骨瓣瓣片倒卵形。荚果线形，长2～4cm，宽4～7mm，棕色，无毛。花期6～8月，果期8～9月。

分布： 产阿勒泰、塔城、伊犁、巴音郭楞等地。海拔500～2400m。

生境及适应性： 生于山地阴坡及河谷旁。喜半阴，喜冷凉湿润。

观赏及应用价值： 花朵玫红色，花量较大，观赏性强，可作观花地被植物及花境点缀。

苜蓿属 *Medicago*

中文名	**杂交苜蓿**
拉丁名	*Medicago × varia*
别　名	多变苜蓿

基本形态特征： 多年生草本，高60～80（120）cm，茎直立、平卧或上升，具4棱，多分枝，上部微被开展柔毛。羽状三出复叶。花序长圆形，具花8～15朵，初时紧密，花期伸长而疏松；总花梗挺直，腋生比叶长；苞片线状锥形，通常比花梗短；花长9～10mm；花冠在花期内逐渐变化，由黄色转蓝紫色至深紫色等，亦有棕红色的；旗瓣卵状长圆形，常带条纹，翼瓣与龙骨瓣几等长。荚果旋转（0.5）1～1.5（2）圈，松卷。花期7～8月。

分布： 在新疆广泛分布。中国各地都有栽培；原产于伊朗，欧亚大陆和世界各地广泛种植。

生境及适应性： 生于戈壁或石块与土壤混合处。抗旱、耐热、抗寒、耐盐碱、抗病性能均强。

观赏及应用价值： 观花类。紫色花，花量较多，抗性好，多用作地被植物，也可作花境材料。亦是良好的牧草资源。

棘豆属 *Oxytropis*

中文名	**冰川棘豆**
拉丁名	*Oxytropis proboscidea*

基本形态特征： 多年生草本，高3~17cm。茎极缩短，丛生。羽状复叶长2~12cm；托叶膜质，卵形；叶轴具极小腺点；小叶9（13）~（17）19，长圆形或长圆状披针形。6~10花组成球形或长圆形总状花序；总花梗密被白色和黑色卷曲长柔毛；苞片线形，比萼筒稍短，被白色和黑色疏柔毛；花长8~9mm；花萼长4~6mm，密被黑色或白色杂生黑色长柔毛，萼齿披针形，短于萼筒；花冠紫红色、蓝紫色、偶有白色，旗瓣几圆形，翼瓣倒卵状长圆形或长圆形，龙骨瓣喙近三角形、钻形或微弯成钩状，极短。荚果草质，卵状球形或长圆状球形，膨胀，具短梗。花果期6~9月。

分布： 产巴音郭楞、和田。海拔4500~5300（5400）m。也分布于西藏。

生境及适应性： 生于山坡草地、砾石山坡、河滩砾石地、砂质地。耐寒，耐瘠薄，耐旱。

观赏及应用价值： 观花类。总状花序繁密，蝶形花冠紫红色，颜色艳丽，花量繁多，匍地效果好。可用于花境材料，亦可开发作盆花。

中文名	**巴里坤棘豆**
拉丁名	*Oxytropis barkolensis*
别 名	八里坤棘豆

基本形态特征： 多年生草本。茎缩短，基部分枝多。羽状复叶长16~27cm；小叶26~34，卵圆形。多花组成头形总状花序；总花梗长于叶，被贴伏白色柔毛，花序下部混生黑色柔毛；苞片三角形；花萼钟状，萼齿披针形，与萼筒几等长；花冠紫色；旗瓣长15mm，瓣片卵圆形，先端微缺；翼瓣长11mm，瓣片倒卵形，先端微凹；龙骨瓣长5mm，瓣片卵形，基部耳状；子房圆柱状，疏被毛。荚果硬膜质，长卵形。花果期6~7月。

分布： 产乌鲁木齐、哈密、昌吉、塔县。海拔4000m左右。也分布于俄罗斯西西伯利亚。

生境及适应性： 生于亚高山草甸、干山坡和山地石坡。喜光，耐旱，耐寒，耐瘠薄。

观赏及应用价值： 观花类。头形总状花序，蝶形花冠紫红色，颜色艳丽，株型紧凑。可用作花境或岩石园植物。

中文名	伊朗棘豆
拉丁名	*Oxytropis savellanica*

基本形态特征： 多年生草本，高3~5cm，被贴伏白色疏柔毛。茎缩短，分枝多，长5~10cm，铺散呈垫状。羽状复叶长1.5~2cm；小叶11~23，长圆形或椭圆形，先端钝或急尖，两面被贴伏白色疏柔毛。2~8花组成头形总状花序；总花梗长1.8~3.5cm，被贴白色疏柔毛；苞片线形，被疏柔毛；花萼筒状或筒状钟形，被柔毛，萼齿线状锥形；花冠紫色，旗瓣近圆形，先端微凹，翼瓣长圆形，稍短于旗瓣，先端微凹，龙骨瓣与翼瓣近等长；子房被毛。荚果宽长圆形，背部具沟，被贴伏疏柔毛，具短梗。花期7~8月，果期8~9月。

分布： 产阿勒泰。海拔4700~5100m。也产西藏；伊朗、克什米尔地区、巴基斯坦、哈萨克斯坦、乌兹别克斯坦、土库曼斯坦、吉尔吉斯斯坦和塔吉克斯坦也有分布。

生境及适应性： 生于石质山坡。喜光，耐旱，耐寒，耐瘠薄。

观赏及应用价值： 观花类。总状花序，蝶形花冠紫色，颜色艳丽，花量较多，叶色银白亦可赏。可用于花境、观花地被植物或岩石园植物。

中文名	米尔克棘豆
拉丁名	*Oxytropis merkensis*
别名	山雀棘豆

基本形态特征： 多年生草本。根粗壮。茎分枝，缩短，被浅灰色短柔毛，或绿色，为托叶和叶柄的残体所覆盖。羽状复叶长5~15cm；托叶与叶柄贴生很高，分离部分披针状钻形，边缘具刺纤毛；小叶13~25，长圆形、广椭圆状披针形、披针形，边缘微卷。多花组成疏散总状花序；总花梗长比叶长1~2倍；苞片锥形，长于花梗，被疏柔毛；花萼钟状，被贴伏黑色短柔毛和黑色疏柔毛，萼齿钻形，短于萼筒；花冠紫色或淡白色，旗瓣几圆形，翼瓣与旗瓣等长或稍短，龙骨瓣等于或长于翼瓣。荚果广椭圆状长圆形。花期6~7月，果期7~8月。

分布： 产天山中部乌鲁木齐南山至西部伊犁地区。海拔1800~4000m。也产宁夏、甘肃、青海、内蒙古；哈萨克斯坦、乌兹别克斯坦、土库曼斯坦、吉尔吉斯斯坦和塔吉克斯坦也有分布。

生境及适应性： 生于高山石质草原化河谷和山坡。喜湿，稍耐阴，耐瘠薄。

观赏及应用价值： 观花类。多花组成的总状花序，花萼钟状，花冠紫色或淡白色，花小密集。可用作观花地被植物或花境点缀，也可开发作盆花。

百脉根属 *Lotus*

中文名	**尖齿百脉根**
拉丁名	*Lotus tenuis*

基本形态特征： 多年生草本，高20~100cm，无毛或微被疏柔毛。茎细柔，直立，节间较长，中空。羽状复叶小叶5枚；小叶线形至长圆状线形，短尖头，大小略不相等，中脉不清晰；小叶柄短，几无毛。伞形花序；总花梗纤细，长3~8cm；花1~3 (5) 朵，顶生；苞片1~3枚，叶状；花梗短；萼钟形，萼齿狭三角形渐尖，与萼筒等长；花冠黄色带细红脉纹，旗瓣圆形，稍长于翼瓣和龙骨瓣，翼瓣略短；雄蕊两体，分列成二组；花柱直，无毛，直角上指，子房线形，胚珠多数。荚果直，圆柱形；种子球形，橄榄绿色，平滑。花期5~8月，果期7~9月。

分布： 产乌鲁木齐、吐鲁番、哈密、昌吉、博尔塔拉、伊犁、巴音郭楞、喀什、塔城、阿勒泰等地。也产西北其他地区；欧洲南部、东部、中东和西伯利亚均有分布。

生境及适应性： 生于潮湿的沼泽地边缘或湖旁草地。喜阳、耐寒，稍耐旱，喜湿润肥沃土壤。

观赏及应用价值： 观花类植物。伞形花序，黄色花冠，细红脉纹，花小密集，花梗细长，观赏价值极高。可作花境材料或观花地被植物。

野豌豆属 *Vicia*

中文名	**广布野豌豆**
拉丁名	*Vicia cracca*

基本形态特征： 多年生草本，高40~150cm。根细长，多分枝。茎攀缘或蔓生，有棱，被柔毛。偶数羽状复叶，小叶5~12对互生，线形、长圆形或披针状线形，长1.1~3cm，宽0.2~0.4cm，全缘；叶脉稀疏，呈三出脉状，不甚清晰。总状花序与叶轴近等长，花多数，10~40朵密集一面着生于总花序轴上部；花冠紫色、蓝紫色或紫红色，长0.8~1.5cm。荚果长圆形或长圆菱形，长2~2.5cm，宽约0.5cm，先端有喙，果梗长约0.3cm。花果期5~9月。

分布： 产阿勒泰、伊犁。海拔420~2700m。我国各地多有分布；欧亚、北美洲也有分布。

生境及适应性： 生于草甸、林缘、山坡、河滩草地、灌丛及农区。耐寒，适应性强。

观赏及应用价值： 观赏地被，花量大，花朵密集成穗。本种为水土保持绿肥作物。嫩时为牛羊等牲畜喜食饲料，花期早春为蜜源植物之一。

锦鸡儿属 *Caragana*

中文名	**鬼箭锦鸡儿**
拉丁名	*Caragana jubata*

基本形态特征：灌木，直立或伏地，高0.3~2m，基部多分枝。树皮深褐色、绿灰色或灰褐色。羽状复叶有4~6对小叶；托叶先端刚毛状，不硬化成针刺；叶轴长5~7cm，宿存，被疏柔毛。小叶长圆形，长11~15mm，宽4~6mm，先端圆或尖，具刺尖头，基部圆形，绿色，被长柔毛。花冠玫瑰色、淡紫色、粉红色或近白色，长27~32mm，旗瓣宽卵形，基部渐狭成长瓣柄，翼瓣近长圆形，瓣柄长为瓣片的2/3~3/4，耳狭线形，长为瓣柄的3/4，龙骨瓣先端斜截平而稍凹，瓣柄与瓣片近等长，耳短，三角形。荚果密被丝状长柔毛。花期6~7月，果期8~9月。

分布：产阿勒泰、昌吉、乌鲁木齐、塔城、博尔塔拉、伊犁、巴音郭楞、阿克苏、克孜勒苏、喀什。海拔1200~4600m。甘肃、宁夏、内蒙古、山西、河北、四川、西藏有分布；俄罗斯（西西伯利亚及远东地区）、蒙古、哈萨克斯坦也有分布。

生境及适应性：生于干旱山坡、灌丛、云杉林林缘与林下、亚高山草甸、高山山谷草原、河滩。耐寒，喜冷凉，喜阳。

观赏及应用价值：枝叶紧凑，植株直立，花朵有一定的观赏性，花量较多，可以作为观花灌木及高海拔山区坡地绿化。

中文名	**白皮锦鸡儿**
拉丁名	*Caragana leucophloea*

基本形态特征：灌木，高1~1.5m。树皮黄白色或黄色，有光泽；小枝有条棱，嫩时被短柔毛，常带紫红色。假掌状复叶有4片小叶，托叶在长枝者硬化成针刺，长2~5mm，宿存，在短枝者脱落；叶柄在长枝者硬化成针刺，长5~8mm，宿存，小叶狭倒披针形，长4~12mm，宽1~3mm，先端锐尖或钝，有短刺尖，两面绿色，稍呈苍白色或稍带红色，无毛或被短伏贴柔毛。花冠黄色，旗瓣宽倒卵形，长13~18mm，瓣柄短，翼瓣向上渐宽，瓣柄长为瓣片的1/3，耳长2~3mm，龙骨瓣的瓣柄长为瓣片的1/3，耳短。荚果圆筒形，无毛。花期5~6月，果期7~8月。

分布：产阿勒泰、昌吉、乌鲁木齐、石河子、塔城、伊犁、博尔塔拉、哈密、吐鲁番、巴音郭楞。内蒙古、甘肃（河西走廊）有分布；中亚和蒙古也有分布。

生境及适应性：生于干山坡、山前平原、山谷、戈壁滩。喜阳，耐寒，耐旱，耐贫瘠。

观赏及应用价值：观花。花量大，花黄色鲜亮，可作花篱木点植、丛植或片植。本种极耐干旱，可作固沙和水土保持植物。

中文名	**黄刺条**
拉丁名	*Caragana frutex*
别 名	宽叶黄刺条

基本形态特征：灌木，高0.5~2m。枝条细长，褐色、黄灰色或暗灰绿色，有条棱，无毛。假掌状复叶有4片小叶；托叶三角形，先端钻形，脱落或硬化成针刺，长1~3mm；叶柄长2~10mm，短枝者脱落，长枝者硬化成针刺，宿存；小叶倒卵状披针形，长6~10mm，宽3~5mm，具刺尖。花萼管状钟形，长6~8mm，基部偏斜，萼齿很短，具刺尖；花冠黄色，长20~22mm，旗瓣近圆形，宽约16mm，瓣柄长约5mm，翼瓣长圆形，先端稍凹入，柄长为瓣片的1/2，耳长为瓣柄的1/3~1/4，龙骨瓣长约22mm，瓣柄较瓣片稍短，耳不明显；子房无毛。荚果筒状。花期5~6月，果期7月。

分布：产阿勒泰、塔城、伊犁等地。海拔1020~2200m。俄罗斯、蒙古、哈萨克斯坦及欧洲也有分布。

生境及适应性：生于干旱山坡、草地、山地灌丛、山谷、河岸、林间、山地草甸。喜阳耐旱，适应性强。

观赏及应用价值：观花、观叶类植物，花黄色，叶形小巧，可作为刺篱、花灌木应用。

中文名 **多叶锦鸡儿**
拉丁名 *Caragana pleiophylla*

基本形态特征： 灌木，高0.8~1m。老枝黄褐色，剥裂；嫩枝被柔毛。羽状复叶有4~7对小叶；叶轴灰白色，硬化成针刺，宿存；小叶长圆形，倒卵状长圆形，长6~12mm，宽3~4mm，先端锐尖，灰绿色。花单生，被长柔毛，关节在基部；花萼长管状，基部不为囊状凸起，密被长柔毛；花冠黄色，长30~36mm，旗瓣椭圆状卵形，先端微凹，瓣柄长为瓣片的1/3~1/2，翼瓣先端圆形，瓣柄长为瓣片的2/3，耳长为瓣柄的1/5~1/3，线形，常有上耳，长1~2mm，龙骨瓣稍短于翼瓣，瓣柄较瓣片长；子房密被灰白色柔毛。荚果圆筒状。花期6~7月，果期9月。

分布： 产伊犁、哈密、巴音郭楞、阿克苏、克孜勒苏、喀什、和田等地。海拔1500~3000m。哈萨克斯坦也有分布。

生境及适应性： 生于前山干旱山坡、山地灌丛、山谷阶地、河边林下及砾石阴坡、平原、干旱荒漠的石质冲积扇。喜冷凉，亦耐旱，稍耐瘠薄。

观赏及应用价值： 观花类。花黄色，株型优美，可作为花灌木、刺篱应用。

中文名	**北疆锦鸡儿**
拉丁名	*Caragana camilli-schneideri*
别　名	库车锦鸡儿

基本形态特征：灌木，高0.8～2m。老枝粗壮，皮褐色，有凸起条棱。托叶针刺硬化，宿存；叶柄硬化成针刺，宿存，在短枝者细瘦，脱落；叶假掌状，小叶4，倒卵形至宽披针形，近无毛。花梗单生或2个并生，长1～1.5（2）cm，关节在上部；萼筒基部偏斜扩大，萼齿三角形，花冠黄色，旗瓣近圆形或卵圆形，瓣柄长约为瓣片的1/4，翼瓣宽线形，瓣柄长约为瓣片的1/3，耳长约4mm，龙骨瓣的瓣柄与瓣片近相等，耳不明显；子房密被柔毛。荚果圆筒形，具斜尖头。花期5～6月，果期7～8月。

分布：产阿尔泰、塔城等地。在西伯利亚和中亚也有分布。

生境及适应性：生于石质干山坡、山前平原、山沟。喜阳，耐旱耐寒。

观赏及应用价值：观花类。蝶形黄色花，花朵密集，颜色明亮，是较好的花灌木，可用作花篱、刺篱或成片绿化。

中文名	**吐鲁番锦鸡儿**
拉丁名	*Caragana turfanensis*

基本形态特征：灌木，高80～100mm，多分枝。老枝黄褐色，有光泽，小枝多针刺，淡褐色，无毛，具白色木栓质条棱。叶轴及托叶在长枝者硬化成针刺，宿存；假掌状复叶有4片小叶；小叶革质，倒卵状楔形。花梗单生，1花，关节在下部；花萼管状，无毛或稍被短柔毛，基部非囊状凸起或稍扩大，萼齿短，三角状，具刺尖；花冠黄色，旗瓣倒卵形，具狭瓣柄，龙骨瓣的瓣柄较瓣片稍短，耳极短；子房无毛。荚果。花期5月，果期7月。

分布：产伊犁、塔里木盆地、吐鲁番盆地。海拔2100m左右。

生境及适应性：生于山坡、河流阶地、峭壁。喜阳，耐寒耐旱，耐贫瘠。

观赏及应用价值：观花类。黄色花，花形奇特，花量较多，是观赏价值较高的花灌木，可用作绿篱或刺篱。

车轴草属 *Trifolium*

中文名	**红花车轴草**
拉丁名	*Trifolium pratense*

基本形态特征： 短命多年生草本，生长期2～5（9）年。主根深入土层达1m。茎粗壮，具纵棱。掌状三出复叶；小叶卵状椭圆形至倒卵形，长1.5～3.5（5）cm，宽1～2cm，先端钝，有时微凹，基部阔楔形，两面疏生褐色长柔毛，叶面上常有"V"字形白斑。花序球状或卵状，顶生；无总花梗或具甚短总花梗，包于顶生叶的托叶内，托叶扩展成焰苞状，具花30～70朵，密集；花长12～14（18）mm；花冠紫红色至淡红色，旗瓣匙形，明显比翼瓣和龙骨瓣长，龙骨瓣稍比翼瓣短。荚果卵形；通常有1粒扁圆形种子。花果期5～9月。

分布： 产阿勒泰、乌鲁木齐、昌吉、伊犁，全疆各地有栽培。我国南北各地多有栽培，东北北部有半野生；俄罗斯、中亚、伊朗、印度及欧洲也有分布。

生境及适应性： 适应范围广，并见逸生于林缘、路边、草地等湿润处。

观赏及应用价值： 观花地被，花序美观，花量大。种子含油达12%；花序可药用；是组成山地草甸、河谷草甸和低地草甸的优势种。

中文名	**白花车轴草**
拉丁名	*Trifolium repens*

基本形态特征： 短命多年生草本，生长期达5年，高10～30cm。主根短，侧根和须根发达。茎匍匐蔓生，上部稍上升，节上生根，全株无毛。掌状三出复叶；托叶卵状披针形，膜质，基部抱茎呈鞘状，离生部分锐尖；小叶倒卵形至近圆形，长8～20（30）mm，宽8～16（25）mm。花序球形，顶生，直径15～40mm；总花梗甚长，比叶柄长近1倍，具花20～50（80）朵，密集；无总苞；苞片披针形，膜质，锥尖；花长7～12mm；花梗比花萼稍长或等长，开花立即下垂；花冠白色、乳黄色或淡红色，具香气。荚果长圆形。花果期5～10月。

分布： 产阿勒泰、昌吉、乌鲁木齐、石河子、博尔塔拉、塔城、伊犁、哈密、喀什。我国各地区有分布；俄罗斯、日本、蒙古、中亚、伊朗、印度及欧洲各国也有分布。

生境及适应性： 我国常见种植，并在湿润草地、河岸、路边呈半自生状态。适应性强，广泛应用。

观赏及应用价值： 本种为优良牧草，抗寒耐热，在酸性和碱性土壤上均能适应。既是优良观赏地被，也可作为绿肥、堤岸防护草种、草坪装饰以及蜜源和药材等用。

中文名	**野火球**
拉丁名	*Trifolium lupinaster*

基本形态特征： 多年生草本，高30～60cm。根粗壮，发达，常多分叉。茎直立，单生，基部无叶，秃净，上部具分枝，被柔毛。掌状复叶，通常小叶5枚，稀3枚或7枚；托叶膜质，大部分抱茎呈鞘状，先端离生部分披针状三角形；小叶披针形至线状长圆形，长25～50mm，宽5～16mm，侧脉多达50对以上，两面均隆起，分叉直伸出叶边成细锯齿。头状花序着生顶端和上部叶腋，具花20～35朵；花冠淡红色至紫红色。荚果长圆形，长6mm，宽2.5mm，膜质，棕灰色；有种子（2）3～6粒。花果期6～10月。

分布： 产阿勒泰、乌鲁木齐、石河子、塔城、博尔塔拉、伊犁。海拔700～2500m。东北、华北各地区有分布；日本、朝鲜、蒙古、俄罗斯、西欧、非洲（北部）也有分布。

生境及适应性： 生于新疆天山、阿尔泰山和准噶尔西部山地低山至中山带的河谷灌丛、林缘草甸及草甸草原。喜半阴，喜冷凉气候，稍耐旱。

观赏及应用价值： 观花。花朵密集鲜艳，观赏性强，可以作为观花地被植物。

沙冬青属 *Ammopiptanthus*

中文名	**蒙古沙冬青**
拉丁名	*Ammopiptanthus mongolicus*

基本形态特征： 常绿灌木，高1.5～2m，粗壮；树皮黄绿色，木材褐色。茎多叉状分枝，圆柱形，具沟棱，幼时被灰白色短柔毛，后渐稀疏。3小叶，小叶菱状椭圆形或阔披针形，长2～3.5cm，宽6～20mm，两面密被银白色茸毛，全缘，侧脉几不明显，总状花序顶生枝端，花互生，8～12朵密集；苞片卵形，长5～6mm，密被短柔毛，脱落；花冠黄色，花瓣均具长瓣柄。荚果扁平，线形，长5～8cm，宽15～20mm，无毛，先端锐尖，基部具果颈，果颈长8～10mm；有种子2～5粒。花期4～5月，果期5～6月。

分布： 新疆东部有分布。内蒙古、宁夏、甘肃也有分布。

生境及适应性： 生于沙丘、河滩边台地。耐寒，耐旱，耐盐碱

观赏及应用价值： 极耐寒耐旱，花朵鲜艳密集，是西北优良的抗逆型观花地被花篱木。本种为良好的固沙植物；枝、叶入药外用。

甘草属 *Glycyrrhiza*

中文名	**甘草**
拉丁名	*Glycyrrhiza uralensis*

基本形态特征： 多年生草本；根与根状茎粗壮，直径1～3cm，外皮褐色，里面淡黄色，具甜味。茎直立，多分枝，高30～120cm。叶长5～20cm；小叶5～17枚，卵形、长卵形或近圆形，长1.5～5cm，宽0.8～3cm，上面暗绿色，下面绿色，两面均密被黄褐色腺点及短柔毛。总状花序腋生，具多数花；苞片长圆状披针形，长3～4mm，外面被黄色腺点和短柔毛；花萼钟状，长7～14mm，密被黄色腺点及短柔毛，基部偏斜并膨大呈囊状；花冠紫色、白色或黄色，长10～24mm。荚果弯曲呈镰刀状或呈环状，密集成球，密生瘤状突起和刺毛状腺体，长约3mm。花期6～8月，果期7～10月。

分布： 产于新疆各地。东北、华北平原、山西、陕北、内蒙古、宁夏、甘肃、青海有分布；俄罗斯（西伯利亚）、哈萨克斯坦也有分布。

生境及适应性： 常生于干旱沙地、河岸沙质地、山坡草地及盐渍化土壤中。耐寒耐旱，适应性强。

观赏及应用价值： 观花地被植物，花密集，根和根状茎供药用。

胡颓子科 ELAEAGNACEAE 沙棘属 *Hippophae*

中文名	**沙棘**
拉丁名	*Hippophae rhamnoides*

基本形态特征： 落叶灌木或乔木，高1～5m，高山沟谷可达18m，棘刺较多，粗壮，顶生或侧生；嫩枝褐绿色，密被银白色而带褐色鳞片或有时具白色星状柔毛，老枝灰黑色，粗糙；芽大，金黄色或锈色。单叶通常近对生，与枝条着生相似，纸质，狭披针形或矩圆状披针形，长30～80mm，宽4～10mm，两端钝形或基部近圆形，基部最宽，上面绿色，初被白色盾形毛或星状柔毛，下面银白色或淡白色，被鳞片，无星状毛；叶柄极短，几无或长1～1.5mm。果实圆球形，直径4～6mm，橙黄色或橘红色；果梗长1～2.5mm。花期4～5月，果期9～10月。

分布： 新疆广泛分布。海拔800～3600m。产河北、内蒙古、山西、陕西、甘肃、青海、四川西部。

生境及适应性： 常生于温带地区向阳的山脊、谷地、干涸河床地或山坡，多砾石或沙质土壤或黄土上。我国西北及黄土高原极为普遍。适应性强。

观赏及应用价值： 观果类。果实鲜亮可爱，果量大，观赏性强。也是防风固沙、保持水土、改良土壤的优良树种；沙棘为药食同源植物，全株特别是果实含有丰富的营养和药用物质。

瑞香科 THYMELAEACEAE 瑞香属 *Daphne*

中文名 阿尔泰瑞香
拉丁名 *Daphne altaica*

基本形态特征： 落叶直立灌木，高40~60cm，聚伞状分枝；小枝伸长，近圆柱形，当年生枝紫褐色，散生极少数白色柔毛，一年生枝紫红色，无毛或顶端有时微具柔毛，多年生枝灰色，无毛，叶迹明显，微突起；叶互生，膜质，长圆状椭圆形或椭圆状披针形，长3~5.5cm，宽0.8~1.2cm，无叶柄或几无叶柄。花白色，3~6朵组成顶生的头状花序；花梗极短或无花梗，微具白色柔毛；花萼筒圆筒状，纤细，外面被短柔毛，裂片4，窄卵形或宽椭圆形，长约6mm，顶端钝形，具小尖头。浆果卵球形，肉质，成熟时紫黑色，长5~7mm；花梗极短。花期5~6月，果期7~9月。

分布： 产阿勒泰、塔城、伊犁。海拔1000m左右。俄罗斯（西西伯利亚）、哈萨克斯坦也有分布。

生境及适应性： 生于河谷或山地的灌木丛中，耐寒，喜冷凉。

观赏及应用价值： 花和果实都具有一定的观赏性，白花红果，挂果期较长，可以作为观花、观果灌木，亦可开发盆栽。

柳叶菜科 ONAGRACEAE 柳兰属 *Chamerion*

中文名 柳兰
拉丁名 *Chamerion angustifolium*

基本形态特征： 多年生草本，高40~100cm。茎直立，常不分枝。叶互生，较密集，披针形，长10~15cm，宽1~3cm，顶端渐尖，基部楔形，全缘，叶脉明显，无毛或微被毛，具短柄。总状花序顶生，伸长，长12~18cm；苞片条形，长1~2cm；花大，两性，花柄长1~1.5cm，密被短柔毛；花瓣4，紫红色，倒卵形，长约1.5cm，顶端钝圆，基部具短爪；子房下位，柱头4裂，裂片条形，外面紫色，里面黄色；花柱基部有毛，与雄蕊等长，俯状下垂。蒴果圆柱形，长6~10cm，密被短柔毛。花期6~8月，果期8~9月。

分布： 产阿勒泰、昌吉、乌鲁木齐、石河子、塔城、博尔塔拉、伊犁、哈密、吐鲁番、阿克苏、巴音郭楞、喀什。海拔900~3100m。欧洲、中亚、北美洲也有分布。

生境及适应性： 生于山区半开旷或开旷较湿润草坡灌丛、火烧迹地、高山草甸、河滩、砾石坡。喜阳，耐半阴，喜冷凉湿润。

观赏及应用价值： 花大，花序长，色泽鲜艳，可用于花境、花坛应用，亦是蜜源植物。

柳叶菜属 *Epilobium*

中文名	**柳叶菜**
拉丁名	*Epilobium hirsutum*

基本形态特征： 多年生草本，高30～100cm。茎直立，密被白色长的曲柔毛。茎下部叶对生，上部叶互生，长椭圆状披针形，长2～8cm，宽0.6～1.8cm，先端渐尖或钝圆，两面密被白色长柔毛，边缘具疏细小锯齿。花两性，单生于茎顶或腋生，紫红色；花萼4裂，裂片披针形，长8～10mm，宽约2mm，外面密被长柔毛；花瓣4，倒宽卵形或倒三角形，长约12mm，宽5～8mm，先端2浅裂；雄蕊8，4长4短；子房下位，柱头4裂。蒴果圆柱形，长4～7cm，密被腺毛及疏被白色长柔毛。顶端具1簇白色种缨。花期7～8月，果期9月。

分布： 产阿勒泰、昌吉、乌鲁木齐、石河子、塔城、伊犁、博尔塔拉、吐鲁番。海拔300～2700m。我国各地有分布；欧洲、亚洲、南北美洲也有分布。

生境及适应性： 生于平原及前山带河岸、湖岸、沼泽、沟渠及低湿地。耐寒，喜湿润冷凉。

观赏及应用价值： 观花，植株低矮，花小巧精致，花量可观，可作地坡或花境。根或全草可入药。

卫矛科 CELASTRACEAE 卫矛属 *Euonymus*

中文名	**中亚卫矛**
拉丁名	*Euonymus semenovii*

基本形态特征： 小灌木，高30～150cm；枝条常具4条栓棱或窄翅。叶卵状披针形、窄卵形或线形，长1.5～6.5cm，宽4～25mm，先端渐窄，基部圆形或楔形，边缘有细密浅锯齿，侧脉较多而密接。聚伞花序多具2次分枝，7花，少为3花；花序梗细长，通常长2～4cm，分枝长，中央小花梗明显较短；花紫棕色，4数，直径约5mm；雄蕊无花丝，着生花盘四角的突起上；子房无花柱，柱头平坦，微4裂，中央十字沟状。蒴果稍呈倒心状；假种皮橙黄色，大部包围种子，近顶端一侧开裂。花期5～6月，果期8月。

分布： 产伊犁、霍城及巩留天山一带。海拔2000m以下。向西分布达土耳其。

生境及适应性： 生长于山地阴处林下或灌木丛中。耐阴，喜冷凉湿润。

观赏及应用价值： 观果、观叶类。假种皮红色或橙黄色，秋叶变黄或红，观赏价值高，是优良的花灌木。

大戟科 EUPHORBIACEAE　大戟属 *Euphorbia*

中文名	**小萝卜大戟**
拉丁名	*Euphorbia rapulum*

基本形态特征： 多年生草本，全株灰褐色略带紫色。根萝卜状或球状，直径2～4cm或更大，末端细线形。茎单一直立，上部多分枝，高10～30cm，直径3～7mm。叶互生，于茎下部呈鳞片状，基部半抱茎，长1～2cm，宽3～6mm，略呈淡紫色，叶背尤为明显，于茎上部倒卵形至椭圆形，长3～4cm，宽6～20mm，全缘；叶脉羽状。花序单生于二歧分枝顶端，无柄；雄花多枚，伸出总苞之外；雌花1枚，子房柄长达3mm，明显伸出总苞之外。蒴果卵球状；花柱宿存；成熟时分裂为3个分果爿。种子黄褐色至淡灰色，光滑。花果期4～6月。

分布： 产伊犁。海拔800～2000m。哈萨克斯坦、吉尔吉斯斯坦、塔吉克斯坦也有分布。

生境及适应性： 生于荒地、洪积平原和山前平原。喜阳，耐寒，耐贫瘠，稍耐旱。

观赏及应用价值： 花、果、叶都有一定的观赏性，叶、果奇特，可以作为地被观赏植物或岩石园布置。

亚麻科 LINACEAE　亚麻属 *Linum*

中文名	**宿根亚麻**
拉丁名	*Linum perenne*

基本形态特征： 多年生草本，高20～90cm。茎多数，直立或仰卧，中部以上多分枝，基部木质化，具密集狭条形叶的不育枝。叶互生；叶片狭条形或条状披针形，全缘，内卷，先端锐尖，基部渐狭，1～3脉（实际上由于侧脉不明显而为1脉）。花多数，组成聚伞花序，蓝色、蓝紫色、淡蓝色，直径约2cm；花梗细长，长1～2.5cm，直立或稍向一侧弯曲。萼片5，卵形；花瓣5，倒卵形；雄蕊5，花丝中部以下稍宽，基部合生；退化雄蕊5，与雄蕊互生。蒴果近球形。种子椭圆形。花期6～7月，果期8～9月。

分布： 产阿勒泰、塔城、博尔塔拉等地。海拔4100m。东北、西北、华北有分布；俄罗斯、蒙古、欧洲也有分布。

生境及适应性： 生于干旱草原、沙砾质干河滩和干旱的山地阳坡疏灌丛或草地。喜光，耐旱，耐寒，耐瘠薄。

观赏及应用价值： 观花类。花量大，花色淡蓝，带黄色眼斑和深蓝色眼线，优雅自然。可用于布置花境或岩石园。

远志科 POLYGALACEAE 远志属 *Polygala*

中文名 **新疆远志**
拉丁名 *Polygala hybrida*

基本形态特征： 多年生草本，高15～8cm，全株被短曲柔毛。根粗壮，圆柱形，直径1～6mm。茎丛生，被短柔毛，基部稍木质。叶无柄或有短柄，茎下部叶较小，卵形或卵状披针形，上部叶渐大，卵圆形或披针形，长0.8～3.8cm，宽0.2～1cm。总状花序顶生，长2～11cm；花蓝紫色，长7～8mm；花梗长约1.5mm；萼片5，宿存，外轮3片小，长披针形，内轮2片，矩圆形，花瓣状，花后略增大；花瓣3，中间龙骨瓣背面顶部有撕裂成条的鸡冠状附属物，两侧花瓣矩圆状、倒披针形，2/3部分与花丝鞘贴生。蒴果椭圆状倒心形，周围具窄翅。花期5～7月，果期6～9月。

分布： 产阿勒泰、塔城、昌吉、乌鲁木齐、博尔塔拉、伊犁、哈密、巴音郭楞、阿克苏、克孜勒苏。海拔1300～2800m。俄罗斯（西伯利亚）、蒙古、哈萨克斯坦也有分布。

生境及适应性： 生于中山带草原、林缘、林中空地、沟边。喜半阳，喜冷凉。

观赏及应用价值： 观花。花序长，花色雅丽，花量大，可作地被、花境及开发作为盆花。

芸香科 RUTACEAE 白鲜属 *Dictamnus*

中文名	**新疆白鲜**
拉丁名	***Dictamnus angustifolius***

基本形态特征： 多年生草本，高 50～100cm。根肉质粗壮，淡黄色。茎直立，基部木质，向上渐与褐色油点混生。叶多密集于茎的中上部，小叶（3）5～6（7）对，卵状披针形或矩圆状披针形，长3～11cm，宽1～3.8cm，先端渐尖，基部圆形或宽楔形，边缘有细锯齿，背面有凹陷的油点，沿脉被柔毛。总状花序顶生，长20～25cm；花瓣5，淡红色并具深红色脉纹，倒卵状披针形，长3～3.5cm，下面1片稍下倾。果实成熟后沿腹缝线开裂，顶端具外弯的刺尖头，密生褐色油点。花期6～7月，果期7～8月。

分布： 产阿勒泰、塔城、伊犁。海拔880～2000m。俄罗斯（西伯利亚）和哈萨克斯坦也有分布。

生境及适应性： 生于山地草原和砾石质的灌丛。喜阳，耐半阴，耐寒，喜冷凉。

观赏及应用价值： 观花，花序硕长，花朵大而鲜艳美丽，可作花境优秀材料或切花资源，果亦可赏。根皮干后称白鲜皮，为中药。

蒺藜科 ZYGOPHYLLACEAE 骆驼蓬属 *Peganum*

中文名	**骆驼蓬**
拉丁名	***Peganum harmala***

基本形态特征： 多年生草本，高30～70cm，无毛。根多数，粗达2cm。茎直立或开展，由基部多分枝。叶互生，卵形，全裂为3～5条形或披针状条形裂片，裂片长1～3.5cm，宽1.5～3mm。花单生枝端，与叶对生；萼片5，裂片条形，长1.5～2cm，有时仅顶端分裂；花瓣黄白色，倒卵状矩圆形，长1.5～2cm，宽6～9mm；雄蕊15，花丝近基部宽展；子房3室，花柱3。蒴果近球形，初时红，后黑褐色，表面被小瘤状突起。花期5～6月，果期7～9月。

分布： 产阿勒泰、哈密、昌吉、乌鲁木齐、塔城、吐鲁番、巴音郭楞、克孜勒苏、喀什。海拔530～1700m。宁夏、甘肃（河西走廊）有分布；俄罗斯、蒙古、伊朗、印度、巴尔干及非洲（北部）也有分布。

生境及适应性： 常生于荒漠地带干旱草地、绿洲边缘及盐碱化荒地；适应性强，耐干旱贫瘠。

观赏及应用价值： 观花观果。花白色，果橘红色可赏，可作为旱区地被或岩石园；种子可做红色染料，榨油可供轻工业用，全草入药。叶子揉碎代肥皂用。

驼蹄瓣属 *Zygophyllum*

中文名	**霸王**
拉丁名	*Zygophyllum xanthoxylon*（*Sarcozygium xanthoxylon*）

基本形态特征： 灌木，高50～100cm。枝弯曲，开展，皮淡灰色，木质部黄色，先端具刺尖，坚硬。叶在老枝上簇生，幼枝上对生；叶柄长8～25mm；小叶1对，长匙形、狭矩圆形或条形，长8～24mm，宽2～5mm，先端圆钝，基部渐狭，肉质。花生于老枝叶腋；萼片4，绿色，长4～7mm；花瓣4，倒卵形或近圆形，淡黄色，长8～11mm；雄蕊8，长于花瓣。蒴果近球形，长18～40mm，翅宽5～9mm，常3室，每室有1种子。花期4～5月，果期7～8月。

分布： 产昌吉、乌鲁木齐、塔城、伊犁、哈密、吐鲁番、巴音郭楞、克孜勒苏。海拔700～1200m。我国内蒙古、甘肃、青海有分布；俄罗斯、蒙古、中亚、地中海、哈萨克斯坦、欧洲（南部）也有分布。

生境及适应性： 常生于荒漠草原、山前洪积扇砾石沙地、荒漠河谷。霸王天然分布于强光照、干旱缺水、土壤贫瘠和盐渍化较重的严酷环境。

观赏及应用价值： 地被、岩生植物、固沙植物；干旱荒山造林的先锋灌木树种之一，可与白刺、野枸杞、沙棘、柠条、柽柳、紫穗槐、梭梭、花棒等混交，进行水土保持和荒山绿化造林。果类亦较可爱可赏。

中文名	**大叶驼蹄瓣**
拉丁名	*Zygophyllum macropodum*

基本形态特征： 多年生草本。根木质、粗壮，茎具细沟棱。托叶草质，先端锐尖；叶柄具狭翼；小叶1对，斜卵圆形或矩圆形，先端稍圆形。花梗长5～12mm；花2朵并生于叶腋；萼片长约8mm，宽约5mm，2片，卵形；花瓣白色，矩圆形，基部稍狭，其中3片顶端微缺；雄蕊10，其中5枚长约12mm，5枚长约14mm，鳞片长为花丝之半或稍长。蒴果圆柱形，两端钝，具5棱，竖立。花期5月，果期7～8月。

分布： 产准噶尔盆地。中亚也有分布。

生境及适应性： 生长于荒地、田边、盐渍化沙地。适应性强，对土壤要求不严，耐干旱贫瘠。

观赏及应用价值： 观花、观叶类。叶薄肉质，花与叶皆形态奇特，可用于岩石园，形成与岩石相伴的景观，也可作盆栽用于室内观赏。

中文名	**宽叶石生驼蹄瓣**
拉丁名	*Zygophyllum rosovii* var. *latifolium*

基本形态特征： 多年生草本，高10~15cm，根木质。小叶1对，卵形，长8~18mm，宽5~8mm，绿色，先端锐尖或圆钝。花1~2腋生；花瓣5，倒卵形，与萼片近等长，先端圆形，白色，下部橘红色，基部渐狭成爪；雄蕊长于花瓣，橙黄色，鳞片矩圆形，上部有齿或全缘。蒴果条状披针形，长18~25mm，宽约5mm，先端渐尖，稍弯或镰刀状弯曲，下垂。种子灰蓝色，矩圆状卵形。花期4~6月，果期6~7月。

分布： 产和田、吐鲁番、哈密。分布于内蒙古阿拉善盟、甘肃河西；中亚也有。

生境及适应性： 生长于石质或砾质沙地；喜阳，耐干旱贫瘠。

观赏及应用价值： 观叶观花地被。花、叶奇特，花丝美丽。可应用于岩石园，营造与岩石相伴的景观，亦可开发为盆栽观赏。

白刺属 *Nitraria*

中文名	**白刺**
拉丁名	*Nitraria tangutorum*

基本形态特征： 灌木，高1~2m。多分枝，弯、平卧或开展；不孕枝先端刺针状；嫩枝白色。叶在嫩枝上2~3（4）片簇生，宽倒披针形，长18~30mm，宽6~8mm，先端圆钝，基部渐窄成楔形，全缘，稀先端齿裂。花排列较密集。核果卵形，有时椭圆形，熟时深红色，果汁玫瑰色，长8~12mm，直径6~9mm。果核狭卵形，长5~6mm，先端短渐尖。花期5~6月，果期7~8月。

分布： 产克孜勒苏、喀什。海拔2300~3500m。塔吉克斯坦（东帕米尔）有分布。

生境及适应性： 常生于高山荒漠带岩石边河流沿岸及湖岸边盐碱地；耐干旱贫瘠，对土壤要求不严。

观赏及应用价值： 观花观果类，白花红果。株丛稍铺散，覆盖效果好，花量大而密集，果实鲜亮，观赏期长，既是良好的固沙植物，也是沙区、旱区较好的地被植物，亦可用于岩石园边缘点缀。果可药用，食用。

牻牛儿苗科 GERANIACEAE　老鹳草属 *Geranium*

中文名	**白花老鹳草**
拉丁名	*Geranium albiflorum*

基本形态特征： 多年生草本，高30～50cm。根茎直生，粗壮，具簇生纤维状细长须根，上部围以残存基生托叶。茎直立，单生，具棱槽，假二叉状分枝，被倒向短柔毛，有时上部混生开展腺毛。叶基生和茎上对生；托叶卵状三角形或上部为狭披针形，长5～8mm，宽1～3mm。花序腋生和顶生，稍长于叶，总花梗被倒向短柔毛，有时混生腺毛，每梗具2花；花瓣白色或淡红色，倒卵形，与萼片近等长。蒴果长约2cm，被短柔毛和长糙毛。花期6～8月，果期8～9月。

分布： 产新疆北部山地。东欧至俄罗斯西伯利亚和蒙古有分布。

生境及适应性： 生于山地森林河谷和亚高山草甸。喜生于气候温暖、较潮湿、土壤疏松而肥沃、土层深厚、微酸性、排水良好的山坡或山谷、疏林中或林缘。

观赏及应用价值： 花冠白色，清新淡雅，花期时间长，具有一定的观赏价值，适宜作为花坛、花境；也可以点缀草坪、坡道或道路两侧等。

中文名	**草地老鹳草**
拉丁名	*Geranium pratense*
别名	草原老鹳草

基本形态特征： 多年生草本，高30～50cm。茎单一或数个丛生，直立。叶基生和茎上对生；托叶披针形或宽披针形；基生叶和茎下部叶具长柄，柄长为叶片的3～4倍；叶片肾圆形或上部叶五角状肾圆形，基部宽心形，掌状7～9深裂近茎部，裂片菱形或狭菱形，羽状深裂。总花梗腋生或于茎顶集为聚伞花序，长于叶，每梗具2花；苞片狭披针形，花梗明显短于花，萼片卵状椭圆形或椭圆形；花瓣蓝紫色，宽倒卵形，先端钝圆，茎部楔形；花丝上部紫红色，下部扩展，花药紫红色。蒴果长2.5～3cm，被短柔毛和腺毛。花期6～7月，果期7～9月。

分布： 产阿勒泰、塔城、昌吉、伊犁、哈密、吐鲁番、巴音郭楞、克孜勒苏等地。海拔1400～3100m。

生境及适应性： 生于山地草原、灌丛及林缘。耐寒，耐湿，喜光照充足。

观赏及应用价值： 观花、观叶类。花形饱满，蓝紫色，明亮，花瓣网脉明显；叶形奇特，秋季变红。可用于布置花境。

中文名	**朝鲜老鹳草**
拉丁名	*Geranium koreanum*

基本形态特征： 多年生草本，高30～50cm。茎直立，具棱槽。叶基生和茎上对生；基生叶和茎下部叶具长柄，柄长为叶片的3～4倍；叶片五角状肾圆形，长5～6cm，宽8～9cm，3～5深裂至3/5处，裂片宽楔形。花序腋生或顶生，二歧聚伞状，长于叶，具2花；花梗与总花梗相似，长为花的1.5～2倍，直立或稍弯曲，果期下折；萼片长卵形或矩圆状椭圆形；花瓣淡紫色，倒圆卵形，先端圆形，基部楔形，被白色糙毛，雄蕊稍长于萼片，花丝棕色，下部边缘被长糙毛；雌蕊被短糙毛，花柱上部棕色，蒴果长约2cm，被短糙毛。花期7～8月，果期8～9月。

分布： 产天山。海拔500～800m。也分布于辽宁东部和山东沿海地区。

生境及适应性： 生于山地阔叶林下和草甸。喜光，耐寒，耐湿。

观赏及应用价值： 观花、观叶类。花瓣粉紫色，瓣脉紫色美丽；秋季叶色变红。可用于布置花境、庭院或盆栽。

中文名	**杈枝老鹳草**
拉丁名	*Geranium divaricatum*

基本形态特征： 一年生草本，高20～40cm。茎直立，多分枝，被伏毛，茎上部杂有腺毛。叶对生，下部叶五角形，上部叶五角状圆形，长宽均4～5cm，五深裂，裂片菱形或倒卵形，再次羽状深裂或半裂；小裂片约2对，不裂或有齿；叶具柄，长2～2.5cm，叶两面及叶柄被短伏毛。花序腋生，花序轴长3～5cm，通常具小花2；小花梗长2～2.5cm，果期顶端向下弯曲，花序轴和花梗上均密被开展的长毛和有柄腺毛；蒴果长1.5～2cm。花果期7～9月。

分布： 产阿勒泰、富蕴等地。俄罗斯、哈萨克斯坦、欧洲均有分布。

生境及适应性： 常生荒漠草原和山地草原。喜阳，喜冷凉。

观赏及应用价值： 观花地被。花朵可爱、花量大，株型圆整。可作为地被、花境材料。

中文名　**球根老鹳草**
拉丁名　*Geranium linearilobum*

基本形态特征： 多年生草本，高15～20cm。根具膨大的2～3个倒卵形或近球形块根，深褐色。茎直立，单一，不分枝或上部假二叉状分枝；叶基生和茎上叶互生或对生；托叶三角形；基生叶具长柄，茎生叶柄等于或稍短于叶片，上部叶近无柄；叶片圆形，掌状7～9深裂几达基部，裂片狭菱形或上部裂片几为条形，边缘具深浅不等的齿。花序腋生和顶生或于茎顶呈聚伞状，总花梗密被开展柔毛，苞片钻状；花梗直立；萼片卵形或椭圆形；花瓣倒卵形，紫红色，先端2浅裂；雄蕊稍长于萼片。蒴果。花期5～6月，果期6月。

分布： 产新疆西部。吉尔吉斯斯坦、塔吉克斯坦、乌兹别克斯坦和哈萨克斯坦有分布。

生境及适应性： 生于山前荒漠和草原。喜阳，耐半阴，耐寒，稍耐贫瘠。

观赏及应用价值： 观花类。叶形美观，花色鲜艳，花色多，花美观，植株矮小，适合做地被、花境或开发盆栽。

中文名　**蓝花老鹳草**
拉丁名　*Geranium pseudosibiricum*

基本形态特征： 多年生草本，高25～40cm。茎多数，下部仰卧，具明显棱槽，假二叉状分枝，被倒向短柔毛，上部混生腺毛。叶基生和茎上对生；托叶三角形，长4～5mm，宽1.5～2mm；叶片肾圆形，掌状5～7裂近基部，裂片菱形或倒卵状楔形。总状花序腋生，苞片钻状披针形，长2～3mm；花梗与总花梗相似，长为花的1.5～2倍，直生或果期花梗基部下折；花瓣宽倒卵形，紫红色，长为萼片2倍，先端钝圆，基部楔形，被长柔毛。蒴果长2～2.5cm，被短柔毛和开展腺毛。花期7～8月，果期8～9月。

分布： 产阿勒泰、塔城、昌吉、伊犁、哈密、吐鲁番、巴音郭楞、克孜勒苏。海拔1400～3100m。东北、华北、西北及四川有分布；俄罗斯、蒙古、日本、朝鲜及欧洲、北美洲也有分布。

生境及适应性： 常生于山地草原、灌丛及林缘。喜阳，耐半阴，耐寒，稍耐贫瘠。

观赏及应用价值： 观花地被。花紫红色，可栽植于草坪边缘，做镶边材料，亦可用于花境、开发盆栽。

凤仙花科 BALSAMINACEAE 凤仙花属 *Impatiens*

中文名	**短距凤仙花**
拉丁名	*Impatiens brachycentra*

基本形态特征：一年生草本，高30～60cm，有纤维状根。茎多汁，直立，分枝或不分枝。叶互生，椭圆形或卵状椭圆形，长6～15cm，宽2～5cm，先端渐尖，基部楔形，边缘有具小尖的圆锯齿，侧脉5～7对，叶柄长1～2.5cm。总花梗腋生，长5～10cm，花4～12朵排成总状花序；花梗纤细，基部有1披针形苞片，苞片小，宿存；花极小，淡白色或淡黄色，直立；蒴果条状矩圆形。花期8～9月。

分布：产于新疆伊犁地区。海拔850～2100m。中亚也有分布。

生境及适应性：常生于山坡林下、林缘或山谷水旁及沼泽地。喜阴湿，耐寒。

观赏及应用价值：观花。花朵奇特，植株低矮。为较好的耐阴地被，亦可开发盆栽。

伞形科 APIACEAE 葛缕子属 *Carum*

中文名	**葛缕子**
拉丁名	*Carum carvi*

基本形态特征：多年生草本，高30～70cm，根圆柱形，长4～25cm，径5～10mm，表皮棕褐色。茎通常单生，稀2～8。基生叶及茎下部叶的叶柄与叶片近等长，或略短于叶片，叶片轮廓长圆状披针形，长5～10cm，宽2～3cm，二至三回羽状分裂，末回裂片线形或线状披针形，茎中、上部叶与基生叶同形，较小，无柄或有短柄。无总苞片，稀1～3，线形；伞辐5～10，极不等长，长1～4cm，无小总苞或偶有1～3片，线形；小伞形花序有花5～15，花杂性，无萼齿，花瓣白色，或带淡红色。果实长卵形，成熟后黄褐色，果棱明显。花果期5～8月。

分布：产乌鲁木齐、哈密、昌吉、巴音郭楞、喀什、伊犁、阿勒泰等地。也产东北、华北、西北、西藏及四川西部；分布于欧洲、北美、北非和亚洲。

生境及适应性：生于河滩草丛中、林下或高山草甸。耐阴，喜湿，耐寒。

观赏及应用价值：观花类。伞形花序，花白色，花梗细长，植株秀雅。多用作花境材料。

隐盘芹属 *Prangos*

中文名	**新哈栓翅芹**
拉丁名	*Prangos herderi*

基本形态特征： 多年生草本。茎单一，从中部以下分枝，糙被小的乳状凸起。叶粗糙，被小的乳状凸起，基生叶片四至五回羽状全裂，末回裂片线形，稍弯曲；茎生叶较小，简化，有短而宽的鞘。复伞房花序生于茎枝顶端，伞幅（5）8~16（20），总苞片2~7，线形或线状披针形，边缘白膜质；小总苞片小，与总苞片相似，线状披针形或披针形；花黄色，花瓣卵状披针形。果实卵状椭圆形（未成熟），平滑无棱。花期5~6月，果期6~7月。

分布： 产新疆北部。海拔1100~1200m。哈萨克斯坦也有分布。

生境及适应性： 生于砾石质山坡。喜阳，耐寒，耐贫瘠。

观赏及应用价值： 观花类。复伞房花序，黄色花，小而密集，观赏价值较高。可用作花境或岩石园植物。

阿魏属 *Ferula*

中文名	**托里阿魏**
拉丁名	*Ferula krylovii*

基本形态特征： 多年生一次结果的草本，高0.5~1.5m，全株有强烈的葱蒜样臭味。根纺锤形。茎粗壮，单一。基生叶有短柄，柄的基部鞘状；叶片轮廓广卵形，三出式三回羽状全裂，末回裂片长圆形，基部下延，再深裂为披针形或具齿的小裂片；茎生叶向上简化，变小，叶鞘披针形。复伞形花序生于茎枝顶端，无总苞片；伞辐12~23，植株成熟时排列近球形，中央花序无梗，侧生花序2~3，花序梗长，超出中央花序；小伞形花序有花10~13；萼齿小；花瓣黄色；花柱基扁圆锥形，边缘增宽。分生果长椭圆形，背腹扁压。花期5~6月，果期6~7月。

分布： 产塔城。中亚和西西伯利亚也有分布。

生境及适应性： 生长于盐碱化的草地上。喜阳，耐寒耐旱，耐贫瘠。

观赏及应用价值： 观花类。复伞形花序黄色，硕大壮观，叶羽裂密集，观赏价值极高。可用作花境材料。

中文名	**山地阿魏**
拉丁名	*Ferula akitschkensis*

基本形态特征： 多年生草本，高1~1.5m，根纺锤形或圆柱形，粗壮。茎较细，成熟时为淡紫红色。基生叶有长柄，叶柄基部有叶鞘；叶片轮廓为宽菱形，三出三回羽状全裂，小裂片全缘或具齿；茎生叶向上简化，叶鞘披针形。复伞形花序生于茎枝顶端；总苞片披针形；伞辐10~20，开展或半球形；中央花序近无梗或有短梗，侧生花序2~4，对生或轮生，稀单一，花序梗长，超出中央花序；小伞形花序有花8~16，小总苞片5~7，披针形，宿存；萼齿三角形；花瓣黄色，椭圆形，顶端渐尖，向内弯曲。分生果椭圆形，背腹扁压。花期6月，果期7月。

分布： 产博尔塔拉、塔城、阿勒泰。海拔900~2100m。前苏联、哈萨克斯坦也有分布。

生境及适应性： 生长于阿拉套山、准噶尔西部山地和阿尔泰山的山地灌丛和草坡以及砾石质山坡上。喜阳，耐寒耐旱，稍耐贫瘠。

观赏及应用价值： 观花类。复伞形花序黄色，密集而硕大，观赏价值极高。多用作花境材料。

藁本属 *Ligusticum*

中文名	**短尖藁本**
拉丁名	***Ligusticum mucronatum***

基本形态特征： 多年生草本，高15～80cm。根多分叉。茎单生或多条簇生。基生叶具长柄；叶片轮廓长圆形，羽片5～7对，长圆状卵形，边缘及背面脉上具糙毛，羽片浅裂至深裂，裂片具短尖头；茎生叶少数，向上渐简化。复伞形花序顶生或侧生；总苞片少数，线形，边缘白色膜质，常早落；伞辐15～32，果期常外曲；小总苞片5～10，线状披针形；萼齿不明显；花瓣白色，倒卵形，先端具内折小舌片；花柱基圆锥形，花柱长，果期向下反曲。分生果背腹扁压，长圆状卵形。花期7～9月，果期8～10月。

分布： 产新疆北部。海拔1700～3300m。前苏联也有分布。

生境及适应性： 生于山坡、谷地、林下。喜半阴，耐寒，喜冷凉。

观赏及应用价值： 观花类。白色小花密集，分枝细长纤雅，花期较长，是很好的花境材料，也可开花时用作切花。

当归属 *Archangelica*

中文名	**短茎球序当归**
拉丁名	***Archangelica brevicaulis***

基本形态特征： 多年生草本。植株高20～100cm。茎单一，粗糙，有短硬毛，干旱环境下茎短缩。叶两面被短硬毛；基生叶片二至三回羽状全裂，末回裂片椭圆形至近圆形，沿缘有锯齿，齿端有短尖；茎生叶简化。复伞形花序，伞幅20～40（55），粗糙，有短硬毛，近等长，总苞片1～2，早落或无；花梗有短硬毛，不等长，小总苞片8～17；花瓣白色或淡绿色；花柱基边缘略呈波状，花柱外弯。果实椭圆形，果棱的背棱和中棱有窄翅，侧棱有较宽的翅。花期6～7月，果期7～8月。

分布： 产新疆天山地区。海拔150m以上。前苏联也有分布。

生境及适应性： 生于森林河谷和潮湿的阴坡亚高山草甸。喜半阴，耐寒，喜冷凉。

观赏及应用价值： 观花类。复伞形花序，白色或淡黄色花，小而密集，观赏价值较高。可用作花境或岩石园植物。

岩风属 *Libanotis*

中文名	**岩风**
拉丁名	*Libanotis buchtormensis*

基本形态特征： 多年生亚灌木状草本，高0.2～1m。根茎粗壮；根圆柱状，灰棕色，下部有少数分枝。茎单一或数茎丛生。基生叶多数丛生，有柄，三角状扁平，边缘膜质；叶片轮廓长圆形或长圆状卵形，二回羽状全裂或三回羽状深裂，光滑无毛；上部茎生叶无柄，仅有狭长披针形叶鞘；叶片较小，分裂回数较少。复伞形花序多分枝，花序梗粗壮有条棱；总苞片少数或无，线形或线状披针形；伞辐30～50，有条棱；小伞形花序有花25～40；小总苞片线形或线状披针形；花瓣白色，近圆形；萼齿披针形。分生果椭圆形。花期7～8月，果期8～9月。

分布： 产阿勒泰、塔城。海拔1000～3000m。也产宁夏、甘肃、陕西、四川等地；也分布前苏联、蒙古。

生境及适应性： 生于向阳石质山坡、石隙、路旁以及河滩草地。喜阳，耐寒，喜冷凉，稍耐贫瘠。

观赏及应用价值： 观花类。复伞形花序，花序梗长，白色小花，花量繁多且密集，多用作花境材料或岩石园。

峨参属 *Anthriscus*

中文名	**峨参**
拉丁名	*Anthriscus sylvestris*

基本形态特征： 二年生或多年生草本。茎较粗壮，高0.6～1.5m，多分枝，近无毛或下部有细柔毛。基生叶有长柄；叶片轮廓呈卵形，二回羽状分裂，一回羽片有长柄，卵形至宽卵形，有二回羽片3～4对，二回羽片有短柄，轮廓卵状披针形，羽状全裂或深裂，末回裂片卵形或椭圆状卵形，有粗锯齿；茎上部叶有短柄或无柄，基部呈鞘状，有时边缘有毛。复伞形花序，不等长；小总苞片5～8，卵形至披针形，顶端尖锐，反折，边缘有睫毛或近无毛；花白色，通常带绿或黄色。果实长卵形至线状长圆形，光滑或疏生小瘤点。花果期4～5月。

分布： 产新疆天山。海拔4500m左右。也产辽宁、河北、河南、山西、陕西、江苏、安徽、浙江、江西、湖北、四川、云南、内蒙古、甘肃；欧洲及北美也有分布。

生境及适应性： 生长在山坡林下或路旁以及山谷溪边石缝中。喜湿，耐旱，耐阴，更耐寒冷。

观赏及应用价值： 观花类。白色小花密集淡雅，分枝细长，是很好的地被、花境材料，也可开发作切花。

柴胡属 *Bupleurum*

| 中文名 | **金黄柴胡** |
| 拉丁名 | ***Bupleurum aureum*** |

基本形态特征：多年生草本，有匍匐根茎，棕色。茎1～3，高50～120cm，有细槽纹，浅黄绿色，有时带淡紫色，光滑，有光泽。叶大型，表面鲜绿色，背面带粉绿色白霜；茎下部叶有长柄；叶片广卵形，近圆形，或长倒卵形；茎中部以上叶为穿茎叶，叶片呈大头提琴状，基部耳形抱茎；顶部叶渐变小，由穿茎型过渡到心形而抱茎，卵圆形或心形。顶生花序，总苞片3～5，卵形、三角形以至近圆形；伞辐6～10；小总苞片5，稀为6～7，金黄色，广卵形或椭圆形；花瓣黄色，长方形；花柱基浅黄色，扁盘形。果长圆形至椭圆形，深褐色。花期7～8月，果期8～9月。

分布：产新疆天山。海拔1000～1900m。分布蒙古、前苏联欧洲部分和西伯利亚。

生境及适应性：生长于山坡林缘、灌木林中、有树林的草地和沿河岸边。喜阳，耐寒，稍耐旱。

观赏及应用价值：观花类。黄色顶生花序，分枝细长，花大而密集，可用作花境材料，也可开花时用作切花。

龙胆科 GENTIANACEAE　扁蕾属 *Gentianopsis*

| 中文名 | **扁蕾** |
| 拉丁名 | ***Gentianopsis barbata*** |

基本形态特征：一年生或二年生草本，高8～40mm。花单生茎或分枝顶端；花梗直立，近圆柱形，有明显的条棱，长达15cm，果时更长；花萼筒状，稍扁，略短于花冠，或与花冠筒等长，裂片2对，不等长，异形，具白色膜质边缘；花冠筒状漏斗形，筒部黄白色，檐部蓝色或淡蓝色，长2.5～5cm，口部宽达12mm，裂片椭圆形，长6～12mm，宽6～8mm。蒴果具短柄，与花冠等长。花果期7～9月。

分布：产阿勒泰、昌吉、乌鲁木齐、塔城、伊犁、哈密、喀什。分布于东北和华北各地；俄罗斯、蒙古、中亚各国也有分布。

生境及适应性：生于阿尔泰山、天山、帕米尔高原的山地草原至高山草甸草原。耐寒，喜冷凉，耐半阴。

观赏及应用价值：观花类。花色高雅，花朵奇特，可作花境点缀、岩石园或盆栽开发；可药用。

龙胆属 *Gentiana*

中文名	**早春龙胆**
拉丁名	*Gentiana verna* subsp. *pontica*

基本形态特征： 多年生草本，高2～12cm。根状茎细，匍匐。茎四棱，直立。基生叶聚成密集的莲座状，长卵圆形，长15～35mm，宽8～15mm，茎生叶基部连合成短叶鞘。花单生茎顶；萼筒稍膨胀，长15～25mm，绿色，具棱肋；花冠筒长35～45mm，蓝色；子房具短柄。蒴果长圆状披针形。花期6～7月，果期7～8月。

分布： 产塔城、阿勒泰、博尔塔拉等地。海拔1800～2600m。国外分布于中亚、西伯利亚。

生境及适应性： 生于山地阴坡或湖边、森林草原带及冰斗、毛毡草甸上。喜冷凉，喜湿，喜光也稍耐阴。

观赏及应用价值： 观花类。蓝色花鲜艳亮丽，观赏性强。可盆栽观赏或用于布置高海拔地区岩石园。

中文名	斜升秦艽
拉丁名	*Gentiana decumbens*

基本形态特征： 多年生草本，高15～45cm，全株光滑无毛，基部被枯存的纤维状叶鞘包裹，须根多条，黏结或扭结成一个圆锥形的根。枝少数丛生，斜升，黄绿色，近圆形。莲座丛叶宽线形或线状椭圆形，长3.5～16cm，宽0.4～1.8cm，先端渐尖，基部渐狭，边缘粗糙，叶脉1～5条。聚伞花序顶生及腋生，排列成疏松的花序；花冠蓝紫色，筒状钟形，长3～3.5cm，裂片卵圆形。花果期8月。

分布： 产新疆西北部。海拔1200～2640m。在内蒙古东北部也有分布。

生境及适应性： 生于干草原、山坡草地、林间草地及河谷潮湿低地，喜湿润、凉爽气候，耐寒。怕积水，忌强光。

观赏及应用价值： 观花类。花序花量较多，花冠蓝色，鲜艳美丽，具有很高的观赏价值，可以作花境、花坛应用，也可以点缀草坪、庭院。

中文名	假水生龙胆
拉丁名	*Gentiana pseudoaquatica*

基本形态特征： 一年生草本，高3～5cm。茎紫红色或黄绿色，密被乳突，自基部多分枝，似丛生状，枝再作多次二歧分枝，铺散，斜升。叶先端钝圆或急尖，外反，边缘软骨质，具极细乳突，两面光滑。花多数，单生于小枝顶端；花梗紫红色或黄绿色，长2～13mm，藏于上部叶中或裸露；花萼筒状漏斗形，长5～6mm，裂片三角形；花冠深蓝色，外面常具黄绿色宽条纹，漏斗形，长9～14mm。蒴果外裸，倒卵状矩圆形，长3～4mm，先端圆形。花果期4～8月。

分布： 产巴音郭楞。海拔1100～4650m。也产西藏、四川、青海、甘肃等地。

生境及适应性： 生于河滩、水沟边、山坡草地、山谷潮湿地、沼泽草甸、林间空地及林下、灌丛草甸。喜冷凉气候，有较强的耐寒性。

观赏及应用价值： 观花类。花色艳丽，花形美观奇特，适宜作花境材料或盆花，也可点缀草坪、庭院等。

中文名	**高山龙胆**
拉丁名	*Gentiana algida*

基本形态特征：多年生草本，高8~20cm，基部被黑褐色枯老膜质叶鞘包围。根茎短缩，直立或斜伸，具多数略肉质的须根。叶大部分基生，先端钝，基部渐狭，叶脉1~3条，在两面均明显，并在下面稍突起，叶片狭椭圆形或椭圆状披针形，长1.8~2.8cm，宽0.4~0.8cm，两端钝，叶脉1~3条，在两面均明显，并在下面稍突起。花常1~3朵，稀至5朵，顶生；无花梗或具短花梗。蒴果内藏或外露，椭圆状披针形，先端急尖。花果期7~9月。

分布：产塔城。海拔1200~5300m。在吉林（长白山）也有分布。

生境及适应性：生长在山坡草地、河滩草地、灌丛中、林下、高山冻原。喜阳，耐寒，喜冷凉。

观赏及应用价值：观花。花形独特，花色明丽，花瓣斑点美丽，可引种用于花境、盆花，也可以做地被植物。可入药。

假龙胆属 *Gentianella*

中文名	**新疆假龙胆**
拉丁名	*Gentianella turkestanorum*

基本形态特征： 一年生或二年生草本，高10～35cm。茎单生，直立，近四棱形，光滑，常带紫红色，常从基部起分枝，枝细瘦。叶无柄，卵形或卵状披针形，长至4.5cm，宽至2cm。聚伞花序顶生和腋生，多花，密集，其下有叶状苞片；花5数，大小不等；花冠淡蓝色，具深色细纵条纹，筒状或狭钟状筒形，长7～20mm，浅裂，裂片椭圆形或椭圆状三角形。蒴果具短柄，长1.8～2.2cm。花果期6～7月。

分布： 产阿勒泰、昌吉、乌鲁木齐、塔城、博尔塔拉、伊犁、克孜勒苏、喀什。海拔1500～3100m。

生境及适应性： 生于河边、湖边台地、阴坡草地、林下。喜冷凉气候，有较强的耐寒性。

观赏及应用价值： 观花。花色艳丽，色彩明丽，花密集、量大，适宜作为花境材料或盆花，也可点缀草坪、庭院等。

獐牙菜属 *Swertia*

中文名	**互叶獐牙菜**
拉丁名	*Swertia obtusa*

基本形态特征： 多年生草本，高15～40（60）cm。茎直立，黄绿色，中空，近圆形，具细条棱，不分枝。叶全部互生；基生叶和茎下部叶具长柄，叶片矩圆形，长4～9cm，宽2～4cm，先端钝圆，基部渐狭成柄，并向叶柄下延成翅。聚伞花序或狭窄的圆锥状复聚伞花序，长8.5～21cm，具多花；花梗黄绿色，斜伸，不整齐，长1.2～3cm，果时略长；花5数，直径1.2～1.6cm。蒴果无柄，卵状椭圆形，与宿存花冠等长，长1.3～1.5cm。花果期8～9月。

分布： 产阿勒泰、塔城、伊犁。俄罗斯、蒙古、哈萨克斯坦有分布。

生境及适应性： 常生于阿尔泰山、塔尔巴哈台山、天山北坡亚高山至高山草甸。喜阳，耐半阴，喜冷凉。

观赏及应用价值： 观花。花蓝紫色美丽，花序直立，花量较大，可作林下或林缘地被，亦可用于花境、盆栽。

中文名	**膜边獐牙菜**
拉丁名	*Swertia marginata*

基本形态特征： 多年生草本，高15～35cm。茎直立，黄绿色，中空，近圆形；叶片线状椭圆形或狭椭圆形，长3～8cm，宽0.8～2.5cm，先端钝圆，基部渐狭成柄，叶脉3～5条，细而明显，叶柄扁平，长3～7.5cm。圆锥状复聚伞花序密集，常狭窄，有间断，多花，长8～15cm；花梗黄绿色，斜伸或直立，不整齐，长5～15cm；花5数，直径1.3～1.5cm。蒴果无柄，狭卵形，与宿存花冠等长。花果期8～9月。

分布： 产阿勒泰、塔城、伊犁、巴音郭楞、克孜勒苏、喀什。俄罗斯、哈萨克斯坦、吉尔吉斯斯坦、塔吉克斯坦、蒙古、巴基斯坦及克什米尔地区也有分布。

生境及适应性： 常生于阿尔泰山、塔尔巴哈台山、天山、帕米尔高原的亚高山至高山草甸草原。喜阳，喜冷凉，稍耐贫瘠。

观赏及应用价值： 观花。花色明丽，斑纹美丽，花朵密集，观赏性强。可作花境、盆栽。全草入药。

喉毛花属 *Comastoma*

中文名 **镰萼喉毛花**
拉丁名 *Comastoma falcatum*

基本形态特征： 一年生草本，高4~25cm。叶大部分基生，叶片矩圆状匙形或矩圆形，长5~15mm，宽3~6mmm，先端钝或圆形，基部渐狭成柄，叶脉1~3条，叶柄长达20mm；茎生叶无柄，矩圆形，稀为卵形或矩圆状卵形，长8~15mm，一般宽3~4mm，有时宽达6mm，先端钝。花5数，单生分枝顶端；花梗常紫色，四棱形，长达12cm，一般长4~6cm。蒴果狭椭圆形或披针形。花果期7~9月。

分布： 产阿勒泰、昌吉、乌鲁木齐、塔城、伊犁、巴音郭楞、阿克苏、喀什、和田。海拔2100~5300m。

生境及适应性： 生于阿尔泰山、天山、昆仑山、帕米尔高原的亚高山至高山草甸草原。喜阳，耐寒，稍耐贫瘠。

观赏及应用价值： 观花。植株低矮，花形独特可爱，观赏性强，可做地被、花境或盆栽；全草入药。

荇菜属 *Nymphoides*

中文名	**荇菜**
拉丁名	*Nymphoides peltata*

基本形态特征： 多年生水生植物，枝条有二型，长枝匍匐于水底，如横走茎；短枝从长枝的节处长出。叶柄长度变化大，叶卵形，长3~5cm，宽3~5cm，上表面绿色，边缘具紫黑色斑块，下表面紫色，基部深裂成心形。花大而明显，花冠黄色，5裂，裂片边缘成须状，花冠裂片中间有一明显的皱痕，裂片口两侧有毛，裂片基部各有一丛毛，具有5枚腺体；雄蕊5枚，插于裂片之间，雌蕊柱头2裂；子房基部具5个蜜腺，柱头2裂，片状。蒴果椭圆形，不开裂。花期6~10月。

分布： 新疆分布广泛。原产中国，在西藏、青海、甘肃均有分布；从温带的欧洲到亚洲的印度、中国、日本、朝鲜、韩国等地都有它的踪迹。

生境及适应性： 喜阳，喜水湿，耐寒。

观赏及应用价值： 叶片小巧别致，鲜黄色花朵挺出水面，花多花期长，是庭院点缀水景的佳品，也用于绿化美化水面。全草入药。

夹竹桃科 APOCYNACEAE 罗布麻属 *Apocynum*

中文名	**罗布麻**
拉丁名	*Apocynum venetum*

基本形态特征： 直立半灌木，高1.5~3m，一般高约2m，最高可达4m，具乳汁；枝条对生或互生，圆筒形，光滑无毛，紫红色或淡红色。叶对生，仅在分枝处为近对生，叶片椭圆状披针形至卵圆状长圆形，长1~5cm，宽0.5~1.5cm。圆锥状聚伞花序一至多歧，通常顶生，有时腋生，花梗长约4mm，被短柔毛。蓇葖果2枚，平行或叉生，下垂。花期5~7月，果期8~9月。

分布： 产罗布泊附近和孔雀河、叶尔羌河、玉龙喀什河、和田河、克里亚河两岸；北疆哈巴河额尔齐斯河、伊犁河两岸。分布于华北、西北各地。

生境及适应性： 生于塔里木盆地各河岸盐碱地、盐生草甸。罗布麻抗逆性较强。它对土壤的要求不甚严格，在砂质土壤中也容易成活；在年降水量为100mm，甚至不足15mm，而蒸发量高达2500~3000mm的干旱地区，罗布麻仍生长良好。

观赏及应用价值： 观花。花量大，花期长，美丽、芳香，可用于花境及成片绿化美化。具有发达的蜜腺，是一种良好的蜜源植物。本种是我国野生大面积的纤维植物。

中文名	**大叶白麻**
拉丁名	*Apocynum hendersonii*
别　名	白麻、大花罗布麻

基本形态特征： 直立半灌木，高0.5~2.5m，一般高1m左右，植株含乳汁；枝条倾向茎的中轴，无毛。叶坚纸质，互生，叶片椭圆形至卵状椭圆形，叶两面特别是幼嫩时的叶背具有颗粒状突起，叶片长3~4cm，宽1~1.5cm。圆锥状的聚伞花序一至多歧，顶生；总花梗长2.5~9cm；花梗长0.3~1cm。蓇葖果2枚，叉生或平行，倒垂，长而细，圆筒状。花期5~9月，果期7~12月。

分布： 产南疆各地、哈密。分布于青海、甘肃等地；哈萨克斯坦、塔吉克斯坦、吉尔吉斯斯坦也有分布。

生境及适应性： 生于塔里木盆地盐碱荒地、沙漠边缘及河岸冲积平原和湖围。生境土壤多为盐化草甸土或草甸盐土，在轻中度及重度盐渍化环境中也能良好生长，生境土壤水分条件良好。喜阳、耐寒耐旱。

观赏及应用价值： 观花。花较大，颜色鲜艳，花量繁多，可用于花境及庭院点缀。腺体发达，是良好的蜜源植物。经济用途与罗布麻相同。

萝藦科 ASCLEPIADACEAE 鹅绒藤属 *Cynanchum*

中文名	**羊角子草**
拉丁名	*Cynanchum cathayense*

基本形态特征： 藤本；木质根，直径1.5～2cm，灰黄色；茎缠绕，下部多分枝，节上被长柔毛，节间被微柔毛或无毛。叶纸质，三角状或长圆状戟形，下部的叶长约6cm，宽3cm，顶端渐尖或急尖，基部心状戟形，两耳圆形；叶柄长为叶的2/3。聚伞花序伞形或伞房状，1～4个丛生，每花序有1～8朵花；花长约4mm；蓇葖果单生，披针形、狭卵形或线形。花期5～8月，果期8～12月。

分布： 产阿勒泰、昌吉、乌鲁木齐、克拉玛依、塔城、伊犁、哈密、吐鲁番、巴音郭楞、阿克苏、喀什。分布河北、内蒙古、宁夏、甘肃等地。

生境及适应性： 生于准噶尔及塔里木盆地绿洲及其边缘。喜阳，耐寒，耐旱，耐盐碱。

观赏及应用价值： 观花。藤本地被。花小巧而量大，缠绕性强，可用于藤架或岩石绿化。

茄科 SOLANACEAE 茄属 *Solanum*

中文名	**青杞**
拉丁名	*Solanum septemlobum*

基本形态特征： 直立草本或灌木状，茎具棱角，被白色具节弯卷的短柔毛至近于无毛。叶互生，卵形，长3～7cm，宽2～5cm，先端钝，基部楔形，通常7裂，有时5～6裂或上部的近全缘；叶柄长1～2cm，被有与茎相似的毛被。二歧聚伞花序，顶生或腋外生，总花梗长1～2.5cm，具微柔毛或近无毛，花梗纤细，长5～8mm，近无毛，基部具关节；花冠青紫色，直径约1cm，花冠筒隐于萼内，浆果近球状，熟时红色。花期夏秋间，果熟期秋末冬初。

分布： 产于新疆。海拔1500～2500m。分布甘肃、内蒙古、东北、河北、山西、陕西、山东、河南、安徽、江苏及四川等地。

生境及适应性： 喜光，多生于山坡向阳处。耐寒，耐贫瘠。

观赏及应用价值： 观花观果。花堇紫色，果鲜亮，观赏性强。植篱类，可用于藤架、岩石及边坡绿化。

枸杞属 *Lycium*

中文名	**黑果枸杞**
拉丁名	*Lycium ruthenicum*

基本形态特征： 多棘刺灌木，高20～50（150）cm，多分枝；叶2～6枚簇生于短枝上，在幼枝上则单叶互生，肥厚肉质，近无柄，条形、条状披针形或条状倒披针形，有时呈狭披针形，顶端钝圆，基部渐狭，两侧有时稍向下卷，中脉不明显，长0.5～3cm，宽2～7mm。花1～2朵生于短枝上；花梗细瘦，长0.5～1cm；花冠漏斗状，浅紫色。浆果紫黑色，球状，有时顶端稍凹陷。花果期5～10月。

分布： 产阿克苏、喀什、和田等地。分布于陕西北部、宁夏、甘肃、青海、新疆和西藏；中亚、高加索和欧洲亦有。

生境及适应性： 多生于盐碱土荒地、沙地或路旁。喜阳，耐寒耐旱，耐贫瘠。

观赏及应用价值： 观花观果类，叶亦奇特。可作花果灌木、绿篱。亦可药用。可作为水土保持的灌木。

天仙子属 *Hyoscyamus*

中文名	**天仙子**
拉丁名	*Hyoscyamus niger*

基本形态特征： 二年生草本，高达1m，全体被黏性腺毛。根较粗壮，肉质而后变纤维质，直径2～3cm。茎生叶卵形或三角状卵形，顶端钝或渐尖，无叶柄而基部半抱茎或宽楔形，边缘羽状浅裂或深裂，向茎顶端的叶呈浅波状。花在茎中部以下单生于叶腋，在茎上端则单生于苞状叶腋内而聚集成蝎尾式总状花序，通常偏向一侧，近无梗或仅有极短的花梗。蒴果包藏于宿存萼内，长卵圆状，长约1.5cm，直径约1.2cm。花期6～8月，果期8～10月。

分布： 南北疆均有分布。我国华北、西北及西南、华东亦有栽培或逸为野生；蒙古、前苏联、欧洲、印度亦有。

生境及适应性： 常生于南北疆平原及山区、路旁、村旁、田野及河边沙地。适应性强，当年生苗耐寒、喜光、喜肥、喜排水良好的砂壤土。

观赏及应用价值： 观花。花大，花色及花形美丽，花枝长而花多，观赏性强，可用于花坛花境等。根、叶、种子药用。种子油可供制肥皂。

旋花科 CONVOLVULACEAE 旋花属 *Convolvulus*

中文名	**灌木旋花**
拉丁名	*Convolvulus fruticosus*

基本形态特征： 亚灌木或小灌木，高达40～50cm，具多数成直角开展而密集的分枝，近垫状，枝条上具单一的短而坚硬的刺；叶几无柄，倒披针形至线形，稀长圆状倒卵形，先端锐尖或钝，基部渐狭。花单生，位于短的侧枝上，通常在末端具两个小刺，花梗长（1）2～6mm；萼片近等大，形状多变，宽卵形、卵形、椭圆形或椭圆状长圆形，长6～10mm，密被贴生或多少张开的毛；花冠狭漏斗形，长（15）17～26mm；雄蕊5，短于花冠。蒴果卵形。花期4～7月。

分布： 产乌鲁木齐、喀什、克孜勒苏等地。中亚、伊朗、蒙古亦有。

生境及适应性： 常生于准噶尔及塔里木盆地荒漠前山带。喜阳，耐寒耐旱，耐贫瘠。

观赏及应用价值： 观花。株型低矮紧凑，花量大而鲜艳，观赏性强。可应用于岩石园或开发盆栽。

花葱科 POLEMONIACEAE 花葱属 *Polemonium*

中文名	**花葱**
拉丁名	*Polemonium caeruleum*

基本形态特征： 多年生草本，高40～70cm。根匍匐，圆柱状，多纤维状须根。茎单一，直立，无毛或被疏柔毛。奇数羽状复叶互生，茎下部叶大，长约20cm，上部叶小，长7～14cm，叶柄长1.5～8cm，生下部者较长，上部具短叶柄或无柄；小叶互生，11～21片，矩圆状披针形、披针形或窄披针形，长10～30mm，宽2～7mm，全缘，无小叶柄，叶柄长3～5cm。聚伞圆锥花序顶生或上部叶腋生，疏生多花。蒴果宽卵形，长约5mm。花期6～8月，果期7～9月。

分布： 产阿勒泰、昌吉、乌鲁木齐、塔城、博尔塔拉、伊犁、巴音郭楞。海拔1700～2600m。分布东北各地、内蒙古、河北、山西、云南西北部；蒙古、前苏联和日本也有。

生境及适应性： 生于天山北坡、塔尔巴哈台山及阿尔泰山的山地草原及草甸。喜阳，耐寒，喜冷凉。

观赏及应用价值： 观花类。蓝色花，聚伞圆锥花序，花量较多，观赏价值极高。可用于花境或庭院布置，亦可选育切花品种。

紫草科 BORAGINACEAE 鹤虱属 *Lappula*

中文名	**短萼鹤虱**
拉丁名	*Lappula sinaica*

基本形态特征： 一年生草本。茎高15~40cm，通常基部具分枝，被灰色糙伏毛或半开展的糙毛。基生叶长圆形至长圆状披针形，长1.5~5cm，宽5~15mm，全缘；茎生叶较短而狭，无叶柄。花序果期伸长，基部常有1~2枚叶状苞片；苞片小，线形；果梗粗壮，直立；花萼深裂至基部，裂片长圆形至线形，直立；花冠淡蓝色，钟状，长约3mm，檐部直径2.5~3mm。小坚果宽金字塔形，密布颗粒状突起，边缘隆起成窄棱，棱上疏生1行极短的锚状刺，侧面也密生小疣状突起。花期5~6月，果期6~7月。

分布： 产乌鲁木齐。海拔1600~2000m。埃及西奈半岛、伊拉克、伊朗、阿富汗、巴基斯坦、印度西北部以及中亚均有分布。

生境及适应性： 生于天山北坡中部的山地草原、河谷、针叶林阳坡。喜光，喜温暖湿润。

观赏及应用价值： 观花、观果类。花淡蓝色，花量大，果形奇特，可供观赏，可作为花境、地被（花海）应用。

滇紫草属 *Onosma*

中文名	**昭苏滇紫草**
拉丁名	*Onosma echioides*

基本形态特征： 多年生草本，高20~40cm，植株绿黄色，密生开展的黄色长硬毛及短伏毛。基生叶倒披针形，长10~25cm，宽5~10mm，先端钝；茎生叶线形或披针形，长2.5~6.5cm，宽5~7mm。花序生茎顶及枝顶，花多数，密集；苞片披针形，长1~2cm，宽3~6mm；花梗短，长约5mm，被开展的黄色硬毛及短伏毛；花萼密生向上的长硬毛，裂片线状披针形；花冠黄色，筒状钟形，长2~2.5cm，基部直径2~2.5mm，向上逐渐扩张；花药基部结合，内藏；花柱伸出花冠外。小坚果黄褐色，具皱褶。花果期6月。

分布： 产塔城、伊犁、博尔塔拉等地。海拔1000~1500m。喜马拉雅山、克什米尔地区、西伯利亚及法国也有分布。

生境及适应性： 生于塔尔巴哈台山、天山的山地草原及砾石质山坡。喜阳，耐寒，耐贫瘠。

观赏及应用价值： 观花类。花黄色，花朵下垂可爱，可作为地被、花境、荒野绿化应用。

软紫草属 *Arnebia*

中文名	**黄花软紫草**
拉丁名	*Arnebia guttata*

基本形态特征： 多年生草本。根含紫色物质。茎通常2~4条，有时1条，直立，多分枝，高10~25cm，密生开展的长硬毛和短伏毛。叶无柄，匙状线形至线形，长1.5~5.5cm，宽3~11mm，先端钝。镰状聚伞花序长3~10cm，含多数花；苞片线状披针形；花冠黄色，筒状钟形，外面有短柔毛，檐部直径7~12mm，裂片宽卵形或半圆形，开展，常有紫色斑点或无；雄蕊着生花冠筒中部（长柱花）或喉部（短柱花）。小坚果三角状卵形，长2.5~3mm，淡黄褐色，有疣状突起。花果期6~10月。

分布： 产阿勒泰、塔城、伊犁、博尔塔拉、昌吉、吐鲁番、巴音郭楞、阿克苏、克孜勒苏、喀什等地。我国西藏、甘肃西部、宁夏、内蒙古、河北北部也产；印度西北部、克什米尔地区、阿富汗、伊朗、中亚及西伯利亚、蒙古也有分布。

生境及适应性： 生于阿尔泰山、准噶尔西部山地、天山、帕米尔高原及昆仑山的前山荒漠、砾石质山坡。喜阳，耐寒耐旱，耐贫瘠。

观赏及应用价值： 观花。花小而精巧，亮黄色，花眼漂亮，花朵密集。可用于花境或岩石园。

假狼紫草属 *Nonea*

中文名	**假狼紫草**
拉丁名	***Nonea caspica***

基本形态特征： 一年生草本。茎高5~25cm，常自基部分枝，分枝斜升或外倾，有开展的硬毛、短伏毛和腺毛。叶无柄，基生叶和茎下部叶线状倒披针形，长3~6cm，宽4~10mm。花序花期短，花密集，花后逐渐延长达15cm，花序轴、苞片、花梗及花萼都有短伏毛和长硬毛；花单生，花梗长约3mm。小坚果肾形，成熟时黑褐色，长约4mm，稍弯曲，无毛或未成熟前稍有柔毛，表面有横细肋，边缘有细齿。种子肾形，灰褐色。花果期4~6月。

分布： 产阿勒泰、塔城、伊犁、博尔塔拉、昌吉、乌鲁木齐、吐鲁番、哈密等地。中亚高加索、伊朗至东欧也有分布。

生境及适应性： 生于阿尔泰山、塔尔巴哈台山、准噶尔西部山地、天山前山带山坡、洪积扇、河谷阶地等处。喜阳，耐半阴，喜冷凉。

观赏及应用价值： 观花。花小而精致，花色鲜艳，可用于地被或花境点缀。

蓝蓟属 *Echium*

中文名	**蓝蓟**
拉丁名	***Echium vulgare***

基本形态特征： 二年生草本。茎高达100cm，有开展的长硬毛和短密伏毛，通常多分枝。基生叶和茎下部叶线状披针形，长可达12cm，宽可达1.4cm，基部渐狭成短柄，两面有长糙伏毛；茎上部叶较小，无柄。花序狭长，花多数，较密集；苞片狭披针形，长4~15mm；花萼5裂至基部，外面有长硬毛，裂片披针状线形，长约6mm，果期增大至10mm；花冠斜钟状，两侧对称，蓝紫色，长约1.2cm。小坚果卵形，表面有疣状突起。花果期6月。

分布： 产阿勒泰、乌鲁木齐、塔城、伊犁等地。北京、南京常有栽培供观赏。亚洲西部至欧洲有分布。

生境及适应性： 生于阿尔泰山、塔尔巴哈台山及天山的山地草原和山坡。适应性强，喜阳，耐寒耐旱。

观赏及应用价值： 观花。花鲜艳，花量大，密集，观赏性好，花期长，较耐寒，可用于花境，地被。

天芥菜属 *Heliotropium*

中文名	**椭圆叶天芥菜**
拉丁名	*Heliotropium ellipticum*

基本形态特征：多年生草本，高20~50cm。茎直立或斜升，自基部分枝，被向上反曲的糙伏毛或短硬毛。叶椭圆形或椭圆状卵形，长1.5~4cm，宽1~2.5cm，先端钝或尖，基部宽楔形或圆形，上面绿色，被稀疏短硬毛，下面灰绿色，短硬毛密生。镰状聚伞花序顶生及腋生，二叉状分枝或单一；花无梗，在花序枝上排为2列；花冠白色，长4~5mm，基部直径1.5~2mm，喉部稍收缩，檐部直径3~4mm。核果，分核卵形，具不明显的皱纹及细密的疣状突起。花果期7~9月。

分布：产阿勒泰、塔城、伊犁、博尔塔拉、昌吉、乌鲁木齐、吐鲁番、哈密、巴音郭楞、克孜勒苏、喀什等地。海拔700~1100m。分布中亚、伊朗及巴基斯坦。

生境及适应性：生于塔尔巴哈台山、天山、昆仑山的低山草坡、山沟、路旁及河谷等处。喜阳，耐寒耐旱。

观赏及应用价值：观花。花小而密集、可爱，抗性强，可作干旱区的地被及花境点缀。

聚合草属 *Symphytum*

中文名	**聚合草**
拉丁名	*Symphytum officinale*

基本形态特征：丛生型多年生草本，高30~90cm，全株被向下稍弧曲的硬毛和短伏毛。根发达、主根粗壮，淡紫褐色。茎数条，直立或斜升。基生叶通常50~80片，最多可达200片，具长柄，叶片带状披针形、卵状披针形至卵形，长30~60cm，宽10~20cm，稍肉质，先端渐尖；茎中部和上部叶较小，无柄，基部下延。花序含多数花，花冠长14~15mm，淡紫色、紫红色至黄白色。小坚果歪卵形，黑色，平滑，有光泽。花期5~10月。

分布：产阿勒泰、塔城、阿克苏等地。俄罗斯也有分布。

生境及适应性：生于阿尔泰山、塔尔巴哈台山及天山北坡山地草甸及林缘。为典型的中生植物。适宜地域较广，既耐寒又抗高温，不受地域限制；对土壤也无严格要求，除盐碱地、瘠薄地以及排水不良的低洼地外，一般土地均可种植。

观赏及应用价值：观花。聚合草花朵色彩美丽，花量大，盛开时繁花似锦，观赏性强，亦有很多园艺品种。可作庭院地被植物、花境或盆栽等。

勿忘草属 *Myosotis*

中文名	**草原勿忘草**
拉丁名	*Myosotis alpestris*
别　名	草原勿忘我

基本形态特征： 多年生草本。茎直立，单一或数条簇生，高20～45cm，通常具分枝，疏生开展的糙毛，有时被卷毛。基生叶和茎下部叶有柄，狭倒披针形、长圆状披针形或线状披针形，先端圆或稍尖，基部渐狭，下延成翅，两面被糙伏毛，毛基部具小形的基盘；茎中部以上叶无柄，较短而狭。花序在花期短，花后伸长，长达15cm，无苞片；花梗较粗；花萼果期增大，深裂为花萼长度的2/3～3/4，裂片披针形，顶端渐尖，密被伸展或具钩的毛；花冠蓝色，裂片5，近圆形；花药椭圆形，先端具圆形的附属物。小坚果卵形，暗褐色，平滑，有光泽，周围具狭边但顶端较明显。花果期6～7月。

分布： 产阿勒泰。也产云南、四川、江苏、华北、西北、东北；欧洲以及伊朗、前苏联、巴基斯坦、印度和克什米尔地区也有。

生境及适应性： 生于山地林缘或林下、山坡或山谷草地等处。耐阴，喜湿润气候，喜肥沃土壤。

观赏及应用价值： 观花类。蓝色花，花小而密集，地被效果好，观赏价值较高，多用作花坛、花境及地被材料，亦可作盆栽。

中文名	**湿地勿忘草**
拉丁名	*Myosotis caespitosa*

基本形态特征： 多年生草本，密生多数纤维状不定根。茎高15~50（70）cm，通常单一，有时数条，自下部或上部分枝，分枝斜升或开展，疏被向上的糙伏毛。茎下部叶具柄，叶片长圆形至倒披针形，全缘，先端钝，基部渐狭，两面被稀疏的糙伏毛；茎中部以上叶无柄，叶片倒披针形或线状披针形。花序花期较短，花后伸长，无苞片或仅下部数花有线形苞片；花梗通常比花萼长，平伸；花萼钟状，基部楔形，裂片三角形，短而直立，先端钝；花冠淡蓝色，筒部与花萼近等长，裂片卵形，平展，喉部黄色；花药椭圆形；花柱比花萼极短。小坚果卵形，光滑，暗褐色。花果期6~7月。

分布： 产乌鲁木齐、博尔塔拉、伊犁、塔城、阿勒泰等地。也产云南、四川、甘肃、河北及东北地区；亚洲、欧洲的温带及亚热带地区、北美洲及非洲北部也有分布。

生境及适应性： 生于溪边、水湿地及山坡湿润地。喜半阴，喜冷凉气候，喜湿润土壤。

观赏及应用价值： 观花类。花淡蓝色，花量密集，可用于布置花境，也可作盆花。

中文名	**稀花勿忘草**
拉丁名	*Myosotis sparsiflora*

基本形态特征： 一年生草本。茎细弱，铺散，高15~25cm，基部多分枝，分枝展散，疏生向下的钩状柔毛。茎下部叶倒卵形、长圆形或披针形，两面疏生柔毛；茎上部叶无柄，卵状披针形或椭圆形，先端尖。花序生于枝顶，细弱，散生少数花，下部花腋生，顶端数花无苞片；花梗在果期长达1.5cm，曲折或下弯，细弱呈线状，密被向上短柔毛和钩状毛；花萼长1.5~2mm；花冠淡蓝色，裂片小，卵形，与花冠筒近等长；花药卵形。小坚果卵形，深褐色，平滑，有光泽，长圆形，有短柔毛。花果期6~8月。

分布： 产伊犁。欧洲中部及中亚也有。

生境及适应性： 生于河滩潮湿地。喜阳，喜湿润，稍耐瘠薄。

观赏及应用价值： 观花类。花淡蓝色，小巧而精致，可用于布置花境、岩石园，也可作盆花。

唇形科 LAMIACEAE 薄荷属 *Mentha*

中文名	**留兰香**
拉丁名	*Mentha spicata*

基本形态特征： 多年生草本。茎直立，高40～130cm，无毛或近于无毛，绿色，钝四棱形，具槽及条纹，不育枝仅贴地生。叶无柄或近于无柄，卵状长圆形或长圆状披针形，长3～7cm，宽1～2cm，先端锐尖。轮伞花序生于茎及分枝顶端，呈长4～10cm、间断但向上密集的圆柱形穗状花序；小苞片线形，长过于花萼，长5～8mm，无毛；花梗长2mm，无毛；花冠淡紫色，长4mm，两面无毛；花盘平顶。花期7～9月。

分布： 产伊犁、塔城、阿勒泰、和田等地。我国各地也有栽培。

生境及适应性： 温度适应范围大，日平均气温高于5℃，土温达2℃以上时，留兰香的根、茎、鳞、芽开始萌发，生长期最适温度为25～30℃，在气温高于30～40℃时也能正常生长。喜湿润，喜光，适宜弱酸性土壤，以沙质、土质松散土壤为优，酸碱度以中性土壤为宜。

观赏及应用价值： 观花类。淡紫色穗状花序，花小密集，花叶有香味，可用作花境竖线条材料，也可作芳香专类园。叶、嫩枝或全草均可入药。

中文名	**薄荷**
拉丁名	*Mentha canadensis*

基本形态特征： 多年生草本。茎直立，高30～60cm。叶片长圆状披针形、椭圆形或卵状披针形，长3～5（7）cm，宽0.8～3cm，先端锐尖，基部楔形至近圆形，边缘在基部以上疏生粗大的牙齿状锯齿，侧脉5～6对。轮伞花序腋生，轮廓球形，花时径约18mm，具梗或无梗，具梗时梗可长达3mm，被微柔毛；花梗纤细，被微柔毛或近于无毛。小坚果卵珠形，黄褐色。花期7～9月，果期10月。

分布： 南北疆均有分布。我国各地均有分布；热带亚洲、远东地区、朝鲜、日本及北美洲（南达墨西哥）也有。

生境及适应性： 薄荷对温度适应能力较强，其根茎宿存越冬，能耐-15℃低温。其生长最适宜温度为25～30℃。气温低于15℃时生长缓慢，高于20℃时生长加快。在20～30℃时，只要水肥适宜，温度越高生长越快。薄荷为长日照作物，性喜阳光。

观赏及应用价值： 观花，花小而密，全株香，可用于专类园，是良好的香草地被植物，亦可盆栽。幼嫩茎尖可作菜食，全草又可入药。

荆芥属 *Nepeta*

中文名	**大花荆芥**
拉丁名	*Nepeta sibirica*

基本形态特征： 多年生植物；根茎木质，长，匍匐状，顶端有粗糙纤维。茎多数，上升，高约40cm。叶三角状长圆形至三角状披针形，先端急尖，基部近截形，常呈浅心形；茎下部叶具较长的柄。轮伞花序稀疏排列于茎顶部；苞叶叶状，向上变小，具极短的柄，上部的呈苞片状，披针形；苞片长为萼长1/3～1/4，线形。花冠蓝色或淡紫色，外疏被短柔毛，冠筒近直立，狭窄部分伸出于萼长1/2。花柱等于或略超出上唇。花期6～8月，花期8～9月，果期8～9月。

分布： 产阿勒泰、塔城等地。海拔1750～2650m。青海、宁夏、甘肃、黑龙江、辽宁等地也有分布；俄罗斯、蒙古也有。

生境及适应性： 生于阿尔泰山及准噶尔西部山地的草原带。喜阳，耐寒耐旱。

观赏及应用价值： 观花植物，花色鲜艳，花量大而花密集，可用作花境或地被，亦可盆栽。

百里香属 *Thymus*

中文名	**拟百里香**
拉丁名	*Thymus proximus*

基本形态特征： 半灌木。茎匍匐，不粗壮，圆柱形；花枝四棱形或近四棱形，密被下曲的柔毛，毛在节间多少有些两面交互对生，高2～8cm，有时分枝。叶椭圆形，稀卵圆形，花枝上的叶大多数长8～12mm，宽3～5mm，全缘或具不明显的小锯齿，腺点在下面明显。花序头状或稍伸长；苞叶卵圆形或宽卵圆形，无柄，边缘在基部被少数缘毛；花梗密被向下弯的柔毛。花萼钟形，长3.5～4.5mm，上唇齿三角形或狭三角形，被缘毛。花冠长约7mm，外被短柔毛。雄蕊稍外伸。花柱外伸，先端2浅裂，裂片近相等。花期7～8月。

分布： 产新疆北部。海拔2000～2100m。前苏联也有。

生境及适应性： 生于山沟潮湿地或山顶阳坡。喜阳，耐寒，稍耐旱，亦耐贫瘠。

观赏及应用价值： 观花类。粉红色小花，花量较密集，多作地被植物使用，具有较好的观赏价值，亦可用于岩石园。

中文名	**异株百里香**
拉丁名	*Thymus marschallianus*

基本形态特征： 半灌木。近直立或斜上升，多分枝，不育枝发达，被短柔毛；能开花结果的枝条一般高20～40cm，褐紫色，被有稀疏的向下短柔毛。叶对生或数个丛生在一起；叶片长圆状椭圆形或线状长圆形，两面绿色，只有背面被稀疏的柔毛，中脉及两对侧脉在背面较明显。轮伞花序间断性着生在枝条顶端形成稀疏的穗状花序；花两性，雌雄异株，两性花发育正常，雌性花冠较小，雄蕊不发育；花萼管状钟形，暗紫色，外被开展的疏柔毛；花冠红紫或紫色；雄蕊4在雌性花中，极短，不育。小坚果卵圆形，黑褐色，光滑。花期7月，果期8～9月。

分布： 产新疆南北各地。中亚也有分布。

生境及适应性： 生于山地砾石质坡地。喜阳，耐寒，稍耐旱。

观赏及应用价值： 花量大、花期长、具愉悦的香味等特性，是城市园林绿化中不可多得的优良地被植物，亦可盆栽。

黄芩属 *Scutellaria*

中文名	**盔状黄芩**
拉丁名	*Scutellaria galericulata*

基本形态特征： 多年生草本，根茎匍匐。茎直立，高35～40cm，锐四棱形。叶具短柄，密被短柔毛；叶片长圆状披针形，先端锐尖，基部心形，边缘具圆齿状锯齿，两面均被短柔毛。花单生于茎中部以上叶腋内；花梗密被短柔毛，靠近基部有一对线形无毛的小苞片；花冠紫色至蓝色，外被具腺短柔毛，冠筒基部囊状扩大，向上渐增大，冠檐二唇形；雄蕊4个，均内藏；花丝被疏柔毛；花柱先端微裂，花盘前方隆起，后方延伸成子房柄，子房4裂。小坚果黄色。花期6～7月，果期8月。

分布： 产阿勒泰、昌吉、塔城、伊犁等地。海拔440～1060m。在欧洲各国、远东地区、蒙古、日本也有。

生境及适应性： 生于北疆平原绿洲、水渠旁、湖边及潮湿的草丛中。喜阳，耐贫瘠，喜冷凉。

观赏及应用价值： 可整株观赏，全株密被白色茸毛，花朵颜色清新秀丽，可作地被、花境材料。

中文名	**深裂叶黄芩**
拉丁名	*Scutellaria przewalskii*

基本形态特征： 多年生半灌木；根茎木质，粗可达1.5cm，多弯拐。茎多数，高6~22cm，上升或近于平卧，曲折，钝四棱形，常呈紫色。叶片轮廓卵圆形或椭圆形，长（0.6）1.2~2.2cm，宽（0.4）0.8~1.5（2.2）cm，先端钝，基部近截形，边缘羽状深裂。花序总状，长2.5~5cm，果时长达7cm；花冠长2.5~3.3cm，黄色，或在上唇及下唇侧裂片处带紫，外被疏柔毛及具柄短腺毛。小坚果三棱状卵圆形，长1.5mm，宽1mm，腹面近基部1/3处具黑色果脐，密被灰白色茸毛。花期6~8月，花后结果。

分布： 产新疆天山南北。海拔900~2300m。在甘肃也有分布；前苏联也有。

生境及适应性： 生长于干旱砂砾质开阔坡地，以及河岸阶地、干沟等处。喜阳，耐寒耐旱，耐贫瘠。

观赏及应用价值： 观花。总状花序，花形奇特，花色鲜艳而密集，可用于花境的布置，也可做地被观赏、盆栽观赏。

中文名	宽苞黄芩
拉丁名	*Scutellaria sieversii*
别　名	准噶尔黄芩、平原黄芩

基本形态特征：小半灌木。茎基部木质化，匍匐或斜升，多由基部分枝，常带紫色，密被柔毛。叶对生，卵形或椭圆形，长0.5～2.5cm，宽0.4～1.6cm，先端激尖，基部宽楔形或截形，边缘具深锯齿、粗锯齿或圆锯齿状，上面密被短柔毛，下面密被灰白色毡毛。总状花序顶生，苞片膜质，卵形至宽卵形，花萼长2～3mm，果时萼与盾片均增大；花冠黄色，上唇盔状，下唇3裂，中裂片卵圆形，先端微凹，侧裂片较小。花期5～7月，果期6～8月。

分布：产天山北坡。海拔1200m。俄罗斯也有。

生境及适应性：生长在低山、丘陵阳坡砾石质土壤上。喜阳，耐旱，耐贫瘠。

观赏及应用价值：观花。花量大，花色明丽，植株匍匐效果好。可作地被、花境、岩石园布置。为中等饲草。

益母草属 *Leonurus*

中文名	灰白益母草
拉丁名	*Leonurus glaucescens*

基本形态特征：多年生草本，高20～80cm。茎单一，少数分枝，四棱形。茎上叶对生，轮廓为圆形，基部楔形，具5个楔状深裂片，每裂片再羽状浅裂，小裂片线形或披针形；花序上的苞叶轮廓为菱形，深裂达基部。轮伞花序腋生，呈圆球形，多数密集组成穗状花序；小苞片刺状；花萼倒圆锥形，外面具短柔毛，萼齿5个；花冠淡红紫色。花冠筒内有毛环，外面在中部以上被长柔毛，冠檐二唇形；雄蕊4个，前对较长，花丝丝状，被微柔毛，花药卵圆形；花柱丝状，先端相等2浅裂，花盘平顶。小坚果三棱形。花期6月，果期8月。

分布：产阿勒泰、布尔津等地。海拔1600～2500m。中亚、蒙古也有。

生境及适应性：生于山地草原及亚高山草甸。喜阳，耐半阴，耐寒，喜冷凉。

观赏及应用价值：花冠淡红紫色，植株及叶片纤细，成片栽培富有野趣。是良好的花境材料。

箭叶水苏属 *Metastachydium*

中文名	**箭叶水苏**
拉丁名	*Metastachydium sagittatum*

基本形态特征： 多年生草本，具有斜生根茎，其上有长须根。茎高40~70cm，钝四棱形，褐紫色或褐棕色，被有小而分枝的毛，在节下有较密集的毛被，基部有多数枯叶叶鞘。基出叶箭形，基部深心形，边缘有大的圆锯齿或圆齿，茎生叶1~2对，最上部的变小，比轮伞花序短。花序穗状，由4个远离及2~3个紧密接近的轮伞花序组成；苞片钻形，部分远离，部分贴近花，在基部合生达2/3，被具1~3节的粗毛及长放射线的星状毛；花萼浅绿紫色；花冠紫堇色。花期7月。

分布： 产伊犁及天山北坡一带。哈萨克斯坦也有。

生境及适应性： 生于天山伊犁草甸草原。喜半阴，耐寒，喜冷凉。

观赏及应用价值： 观花类。花序花量大，花色明丽，花枝长。可用作花境和地被。全草可入药。

牛至属 *Origanum*

中文名	**牛至**
拉丁名	*Origanum vulgare*

基本形态特征： 多年生草本或半灌木，芳香。茎直立或近基部伏地，通常高25~60cm，多少带紫色，四棱形，具倒向或微蜷曲的短柔毛。叶具柄，柄长2~7mm，腹面具槽，背面近圆形，被柔毛，叶片卵圆形或长圆状卵圆形，长1~4cm，宽0.4~1.5cm，先端钝或稍钝，基部宽楔形至近圆形或微心形，全缘或有远离的小锯齿，上面亮绿色，常带紫晕。花序呈伞房状圆锥花序，开张，多花密集，由多数长圆状在果时多少伸长的小穗状花序所组成；花冠紫红、淡红至白色，管状钟形，长7mm。小坚果卵圆形。花期7~9月，果期10~12月。

分布： 产北疆的山区。海拔500~3600m。我国各地有分布；欧洲、亚洲及北非也有，北美亦有引入。

生境及适应性： 生于天山、阿尔泰山、准噶尔西部山地的山地草甸、林缘及河谷、亚高山草原及河谷。喜阳，耐寒，稍耐旱。

观赏及应用价值： 观花。花量大，花朵及萼片皆可赏，观赏期长。全株有香味，观赏性强，可作地被、盆栽。本种全草可入药。

鼠尾草属 *Salvia*

中文名	**新疆鼠尾草**
拉丁名	*Salvia deserta*

基本形态特征： 多年生草本；根茎粗壮，木质，斜行，向下生出纤维状须根。茎单一或多数自根茎生出，高达70cm。叶卵圆形或披针状卵圆形，边缘具不整齐的圆锯齿。轮伞花序4~6花；苞片宽卵圆形，紫红色；花梗长1.5mm，与花序轴密被微柔毛；花萼卵状钟形；花冠蓝紫至紫色，冠檐二唇形，上唇椭圆形，下唇轮廓近圆形；雄蕊2，不外伸，与花冠等长；花柱与花冠等长；花盘前面稍膨大。小坚果倒卵圆形，长1.5mm，黑色，光滑。花果期6~10月。

分布： 产新疆北部。海拔270~1850m。前苏联也有。

生境及适应性： 生于田野荒地、沟边、沙滩草地及林下。喜阳，喜冷凉。

观赏及应用价值： 园林绿化方面可作盆栽，用于花坛、花境和园林景点的布置。同时，可点缀岩石旁、林缘空隙地及庭院，因适应性强，临水岸边也能种植，群植效果甚佳。

香薷属 *Elsholtzia*

中文名	**矮密花香薷**
拉丁名	*Elsholtzia densa* var. *calycocarpa*
别　名	矮香薷

基本形态特征： 一年生草本，高20～60cm。茎直立，四棱形，多从基部分枝，被短柔毛。叶长圆状披针形至椭圆形，长1～4cm，宽0.5～1.5cm，边缘在基部以上具锯齿，侧脉6～9对。穗状花序长圆形或近圆形，长2～6cm，密被紫色串珠状长柔毛，轮伞花序密集；苞片倒卵形，端圆；花淡紫色，萼齿5；冠檐二唇形，上唇直立，先端微缺，下唇3裂，中裂片端圆，较侧裂片短或相等；雄蕊4，前对较长，微外露；花柱外露，丝状，先端等2裂；花盘基部4浅裂。小坚果灰褐色，较大，近卵圆形。花果期7～10月。

分布： 产新疆天山。海拔2200～3500m。在内蒙古、西藏、北京、河北、山西、陕西、宁夏、甘肃、青海、四川、云南等地也有分布；在克什米尔地区、喜马拉雅山地、前苏联中亚地区、塔吉克斯坦、印度等地也有分布。

生境及适应性： 多生于山坡荒地，田边。喜阳，耐寒耐旱，稍耐贫瘠。

观赏及应用价值： 观花类。蓝紫色穗状花序，花密而香，叶亦香，观赏价值较高，可用于花境布置或盆栽。亦可药用。

中文名	**密花香薷**
拉丁名	*Elsholtzia densa*

基本形态特征： 草本，高20～60cm，密生须根。茎直立，自基部多分枝，分枝细长，茎及枝均四棱形，具槽，被短柔毛。叶长圆状披针形至椭圆形，长1～4cm，宽0.5～1.5cm，先端急尖或微钝，基部宽楔形或近圆形，边缘在基部以上具锯齿，草质，上面绿色下面较淡，两面被短柔毛；叶柄长0.3～1.3cm，背腹扁平，被短柔毛。穗状花序长圆形或近圆形，长2～6cm，宽1cm，密被紫色串珠状长柔毛，由密集的轮伞花序组成；花冠小，淡紫色。花、果期7～10月。

分布： 产天山北麓山区。海拔1800～4100m。我国各地有分布；中亚、蒙古、阿富汗、巴基斯坦、印度也有。

生境及适应性： 生于天山、阿尔泰山、准噶尔西部山地的山地草甸、林缘林间空地及灌丛中。喜阳，耐寒耐旱。

观赏及应用价值： 观花类。花序密集明丽，全株带香，低矮，观赏性强，是良好的香花地被、花境材料，亦可盆栽。在西藏代香薷用，可药用。

神香草属 *Hyssopus*

| 中文名 | **硬尖神香草** |
| 拉丁名 | *Hyssopus cuspidatus* |

基本形态特征：半灌木，高30～60cm。茎基部粗大，木质，褐色，常扭曲，有不规则剥落的皮层，自基部帚状分枝。叶线形，长1.5～4.5cm，宽2～4mm，大多长于节间，先端锥尖，具长约2mm、近于脱落锥状尖头，无柄，上面绿色，下面灰绿色。穗状花序多花，生于茎顶，长3～8cm，由轮伞花序组成，轮伞花序通常10花，具长1～2m的短梗，常偏向于一侧而呈半轮伞状。小坚果长圆状三棱形，褐色。花期7～8月，果期8～9月。

分布：产新疆北部。海拔1100～1800m。前苏联、蒙古也有。

生境及适应性：生于砾石及石质山坡干旱草地上。喜阳，耐寒耐旱，耐贫瘠。

观赏及应用价值：观花。花序密集，花色鲜艳，量大，可用于花境、岩石园或盆栽。

糙苏属 *Phlomis*

| 中文名 | **块根糙苏** |
| 拉丁名 | *Phlomis tuberosa* |

基本形态特征：多年生草本，高40～150cm；根块根状增粗。茎具分枝，染紫红色或绿色。基生叶或下部的茎生叶三角形，边缘为不整齐的粗圆齿状，中部的茎生叶三角状披针形，边缘为粗牙齿状，苞叶披针形，稀卵圆形。轮伞花序多数，彼此分离，多花密集；苞片线状钻形，与萼等长；花萼管状钟形，齿半圆形，具刺尖；花冠紫红色，外面唇瓣上密被具长射线的星状茸毛，冠檐二唇形，上唇边缘为不整齐的牙齿状，下唇卵形，侧裂片卵形。小坚果顶端被星状短毛。花果期7～9月。

分布：产阿勒泰、昌吉、伊犁、塔城等地。海拔1200～2100m。内蒙古及黑龙江也有分布；中欧各国，巴尔干半岛至伊朗、前苏联、蒙古也有。

生境及适应性：生于湿草原或山沟中。喜阳，耐寒，喜冷凉及稍疏松肥沃土壤。

观赏及应用价值：观花类。花冠紫红色，轮伞花序，多花密集，多应用于花境，也可应用于草地，增加绿地景观的层次感。

硬尖神香草/块根糙苏

中文名	草原糙苏
拉丁名	*Phlomis pratensis*

基本形态特征： 多年生草本。茎简单或具分枝，四棱形，具槽，下部及花序下面常被长柔毛，有时具一混生星状毛，其余部分通常被星状疏柔毛及单毛。基生叶及下部的茎生叶心状卵圆形或卵状长圆形，长10～17cm，宽3.5～12cm，先端急尖或钝，基部浅心形，边缘具圆齿，茎生叶圆形，较小。轮伞花序多花，具短总梗或近无梗，排列于主茎及分枝上部；花冠紫红色，为萼长之1.5～2倍，冠筒外面在下部无毛，其余部分被长柔毛。小坚果无毛。

分布： 产新疆南北各地。海拔1500～2550m。中亚也有分布。

生境及适应性： 生于阿尔泰山、天山、准噶尔西部山地，帕米尔高原及昆仑山的山地草甸及亚高山草甸。喜阳，耐寒，喜冷凉。

观赏及应用价值： 观花类。花冠紫红色，轮伞花序，多花密集，多应用于花境，也可应用于草地，增加绿地景观的层次感。

欧夏至草属 *Marrubium*

中文名	**欧夏至草**
拉丁名	*Marrubium vulgare*

基本形态特征： 多年生草本；根茎直伸，高30~40cm，钝四棱形，基部变木质。叶卵形、阔卵形至圆形，边缘有粗齿状锯齿；叶柄长0.7~1.5cm。轮伞花序腋生，多花，圆球状；苞片钻形，向外方反曲。花萼管状；花冠白色，冠筒长约6mm，外面密被短柔毛，冠檐二唇形，上唇与下唇等长或稍短于下唇，直伸或开张，先端2裂，下唇开张，3裂，中裂片最宽大，肾形，先端波状而2浅裂；雄蕊4，着生于冠筒中部，均内藏；花柱丝状。小坚果卵圆状三棱形。花期6~8月，花后结果。

分布： 产新疆西部。广布于中欧及前苏联。

生境及适应性： 生于路旁、沟边、干燥灰壤上。喜阳，耐旱，耐贫瘠。

观赏及应用价值： 观花、观叶类。白色花，轮伞花序密生，叶形奇特，纹路明显，观赏价值较高，可用作花境材料。

兔唇花属 *Lagochilus*

中文名	**阔刺兔唇花**
拉丁名	*Lagochilus platyacanthus*

基本形态特征： 多年生植物，高15~25cm。茎被糙伏毛。叶三出，羽状分裂，具线形或卵圆形的小裂片，边缘具小缘毛，先端渐尖，下部的叶片菱形，上部的圆形，均具长5~17mm的柄。轮伞花序4~8花；苞片长7~12mm，披针形，锐利，具明显的肋，锐刺状；萼齿卵圆形，先端几三角形，长6~7mm，宽4~5mm，与萼筒等长或比萼筒短；花冠长为花萼的2倍，上唇2~3深裂，具披针形裂片，下唇中裂片短缺，分成2圆形的裂片，侧裂片长圆形。花期6~7月。

分布： 产新疆南部。前苏联也有。

生境及适应性： 生于碎石坡灌丛或石滩中。喜阳，耐寒耐旱，耐贫瘠。

观赏及应用价值： 观花类。轮伞花序，花朵密集，花形可爱，红色花萼观赏期长，是较好的花境材料，亦可盆栽或用于岩石园。

青兰属 *Dracocephalum*

| 中文名 | **全缘叶青兰** |
| 拉丁名 | *Dracocephalum integrifolium* |

基本形态特征： 根茎近直，粗约5mm。茎多数，不分枝，直立或基部伏地，高17～37cm，紫褐色，钝四棱形，被倒向的小毛。叶几无柄，披针形或卵状披针形，长1.5～3cm，宽4～8mm，全缘。轮伞花序生茎顶部3～6对叶腋中；花具短梗；苞片倒卵形或倒卵状披针形，两侧具4～5小齿，齿具细刺。花萼红紫色，长10～17mm，筒部密被小毛，2裂约至1/3处，5齿近相等，均具短刺尖，上唇中齿卵形，侧齿披针形，下唇2齿也为披针形，较上唇侧齿稍窄。花冠蓝紫色，长14～17mm，外面密被白色柔毛。小坚果长圆形，褐色。花期7～8月。

分布： 产天山、阿尔泰等地。海拔1400～2450m。

生境及适应性： 生于云杉冷杉混交林下或森林草原中，喜温暖，耐旱，耐瘠薄但不耐涝。

观赏及应用价值： 观花类。花紫色，可作为地被、花境与盆栽。

中文名	**无髭毛建草**
拉丁名	*Dracocephalum imberbe*
别 名	光青兰

基本形态特征： 根茎粗3.5～9mm，顶部生数茎。茎直立或渐升，不分枝，长约25cm，被倒向小毛，夹以长柔毛。基出叶多数，具长柄，多被与茎相同的毛，叶片圆卵形或肾形，先端圆或钝，基部深心形，长1.7～3.7cm，宽1.5～4cm，两面沿脉上疏被短柔毛；茎中部叶具鞘状短柄，叶片卵圆形或肾形，基部心形。轮伞花序密集，头状；花萼长1.2～1.5cm，常带紫色，缘被白色睫毛，2裂至1/4处，上唇3深裂近本身基部，齿近等大；下唇2裂至基部，较狭；花冠蓝紫色，长2.5～3.7cm，外被柔毛。雄蕊不伸出，花丝疏被毛。花期7～8月。

分布： 产阿勒泰、昌吉、塔城、伊犁、巴音郭楞等地。海拔2400～2500m。中亚也有。

生境及适应性： 生于山地草坡，喜光喜温暖，耐旱，耐瘠薄。

观赏及应用价值： 观花类。花蓝紫色，花量大，花色艳丽，可作为花境与岩石园。叶可用于代茶。

中文名	**大花毛建草**
拉丁名	*Dracocephalum grandiflorum*

基本形态特征： 根茎斜，茎高15～26cm，不分枝，四棱形，密被倒向的短柔毛，下部常变无毛。基出叶花后多数不存在，叶片通常为长圆形或椭圆形，稀卵形，先端钝，基部心形，边缘具圆锯齿，两面疏被贴伏的短柔毛。茎中部之叶具鞘状短柄，宽卵形，基部心形或宽楔形，边缘具圆锯齿，有时具锐齿。轮伞花序密集，头状；苞叶具粗牙齿；苞片大都倒卵形，花冠蓝色，外面被柔毛，下唇宽大，颚上有深色斑点及白色长柔毛。花期7～8月。

分布： 产阿尔泰地区及天山西部。海拔2200～2900m。内蒙古西北部也有分布；前苏联、蒙古也有。

生境及适应性： 多生于山地草坡或疏林下阳处。喜光，喜温暖湿润环境。

观赏及应用价值： 观花类。花序较密，花色呈鲜艳的蓝色，花朵较大，有较高的观赏价值。可作为地被或花境材料应用于园林中，也可用于野趣花园。

中文名 **垂花青兰**
拉丁名 *Dracocephalum nutans*

基本形态特征： 茎单一或多数，不分枝或基部具少数分枝，高16～55cm，四棱形，被倒向的短柔毛，在上部最密，下部稀疏或变无毛。基生叶及茎下部叶具长柄，柄长2.5～5cm，叶片长0.8～2.3cm，宽约等于长。花萼长9～10mm，常带紫色，脉上被短毛，缘被睫毛，2裂至1/3或1/4处，5齿近等长，不明显二唇形，上唇中齿倒卵圆形，先端具短刺，较其他的齿宽2.5～3倍，侧齿及下唇2齿披针形，先端刺状渐尖，尖头长1～2mm；花冠蓝紫色，长12～19mm，外面被短柔毛，上唇稍短于下唇；雄蕊无毛。花期7～9月。

分布： 产天山、阿尔泰山准噶尔西部山地、帕米尔高原、昆仑山等地。海拔1200～2600m。黑龙江、内蒙古也有分布；自西伯利亚至东欧，南延至克什米尔地区也有。

生境及适应性： 生于山地草原、针叶林阳坡、高山及亚高山草甸。喜阳，耐半阴，喜冷凉。

观赏及应用价值： 观花类。蓝紫色轮伞花序密集，全株有香味，适合做林下地被、花境或盆栽。

中文名	长蕊青兰
拉丁名	*Dracocephalum stamineum*

基本形态特征： 根茎斜，粗3~5mm，顶端分枝。茎多数，渐升，长10~27cm，不分枝或具少数分枝，不明显四棱形，紫红色，被倒向的小毛；叶片草质，宽卵形，长0.8~1.3cm，宽0.7~1.4cm，先端钝，基部心形，边缘具圆牙齿，两面疏被小柔毛，下面具金黄色腺点，花序上者变小，锯齿尖锐。轮伞花序生于茎上部，在茎最上部2~3对叶腋者密集成头状；花具梗；苞叶叶状，具锯齿状长刺；花冠蓝紫色，长约8mm，外被短柔毛，二唇近等长。小坚果长圆形，黑褐色。花期7~8月。

分布： 产北疆各地；生于海拔1700~2500m的山地、草坡或溪边。俄罗斯、哈萨克斯坦也有。

生境及适应性： 生于阿尔泰山、准噶尔西部山地及天山的山地草甸草原。喜阳，耐寒耐旱，耐贫瘠。

观赏及应用价值： 观花。花朵鲜艳，密集，株型紧凑，观赏性强，可作地被、花境、岩石园或盆栽观赏。

中文名	铺地青兰
拉丁名	*Dracocephalum origanoides*

基本形态特征： 根茎近横走，生出多数低矮而密集的茎；茎高3~5cm，渐升或近直立，不明显四棱形，密被倒向的短毛，常带紫色。叶小，具柄，叶柄与叶片等长或过之，叶片羽状深裂，轮廓卵形，边缘常反卷。轮伞花序生于茎上部2~5对叶腋，密集；花具短梗；苞片长与花萼近等长或稍短，倒卵状披针形，上部通常具3齿，稀全缘。花萼长7~8mm，被短毛及睫毛，2裂近中部，上唇3裂超过本身1/2，中齿倒卵圆形，侧齿宽披针形，下唇2裂几达基部；花冠蓝色，长达12mm。小坚果黑色，长圆形。花期6~7月，果期8月。

分布： 产新疆北部的阿尔泰及天山东部。海拔1700~2500m。前苏联、蒙古也有。

生境及适应性： 生于山坡草地或冲积地干旱的土丘上。喜半阴，喜冷凉及砂质土壤。

观赏及应用价值： 观花类。蓝色系花卉，轮伞花序密生，颜色艳丽，萼片紫红色观赏期长，可用作花坛、花境材料、岩石园布置，也可作盆栽植物。

中文名	光萼青兰
拉丁名	*Dracocephalum argunense*

基本形态特征： 茎多数自根茎生出，直立，高35～57cm，不分枝，在叶腋有具小型叶不发育短枝，上部四棱形，疏被倒向的小毛，中部以下钝四棱形或近圆柱形，几无毛。茎下部叶具短柄，叶片长圆状披针形，先端钝，基部楔形，在下面中脉上疏被短毛或几无毛；茎中部以上的叶无柄，披针状线形；在花序上的叶变短，披针形或卵状披针形。轮伞花序生于茎顶2～4个节上；花萼下部密被倒向的小毛，2裂近中部，齿锐尖，常带紫色；花冠蓝紫色，外面被短柔毛。花期6～8月。

分布： 产天山。海拔180～750m。也产黑龙江、吉林、辽宁、内蒙古东部、河北北部；在西伯利亚东部、朝鲜也有分布。

生境及适应性： 生于山坡草地或草原，江岸沙质草甸或灌丛中。喜半阴，冷凉湿润，较耐寒。

观赏及应用价值： 观花。花色清新雅致，花形独特有趣，花量大，是良好的花境、花坛材料，亦可开发盆栽。

中文名	和布克赛尔青兰
拉丁名	*Dracocephalum hobuksarensis*

基本形态特征： 多年生草本。根粗壮。茎高15～25cm。茎由基部分枝，四棱形，紫红色，被稀疏白色短柔毛。叶对生，具短柄，上部叶柄紫色；叶片长圆形或卵形，基部宽楔形，先端圆形或钝，两边具整齐的圆齿，两面密被白色短柔毛并混生稀疏腺点。花序长圆形，顶生，花具短柄，假轮生；苞片卵形，短于萼，上部裂成4个小齿，紫红色，两面被稀疏的短柔毛；萼筒管状，紫红色，萼齿呈不明显的二唇形，外被较密的白色短柔毛；雄蕊4个，后对雄蕊短于花冠。小坚果，圆桶形，棕褐色。花期6～7月。

分布： 产塔城。

生境及适应性： 多生于低山砾石山坡。喜阳，喜冷凉湿润。

观赏及应用价值： 观花。花色别致清新，全株有香味，花密集，是良好的低维护花境材料与地被。

中文名	**白花枝子花**
拉丁名	*Dracocephalum heterophyllum*
别　名	异叶青兰

基本形态特征： 茎在中部以下具长的分枝，高10～15cm，有时高达30cm，四棱形或钝四棱形。茎下部叶具超过或等于叶片的长柄，柄长2.5～6cm，叶片宽卵形至长卵形，边缘被短睫毛及浅圆齿；茎中部叶与基生叶同形，边缘具浅圆齿；茎上部叶变小，叶柄变短。轮伞花序生于茎上部叶腋，具4～8花；花具短梗；苞片较萼稍短，倒卵状匙形，边缘小齿，齿具长刺。花萼长15～17mm，浅绿色，2裂几至中部，上唇3裂至1/3，齿几等大，下唇2裂至2/3处；花冠白色，长2.2～3.4cm，二唇近等长。花期6～8月。

分布： 产天山、乌鲁木齐、阿克苏、和田等地。海拔2200～3100m。产山西、内蒙古、宁夏、甘肃、四川、青海、西藏；前苏联也有分布。

生境及适应性： 生于山地草原及半荒漠的多石干燥地区。喜阳，耐寒耐旱，耐土壤瘠薄。

观赏及应用价值： 观花类。白色轮伞花序，为较好的辅助蜜源植物，具有招蜂引蝶的功能，多应用于花境、岩石园，也可应用于缀花草地；也具有较好的药用价值。

中文名	**羽叶枝子花**
拉丁名	*Dracocephalum bipinnatum*

基本形态特征： 茎多数，常在基部或中部具分枝，高15～30cm，四棱形。叶片干时纸质，羽状深裂几达中脉，轮廓卵形至披针形，基部楔形，全缘，或有时具少数小裂片，叶因此为二回羽状分裂。轮伞花序生于茎顶部2～5对叶腋，约具4花；花具短梗；苞片长为萼的1/4～1/2，倒卵状椭圆形或披针形，基部楔形，被短柔毛及睫毛。花冠蓝紫色，外面被短柔毛，上唇稍短于下唇。花期8～9月，果期8月。

分布： 产塔城、博尔塔拉、伊犁、阿克苏。海拔2500～2600m。俄罗斯也有。

生境及适应性： 生于塔尔巴哈台山与天山的山地草原带中。也在山溪石缝、半沙漠中生长。喜阳，耐寒，耐旱，耐贫瘠。

观赏及应用价值： 观花类。株型小，花较大而鲜艳，可用作花境点缀和地被。

新塔花属 *Ziziphora*

中文名	小新塔花
拉丁名	*Ziziphora tenuior*

基本形态特征： 一年生草本，纤细，直立，高5～15（25）cm，不分枝或从近基部长出分枝，茎、枝均被向下弯曲的短柔毛。叶线状披针形或披针形，先端渐尖，基部渐狭成短柄；苞叶与叶同形，但比花长得多，叶及苞叶至结果时全部脱落。轮伞花序腋生，具2～6花，排成具叶长圆状假穗状花序；花萼近管状，稍向下弯，果时基部膨大成囊状，被开展硬毛；花冠长约1cm，冠筒稍伸出花萼；能育雄蕊2，不伸出花冠。小坚果卵圆形。果期8月。

分布： 新疆广泛分布。俄罗斯、伊朗经西亚至巴尔干半岛也有。

生境及适应性： 山坡、砾石上、草原及半沙漠地带。喜阳，耐寒耐旱，稍耐贫瘠。

观赏及应用价值： 观花。花色清新特别，全株有香味，花序可爱引人注目，可作地被植物、花境材料，亦可盆栽。

中文名	天山新塔花
拉丁名	*Ziziphora tomentosa*

基本形态特征： 半灌木；根及茎基粗壮，木质。茎多数，大部分从茎基生出，弓形上升或曲折开展，少近直立，高15～30cm，被向下弯的短柔毛。叶长圆状卵圆形或卵圆形，有明显的腺点，侧脉4对，与中脉在下面稍突起。花序头状，半球形或近球形；花萼管状，通常深紫色，密被平展白色长毛，萼齿5，近等长，狭披针形；花冠淡紫或紫色，外被较硬的短毛，冠筒稍伸出，冠檐二唇形；能育雄蕊2，着生在前方，延伸至上唇。花柱先端2裂。花期7～8月。

分布： 产天山。海拔1350～2100m。前苏联有分布。

生境及适应性： 常生于草坡上及砾石坡。喜阳，耐寒耐旱，稍耐贫瘠。

观赏及应用价值： 观花。花色清新别致，全株有香味，花序球形或近球形，可作地被植物、花境材料，亦可盆栽。

中文名	**新塔花**
拉丁名	*Ziziphora bungeana*
别 名	芳香新塔花

基本形态特征： 半灌木，具薄荷香味，高15～40cm。根粗壮，木质化。茎直立或斜向上，四棱，紫红色，从基部分枝，密生短柔毛。叶对生；叶片宽椭圆形、卵圆形、长圆形、披针形或卵状披针形，先端渐尖，全缘，两面具稀的柔毛。花序轮伞状，着生在茎及枝条的顶端，集成球状，花梗长2～3mm；苞片小，叶状；花萼筒形，外被白色的毛，里面喉部具白毛，萼齿5个，近相等；花冠紫红色，长约10mm，冠筒内外被短柔毛，冠檐二唇形，上唇直立，顶端微凹，下唇3裂；雄蕊4个；花柱先端2浅裂。小坚果卵圆形。花期7月，果期8月。

分布： 产南北疆各地。中亚及蒙古也有。

生境及适应性： 生于山地、草原及砾石质坡地。喜阳，耐寒耐旱，较耐贫瘠。

观赏及应用价值： 观花。芳香新塔花有着淡紫色的花簇，花量繁密，还有淡淡薄荷香，可用于盆栽、花境、岩石园等。可用做香草。

野芝麻属 *Lamium*

中文名	**甘肃紫花野芝麻**
拉丁名	*Lamium maculatum* var. *kansuense*

基本形态特征： 茎高30～50cm，四棱形，具槽，被稀疏白色短柔毛，中空。叶卵圆形，先端尾状长尖，下部的叶基近截形，上部的叶基截状阔楔形，边缘具粗锯齿，齿端略向内弯，具胼胝体的尖端，草质，两面均被贴生硬毛，叶柄纤细。轮伞花序8～12花；苞片线形，边缘具缘毛；花梗无；花萼钟形，具5肋，萼齿5，近相等，直伸，线状披针形；花冠暗紫色，外面被疏柔毛；雄蕊花丝扁平，被微柔毛，花药深紫色，被毛；花盘近环状；花柱线形。花期7月。

分布： 产天山。海拔2700m左右。也分布于甘肃。

生境及适应性： 常生于沟谷中。喜半阴，耐寒，喜冷凉湿润。

观赏及应用价值： 观花。花色清新特别，花朵繁密，是良好的线性花境材料，也可作花坛材料。

中文名	**宝盖草**
拉丁名	*Lamium amplexicaule*

基本形态特征： 一年生或二年生植物。茎高10~30cm，基部多分枝，四棱形，具浅槽，常为深蓝色，中空。茎下部叶具长柄，柄与叶片等长或超过之，上部叶无柄，叶片圆形或肾形，半抱茎，边缘具深圆齿。轮伞花序6~10花；苞片披针状钻形，具缘毛；花萼管状钟形，萼齿5，披针状锥形；花冠紫红或粉红色，冠筒细长，冠檐二唇形，上唇直伸，长圆形，下唇稍长，3裂，中裂片倒心形，侧裂片浅圆裂片状；雄蕊花丝无毛，花药被长硬毛；花柱丝状；花盘杯状；子房无毛。小坚果倒卵圆形，具三棱。花期3~5月，果期7~8月。

分布： 产乌鲁木齐、木垒、阿勒泰。海拔可高达4000m。也产江苏、安徽、浙江、福建、湖南、湖北、河南、陕西、甘肃、青海、四川、贵州、云南及西藏；欧洲、亚洲均有广泛分布。

生境及适应性： 生于路旁、林缘、沼泽草地及宅旁等地。喜阳，适应性强。

观赏及应用价值： 观花、观叶类植物。管状钟形紫花，花小巧精致，叶形奇特，有裂片状纹路，可用作花境或草坪点缀。

中文名	**短柄野芝麻**
拉丁名	*Lamium album*
别　名	新疆野芝麻

基本形态特征： 多年生植物。茎高30~60cm，四棱形，被刚毛状毛被或几无毛，中空。茎下部叶较小，茎上部叶卵圆形或卵圆状长圆形至卵圆状披针形，长2.5~6cm。轮伞花序8~9花；苞片线形。花萼钟形，基部有时紫红色，具疏刚毛及短硬毛，萼齿披针形，约为花萼长之半。花冠浅黄或污白色，长2~2.5cm，基部直径2~2.5mm，外面被短柔毛，冠筒与花萼等长或超过之，喉部扩展，冠檐二唇形，上唇倒卵圆形，长0.7~1cm，下唇长1~1.2cm。小坚果长卵圆形，深灰色。花期7~9月，果期8~10月。

分布： 产南北疆各地。海拔1400~2400m。欧洲，西亚经伊朗至印度、俄罗斯、蒙古、日本及加拿大也有分布。

生境及适应性： 生于落叶松林林缘，云杉林破坏后的湿润地及谷底半阴坡草丛中。喜半阴，喜湿，耐寒。

观赏及应用价值： 观花类。花白色，轮生，花朵量大，花形奇特。可用于布置花境。

车前科 PLANTAGINACEAE 车前属 *Plantago*

中文名	**北车前**
拉丁名	*Plantago media*
别　名	中车前

基本形态特征： 多年生草本，全株被短柔毛，高15～50cm。主根粗壮，圆柱形，上部多数侧根。叶基生，平铺地面，灰绿色，幼叶呈灰白色，椭圆形、卵形或倒卵形，全缘，先端锐尖，基部楔形，弧形脉5～7条，叶柄长1～5cm，密被短柔毛。花葶少，高20～50cm，直立或大部斜升；穗状花序椭圆形、长卵形或短圆柱形，长1.5～3mm，无毛，边缘膜质，先端锐尖，具龙骨状突起；花萼矩圆形，长1.5～2.5mm，边缘宽膜质，先端锐尖，具龙骨状突起；花冠裂片卵形、矩圆形或长卵形；花柱与柱头密被短柔毛。蒴果卵形或椭圆形。种子2～4枚。花期6～7月，果期7～8月。

分布： 产和田、喀什等地。也分布于内蒙古。俄罗斯、哈萨克斯坦、伊朗、欧洲中部及巴尔干地区也有分布。

生境及适应性： 生于昆仑山、帕米尔高原的山地草原、林缘、灌丛、河谷。喜阳，耐寒，喜冷凉湿润。

观赏及应用价值： 观花。花穗可爱明丽，观赏性强，可用于花境、地被等。

玄参科 SCROPHULARIACEAE 野胡麻属 *Dodartia*

中文名	**野胡麻**
拉丁名	*Dodartia orientalis*

基本形态特征： 多年生直立草本，高15～50cm，无毛或幼嫩时疏被柔毛。根粗壮，伸长，长可达20cm。茎单一或束生，近基部被棕黄色鳞片，茎从基部起直到顶端，多回分枝。叶疏生，茎下部的对生或近对生，上部的常互生，宽条形，长1～4cm，全缘或有疏齿。总状花序顶生，伸长，花常3～7朵，稀疏；花梗短，长0.5～1mm；花萼近革质，长约4mm；花冠紫色或深紫红色，花冠筒长筒状，上唇短而伸直，卵形；雄蕊花药紫色，肾形；子房卵圆形，长1.5mm，花柱伸直，无毛。蒴果圆球形，直径约5mm，褐色或暗棕褐色，具短尖头。花果期5～9月。

分布： 产阿勒泰、乌鲁木齐、石河子、哈密、吐鲁番等地。海拔800～1400m。也分布于内蒙古、甘肃、四川；蒙古、俄罗斯、伊朗也有。

生境及适应性： 生于多沙的山坡及田野。喜阳，耐寒耐旱，适应性强。

观赏及应用价值： 观花。植株低矮密集，花量大，可用于花境、地被、岩石园等。全株药用。

小米草属 *Euphrasia*

| 中文名 | **短腺小米草** |
| 拉丁名 | *Euphrasia regelii* |

基本形态特征： 植株干时几乎变黑。茎直立，高13~35cm，不分枝或分枝，被白色柔毛。叶和苞片无柄，下部的楔状卵形，顶端钝，每边有2~3枚钝齿，中部的稍大，卵形至卵圆形，基部宽楔形，长5~15mm，宽3~13mm，每边有3~6枚锯齿。花序通常在花期短，果期伸长可达15cm；花萼管状，与叶被同类毛，长4~5mm，果期长8mm，裂片披针状渐尖至钻状渐尖，长3~5mm；花冠白色，上唇常带紫色，背面长5~10mm，外面多少被白色柔毛，背部最密，下唇比上唇长，裂片顶端明显凹缺，中裂片宽至3mm。蒴果长矩圆状。花期6~7月，果期8~9月。

分布： 产塔城、昌吉、伊犁。分布山西、河北、内蒙古、陕西、甘肃、青海、四川、湖北、云南等地；哈萨克斯坦、吉尔吉斯斯坦、塔吉克斯坦也有分布。

生境及适应性： 生于天山北坡亚高山及高山草甸、林缘、灌丛。喜半阴，耐寒，喜冷凉湿润。

观赏及应用价值： 观花，花小而精致，植株低矮。可用于花境、地被等。

毛蕊花属 *Verbascum*

| 中文名 | **毛蕊花** |
| 拉丁名 | *Verbascum thapsus* |

基本形态特征： 二年生草本，高1.5m，全株被厚而密的浅灰黄色星状毛。基生叶和下部的茎生叶倒披针状矩圆形，基部渐狭成短柄状，长15cm，宽6cm，边缘具浅圆齿，上部茎生叶逐渐缩小而渐变为矩圆形至卵状矩圆形，基部下延成狭翅。穗状花序圆柱状，长30cm，直径2cm，果时还可伸长和变粗，花密集，数朵簇生在一起；花梗很短；花萼长约7mm，裂片披针形；花冠黄色，直径1~2cm；雄蕊5，后方3枚的花丝有毛，前方2枚的花丝无毛，花药基部多少下延而成"个"字形。蒴果卵形，约与宿存的花萼等长。花期6~8月，果期7~8月。

分布： 产阿勒泰、塔城、伊犁、昌吉。海拔1400~3200m。西藏、云南、四川有分布，在浙江、江苏也有发现，可能是栽培后逸为野生的；中亚也有分布。

生境及适应性： 生于天山、阿尔泰山的山地草原、河谷、林缘、灌丛、针叶林阳坡。喜阳，耐寒，耐贫瘠，适应性较强。

观赏及应用价值： 观花，花序长而壮美，花色明丽，叶毛茸茸，质感温柔，银白色亦可赏。可用于花境、地被等。亦可药用。

中文名 **紫毛蕊花**
拉丁名 *Verbascum phoeniceum*

基本形态特征： 多年生草本。茎上部有时分枝，高30～100cm，上部具腺毛，下部具较硬的毛。叶几乎全部基生，叶片卵形至矩圆形，基部近圆形至宽楔形，长4～10cm，边具粗圆齿至浅波状，无毛或有微毛，叶柄长达3cm，茎生叶不存在或很小而无柄。花序总状，花单生，主轴、苞片、花梗、花萼都有腺毛，花梗长达1.5cm；花萼长4～6mm，裂片椭圆形；花冠紫色，直径约2.5cm；雄蕊5，花丝有紫色绵毛，花药均为肾形。蒴果卵球形，长约6mm，长于宿存的花萼，上部疏生腺毛，表面有隆起的网纹。花期5～6月，果期6～8月。

分布： 产新疆北部。海拔1600～1800m。各地偶有栽培；欧洲至前苏联中亚和西部西伯利亚地区也有。

生境及适应性： 生山坡草地或荒地。喜光，耐旱，耐寒，耐瘠薄。

观赏及应用价值： 观花类。紫色，总状花序，花梗细长，花量较多，花色明丽。可用作花境材料。

中文名	毛瓣毛蕊花
拉丁名	*Verbascum blattaria*

基本形态特征：一年或二年生草本。茎不分枝，高20~100cm，上部疏生微腺毛。基生叶近无柄或基部渐狭似短柄，矩圆形，边具钝锯齿或基部羽状浅裂；茎生叶较多。花序总状，下部可稍具分枝，花单生，主轴、花梗、花萼都有腺毛；花萼裂片矩圆状披针形；花冠黄色，后方三裂片的基部有绵毛；雄蕊5，花丝有紫色绵毛，前方二雄蕊的花药基部稍下延。蒴果卵状球形，长于宿存花萼。花期5~6月，果期7~8月。

分布：产塔城。海拔600~800m。欧洲至中亚及西伯利亚地区也有。

生境及适应性：生于准噶尔盆地绿洲、河滩、沼泽、芨芨草滩、路旁。喜阳，耐寒，稍耐旱。

观赏及应用价值：观花类。花黄而色艳，花量较多，是良好的竖线条花卉，可用作花境或地被点缀。

鼻花属 *Rhinanthus*

中文名	鼻花
拉丁名	*Rhinanthus glaber*

基本形态特征：植株直立，高15~60cm。茎有棱，有4列柔毛，不分枝或分枝，分枝及叶垂直向上，紧靠主轴。叶无柄，条形至条状披针形，长2~6cm，与节间近等长，两面有短硬毛，背面的毛着生于斑状突起上，叶缘有规则的三角状锯齿，齿缘有胼胝质加厚，并有硬短毛。苞片比叶宽，花序下端的苞片边缘齿长而尖，花序上部的苞片具短齿；花梗很短，长2mm；花萼长约1cm；花冠黄色，长约17mm，下唇贴于上唇。蒴果藏于宿存的萼内。花期6~8月。

分布：产阿勒泰、塔城、博乐、伊犁、巴音郭楞、阿克苏。分布于东北各地；欧洲、西伯利亚也有。

生境及适应性：生于阿尔泰山、天山的山地草甸草原、灌丛、林缘。喜阳，耐寒，喜冷凉。

观赏及应用价值：观花地被。花小而密集，花量大，地被效果好，可用于花境，花坛或盆栽等。

马先蒿属 *Pedicularis*

中文名	**鼻喙马先蒿**
拉丁名	*Pedicularis proboscidea*

基本形态特征： 多年生草本。根短而有细须根。茎粗壮直立，高45～80cm，除花序轴上有蛛丝状毛外均光泽。叶基出者具长柄，柄短于叶片；叶片披针形，羽状全裂而轴有狭翅，裂片线状披针形，羽状全裂，小裂片偏三角形，有细尖的齿，茎生叶向上渐小而柄亦较短，上部则无柄。花序长而密，长20cm；苞片有蛛丝状毛，线形；萼卵圆形，长5～6mm，膜质，无毛；花冠黄色，长16～17mm；雄蕊花丝一对全部有毛，另一对变亮仅基部稍稍有毛。蒴果斜卵形，急缩成短喙。花期6～7月，果期7～8月。

分布： 产阿勒泰、塔城。分布于西伯利亚西部、哈萨克斯坦东部。

生境及适应性： 生于萨吾尔山、阿尔泰山亚高山至高山草甸中。喜阳，喜冷凉湿润。

观赏及应用价值： 观花。花朵密集，花量大，花形奇特，成片效果好。可用于花境、地被或盆栽。

中文名	**高升马先蒿**
拉丁名	*Pedicularis elata*

基本形态特征： 多年生草本，除苞片与花萼有绵毛外几全部无毛，茎高30～60cm。叶基出者早枯，柄长5cm，上部者柄短至几无柄；叶卵状矩圆形，羽状全裂，裂片篦齿状。花序长穗状；苞片近掌状3～5裂；花萼长5～6mm，前方稍开裂，齿后方一枚三角形较小，其余者两两结合成一大齿而端2裂；花冠浅玫瑰色，镰状弓曲，下唇平展，裂片端微凹，缘有啮痕状细齿及疏睫毛，盔约较下唇长2倍，近下缘处突然向前凸出少许与下缘共同组成方形的短喙，端有2细齿。

分布： 产阿勒泰、塔城、巴音郭楞。海拔1400～2600m。分布于俄罗斯、哈萨克斯坦。

生境及适应性： 生于阿尔泰山、天山及塔尔巴哈台山的山地草原及亚高山草甸、林缘、河谷、灌丛。喜阳，喜冷凉湿润。

观赏及应用价值： 观花、观叶类。花小巧可爱，花朵密集，叶形奇特，适合作花境和地被。

中文名	**碎米蕨叶马先蒿**
拉丁名	*Pedicularis cheilanthifolia*

基本形态特征： 多年生草本，高5～30cm。根肉质。茎沟纹中有成行的毛。叶基出者丛生，茎生者柄短，4枚轮生，条状披针形，羽状全裂，裂片8～12对，羽状浅裂且有重锯齿。花序近头状至总状；花萼圆钟形，脉上密生毛，前方开裂至1/3处，齿5，后方一枚三角形，全缘，其余有齿；花冠紫红色至纯白色，筒初几伸直而后在近基部约4mm处近以直角向前膝屈，下唇裂片圆形而等宽。蒴果披针状三角形。花期7～8月，果期8～9月。

分布： 产塔城。海拔2600～3500m。也分布甘肃、青海、西藏；中亚也有。

生境及适应性： 生于河滩、水沟等水分充足之处；亦见于阴坡桦木林、草坡中。喜阳，喜冷凉湿润。

观赏及应用价值： 观花植物。花量大，其花朵花冠自紫红色一直褪至纯白色，给人以美的视觉享受，花形亦美丽。适宜作花境和地被植物。

中文名 欧氏马先蒿
拉丁名 *Pedicularis oederi*

基本形态特征： 多年生草本，体低矮。茎草质多汁，常为花葶状，其大部长度均为花序所占，多少有绵毛，有时几变光滑，有时很密。叶多基生，宿存成丛，有长柄，叶片长1.5～7cm，线状披针形至线形，羽状全裂，在芽中为拳卷，而其羽片则垂直相迭而作鱼鳃状排列，缘有锯齿。花序顶生，变化极多，常占茎的大部长度，仅在茎相当高升的情况中较短；花冠多二色，盔端紫黑色，其余黄白色，有时下唇及盔的下部亦有紫斑。花期6月底至9月初。

分布： 新疆分布广泛。海拔2600～4300m。西藏也有分布；此外在欧洲、亚洲、美洲的北极地区也有。

生境及适应性： 生长于高山、沼泽、草甸和阴湿的林下。耐阴性强，喜温暖湿润环境。

观赏及应用价值： 观花类。植株低矮，花小而精致，花色明丽。多用作花境栽植或布置岩石园，形成与岩石相伴的景观。

中文名 小根马先蒿
拉丁名 *Pedicularis ludwigii*

基本形态特征： 一年生草本，直立。根细而纺锤形，直入土中。茎单条或自根颈发出多条，有线纹，有从叶柄延下的线，无退化为鳞片之叶。叶均自基部开始生长，下方两轮极靠近，其上两轮疏远，其余均生花。花序穗状，在所有茎顶均同时开放，始稠密；花冠紫色，管下部伸直，超过萼2倍以上，上部向前膝屈，在喉的前方膨大，其直的部分比前俯的部分加上盔部还长1.5倍以上。花期6～8月。

分布： 产新疆天山。前苏联的中亚地区也有分布。

生境及适应性： 生于草地及林缘。性喜光、耐寒，对土壤适应性强。

观赏及应用价值： 观花类。花色艳丽，花朵密集美丽，可做花坛、花境材料栽植或布置岩石园，形成与岩石相伴的景观。

玄参属 *Scrophularia*

中文名	**羽裂玄参**
拉丁名	*Scrophularia kiriloviana*

基本形态特征： 半灌木状草本，高30～50cm。茎近圆形，无毛。叶片轮廓为卵状椭圆形至卵状矩圆形，前半部边缘具牙齿或大锯齿至羽状半裂，后半部羽状深裂至全裂。花序为顶生、稀疏、狭窄的圆锥花序，少腋生，主轴至花梗均疏生腺毛，下部各节的聚伞花序具花3～7朵；花萼裂片近圆形，具明显宽膜质边缘；花冠紫红色，花冠筒近球形，上唇裂片近圆形，下唇侧裂片长约为上唇之半；雄蕊约与下唇等长，退化雄蕊矩圆形至长矩圆形。蒴果球状卵形。花期5～7月，果期7～8月。

分布： 产伊犁、阿勒泰等地。海拔700～2100m。中亚地区也有。

生境及适应性： 生林边、山坡阴湿处、溪边、石隙或干燥砂砾地。喜阳，耐半阴，喜冷凉，稍耐旱，稍耐贫瘠。

观赏及应用价值： 观花观叶类。花精致，叶形奇特，可用作花境和地被。

柳穿鱼属 *Linaria*

中文名	**长距柳穿鱼**
拉丁名	*Linaria longicalcarata*
别　名	新疆柳穿鱼

基本形态特征： 多年生草本，株高15～35cm，全体无毛。茎中部以上多分枝。叶互生，长1～4.5cm，宽2～3.5mm。花序疏花，有花数朵；苞片披针形；花梗长1～3mm；花萼裂片长矩圆形或卵形，长2.5～3mm，宽1.2～1.8mm，顶端稍钝至圆钝；花冠鲜黄色，喉部隆起处橙色，长（除距）11～14mm，上唇略超出下唇，裂片顶端钝，距直，长10～20mm。蒴果直径5mm，长6～mm。种子盘状，长3mm，中央光滑。花期7～8月。

分布： 产新疆西北部。海拔1100～1400m。

生境及适应性： 生阴山坡、河沟草地及石堆中。喜阳，喜冷凉湿润。

观赏及应用价值： 观花类。花序疏花，花冠鲜黄色，观赏价值较高。可用作花坛、花境或岩石园植物，或盆栽。

中文名	**肝色柳穿鱼**
拉丁名	*Linaria hepatica*

基本形态特征： 多年生草本。茎直立，无毛。叶互生，基部楔形，先端尖锐；下部叶披针形至线状披针形，上部叶线形，变狭。花序穗状，果期伸长；苞片卵形或披针形；花萼无毛或边缘具短柔毛和腺毛，花萼裂片卵形至长椭圆形；花冠棕色或带黄色至黄褐色，上唇长于下唇，下唇褐色，内有橙色斑点，外面被黄色柔毛，沿缘具白毛；距棕色，长6~13mm，直或稍弯曲。蒴果近球形或球状椭圆形；种子盘状，黑色，具宽缘。花期7~8月。

分布： 产新疆北部。海拔900m。蒙古、哈萨克斯坦也有分布。

生境及适应性： 生于草原、砾石质山坡。喜阳，耐寒耐旱，极耐贫瘠。

观赏及应用价值： 观花类。花序花朵密集，棕色花，花形奇特，观赏价值较高。可用作花境或岩石园布置。

中文名	**紫花柳穿鱼**
拉丁名	*Linaria bungei*

基本形态特征： 多年生草本，植株高30~50cm。茎常丛生，有时一部分不育，中上部常多分枝，无毛。叶互生，条形，长2~5cm，宽1.5~3mm，两面无毛。穗状花序数朵花至多花，果期伸长，花序轴及花梗无毛；花萼无毛或疏生短腺毛，裂片长矩圆形或卵状披针形，长2~3mm，宽1.2~2mm；花冠紫色，长（除距）12~15mm，上唇裂片卵状三角形，下唇短于上唇，侧裂片长仅1mm，距长10~15mm，伸直。蒴果近球状。花期5~8月。

分布： 产新疆西北部。海拔500~2000m。中亚及西西伯利亚地区。

生境及适应性： 主要生长于草地、多石山坡。有较强的耐寒性，在阳光充足或半阴处生长良好，不耐高温或过于贫瘠的环境。

观赏及应用价值： 观花类。花形与花色别致，花形似鱼，花色明丽，适宜做花坛或花境材料，也可作为盆栽用于室内观赏。

婆婆纳属 *Veronica*

中文名	**羽叶婆婆纳**
拉丁名	*Veronica pinnata*
别　名	羽叶穗花

基本形态特征： 植株全体被短而向上贴伏的白色曲毛。根木质化。茎多枝丛生，直立或稍外倾，高10～40cm。叶互生，狭条形至倒披针形，多镰刀状弯曲，羽状分裂或仅有锯齿至全部近于全缘，叶腋常有不发育的分枝。总状花序长穗状；花梗与花萼近等长或略过之；花冠浅蓝色、浅紫色，少白色，长5～7mm，筒部占1/3～1/2长，裂片圆钝，后方一枚圆形，其余3枚卵圆形；雄蕊稍伸出。蒴果。花期6～8月。

分布： 产阿勒泰、塔城、伊犁等地。海拔1500～2000m。也分布于蒙古、俄罗斯及中亚、西伯利亚地区。

生境及适应性： 生于阿尔泰山、塔尔巴哈台山、天山西部的山地草原、灌丛、林缘。喜阳，耐寒耐旱，较耐贫瘠。

观赏及应用价值： 观花类。花序细密，花小而明丽，可用作花境、岩石园和地被，亦可开发盆栽。

| 中文名 | **卷毛婆婆纳** |
| 拉丁名 | *Veronica teucrium* |

基本形态特征： 植株高10～70cm，茎单生或常多枝丛生，直立或上升，密被短而向上的卷毛。叶无柄或茎下部的叶有极短的柄，卵形、长矩圆形或披针形，边缘具齿，疏被短毛。总状花序于茎上部腋生，花序轴及花梗被卷毛；花梗与苞片等长或过之，直上；花萼裂片5枚，披针形，顶端钝，长为5mm，具短睫毛；花冠浅蓝色、粉色或白色，长6～7mm，裂片卵形或宽卵形，顶端钝。蒴果倒心状卵形，稍扁，宿存的花柱弯曲。花期5～7月。

分布： 产新疆西北部。海拔可至2500m。欧洲至俄罗斯西伯利亚和中亚地区也有。

生境及适应性： 多生草原和针叶林带内。喜阳，耐半阴，喜冷凉湿润。

观赏及应用价值： 观花。花葶紫色，密集，花色明丽，可作为花境及观花地被等。

中文名	**穗花婆婆纳**
拉丁名	*Veronica spicata*

基本形态特征： 茎单生或数枝丛生，直立或上升，高15～50cm，不分枝，下部常密生伸直的白色长毛，上部至花序各部密生黏质腺毛，茎常灰色或灰绿色。叶对生，茎基部的叶常密集聚生，有长2.5cm的叶柄，叶片长矩圆形；中部的叶为椭圆形至披针形；上部的叶小，全部叶边缘具齿，少全缘。花序长穗状，花梗近无；花萼长2.5～3.5mm；花冠紫色或蓝色，长6～7mm，筒部占1/3长，裂片稍开展，后方1枚卵状披针形，其余3枚披针形；雄蕊略伸出。幼果球状矩圆形，上半部被毛。花期7～9月。

分布： 产伊犁地区，分布于天山一带。海拔1500～2500m。欧洲至俄罗斯西伯利亚和中亚地区也有。

生境及适应性： 生于天山山区的山地草原、河谷、灌丛、疏林下。喜阳，耐半阴，耐寒。

观赏及应用价值： 花境花卉、观花地被植物、岩生植物、观叶植物。穗状花序直立，花朵密集，是很好的线条形蓝紫色系花材。

列当科 OROBANCHACEAE　列当属 *Orobanche*

中文名	**弯管列当**
拉丁名	*Orobanche cernua*

基本形态特征： 一年生、二年生或多年生寄生草本，高15～35cm，全株密被腺毛，常具多分枝的肉质根。茎黄褐色，圆柱状，不分枝。叶三角状卵形或卵状披针形，密被腺毛，内面近无毛。花序穗状，具多数花；苞片卵形或卵状披针形；花萼钟状；花冠长1～2.2cm，在花丝着生处明显膨大；上唇2浅裂，下唇稍短于上唇，3裂，裂片淡紫色或淡蓝色，近圆形，边缘不规则浅波状或具小圆齿；雄蕊4枚。蒴果长圆形。花期5～7月，果期7～9月。

分布： 产吐鲁番、昌吉、巴音郭楞、阿克苏、克孜勒苏、伊犁、塔城。海拔500～3000m。也产吉林、内蒙古、河北、山西、陕西、甘肃、青海；中欧，地中海区，前苏联欧洲部分、高加索、西伯利亚及中亚等地区，亚洲西部和蒙古也有分布。

生境及适应性： 生于针茅草原、山坡、林下、路边及沙丘上，常寄生于蒿属植物或谷类植物根上。耐阴，喜湿润，也耐干旱。

观赏及应用价值： 观花类。淡紫色或淡蓝色花，穗状花序，花后期变为乳白色，甚是美观奇特，可用作花境材料或岩石园点缀。

中文名	**分枝列当**
拉丁名	*Orobanche aegyptiaca*

基本形态特征： 一年生寄生草本，高15～50cm，全株被腺毛。茎坚挺，具条纹，自基部或中部以上分枝。叶卵状披针形，密被腺毛。花序穗状，圆柱形，长8～15cm，具较稀疏排列的多数花；苞片贴生于花梗的基部，卵状披针形；裂片线状披针形，顶端线状钻形，近等大；花冠蓝紫色，近直立；上唇2浅裂，裂片长圆形，下唇伸长，长于上唇，3裂，裂片近圆形或卵形，所有裂片全缘或边缘浅波状；雌蕊子房椭圆形。蒴果长圆形。花期4～6月，果期6～8月。

分布： 产乌鲁木齐、吐鲁番、伊犁、阿克苏、喀什、和田、塔城、阿勒泰。海拔140～1400m。地中海区东部、阿拉伯半岛、非洲北部、伊朗、巴基斯坦、喜马拉雅及克里米亚、高加索和中亚等地区也有分布。

生境及适应性： 生于田间或庭园里，常寄生于瓜类植物根上，为田间杂草。耐阴，喜湿润，也耐干旱。

观赏及应用价值： 观花类。蓝紫色花，穗状花序，花形及生境奇特，花量密集，观赏期较长，可用于布置花境或地被点缀，但需辅以共生植物。

桔梗科 CAMPANULACEAE 桔梗属 *Platycodon*

中文名	**桔梗**
拉丁名	*Platycodon grandiflorus*

基本形态特征： 多年生草本，高30～120cm，有乳汁。全株光滑无毛，多少带苍白色。根肥大肉质。茎直立，常不分枝或上部稍分枝。叶近无柄，无毛，茎中下部的叶常对生或3～4片轮生；叶片卵形或卵状披针形，边缘有齿。花单生茎枝之顶或数朵集成疏总状花序；花萼钟状，有白粉，裂片5，三角形至狭三角形；花冠鲜蓝紫色或蓝白色，宽钟状，大形，直径2.5～6cm，长2.5～4.5cm，无毛，5浅裂，三角形，裂至花冠的中部。蒴果倒卵锥形，顶部盖裂为5瓣。花期6～9月，果期8～9月。

分布： 产伊犁等地。海拔2000m以下。我国南北各地有栽培；朝鲜、日本、远东和东西伯利亚地区的南部也有。

生境及适应性： 生于阳处草丛、灌丛中，少生于林下。喜阳，喜冷凉，适应性较好。

观赏及应用价值： 观花。花朵大，花量多，花形美观，花色鲜艳，各地应用广泛，可用于花境或盆栽。嫩茎叶可作蔬菜，种子可榨油。亦可药用。

风铃草属 *Campanula*

| 中文名 | **聚花风铃草** |
| 拉丁名 | *Campanula glomerata* subsp. *speciosa* |

基本形态特征： 多年生草本，茎直立，高（10）20～（50）80cm。茎生叶具长柄，长卵形至心状卵形；茎生叶下部的具长柄，上部的无柄，椭圆形、长卵形或卵状披针形，边缘具尖锯齿，长3～15cm，宽8～25mm。花数朵集成头状花序，生于茎中上部叶腋间，无总梗，亦无花梗；花萼裂片钻形；花冠紫色、蓝色或蓝紫色，管状钟形，长1.5～2.5cm，分裂至中部，花柱伸出于花管外部。蒴果倒卵状圆锥形。花果期6～8月。

分布： 产阿勒泰、昌吉、乌鲁木齐、塔城、博乐、伊犁、哈密、吐鲁番、巴音郭楞等地。海拔1200～2600m。欧洲、俄罗斯和中亚各国也有分布。

生境及适应性： 生于北疆各山区山地草原至高山草甸、河谷、林缘。喜阳，耐半阴，喜冷凉湿润及腐殖土。

观赏及应用价值： 观花地被。花朵似风铃，色彩鲜艳，花量大而密集，可用于花境或盆栽。

| 中文名 | **新疆风铃草** |
| 拉丁名 | *Campanula albertii* |

基本形态特征： 多年生草本，植株全体无毛，高15～30cm。横走根状茎细长，裸露，直立的茎基常为往年的残叶所包裹。基生叶匙形或椭圆形，基部渐狭成长柄，边缘有细圆齿，长4～5cm；茎生叶无柄，宽条形，长2～3cm。单花顶生或着生数朵花；花萼筒部倒圆锥形，长4mm，裂片钻形，长约7mm；花冠深5裂，无毛，漏斗状，紫色或蓝紫色，长1～2cm。蒴果椭圆状，直立，具10个肋状凸起。花期6～7月，果期7～8月。

分布： 产阿勒泰、昌吉、塔城、伊犁等地。海拔1000～2500m。中亚各国也有分布。

生境及适应性： 生于阿尔泰山、塔尔巴哈台山、天山北坡山地草原至亚高山草甸，林带阳坡，河谷。喜阳，喜冷凉湿润。

观赏及应用价值： 观花地被。花朵飘逸美丽，花色明丽，可用于花境或盆栽。

中文名	**西伯利亚风铃草**
拉丁名	*Campanula sibirica*

基本形态特征： 二年生草本，根粗，胡萝卜状，有时木质化。茎直立，多分枝，高35cm，圆柱状，带紫色；基生叶及下部茎生叶长5~8cm，宽约1cm，具较长的带翅的叶柄，叶片长椭圆形，边缘疏生圆齿。狭圆锥花序顶生于主茎及分枝上，由于分枝紧靠主茎，因而花密集，花下垂；花梗长约5cm，长于条状的苞片；花萼筒部无毛，倒圆锥状，裂片条状钻形；花冠狭钟状，淡蓝紫色，有时近于白色，长9~12mm，内面疏生毛；花柱与花冠等长或稍短于花冠，柱头3裂。蒴果倒圆锥状。花期5~7月，果期7~9月。

分布： 产塔城、博乐。欧洲、俄罗斯的西西伯利亚、中亚地区也有分布。

生境及适应性： 生于准噶尔西部山地的山地草原、林缘、灌丛、河谷及平原绿洲田野。喜阳，耐寒，适应性较强。

观赏及应用价值： 观花。花色美丽，花量密集，观赏性强。可用于花境、地被或盆栽。

沙参属 *Adenophora*

中文名	**喜马拉雅沙参**
拉丁名	*Adenophora himalayana*

基本形态特征： 根细，常稍稍加粗，最粗只达到近1cm。茎常数枝发自一条茎基上，不分枝，通常无毛，少数有倒生短毛，极个别有倒生长毛，高15~60cm。基生叶心形或近于三角状卵形；茎生叶卵状披针形，狭椭圆形至条形，全缘至疏生不规则尖锯齿，长3~12cm，宽0.1~1.5cm。单花顶生或数朵花排成假总状花序；花萼无毛，筒部倒圆锥状或倒卵状圆锥形；花冠蓝色或蓝紫色，钟状，长1.7~2.2cm，裂片4~7mm，卵状三角形。蒴果卵状矩圆形。花期7~9月。

分布： 产阿勒泰、昌吉、乌鲁木齐、塔城、博尔塔拉、伊犁、阿克苏、巴音郭楞、克孜勒苏、喀什。海拔1200~3000m。也分布于西藏、青海、四川、甘肃、喜马拉雅山；帕米尔高原、天山、塔尔巴哈台山等山区的国外部分也有。

生境及适应性： 生于山地草原至高山草原、河谷、灌丛、林带阳坡，喜温暖或凉爽气候，耐寒，虽耐干旱，但在生长期中也需要适量水分。

观赏及应用价值： 观花类。花蓝紫色，花形钟状，精致可人，可作为盆栽或花境应用。

党参属 *Codonopsis*

中文名	**新疆党参**
拉丁名	*Codonopsis clematidea*

基本形态特征： 多年生草本，有白色乳汁。根胡萝卜状圆柱形，长50cm，直径1~4cm。茎高1m，直立或曲折。叶对生有细柄，中部以上叶互生，卵形、卵状椭圆形或广披针形，少有基部浅心形，长1~3cm，宽1~2cm，顶端急尖，全缘，两面被短柔毛。花单生茎与分枝顶端，有花梗，密生短柔毛；花萼长圆形或卵状披针形，只在裂片上部有短柔毛，裂片5，开花后强烈增粗和伸展；花冠蓝色，钟状，常长于花萼的1~2倍，长约3cm，无毛，5浅裂。蒴果圆锥形，花萼宿存。花期6~7月，果期8月。

分布： 产阿勒泰、昌吉、乌鲁木齐、塔城、伊犁、哈密、巴音郭楞等地。海拔1500~2500m。俄罗斯、中亚也有分布。

生境及适应性： 生于阿尔泰山、天山、昆仑山、帕米尔高原的山地草原、亚高山草甸、疏林下、林缘、灌丛、河谷。喜阳，喜冷凉湿润，稍耐贫瘠。

观赏及应用价值： 观花。花似钟，大而奇特，花朵内有美丽彩斑。可用于花境或盆栽。

茜草科 RUBIACEAE　拉拉藤属 *Galium*

中文名	**蓬子菜**
拉丁名	*Galium verum*

基本形态特征： 多年生近直立草本，高25~45cm；茎有四棱。叶纸质，6~10片轮生，线形，边缘极反卷，常卷成管状，1脉，无柄。聚伞花序顶生和腋生，较大，多花，通常在枝顶结成带叶的长可达15cm、宽可达12cm的圆锥花序状；花小，稠密；花冠黄色，辐状，无毛，直径约3mm，花冠裂片卵形或长圆形，顶端稍钝，长约1.5mm；花药黄色。果小，果爿双生，近球状。花期4~8月，果期5~10月。

分布： 产阿勒泰、乌鲁木齐、塔城、博尔塔拉、伊犁、和田、喀什等地。海拔40~4000m。西南、西北、华北、东北和长江流域有分布；日本、朝鲜、印度、巴基斯坦、亚洲西部、欧洲、美洲北部也有分布。

生境及适应性： 生于山地、河滩、旷野、沟边、草地、灌丛或林下。抗性强，喜光，耐旱，耐寒。

观赏及应用价值： 观花类。花色明丽，花繁密，花期长，覆盖效果好。可用于布置花境、花坛或盆栽。

忍冬科 CAPRIFOLIACEAE 忍冬属 *Lonicera*

中文名	**蓝果忍冬**
拉丁名	*Lonicera caerulea*
别　名	蓝靛果、阿尔泰忍冬

基本形态特征： 落叶灌木；幼枝和叶柄无毛或具散生短糙毛。冬芽有1对钻形外鳞片。叶宽椭圆形，有时圆卵形或倒卵形，厚纸质，长1.5～5cm，无毛或沿中脉有疏硬毛。小苞片合生成一坛状壳斗，完全包被相邻两萼筒，果熟时变肉质；花冠黄白色，筒状漏斗形，稍不整齐，长9.5～11（13）mm，筒比裂片长2倍；花药与花冠等长。浆果蓝黑色，长圆形或椭圆形，被白霜。

分布： 产阿勒泰、塔城等地。海拔1400～2000m。也分布于俄罗斯、蒙古西部、西伯利亚南部。

生境及适应性： 生于山地草原、林带阳坡。喜光，耐寒，稍耐贫瘠。

观赏及应用价值： 观花、观果类。花黄白色，果紫红色，可作为花灌木应用或盆栽。果可食用。

中文名	**刚毛忍冬**
拉丁名	*Lonicera hispida*
别　名	刺毛忍冬、异萼忍冬

基本形态特征： 落叶灌木，高达2～3m；幼枝常带紫红色，很少无毛，老枝灰色或灰褐色。叶厚纸质，椭圆形、卵状椭圆形、卵状矩圆形至矩圆形，有时条状矩圆形，长（2）3～7（8.5）cm，边缘有刚睫毛。苞片宽卵形，长1.2～3cm，有时带紫红色，毛被与叶片同；萼檐波状；花冠白色或淡黄色，漏斗状，近整齐，长（1.5）2.5～3cm，外面有短糙毛或刚毛或几无毛，有时夹有腺毛，筒基部具囊，裂片直立，短于筒；雄蕊与花冠等长；花柱伸出，至少下半部有糙毛。浆果先黄色后变红色，卵圆形至长圆筒形，长1～1.5cm。花期5～6月，果熟期7～9月。

分布： 产阿勒泰、昌吉、乌鲁木齐、石河子、塔城、博尔塔拉、伊犁、哈密等地。海拔1600～2500m。分布于甘肃、青海、陕西、宁夏、河北、山西等地；中亚、俄罗斯、蒙古、印度北部也有。

生境及适应性： 生于阿尔泰山、天山北坡山地草原、疏林、针叶林下、灌丛。耐寒，喜冷凉湿润。

观赏及应用价值： 观花、观果类。花黄白色，果红色，可作为花灌木应用。

中文名	小叶忍冬
拉丁名	*Lonicera microphylla*

基本形态特征： 落叶灌木，高2~3m；幼枝无毛或疏被短柔毛，老枝灰黑色。叶纸质，倒卵形、倒卵状椭圆形到椭圆形或矩圆形，有时倒披针形，长5~22mm，顶端钝或稍尖，有时圆形到截形而具小凸尖，基部楔形，具短柔毛状缘毛，两面被密或疏的微柔伏毛或有时近无毛，下面常带灰白色，叶柄很短。总花梗成对生于幼枝下部叶腋，长5~12mm，稍弯曲或下垂；花冠黄色或白色，长7~10（14）mm。浆果红色或橙黄色，圆形。花期5~6（7）月，果期7~9月。

分布： 产阿勒泰、昌吉、乌鲁木齐、塔城、伊犁、哈密、阿克苏等地。海拔1300~3200m。分布于甘肃、宁夏、河北、山西、青海、西藏等地；蒙古、阿富汗、中亚、印度、西伯利亚也有。

生境及适应性： 生于阿尔泰山、天山、塔尔巴哈台山的山地草原至高山草甸、针叶林下、林缘、河谷灌丛。喜阳，耐寒，喜冷凉湿润。

观赏及应用价值： 观花观果。花果量大，株型较圆整，可作为花果灌木用于庭院或道路绿化、地被等。

中文名　**新疆忍冬**
拉丁名　*Lonicera tatarica*
别　名　鞑靼忍冬

基本形态特征：落叶灌木，高3m，全体近于无毛。冬芽小，约有4对鳞片。叶纸质，卵形或卵状矩圆形，有时矩圆形，长2~5cm，顶端尖，稀渐尖或钝形，基部圆形或近心形、细阔楔形，两侧常稍不对称，边缘有短糙毛；叶柄长2~5mm。总花梗纤细，长1~2cm；苞片条状披针形或条状倒披针形；小苞片分离；相邻两萼筒分离，长约2mm；花冠粉红色或白色，长约1.5cm，唇形；雄蕊和花柱稍短于花冠，花柱被短柔毛。浆果红色，圆形，直径5~6mm，双果之一常不发育。花期5~6月，果期7~8月。

分布：产阿勒泰、塔城、伊犁等地。海拔1000~2400m。乌鲁木齐、黑龙江、辽宁等地有栽培；俄罗斯、中亚也有。

生境及适应性：生于阿尔泰山、塔尔巴哈台山、天山伊犁地区山地草原、林缘、河谷、灌丛。喜阳，耐半阴，耐寒，稍耐旱。

观赏及应用价值：庭院树、观花灌木等。春天野外的粉花别致可爱，秋季红果累累，具有极高观赏价值。现园林中广泛应用，有多个品种。

中文名	**异叶忍冬**
拉丁名	*Lonicera heterophylla*

基本形态特征：落叶灌木，高2.5m。冬芽具3对外鳞片。叶椭圆形至倒卵状椭圆形，长4~7cm，顶端尖或突尖，基部渐狭，边缘具短糙毛；叶柄具少量的散生微腺毛，长5~12cm。总花梗长3~4cm，上部比下部粗，具棱角，顶端明显增粗；苞片条状披针形，长为萼筒的2~3倍；小苞片分离，卵形或卵状矩圆形，长1~2cm；萼檐具浅齿，萼筒及花冠外面基本上无腺毛；花冠唇形，紫红色，长1.5cm，外面疏生短糙毛和腺；雄蕊与花冠等长，花柱下部生柔毛。浆果红色。花期6~7月，果期7~8月。

分布：产博尔塔拉、伊犁、阿克苏、克孜勒苏、喀什等地。海拔2000~3300m。哈萨克斯坦、吉尔吉斯斯坦也有分布。

生境及适应性：生于天山、帕米尔高原、昆仑山的针叶林阳坡、林间阴处、山地草甸草原、河谷、高山草甸。喜阳，耐寒，稍耐旱。

观赏及应用价值：观花、观果类。花紫红色较少见，果红色，观赏性强，可作为花灌木应用。

中文名	**矮小忍冬**
拉丁名	*Lonicera humilis*
别　名	灰毛忍冬、截萼忍冬

基本形态特征：落叶矮小灌木，高12~40cm。叶质地厚硬，卵形、矩圆状卵形或卵状椭圆形，长7~20mm，叶两面密被硬伏毛。总花梗出自幼枝基部叶腋，花时不发育，果时长2~5mm，除被微柔毛外还有短伏毛和具短柄的腺毛；萼筒无毛或具细腺毛，萼檐长约1mm，比萼筒短1/2，浅裂为不等的5宽齿，疏生长睫毛；花冠长15~20mm，外面疏生开展的毛，筒细，喉部以上扩大，基部以上处具距状突起，上唇裂片卵形或几近半圆形，下唇长圆形，稍伸展；雄蕊短于上唇1/3~1/4；花柱略短于雄蕊。浆果鲜红色，具蓝灰色粉霜，倒披针状卵圆形。花期6月，果熟期7~8月。

分布：产塔城、博尔塔拉、伊犁。哈萨克斯坦、吉尔吉斯斯坦也有分布。

生境及适应性：生于天山、准噶尔西部山地的亚高山、高山石坡峭壁石隙和石质灌丛中。喜阳，耐寒耐旱，耐瘠薄。

观赏及应用价值：观花、观果类。植株低矮，地被效果好，花黄白色，果红色，可作为花灌木应用。

荚蒾属 *Viburnum*

中文名	**欧洲荚蒾**
拉丁名	***Viburnum opulus***

基本形态特征：落叶灌木，高1.2～3.7m；小枝具棱，树皮具很明显的皮孔向外突起。叶卵形或倒卵形，长5～11cm，基部圆形，上部3裂，三出掌状脉，叶边具不规则的牙齿；叶柄长1.5～2.3cm，无毛，基部具1对托叶。聚伞状或复伞状花序，花序梗粗而无毛；萼片合生成圆锥状筒形，齿近三角形；花冠白色，辐状，长0.1～1.14cm，裂片圆形，大小不等，内部具柔毛；雄蕊5枚，长于花冠之半，花药黄色；花柱不存，柱头2裂。浆果红色，圆形。花期5～7月，果期7～9月。

分布：产塔城、伊犁等地。海拔1100～1800m。分布于黑龙江、吉林；欧洲、高加索与俄罗斯远东地区也有。

生境及适应性：生于塔尔巴哈台山、天山伊犁地区河谷云杉林下、林缘。喜半阴，耐寒，喜冷凉湿润，稍耐旱。

观赏及应用价值：庭院树、观花灌木等。花期较长，花白色清雅，适合于疗养院、医院、学校等地方栽植；茎枝不用修剪自然成形。春观花，秋观叶、观果，冬观果，四季皆有景，观赏价值高。园林广泛应用。

接骨木属 *Sambucus*

中文名	**西伯利亚接骨木**
拉丁名	***Sambucus sibirica***
别　名	毛接骨木

基本形态特征：落叶灌木，高2～4m，分枝稠密；树皮淡红褐色，纵条裂，具椭圆形皮孔；髓部浅褐色；嫩枝具白色乳头状突起。羽状复叶通常有2对小叶，叶轴和小叶柄有黄色长硬毛，小叶片卵状披针形或披针形，长5～14cm，宽1.6～5.5cm，顶端长渐尖，边缘具不规则锐齿，基部心形，两侧不等，上面绿色，下面苍白色，沿中脉具长硬毛；托叶腺状。圆锥形聚伞花序直立，长3.5～5cm；总花梗被乳头状突起；花冠淡绿色或淡黄色，裂片矩圆形；雄蕊赭黄色。浆果鲜红色。果期7～8月。

分布：产阿勒泰及富蕴地区。西伯利亚也有分布。

生境及适应性：生于石质山坡和河旁岩石缝。喜阳，耐寒耐旱，稍耐贫瘠。

观赏及应用价值：观花观果。花果量较大而密集，株型圆整，是较好的庭院树、花果灌木等。全株亦可药用。

北极花属 *Linnaea*

中文名	**北极花**
拉丁名	*Linnaea borealis*
别 名	林奈花

基本形态特征： 常绿匍匐小灌木，高3~12cm，茎红色至红褐色，细长，具稀疏短柔毛。叶近圆形至倒卵形，边疏具浅圆齿，上表面通常具柔毛，下表面灰色，无毛；叶柄长3~4mm。花序生于小枝顶端，每个花序内有两个小花，具小苞片，大小不等，条形；萼筒近圆形，具毛，裂片5个，披针形；花冠钟状，白色或淡红色，长0.6~1cm，裂片5个，内有柔毛；雄蕊5个，生于花冠筒中部以下，花药黄色，不伸出花冠筒外，花具芳香；花柱头稍伸出花冠外。果实球形，黄色。花期6~7月，果期7~8月。

分布： 分布于阿勒泰地区。海拔1400~2100m。东北及内蒙古、河北等地也有生长；俄罗斯、哈萨克斯坦也有分布。

生境及适应性： 生于阿尔泰山针叶林下。喜散射光，耐寒，喜冷凉湿润。

观赏及应用价值： 观花。低矮，花形奇特精致，成对叉生，趣味性强，可开发作地被、盆栽等。

败酱科 VALERIANACEAE 败酱属 *Patrinia*

中文名	**中败酱**
拉丁名	*Patrinia intermedia*

基本形态特征： 多年生草本，高20~40cm。基生叶丛生，与不育枝的叶具短柄或较长，有时几无柄；花茎的基生叶与茎生叶同形，长圆形至椭圆形，长10cm，宽5.5cm，一至二回羽状全裂，裂片近圆形，线形至线状披针形。由聚伞花序组成顶生圆锥花序或伞房花序，常具5~6级分枝，宽12cm左右，被微糙毛；总苞叶与茎生叶同形或较小，长10cm，几无柄；花冠黄色，钟形；雄蕊4，花丝不等长。瘦果长圆形；果苞卵形或椭圆形，背部贴生有椭圆形大膜质苞片。花期5~7月，果期7~9月。

分布： 产阿尔泰山、伊犁及天山一带。海拔1000~2500（3004）m。

生境及适应性： 生于山麓林缘、山坡草地、荒漠化草原或灌丛中。喜阳，耐寒耐旱，耐贫瘠。

观赏及应用价值： 观花观果。花果量大，颜色明丽，可用于花境、地被及岩石园等。根部入药。

缬草属 *Valeriana*

中文名	缬草
拉丁名	*Valeriana officinalis*

基本形态特征： 多年生高大草本，高可达100~150cm。匍枝叶、基出叶和基部叶在花期常凋萎。茎生叶卵形至宽卵形，羽状深裂，裂片7~11；中央裂片与两侧裂片近同形同大小，但有时与第1对侧裂片合生成3裂状，裂片披针形或条形，顶端渐窄，基部下延，全缘或有疏锯齿，两面及柄轴多少被毛。花序顶生，呈伞房状三出聚伞圆锥花序；小苞片中央纸质，两侧膜质；花冠淡紫红色或白色，花冠裂片椭圆形，雌雄蕊约与花冠等长。瘦果长卵形。花期5~7月，果期6~10月。

分布： 产伊犁、阿尔泰、布尔津等地。产东北至西南的广大地区；欧洲和亚洲西部也广为分布。

生境及适应性： 生山坡草地、林下、沟边，海拔2500m以下，在西藏可分布至4000m。喜阳，喜冷凉湿润。

观赏及应用价值： 观花。花小而密，鲜艳精致，花序直立，可用于花境及地被等。根茎及根供药用。

中文名	新疆缬草
拉丁名	*Valeriana fedtschenkoi*

基本形态特征： 小草本，高10~20（~25）cm；根状茎细柱状，顶端略被纤维状叶鞘，有多数须根；茎直立，无毛。基生叶1~2对，近圆形，顶端圆或钝三角形，长约2cm，叶柄长4~6cm；茎生叶靠基部的1~2对与基生叶同，上面一对为大头状羽裂，顶裂片卵形或菱状椭圆形，长1.5~1.8cm，宽0.7~0.8cm，边缘具疏钝锯齿。聚伞花序顶生，初为头状，后渐疏长，小苞片线状、钝头、边缘膜质，略短于成熟的果；花粉红色，长5~6mm，花冠裂片长方形，为花冠长度的1/3；雌雄蕊与花冠等长，花开时伸出花冠外。果卵状椭圆形，光秃。花期6~7月，果期7~8月。

分布： 产乌鲁木齐、昌吉、巴音郭楞、阿克苏、喀什、伊犁、和田等地。海拔2000m。前苏联也有分布。

生境及适应性： 生于山坡林下或山顶草地。喜阳，喜冷凉湿润。

观赏及应用价值： 观花类。聚伞花序，粉红色花，花小密集，具有较好观赏性。可用作花境材料。

川续断科 DIPSACACEAE 蓝盆花属 *Scabiosa*

中文名	**黄盆花**
拉丁名	*Scabiosa ochroleuca*

基本形态特征： 多年生草本。茎单一或数分枝，高25~80cm，直立，具浅沟，花序下和茎上密生或疏生白色卷伏毛。基生叶具柄，椭圆形至披针形，不分裂或2~4对羽裂；茎生叶对生，基部相连，2~5对；叶近无柄，或在近下部叶具短柄。总花梗长18~30cm，密生白色卷伏毛；头状花序扁球形，花时径2~2.5cm，果时长约1.5cm，茎顶单生；总苞苞片线状披针形，8~10片；花冠淡黄色或鲜黄色；雄蕊4，着生花冠管中部，花丝伸出花冠管外。瘦果椭圆形，黄白色。花期7~8月，果期8~9月。

分布： 产伊犁，阿勒泰等地。海拔1300~2200m。分布于欧洲中部到巴尔干半岛北部、俄罗斯西伯利亚和蒙古。

生境及适应性： 生于草原、草甸草原及山坡草地上。喜阳，喜冷凉湿润。

观赏及应用价值： 观花。花大而美丽，果亦有一定可赏性。可用于盆栽、花境、地被等。

菊科 COMPOSITAE 蒲公英属 *Taraxacum*

中文名	**多葶蒲公英**
拉丁名	*Taraxacum multiscaposum*
别名	多莛蒲公英

基本形态特征： 多年生草本。根颈部无残存叶基。叶倒卵圆形、狭倒卵形至长椭圆形，不分裂、具波状齿，或羽状浅裂至深裂，顶端裂片宽三角形，少为菱形，裂片边缘有小牙齿，叶柄常显红紫色。花葶5~10；总苞宽钟状，总苞片先端钝，无角或增厚为不明显的小角；外层总苞片浅绿色，卵圆形至宽披针形，反卷，具窄膜质边缘，几与内层总苞片等宽；内层总苞片绿色；舌状花黄色，花冠无毛，边缘花舌片背面有紫色条纹，柱头深黄色。瘦果黄褐色。花果期5~7月。

分布： 产乌鲁木齐、塔城。哈萨克斯坦、吉尔吉斯斯坦、阿富汗、伊朗也有分布。

生境及适应性： 生于低山草原、荒漠区汇水洼地，也见于农田水边、路旁。喜阳，耐寒，适应性较强。

观赏及应用价值： 观花类。花色鲜艳，花色多，花美观，适合用做观赏地被植物、缀花草地或盆栽。

中文名 **紫花蒲公英**
拉丁名 *Taraxacum lilacinum*

基本形态特征： 多年生草本。根颈部被少量黑褐色残存叶基。叶长3~10cm，宽5~15mm，长椭圆形，不分裂、全缘或具齿或羽状浅裂。花葶1~2，高7~15cm，无毛；头状花序直径15~20mm；总苞宽钟状，长9~14mm，总苞片黑绿色；外层总苞片卵状披针形至披针形，长3~4mm，宽2~2.5mm；内层总苞片长为外层总苞片的1.5~2倍；舌状花紫红色，花冠无毛，舌片长10~11mm，宽1.5~2mm，基部筒长3~3.5mm，柱头干时黑色。瘦果淡黄褐色，冠毛白色。花果期6~7月。

分布： 产阿勒泰、昌吉、乌鲁木齐、博尔塔拉、塔城、伊犁、巴音郭楞、阿克苏等地。海拔2500m以上。中亚地区也有分布。

生境及适应性： 生高山草甸、草甸草原。喜阳，耐寒，稍耐贫瘠。

观赏及应用价值： 观花类。花紫色美丽，花期较长，可作为地被、缀花草地等。

中文名 **天山蒲公英**
拉丁名 *Taraxacum tianschanicum*

基本形态特征： 多年生草本。根颈部无或具黑褐色残存叶基。叶长椭圆形至倒披针形，长5~25cm，宽1.5~4.5cm，羽状浅裂或大头羽状深裂。花葶2~9，常显紫红色，高10~40cm，上端密被蛛丝状毛；头状花序直径25~35mm；总苞宽钟状；外层总苞片浅绿色，卵圆状披针形；内层总苞片绿色；舌状花黄色，花冠喉部及舌片下部的外面具稀疏的短柔毛；舌片长约8mm，宽约1.5mm，边缘花舌片背面有紫色条纹，柱头深黄色。瘦果红褐色或浅红色，冠毛白色，长4~5mm。花果期6~8月。

分布： 产天山。海拔90~2500m。哈萨克斯坦亦有分布。

生境及适应性： 生草甸草原、森林草甸、山地草原、荒漠草原带，也见于平原地区的农田、水旁。适应性强。

观赏及应用价值： 观花、观果类。花黄色，可作为地被、花境、荒地绿化应用等。

紫苑属 *Aster*

中文名	**高山紫菀**
拉丁名	*Aster alpinus*

基本形态特征：多年生草本，有丛生的茎和莲座状叶丛。茎直立，高10～35cm，不分枝，下部有密集的叶。下部叶在花期生存，匙状或线状长圆形，长1～10cm，全缘，顶端圆形或稍尖；中部叶长圆披针形或近线形；上部叶狭小，直立或稍开展；全部叶被柔毛，或稍有腺点。头状花序在茎端单生，径3～3.5cm或达5cm；总苞半球形，总苞片2～3层。舌状花35～40个，舌片紫色、蓝色或浅红色，长10～16mm。管状花花冠黄色，长5.5～6mm。瘦果长圆形，冠毛白色，被密绢毛。花期6～8月，果期7～9月。

分布：产乌鲁木齐、阿勒泰、巴音郭楞、塔城、伊犁。海拔2300～2600m。广泛分布于欧洲，亚洲西部、中部、北部、东北部及北美洲。

生境及适应性：生亚高山草甸、草原、山地。喜光，耐旱，耐寒。

观赏及应用价值：观花类。舌状花紫色，管状花黄色，花形美丽雅致。宜用于布置庭院、花境或盆栽。

中文名	**阿尔泰狗娃花**
拉丁名	*Aster altaicus*

基本形态特征：多年生草本，主根直立或横走，高20～80cm。茎直立，绿色，具条纹，被毛。茎基部叶花期早枯，下部叶条形、条状倒披针形或条状匙形；中部叶和下部叶同形，上部及分枝上的叶较小，条形，长0.5～2cm，全部叶全缘，少具疏齿，两面或上面被糙毛。头状花序单生或在枝顶排成伞房状；边缘雌花舌状，1层，20～30朵，舌片蓝紫色，开展；中央两性花筒状，黄色，管部长1.5～2mm；冠毛红褐色或污白色，具微糙毛。瘦果扁，倒卵状长圆形。花果期6～9月。

分布：产阿勒泰、乌鲁木齐、塔城、博乐、伊犁、哈密、吐鲁番、巴音郭楞等地。海拔400～3800m。分布于东北、华北、西北及四川西北部；中亚、蒙古及西伯利亚也有分布。

生境及适应性：生于草原、荒地及干平山地。喜阳，耐寒耐旱，耐贫瘠。

观赏及应用价值：观花。花量大，花繁密，植株低矮饱满，可作花境、地被或岩石园材料。是中等饲用植物。

蓍属 *Achillea*

中文名　**蓍**
拉丁名　*Achillea millefolium*
别　名　千叶蓍、蓍草

基本形态特征： 多年生草本，具细的匍匐根茎。茎直立，高40～100cm，有细条纹，通常被白色长柔毛，上部分枝或不分枝，中部以上叶腋常有缩短的不育枝。叶无柄，披针形、矩圆状披针形或近条形。头状花序多数，密集成直径2～6cm的复伞房状；总苞矩圆形或近卵形，长约4mm，宽约3mm，疏生柔毛；总苞片3层，覆瓦状排列，椭圆形至矩圆形；边花5朵；舌片近圆形，白色、粉红色或淡紫红色，顶端2～3齿；盘花两性，管状，黄色，5齿裂，外面具腺点。瘦果矩圆形。花果期7～9月。

分布： 产阿勒泰、昌吉、乌鲁木齐、塔城、伊犁、巴音郭楞等地。海拔500～3000m。内蒙古及东北各地有分布；蒙古、西伯利亚、中亚、伊朗、欧洲的北部也有分布。

生境及适应性： 生于山地草原的河滩、草甸。喜光，喜冷凉湿润。

观赏及应用价值： 观花。花朵密集美丽，花序纤细直立，可作为花境材料应用，亦可盆栽或开发切花。全草可入药。

中文名	**亚洲蓍**
拉丁名	*Achillea asiatica*

基本形态特征： 多年生草本，有匍匐生根的细根茎。茎直立，高（4）18～60cm，具细条纹，被显著的棉状长柔毛。叶条状矩圆形、条状披针形或条状倒披针形，二至三回羽状全裂，上面具腺点，疏生长柔毛，下面无腺点，被较密的长柔毛。头状花序多数，密集成伞房花序；总苞矩圆形；总苞片3～4层，覆瓦状排列，卵形至披针形；舌状花5朵，管部略扁；舌片粉红色或淡紫红色，少有变白色，半椭圆形或近圆形，端近截形；管状花长3mm。瘦果矩圆状楔形。花期7～8月，果期8～9月。

分布： 产新疆北部。内蒙古、河北北部、辽宁、黑龙江也有；蒙古、中亚至西伯利亚和远东地区也有。

生境及适应性： 山坡草地、河边、草场、林缘湿地。喜光，喜冷凉湿润。

观赏及应用价值： 观花。花朵密集美丽，花序纤细直立，可作为花境材料应用，亦可盆栽或开发切花。全草入药。

花花柴属 *Karelinia*

中文名	**花花柴**
拉丁名	*Karelinia caspia*
别　名	卵叶花花柴、狭叶花花柴

基本形态特征： 多年生草本，高50～100cm。茎粗壮，直立，多分枝，基部茎圆柱形，中空，被密糙毛或柔毛。叶卵圆形、长卵圆形或长椭圆形，长1.5～6.5cm，宽0.5～2.5cm，有圆形或戟形的小耳，抱茎，全缘，质厚，两面被短糙毛。头状花序长13～15mm，3～7个生于枝端；花序梗长5～25mm；苞叶卵圆形或披针形。小花黄色或紫红色；雌花花冠丝状，长7～9mm；两性花花冠细管状，长9～10mm，有卵形被短毛的裂片；花药超出花冠。瘦果，圆柱形，有4～5纵棱，无毛。花期7～9月，果期9～10月。

分布： 产阿勒泰、昌吉、乌鲁木齐、塔城、博尔塔拉、伊犁、哈密、吐鲁番、巴音郭楞、阿克苏、克孜勒苏、喀什、和田。海拔500～1200m。甘肃、内蒙古也有分布；在蒙古、前苏联的中亚和欧洲东部、伊朗和土耳其等地都有广泛的分布。

生境及适应性： 耐旱，耐盐性强，具有脱落当年生部分枝条和叶片的生理生态特点，多分布于干旱、半干旱地区河谷冲积平原，山麓洪积扇缘和山前冲积平原的盐化沙地及沙质草甸盐土上。

观赏及应用价值： 常用于改善土壤，降低地下水位，改善生态环境。花粉色俏丽，花量大，可作地被观花种植。还可作为饲料。

矢车菊属 *Centaurea*

| 中文名 | 小花矢车菊 |
| 拉丁名 | *Centaurea virgata* subsp. *squarrosa* |

基本形态特征： 二年生或多年生草本，高30～70cm。茎单生或少数簇生，直立。中部以上分枝，灰绿色，密被蛛丝状柔毛和稀疏的淡黄色腺点。基生叶和茎下部叶二回羽状全裂，早枯萎；茎中部叶羽状全裂；茎上部叶全缘无锯齿，长椭圆形或倒披针形，全部叶两面密被蛛丝状柔毛和黄色腺点。头状花序多数，在茎枝顶端排列成疏松的宽圆锥状；总苞卵形、长椭圆状卵形或圆柱形，总苞片约6层，顶端附属物坚硬，针刺长达2mm，向外弧形反曲，边缘栉齿状针刺3～5对；小花淡紫色或粉红色，少数，边花不增大，花冠长9～14mm。瘦果倒卵形或椭圆形；冠毛白色。花果期7～9月。

分布： 产塔城、伊犁等地。海拔540～1500m。俄罗斯、中亚、阿富汗、伊朗也有分布。

生境及适应性： 生于砾石山坡、戈壁、荒地、河边。喜光，耐旱，耐寒。

观赏及应用价值： 观花类。植株高，株型飘逸，花浅紫色，花量大，叶不明显。可用于布置花境。

蓟属 *Cirsium*

| 中文名 | 莲座蓟 |
| 拉丁名 | *Cirsium esculentum* |

基本形态特征： 多年生草本，无茎，茎基粗厚，生多数不定根，顶生多数头状花序，外围莲座状叶丛。莲座状叶丛的叶全形倒披针形或椭圆形或长椭圆形，羽状半裂、深裂或几全裂，基部渐狭成有翼的长或短叶柄，柄翼边缘有针刺或3～5个针刺组合成束；侧裂片4～7对，中部侧裂片稍大，全部侧裂片偏斜卵形或半椭圆形或半圆形，边缘有刺；叶两面同色。头状花序5～12个集生于茎基顶端的莲座状叶丛中；总苞钟状，直径2.5～3cm，总苞片约6层，覆瓦状排列，向内层渐长；全部苞片无毛；小花紫色，花冠长2.7cm。瘦果淡黄色。花果期8～9月。

分布： 产阿勒泰、吐鲁番、伊犁、塔城等地。海拔500～3200m。也分布于东北、内蒙古；中亚、西伯利亚和蒙古有分布。

生境及适应性： 生于平原或山地潮湿地或水边。喜阳，喜冷凉湿润。

观赏及应用价值： 观花观叶。植株奇特，花叶美丽，可用于花境、地被。

蓝刺头属 Echinops

中文名	**砂蓝刺头**
拉丁名	*Echinops gmelini*

基本形态特征： 一年生草本。茎单生，茎枝淡黄色，疏被腺毛。下部茎生叶线形或线状披针形，边缘具刺齿或三角形刺齿裂或刺状缘毛；中上部茎生叶与下部茎生叶同形；叶纸质，两面绿色，疏被蛛丝状毛及腺点。复头状花序单生茎顶或枝端，径2～3cm，基毛白色，长1cm，细毛状，边缘糙毛状；总苞片16～20，外层线状倒披针形，爪基部有蛛丝状长毛，中层倒披针形，长1.3cm，背面上部被糙毛，背面下部被长蛛丝状毛，内层长椭圆形，中间芒刺裂较长，背部被长蛛丝状毛；小花蓝或白色。瘦果倒圆锥形，密被淡黄棕色长直毛，遮盖冠毛。花果期6～9月。

分布： 产昌吉、石河子、和田、喀什、塔城等地。海拔450～3120m。也分布于西北其他地区，以及东北和华北；哈萨克斯坦北部、蒙古也有分布。

生境及适应性： 生沙漠中的固定、半固定沙丘、沙地、沙质土山坡和荒地。喜光，耐寒，耐旱，耐贫瘠。

观赏及应用价值： 观花类。分枝多，花序也多，头状花序球形，小花蓝或白色，观赏价值高，唯叶多刺。宜用于布置花境、岩石园。

中文名	**全缘叶蓝刺头**
拉丁名	*Echinops integrifolius*

基本形态特征： 多年生草本，高20～90cm。根细长，直伸，倒圆锥状。茎基粗厚，单生，不分枝。全部叶厚纸质，线形或线状披针形，长2～8cm，宽6～8mm，边缘全缘，反卷，两面异色，上面绿色，下面白色或灰白色，有时基生叶羽状半裂或深裂，侧裂片2～3对，斜三角形或三角状披针形。复头状花序单生茎顶，直径2～4cm，基毛白色，扁毛状；外层苞片线状倒披针形或线形；中层苞片倒披针形，顶端渐尖成针芒状，外面有短糙毛；内层苞片长椭圆形；全部苞片16～18个；小花白色，花冠5深裂，裂片线形。瘦果倒圆锥状。花果期8～9月。

分布： 产新疆西北部。

生境及适应性： 生石质干燥山坡。喜光，耐旱，耐寒，耐瘠薄。

观赏及应用价值： 观花类。头状花序。茎秆直立，花形奇特，具有较好的观赏价值。可用于花境、岩石园，亦可选育长茎品种作切花。

橐吾属 *Ligularia*

中文名	**大叶橐吾**
拉丁名	*Ligularia macrophylla*

基本形态特征： 多年生灰绿色草本。茎直立，高56～110（180）cm，最上部及花序被有节短柔毛，下部光滑。丛生叶具柄，具狭翅，常紫红色，叶片长圆形或卵状长圆形，边缘具波状小齿，两面光滑，叶脉羽状；茎生叶无柄，叶片卵状长圆形至披针形。圆锥状总状花序；苞片和小苞片线状钻形；花序梗长1～3mm；头状花序多数，辐射状，总苞狭筒形或狭陀螺形，总苞片4～5，2层，倒卵形或长圆形；舌状花1～3，黄色，舌片长圆形，先端圆形；管状花2～7，伸出总苞，冠毛白色与花冠等长。瘦果（未熟）光滑。花期7～8月。

分布： 产天山及阿勒泰地区。海拔700～2900m。在前苏联也有分布。

生境及适应性： 生于河谷水边、芦苇沼泽、阴坡草地及林缘。耐阴，喜湿润，喜冷凉。

观赏及应用价值： 观花类。黄色头状花序，花量繁多，观赏价值较高。可用作花境材料，也可开发为盆花材料。

中文名　**天山橐吾**
拉丁名　*Ligularia narynensis*（*L. tianshanensis*）
别　名　山地橐吾

基本形态特征： 多年生草本。茎直立，高7~60cm，被丛卷毛。丛生叶与茎下部叶卵状心形或长圆状心形，边缘具波状齿或尖锯齿，基部心形，上面光滑，下面被白色丛卷毛；茎中上部叶狭卵形至狭披针形；最上部叶线状披针形，叶腋常有不发育的头状花序。头状花序1~8，辐射状，常排列成伞房状花序，稀单生；苞片及小苞片线状披针形；总苞半球形或杯状，总苞片10~13，披针形、长圆形或宽椭圆形；舌状花9~12，黄色，舌片长圆形或宽椭圆形，先端急尖或平截；管状花多数。瘦果黄白色或紫褐色，圆柱形。花果期5~8月。

分布： 产乌鲁木齐、昌吉、巴音郭楞。海拔800~3200m。前苏联也有分布。

生境及适应性： 生于阴坡灌丛、山坡草地、林下及高山草地。耐阴，喜湿，耐寒。

观赏及应用价值： 观花、观叶类。花黄色，花序开张，叶心形美丽。可作地被及花境材料。

千里光属 Senecio

中文名	**林荫千里光**
拉丁名	*Senecio nemorensis*

基本形态特征： 多年生草本。茎单生或有时数个，直立，高达1m，花序下不分枝，被疏柔毛或近无毛。基生叶和下部茎叶在花期凋落；中部茎叶多数，近无柄，披针形或长圆状披针形。头状花序具舌状花，多数，在茎端或枝端或上部叶腋排成复伞房花序；总苞近圆柱形，具外层苞片；苞片4~5，线形，短于总苞；总苞片12~18，长圆形；舌状花8~10，管部长5mm；舌片黄色；管状花15~16，花冠黄色，檐部漏斗状。瘦果圆柱形。花期6~12月。

分布： 产新疆南北。海拔770~3000m。也分布于吉林、河北、山西、山东、陕西、甘肃、湖北、四川、贵州、浙江、安徽、河南、福建、台湾等地；日本、朝鲜、俄罗斯西伯利亚和远东地区、蒙古及欧洲也有分布。

生境及适应性： 生于林中开阔处、草地或溪边。喜阳，耐半阴，喜冷凉湿润。

观赏及应用价值： 观花。花色明丽，花量大，地被覆盖效果好，可应用于花境、花海等。

中文名	**新疆千里光**
拉丁名	*Senecio jacobaea*
别名	异果千里光

基本形态特征： 多年生草本。茎单生，或2~3簇生，直立，高30~70（100）cm，不分枝或有花序枝。基生叶在花期枯萎，通常凋落；下部茎叶全形长圆状倒卵形，具钝齿或大头羽状浅裂；中部茎叶较密集，羽状全裂；上部叶同形，但较小。头状花序排列成顶生复伞房花序；总苞宽钟状或半球形，总苞片约13，长圆状披针形；舌状花12~15，舌片黄色，长圆形，长8~9mm，顶端具3细齿；管状花多数，花冠黄色。瘦果圆柱形；冠毛白色。花期5~7月。

分布： 产阿克苏。欧洲、高加索、中亚、俄罗斯西伯利亚、蒙古也有分布。

生境及适应性： 生于疏林或草地。喜阳，稍耐阴，耐寒。

观赏及应用价值： 观花类。花序黄色，花序较长，花量较大。宜用于布置花境。

飞蓬属 Erigeron

中文名	**橙花飞蓬**
拉丁名	*Erigeron aurantiacus*
别 名	橙舌飞蓬

基本形态特征： 多年生草本。茎数个，高5～35cm，直立或基部略弯，不分枝。基部叶密集，莲座状，在花期生存，长圆状披针形或倒披针形，或有时倒卵形，茎叶较多数（7～17个），半抱茎，下部叶披针形，中部和上部叶披针形。头状花序长13～15mm，单生于茎顶端；总苞半球形，总苞片3层；外围的雌花舌状，3层，舌片开展，平，橘红色，或黄色至红褐色；中间的两性花管状，黄色；花药伸出花冠。瘦果线状披针形。花期7～9月。

分布： 产伊犁、巴音郭楞、天山北麓大牛河、阿克苏、昌吉等地。海拔2100～3400m。中亚地区也有分布。

生境及适应性： 生于高山草地或林缘。喜光，耐寒，喜湿润。

观赏及应用价值： 观花类。花色奇特，外围舌状花橘红色，中间管状花黄色。可用于布置花坛、花境或岩石园。

中文名	**假泽山飞蓬**
拉丁名	*Erigeron pseudoseravschanicus*

基本形态特征： 多年生草本。茎少数，高5～60cm，直立，上部有分枝，被较密而开展的长节毛和疏具柄腺毛，或有时杂有贴短毛。基部叶密集，莲座状，花期常枯萎，倒披针形，下部叶与基部叶相同，中部和上部叶披针形。头状花序多数，排列成伞房状总状花序，具长花序梗，总苞半球形，总苞片3层；雌花二型，外层舌状，长5.8～8.5mm，舌片淡红色或淡紫色；较内层细管状，无色，长2.2～3mm；两性花管状，黄色。瘦果长圆状披针形；冠毛白色。花期7～9月。

分布： 产阿勒泰、塔城、巴音郭楞、乌鲁木齐、昌吉、伊犁等地。海拔1700～2800m。也分布于中亚、西伯利亚。

生境及适应性： 常生于亚高山或高山草地或林缘。喜光，耐寒。

观赏及应用价值： 观花类。花精致美丽，舌状花紫色，管状花黄色。可用于花境或成片种植形成花丛，营造野趣。

中文名	长茎飞蓬
拉丁名	*Erigeron acris* subsp. *politus*

基本形态特征： 二年生或多年生草本。茎数个，高10～50cm，直立，或基部略弯曲，上部有分枝，枝细长，斜上或内弯。叶全缘，质较硬，绿色，或叶柄紫色，基部叶密集，莲座状，基部及下部叶倒披针形或长圆形，中部和上部叶长圆形或披针形。头状花序较少数，生于小枝顶端，排列成伞房状或伞房状圆锥花序，总苞半球形，总苞片3层，雌花外层舌状，6～8mm，舌片淡红色或淡紫色，较内层细管状，无色，两性花管状，黄色。瘦果长圆状披针形；冠毛白色。花期7～9月。

分布： 产阿勒泰、昌吉、乌鲁木齐、博尔塔拉、哈密、喀什等地。海拔1900～2600m。内蒙古、河北、山西、甘肃、四川、西藏等地有分布；中亚、西伯利亚地区以及欧洲中部至北部、蒙古、朝鲜也有。

生境及适应性： 生于低山开阔山坡草地、沟边及林缘。喜光，耐寒，稍耐贫瘠。

观赏及应用价值： 观花类。总苞及舌状花紫色，美丽可爱，可用于布置花境。

寒蓬属 *Psychrogeton*

中文名	藏寒蓬
拉丁名	*Psychrogeton poncinsii*

基本形态特征： 多年生草本，根状茎粗壮。茎直立或斜升，高3～19cm，不分枝。基部叶具柄，倒披针形或倒卵形，长1～6cm，宽0.3～1cm，边缘具尖锯齿或稍波状，稀全缘；茎叶少数，倒披针形或线形。头状花序单生于茎端；总苞片2～3层，线状披针形，绿色或灰绿色，稍短于冠毛；雌花舌状，管部长5～6mm，中部被疏微毛，舌片金黄色，花后变淡红色或浅紫色，倒卵形，顶端具3个钝小齿；两性花与舌片同色，长3.5～5mm，具5齿裂，裂片花后变浅红色或淡紫色，管部中部和裂片被疏微毛。花果期6～9月。

分布： 产喀什。海拔3700～5400m。分布于西藏；印度、伊朗、阿富汗及中亚地区也有分布。

生境及适应性： 生于高山荒漠、砾石山坡。耐寒耐旱、耐瘠薄。

观赏及应用价值： 观花、观叶类。花黄白色，茎叶总苞片被茸毛，亦有一定观赏性。可作为地被、花境、岩石园专类园应用。

牛蒡属 *Arctium*

中文名　**毛头牛蒡**
拉丁名　*Arctium tomentosum*

基本形态特征： 二年生草本，高达2m。根肉质，粗壮，肉红色。茎直立，绿色，带淡红色，多分枝，分枝粗壮，全部茎枝被短毛并混杂以黄色小腺点。基生叶卵形，顶端急尖或钝，有小尖头，基部心形或宽心形，有长叶柄，边缘有稀疏的刺尖；中部与上部茎叶与基生叶同形。头状花序多数，在茎枝顶端排成大型伞房花序，或头状花序少数，排成总状或圆锥状伞房花序，花序梗粗壮；总苞卵形或卵球形；小花紫红色，花冠长9～12mm，檐部长4.5～6mm，外面有黄色小腺点，细管部长4.5～6mm。瘦果浅褐色，倒长卵形或偏斜倒长卵形。花果期7～9月。

分布： 分布天山地区（伊犁、乌鲁木齐、巴音郭楞）。中亚、欧洲等地有分布。

生境及适应性： 多生于山坡草地、草甸。喜阳，耐寒，稍耐旱。

观赏及应用价值： 观花。大型草本，花序奇特，观赏期较长，可用于花境、庭院等配置。根可做药用。

风毛菊属 *Saussurea*

中文名	**草地风毛菊**
拉丁名	*Saussurea amara*

基本形态特征： 多年生草本。茎直立，高（9）15~60cm。基生叶与下部茎叶有长或短柄，柄长2~4cm，叶片披针状长椭圆形或长披针形，长4~18cm，宽0.7~6cm，顶端钝或急尖，基部楔形渐狭，边缘通常全缘或有浅齿；中上部茎叶渐小，椭圆形或披针形，基部有时有小耳；全部叶两面绿色，下面色淡，两面被稀疏的短柔毛及稠密的金黄色小腺点。头状花序在茎枝顶端排成伞房状或伞房圆锥花序；总苞钟状或圆柱形，4层；小花淡紫色，长1.5cm。瘦果长圆形；冠毛白色。花果期7~10月。

分布： 产塔城、阿勒泰等地。海拔510~3200m。也分布于黑龙江、吉林、辽宁、内蒙古、河北、山西、北京、陕西、甘肃、青海；欧洲、俄罗斯、哈萨克斯坦、乌兹别克斯坦、塔吉克斯坦及蒙古有分布。

生境及适应性： 生于荒地、路边、森林草地、山坡、草原、盐碱地、河堤、沙丘、湖边、水边。喜光，耐寒，耐旱，耐盐碱，抗性强。

观赏及应用价值： 观花类。花紫色，花量较大，观赏期长。可用于布置花境或开发切花。

中文名	**鼠麴雪兔子**
拉丁名	*Saussurea gnaphalodes*

基本形态特征： 多年生多次结实丛生草本，高1~6cm。根状茎细长，通常有数个莲座状叶丛。叶密集，长圆形或匙形，长0.6~3cm，宽3~8mm；全部叶质地稍厚，两面同色，灰白色，被稠密的灰白色或黄褐色茸毛。头状花序无小花梗，多数在茎端密集成直径为2~3cm的半球形的总花序；总苞长圆状，直径8mm；总苞片3~4层，外层长圆状卵形，顶端渐尖，外面被白色或褐色长绵毛，中内层椭圆形或披针形，上部或上部边缘紫红色；小花紫红色，长9mm。瘦果倒圆锥状，冠毛鼠灰色。花果期6~8月。

分布： 产乌鲁木齐、塔城、伊犁、巴音郭楞、阿克苏、克孜勒苏、喀什等地。海拔3200~5000m。分布于青海、四川、西藏；哈萨克斯坦、吉尔吉斯斯坦、塔吉克斯坦、巴基斯坦、印度西北部、尼泊尔也有。

生境及适应性： 生于高山流石滩、山坡石隙、河滩砂砾地。耐寒，耐旱，耐瘠薄。

观赏及应用价值： 观花、观姿类植物，花紫色，株型精致，可作为地被、花境、岩石园专类园应用。

中文名	雪莲花
拉丁名	*Saussurea involucrata*

基本形态特征： 多年生草本，高15～35cm。根状茎粗，颈部被多数褐色的叶残迹。茎粗壮，无毛。叶密集，基生叶和茎生叶无柄，叶片椭圆形或卵状椭圆形，长达14cm，宽2～3.5cm，边缘有尖齿；最上部叶苞叶状，膜质，淡黄色，宽卵形，长5.5～7cm，宽2～7cm，边缘有尖齿。头状花序10～20个，在茎顶密集成球形的总花序，无小花梗或有短小花梗；总苞半球形，直径1cm；总苞片3～4层，边缘或全部紫褐色，外层被稀疏的长柔毛；小花紫色，长1.6cm，管部长7mm，檐部长9mm。瘦果长圆形；冠毛污白色。花果期7～9月。

分布： 产阿勒泰、乌鲁木齐、昌吉、塔城、博尔塔拉、伊犁、哈密等地。海拔2400～4100m。俄罗斯、蒙古、哈萨克斯坦、吉尔吉斯斯坦也有分布。

生境及适应性： 生于高山冰碛石和流石滩石隙、高山草甸悬崖峭壁石缝。耐寒，耐旱，耐瘠薄。

观赏及应用价值： 观花类。花大，花形奇特，苞片可供观赏，可作为花境或岩石园布置。全株可入药，但不应滥采滥挖。

中文名	**冰川雪兔子**
拉丁名	*Saussurea glacialis*

基本形态特征：多年生多次结实草本，全株灰绿色，被稠密的绵毛。茎直立，高15cm，被稠密的叶，顶端冠以莲座状叶丛。基生叶及下部茎叶有短柄，叶片长椭圆形，长1.5~4cm，宽0.4~1cm；中上部茎叶与基生叶及下部茎叶类似；承托头状伞房花序的叶上面被密厚的绵毛，下面的较少。头状花序多数在茎顶集密地排列成头状伞房花序；总苞钟状，直径0.7~1cm；总苞片等长，外层长椭圆状卵形或长椭圆形，外面被长绵毛，红褐色，内层披针形，肉红色。小花紫色，长1.2cm。瘦果长椭圆状圆柱形，冠毛白色或污白色。花果期7~8月。

分布：产巴音郭楞、克孜勒苏、喀什等地。海拔4300~4800m。俄罗斯、蒙古、哈萨克斯坦、吉尔吉斯斯坦、塔吉克斯坦也有分布。

生境及适应性：生于高山草甸砾石山坡、河滩砂砾地。耐旱，耐寒，耐瘠薄。

观赏及应用价值：观花、观姿类植物，花紫色，株型精致，雪白蓬松，可作为地被、花境、岩石园应用。

菊蒿属 *Tanacetum*

中文名	**岩菊蒿**
拉丁名	*Tanacetum scopulorum*

基本形态特征：多年生草本，高达35cm，有分枝的根状茎。茎直立，上部有花序分枝。茎单生或少数茎簇生，有稠密的或稀疏的丁字毛或单毛。基生叶线状长椭圆形或椭圆形，叶柄长达2cm；茎生叶少数，无柄；下部茎生叶二回羽状分裂；全部叶绿色或淡灰白色，有较多或稍多的单毛或丁字形毛。茎生头状花序3~6个，排成不规则的疏散伞房花序，花梗长1~8cm；总苞直径7~10mm，总苞片硬草质，约4层，边缘雌花管状，多少向舌状花转化，顶端3~4齿裂。瘦果约有8条椭圆形纵肋。花果期6~8月。

分布：产新疆（阿尔泰山区）。中亚地区也有分布。

生境及适应性：多生于山坡。喜光，耐寒，喜冷凉湿润。

观赏及应用价值：观花。花朵鲜艳、精巧，似金纽扣，观赏期长，可用于花境、地被、岩石园等。

中文名	单头匹菊
拉丁名	*Tanacetum richterioides*

基本形态特征： 多年生草本，高6～35cm，有根状茎。茎直立，或基部弯曲，单生或少数茎簇生，不分枝，有稀疏弯曲的长单毛，上部或接花序处的毛稍多。基生叶与下部茎生叶长椭圆形，全部叶绿色或淡绿色，两面有稀疏的弯曲长单毛。头状花序单生茎端，有花梗；花梗上部和接头状花序处有稍多或稍密的弯曲的长单毛；总苞直径1.5～2cm，总苞片约4层；外层披针形，基部有稀疏弯曲的长单毛；中内层长椭圆形至倒披针形，无毛，全部苞片边缘黑褐色宽膜质；舌状花红色或淡紫色。花期8～9月。

分布： 产新疆（天山及准噶尔盆地）。海拔2000～3100m。

生境及适应性： 生于山坡、冲积地或草甸。喜阳，耐寒，稍耐旱，耐贫瘠。

观赏及应用价值： 观花。花朵较雅致、花量较大，可用于花境、地被等。

中文名	**密头菊蒿**
拉丁名	*Tanacetum crassipes*

基本形态特征：多年生草本，高20~60cm，有短根状茎分枝。茎单生，或少数成簇生。基生叶长8~15cm，宽2cm，长椭圆形，二回羽状分裂，一、二回全部全裂；一回侧裂片10~15对；末回裂片线状长椭圆形，宽约1mm；茎叶少数，无柄；全部叶绿色或暗绿色。头状花序3~7个，在茎顶密集排列，花梗增粗，长0.5~1.5cm；总苞直径0.7~1（~1.4）cm；总苞片3~4层，硬草质；中外层披针形，内层线状长椭圆形，全部苞片外面有单毛；边缘雌花有时由管状向舌状转化。瘦果有5~8条椭圆形突起的纵肋。花果期6~8月。

分布：产塔城、伊犁等地。海拔530~2300m。中亚地区也有分布。

生境及适应性：生于荒漠草原、山地草原。喜阳耐寒，耐瘠薄，适应性强。

观赏及应用价值：观花类。花黄色，花形奇特，球状，可作为地被、花境、花坛应用；亦可盆栽。

中文名	**黑苞匹菊**
拉丁名	*Tanacetum krylovianum*

基本形态特征：多年生草本，高30~70cm。茎直立，单生或少数簇生，不分枝或有1~2个花序侧枝。基生叶及下部茎生叶长5~20cm，长椭圆形，二回羽状裂，一、二回全部全裂；中上部茎叶小，无柄，全部叶绿色，有极稀疏的柔毛或无毛。头状花序单生茎顶，少有茎生2~3个头状花序的；总苞直径约16mm，总苞片4层，全部苞片边缘黑褐色宽膜质；舌状花白色，舌片长椭圆形，长14~25mm，顶端2~3齿。瘦果有5~7条椭圆形突起的纵肋。花果期8~9月。

分布：产阿尔泰山及准噶尔盆地。海拔25~3200m。前苏联境内也有分布。

生境及适应性：生于山坡林下及碱地。喜光也耐阴，耐旱，耐寒。

观赏及应用价值：观花类。苞片边缘镶嵌黑褐色宽膜质条带，与纯净洁白的舌状花形成对比，花较大，着生于丛生的茎顶，开花整齐；叶羽裂，裂片细，亦具观赏性。可布置花境、花坛，也可作盆栽观赏。

火绒草属 *Leontopodium*

中文名	**山野火绒草**
拉丁名	*Leontopodium campestre*

基本形态特征： 多年生草本。根状茎细长。花茎直立或斜升，不分枝，高5~35cm，被灰白色或白色蛛丝状茸毛，全部有叶；节间长1~3cm。茎基部叶在花期生存，或枯萎宿存；上部叶渐小，较细尖。苞叶多数。头状花序径5~7mm，多数，密集；总苞片约3层；被长柔毛或茸毛；小花异形，中央有少数雄花，或雌雄异株；花冠长3~3.5mm；雄花花冠漏斗状管状，裂片小；雌花花冠粗丝状；雄花冠毛上端棒状粗厚；雌花冠毛细丝状。不育的子房和瘦果无毛或有乳头状突起，或瘦果有短粗毛。花期7~9月，果期9月。

分布： 产新疆阿尔泰山、天山、昆仑山。海拔1400~3000m。也广泛分布于蒙古西部及北部、中亚、西伯利亚的中部和东部。

生境及适应性： 干旱草原、干燥坡地、河谷阶地沙地或石砾地，也生于较湿润的林间草地。喜阳，耐寒，稍耐贫瘠。

观赏及应用价值： 观花观叶。花、叶银白色，皆可赏，可用于花境、地被、岩石园等。

中文名	**矮火绒草**
拉丁名	*Leontopodium nanum*

基本形态特征： 多年生草本，垫状丛生，有顶生的莲座状叶丛。花茎直立，细弱或稍粗壮，草质。基部叶在花期生存并为枯叶残片和鞘所围裹；茎部叶较莲座状叶稍长大，直立或稍开展，匙形或线状匙形，顶端圆形或钝，边缘平。苞叶少数，与茎上部叶同形，直立，不开展成星状苞叶群。头状花序，单生或3个密集；总苞片4~5层，披针形，顶端无毛，深褐色或褐色；小花异形，但通常雌雄异株；雄花花冠狭漏斗状，有小裂片；瘦果无毛或多少有短粗毛。花期5~6月，果期5~7月。

分布： 产新疆南部。海拔1600~5500m。也产西藏、四川、青海、甘肃和陕西；也分布于印度、哈萨克斯坦等地。

生境及适应性： 生于低山和高山湿润草地、泥炭地或石砾坡地。喜阳，耐寒，稍耐贫瘠。

观赏及应用价值： 观花、观叶类。白色花，头状花序，叶丛银白色，观赏价值极高，可用作地被，花境，也可作盆栽。

中文名	**火绒草**
拉丁名	*Leontopodium leontopodioides*

基本形态特征： 多年生草本。地下茎粗壮，分枝短。花茎直立，高5~45cm，较细，挺直或有时稍弯曲。叶线形或线状披针形，无鞘，无柄，边缘平或有时反卷或波状。苞叶少数，长圆形或线形，与花序等长或较长1.5~2倍。头状花序大，在雌株径7~10mm，3~7个密集，稀1个或较多，在雌株常有较长的花序梗而排列成伞房状；总苞半球形；总苞片约4层；小花雌雄异株，稀同株；雄花花冠狭漏斗状，有小裂片；雌花花冠丝状。瘦果有突起或密粗毛。花果期7~10月。

分布： 产阿勒泰、昌吉、乌鲁木齐、塔城、博乐、伊犁、吐鲁番、巴音郭楞、阿克苏等地。海拔100~3200m。也产青海、甘肃、陕西、山西、内蒙古、河北、辽宁、吉林、黑龙江以及山东；也分布于蒙古、朝鲜、日本和前苏联西伯利亚。

生境及适应性： 生于干旱草原、黄土坡地、石砾地、山区草地，稀生于湿润地，极常见。喜阳，耐寒，稍耐贫瘠。

观赏及应用价值： 观花类。白色花，头状花序，总苞半球状，可作花境材料，也可作盆栽材料。

菊苣属 *Cichorium*

中文名	**菊苣**
拉丁名	*Cichorium intybus*

基本形态特征： 多年生草本，高40～100cm。茎直立，单生，分枝开展或极开展，全部茎枝绿色，有条棱，被极稀疏的长而弯曲的毛。基生叶莲座状，花期生存，倒披针状长椭圆形；茎生叶少数，较小；全部叶质地薄，两面被稀疏毛，但叶脉及边缘的毛较多。头状花序多数，单生或数个集生于茎顶或枝端，或2～8个为一组沿花枝排列成穗状花序；总苞圆柱状，长8～12mm；总苞片2层，外层披针形，上半部绿色，草质，下半部淡黄白色，质地坚硬，革质。瘦果倒卵状或倒楔形。花果期5～10月。

分布： 产于阿勒泰、塔城、博乐、乌鲁木齐、昌吉、伊犁。本种广布欧洲、亚洲、北非。

生境及适应性： 生于滨海荒地、河边、水沟边或山坡。喜阳，耐寒，适应性强。

观赏及应用价值： 观花。花量极大，花色为天蓝色或蓝紫色，观赏性极高。可用于地被、花境等布置。

旋覆花属 *Inula*

中文名	**柳叶旋覆花**
拉丁名	*Inula salicina*

基本形态特征： 多年生草本。茎从膝曲的基部直立，高30～70cm，不分枝或上部有2～3个，稀达7个花序枝。下部叶长圆状匙形；中部叶较大，稍直立，椭圆或长圆状披针形，边缘有小尖头状或明显的细齿；上部叶较小。头状花序径2.5～4cm，单生于茎或枝端，常为密集的苞状叶围绕；总苞半球形，径1.2～1.5cm；内层线状披针形，渐尖，上部背面有密毛，舌状花较总苞长达2倍，舌片黄色，线形，长12～14mm；管状花花冠长7～9mm，有尖裂片；冠毛1层，白色或下部稍红色。瘦果有细沟及棱，无毛。花期7～9月，果期9～10月。

分布： 产塔城。海拔250～1000m。欧洲、前苏联和朝鲜都有广泛的分布。

生境及适应性： 生于寒温带及温带山顶、山坡草地、半温润和湿润草地。耐寒，喜湿润冷凉，稍耐贫瘠。

观赏及应用价值： 观花类。花黄色，舌状花纤细美丽，可作为地被、花境、荒野绿化应用。

中文名 **总状土木香**
拉丁名 *Inula racemosa*

基本形态特征： 多年生草本。根状茎块状。茎高60~200cm，基部木质，径达14mm，常有长分枝，稀不分枝，下部常稍脱毛，上部被长密毛。基部和下部叶椭圆状披针形，有具翅的长柄，长20~50cm，宽10~20cm；中部叶长圆形或卵圆状披针形，或有深裂片，基部宽或心形，半抱茎；上部叶较小。头状花序少数或较多数，径5~8cm，无或有长0.5~4cm的花序梗，排列成总状花序；总苞片5~6层，外层叶质，宽达7mm；内层较外层约长2倍；舌状花的舌片线形，长约2.5cm。瘦果近圆柱形，无毛。花期8~9月，果期9月。

分布： 产天山、阿尔泰山一带，也分布于克什米尔地区。海拔700~1500m。在四川、湖北、陕西、甘肃、西藏等地常栽培。

生境及适应性： 生于水边荒地、河滩、湿润草地。喜阳耐寒，适应性强。

观赏及应用价值： 观花。大型草本，花量大，株型壮观，观赏性强，可用于庭院、花境布置。可药用。

顶羽菊属 Rhaponticum

中文名 顶羽菊
拉丁名 *Rhaponticum repens*

基本形态特征： 多年生草本，高25～70cm。根直伸。茎单生或少数茎簇生，直立，茎枝被蛛丝毛，被稠密的叶。茎生叶质地稍坚硬，长椭圆形或匙形或线形，长2.5～5cm，宽0.6～1.2cm，全缘，无锯齿或少数不明显的细尖齿，或叶羽状半裂。头状花序多数在茎枝顶端排成伞房花序或伞房圆锥花序；全部小花两性，管状，花冠粉红色或淡紫色，长1.4cm，花冠裂片长3mm。瘦果倒长卵形，长3.5～4mm，宽约2.5mm，淡白色，顶端圆形，无果喙。冠毛白色，短羽毛状。花果期5～9月。

分布： 产阿勒泰、昌吉、乌鲁木齐、石河子、塔城、博尔塔拉、哈密、吐鲁番、巴音郭楞、阿克苏等地。海拔900～2400m。

生境及适应性： 生于山坡、丘陵、平原、农田、荒地。抗逆性强，耐盐，耐瘠薄土壤，耐旱，但不耐水淹。

观赏及应用价值： 观花。花小，粉色，但花量大，可作为花境或地被应用。也可用于荒地绿化。还可药用。

匹菊属 Pyrethrum

中文名 灰叶匹菊
拉丁名 *Pyrethrum pyrethroides*

基本形态特征： 多年生草本，高约15cm。茎直立或基部弯曲，多数茎成簇生，很少单生，不分枝。基生叶与下部茎叶长椭圆形或线状长椭圆形，二回羽状分裂，一、二回全部全裂；茎叶少数，与基生叶同形并等样分裂，或最上部叶羽状分裂；全部叶两面绿色或暗绿色，被毛或稀疏脱落，不同生境变异较大。头状花序单生茎顶，有长花梗；总苞片3层，全部苞片边缘黑褐色，宽膜质；舌状花白色，舌片长椭圆形，长9～15mm，顶端3齿裂。瘦果长约2.5mm。花果期9月。

分布： 产塔里木盆地及帕米尔地区。海拔2000～2600m。

生境及适应性： 生于山坡砾石处及荒漠石滩处。喜光，耐旱，耐寒，耐贫瘠。

观赏及应用价值： 观花类。株丛整齐，茎长而簇生，花量较大，舌状花白色可爱，管状花黄色明亮；叶羽裂，亦具观赏性。宜用于布置花境、花坛，也可盆栽观赏。

亚菊属 *Ajania*

中文名	**新疆亚菊**
拉丁名	*Ajania fastigiata*

基本形态特征： 多年生草本，高30~90cm。茎直立，单生或少数茎簇生。全部茎枝有短柔毛。下部茎叶花期枯萎；中部茎叶宽三角状卵形，长3~4cm，宽2~3cm，二回羽状全裂。一回侧裂片2~3对；末回裂片长椭圆形或倒披针形，宽1~2mm；上部叶渐小，接花序下部的叶通常羽状分裂。头状花序多数，在茎顶或枝端排成稠密的复伞房花序；总苞钟状，直径2.5~4mm；总苞片4层，外层线形，长2.5~3.5mm，中内层椭圆形或倒披针形；全部苞片边缘膜质，白色，顶端钝；边缘雌花约8个，花冠细管状，顶端3齿裂；两性花花冠长1.8~2.5mm。花果期8~10月。

分布： 产昌吉、乌鲁木齐、塔城、伊犁、哈密、吐鲁番、巴音郭楞、喀什等地。海拔750~3900m。甘肃有分布；西伯利亚、蒙古及中亚地区也有分布。

生境及适应性： 生于荒漠草原带的石质山坡。喜阳，耐寒，耐旱，耐瘠薄。

观赏及应用价值： 观花类。花黄色，精巧明亮，可作为地被、花境、岩石园应用。

中文名	**单头亚菊**
拉丁名	*Ajania scharnhorstii*

基本形态特征： 小半灌木，高4~10cm。根木质。茎灰白色，被密厚的贴伏的短柔毛。叶小，全形半圆形、扇形或扁圆形，长3~5mm，宽5~6mm，二回掌状或近掌状分裂，一回侧裂片3~7出，二回为2~3出；一、二回全部全裂；叶间或有3~4（5）掌裂的；末回裂片卵形或椭圆形，顶端钝或圆形。头状花序单生枝端。总苞宽钟状，4层，外层卵形，中内层宽椭圆形至倒披针形，长3~5mm，中外层被稀疏短毛；全部苞片边缘黄褐色或青灰色宽膜质；边缘雌花花冠长2.5mm，细管状，顶端3~4齿；两性花冠长3.5mm。花果期8~9月。

分布： 产巴音郭楞、喀什、和田等地。海拔3500~5100m。甘肃、青海、西藏等地有分布；中亚地区也有分布。

生境及适应性： 生于草原带山地、山地灌丛。喜阳，耐旱，耐寒。

观赏及应用价值： 观花类。花黄色，球状，叶银色羽状亦可赏，可作为地被、花境应用，亦可开发盆栽、盆景。

苓菊属 *Jurinea*

| 中文名 | **矮小苓菊** |
| 拉丁名 | ***Jurinea algida*** |

基本形态特征： 多年生草本，几无茎。叶在茎基排成莲座状，全形长椭圆形或倒披针形，长2.5~4cm，宽0.5~1cm，羽状或大头羽状深裂或几全裂，基部有短柄；侧裂片2~3对，卵形、长椭圆形或宽线形；全部裂片边缘全裂或有1~2个大锯齿；质地柔软，上面绿色，下面灰白色，被密厚茸毛。头状花序单生花葶顶端，花葶长5~6cm；总苞碗状，直径2cm；小花紫红色，花冠长1.7cm，外面有腺点。瘦果长椭圆形，褐色，上部有稀疏刺瘤，顶端有齿状果喙。冠毛白色。花果期7~8月。

分布： 产克孜勒苏等地。海拔3000m左右。中亚有分布。

生境及适应性： 多生于石砾山坡或石滩地。喜光，耐旱，适应性强。

观赏及应用价值： 观花类。植株低矮，单花，粉红，花形可爱，可作为园林地被点缀或岩石园布置。

河西菊属 *Launaea*

中文名	**河西菊**
拉丁名	***Launaea polydichotoma***
别　名	河西苣

基本形态特征： 多年生草本，高15~40（50）cm。自根茎发出多数茎。茎枝无毛。基生叶与下部茎生叶少数，线形，革质，无柄，长0.5~4cm，宽2~5mm，基部半抱茎，顶端钝。头状花序极多数，单生于末级等二叉状分枝末端，花序梗粗短，含4~7枚舌状小花；总苞圆柱状，长8~10mm；舌状小花黄色，花冠管外面无毛。瘦果圆柱状，淡黄色至黄棕色。冠毛白色，5~10层。花果期5~9月。

分布： 产昌吉、乌鲁木齐、吐鲁番、巴音郭楞、阿克苏、喀什、和田。海拔90~1450m。

生境及适应性： 生于沙地、沙地边缘、沙丘间低地、戈壁冲沟及田边。耐旱、耐盐碱，适应性强。

观赏及应用价值： 观花观姿。开黄色小花，叶退化，因枝条形态酷似鹿角，又名鹿角草，具有极高的观赏价值，是干旱区城市绿化优质的地被植物和盆栽植物。还是重要的防风固沙植物，在沙漠边缘地带具有重要的生态价值。

小甘菊属 Cancrinia

中文名	**小甘菊**
拉丁名	*Cancrinia discoidea*

基本形态特征： 二年生草本，高5～20cm，主根细。茎自基部分枝，直立或斜升，被白色绵毛。叶灰绿色，被白色绵毛至几无毛，叶片长圆形或卵形，二回羽状深裂，裂片2～5对，每个裂片又2～5深裂或浅裂，少有全部或部分全缘，末次裂片卵形至宽线形。头状花序单生，但植株有少数头状花序，花序梗长4～15cm，直立；总苞片3～4层，草质，外层少数，线状披针形，顶端尖，几无膜质边缘，内层较长，线状长圆形，边缘宽膜质；花托明显凸起，锥状球形；花黄色，花冠檐部5齿裂。瘦果无毛，具5条纵肋；冠状冠毛，膜质，5裂，分裂至中部。花果期4～9月。

分布： 新疆广泛分布。海拔1100～1400m。蒙古、前苏联也有。

生境及适应性： 生于山坡、荒地和戈壁。喜阳，耐半阴，耐寒耐旱，耐贫瘠。

观赏及应用价值： 观花类植物。头状花序圆似球，花黄色，花梗细长，极具观赏价值。可用作花境、盆栽或岩石园植物。

狗舌草属 Tephroseris

中文名	**橙舌狗舌草**
拉丁名	*Tephroseris rufa*

基本形态特征： 多年生草本。茎单生，直立，高9～60cm，不分枝。基生叶数个，莲座状，在花期生存，卵形、椭圆形或倒披针形；下部茎生叶长圆形或长圆状匙形；中部茎生叶长圆形或长圆状披针形，上部茎生叶线状披针形至线形。头状花序辐射状，或稀盘状，2～20朵排成密至疏顶生近伞形伞房花序；总苞钟状，总苞片20～22，褐紫色或仅上端紫色。舌状花约15，舌片橙黄色或橙红色，长圆形，长约20mm，宽2.5～3mm，顶端具3细齿；管状花多数，花管橙黄色至橙红色，或黄色而具裂片橙黄色。瘦果圆柱形；冠毛稍红色。花期6～8月。

分布： 产伊犁。海拔2650～4000m。也产青海、西藏、甘肃、四川。

生境及适应性： 多生于高山草甸。喜光，耐寒，喜湿润。

观赏及应用价值： 观花类。花大，橙黄色，舌状花下卷可爱，鲜艳明亮。宜用于布置花境或盆栽。

婆罗门参属 *Tragopogon*

中文名	**黄花婆罗门参**
拉丁名	*Tragopogon orientalis*
别 名	东方婆罗门参

基本形态特征： 二年生草本，高30～60cm。根圆柱状，垂直直伸，根颈被残存的基生叶柄。茎直立，不分枝或分枝，有纵条纹，无毛。基生叶及下部茎生叶线形或线状披针形，灰绿色，先端渐尖，全缘或皱波状，基部宽，半抱茎；中部及上部茎生叶披针形或线形。头状花序单生茎顶或植株含少数头状花序，生枝端；总苞圆柱状；总苞片8～10枚，披针形或线状披针形，先端渐尖，边缘狭膜质，基部棕褐色；舌状小花黄色。瘦果长纺锤形，褐色，稍弯曲。花果期5～9月。

分布： 产阿勒泰、伊犁。也产内蒙古；欧洲、俄罗斯、哈萨克斯坦也有分布。

生境及适应性： 生于山地林缘及荒草地。喜阳，耐寒，耐贫瘠。

观赏及应用价值： 观花类。头状花序单生，黄色，花形奇特，可用作花境材料或观赏地被植物。

中文名	**膜缘婆罗门参**
拉丁名	*Tragopogon marginifolius*
别 名	宽棱婆罗门参

基本形态特征： 多年生草本。根粗，垂直直伸。茎直立，高12～40（60）cm，自基部或自中部分枝或不分枝，有沟纹，无毛或有时在头状花序之下有柔毛。基生叶和中下部茎生叶宽披针形，皱波状，宽1～2（3）cm，最宽处在中部以下，半抱茎，边缘白膜质，先端渐尖；上部茎生叶渐小，与基生叶及中下部茎生叶同形。头状花序单生茎顶或枝端，花序梗在果期不膨大；总苞圆柱状钟形，长2～4cm。总苞片8枚，披针形，先端渐尖；舌状小花紫色。瘦果，有纵肋，有肋呈翼状；冠毛淡黄色或浅红褐色。花果期4～7月。

分布： 产石河子、乌鲁木齐、伊犁。海拔850～1400m。俄罗斯欧洲部分、哈萨克斯坦、乌兹别克斯坦也有分布。

生境及适应性： 生于砾石地或荒草地。喜阳，耐寒，耐贫瘠。

观赏及应用价值： 观花类。紫色头状花序，花型大而美丽，多用作花境材料或观赏地被植物。

中文名	**蒜叶婆罗门参**
拉丁名	*Tragopogon porrifolius*

基本形态特征： 一年生或二年生草本。根垂直直伸。茎直立，自基部分枝或不分枝，高25~125cm，无毛或稍被蛛丝状毛。叶线状披针形，长6~18cm，宽3~6mm，先端渐尖，基部宽，半抱茎，上部茎生叶渐小。头状花序单生茎顶或枝端；花序梗果期膨大；总苞圆柱状钟形，长4~8cm，总苞片8枚，极少5枚，披针形，长3.5~5cm，宽4~6mm，先端渐尖，外面略带蛛丝状柔毛；舌状小花红色或紫红色。瘦果黄褐色或淡黄色；冠毛污黄色。花果期5~8月。

分布： 产乌鲁木齐、阿勒泰、伊犁等地。海拔730~1900m。也分布于陕西及云南；欧洲也有分布。

生境及适应性： 生于荒地、田野、荒漠及半荒漠地带。喜光，耐旱，耐贫瘠。

观赏及应用价值： 观花类。总苞披针形，长而渐尖，如星芒状，舌状小花紫色，外轮长，内轮渐短，层层叠叠，观赏性强，可作为花境或地被应用，亦可开发盆花。

中文名	**西伯利亚婆罗门参**
拉丁名	*Tragopogon sibiricus*

基本形态特征： 二年生草本，高40~110cm。茎直立，中上部分枝或不分枝，无毛。基生叶和下部茎生叶线形或宽线形，长20~25cm，宽4~8mm，基部宽，半抱茎，先端渐尖，中部茎生叶和上部茎生叶长4~12cm，基部宽卵形，先端渐尖。头状花序单生于茎顶或枝端，花序梗在果期稍膨大，被淡黄色柔毛；总苞花期长1.5~2cm，果期长3~5cm；总苞片8（10）枚，披针形，长1.5~3cm；舌状花暗红色或紫红色。瘦果长1.5cm，有纵肋；冠毛白色。花果期6~8月。

分布： 产乌鲁木齐、昌吉等地。海拔1700m。俄罗斯西伯利亚也有分布。

生境及适应性： 生于林间草地及河谷。喜阳，稍耐阴，耐寒，喜湿润但排水良好的土壤。

观赏及应用价值： 观花类。唯花色为暗红或紫红色，可作为花境或地被应用，亦可开发盆花。

中文名	**婆罗门参**
拉丁名	*Tragopogon pratensis*
别　名	草地婆罗门参、草原婆罗门参

基本形态特征： 二年生草本，高25～100cm。茎直立，不分枝或分枝，有纵沟纹，无毛。下部叶长，线形或线状披针形，基部扩大，半抱茎，边缘全缘，有时皱波状，中上部茎叶与下部叶同形，但渐小。头状花序单生茎顶或植株含少数头状花序，但头状花序生枝端；总苞圆柱状，长2～3cm，总苞片8～10枚，披针形或线状披针形，长2～3cm，宽8～12mm，先端渐尖，下部棕褐色；舌状小花黄色，干时蓝紫色。瘦果长灰黑色或灰褐色，长约1.1cm，有纵肋；冠毛灰白色，长1～1.5cm。花果期5～9月。

分布： 分布阿勒泰、昌吉、乌鲁木齐、塔城、伊犁、阿克苏、克孜勒苏。海拔1000～2100m。

生境及适应性： 生于山坡草地及林间草地。对外界环境的适应性较强，耐寒又抗热。喜土层深厚、疏松肥沃的壤土或砂壤土，较耐干旱。

观赏及应用价值： 观花。花黄色，可作为花境或地被应用，亦可开发盆花。

中文名	**长苞婆罗门参**
拉丁名	*Tragopogon heteropappus*

基本形态特征： 多年生草本或二年生草本，高30～40cm。茎单生，直立，有棱槽。基生叶多数，长10～16cm，宽3～4mm；茎生叶披针形，长6～10cm，下部长圆状卵形，长3～4cm，宽1～1.4cm。头状花序单生于枝端，成稀疏的伞房状，花序梗及总苞基部均密被白色毡状毛；总苞长圆形，花时长1.5～2cm，总苞片8～10，披针形；舌状花黄色，长1.8～2.2cm，舌片长约1.4cm，宽约2mm，有4条深色脉纹，筒部两侧有窄的透明的翅，翅端有1～3根游离的长齿。瘦果棱上有鳞片，基部近光裸；冠毛淡黄色。花期6月。

分布： 产阿勒泰、克拉玛依等地。海拔1300m。

生境及适应性： 生于森林带的草甸、山坡。耐寒、耐旱、耐瘠薄，适应性强。

观赏及应用价值： 观花类。花黄色，可作为地被、花境、荒野绿化应用。

中文名	**长茎婆罗门参**
拉丁名	*Tragopogon elongatus*

基本形态特征： 多年生草本。茎较细，直立或基部铺展，高15～35cm，有纵条纹，无毛。基生叶和下部茎生叶线形，长11～16cm，宽5～10mm，先端渐尖，狭膜质；中部和上部茎生叶基部菱形扩大，宽5～12mm，向上变狭成线形，常纵叠；上部茎生叶短缩。头状花序单生茎顶或枝端，花序梗果期不膨大。总苞圆柱状钟形，长2～3cm，果期长3.5～5cm，总苞片8枚，披针形，长2～5cm，宽4～6mm，先端渐尖；舌状小花紫红色。边缘瘦果长1.5～1.7cm，有5纵肋；冠毛棕褐色。花果期5～7月。

分布： 产乌鲁木齐、石河子、伊犁等地。海拔800～900m。中亚地区有分布。

生境及适应性： 生于荒漠草原带。喜阳，耐寒，耐旱，耐瘠薄，适应性强。

观赏及应用价值： 观花类。花紫红色，可作为地被、花境、荒野绿化等。

乳菀属 *Galatella*

中文名	**紫缨乳菀**
拉丁名	*Galatella chromopappa*

基本形态特征： 多年生草本，根状茎粗壮，具少数纤维状根。茎数个或单生，高25～60cm，直立或基部斜升。叶密集；下部叶花后枯萎，中部叶披针形或线状披针形，无柄，边缘略粗糙，上部叶渐小，线状披针形或线形。头状花序较大，3～6个在茎和枝顶端排列成疏伞房花序，少有单生，有35～60个花，总苞宽倒锥形或近半球形，总苞片3～4层，叶质，绿色或顶端淡紫红色，边缘多少被蛛丝状短毛；外围有8～12个舌状花，舌片开展，淡紫色，长圆形；中央的两性花多数，花冠管状，淡黄色；花柱2裂；瘦果密被白色长毛；冠毛白色，糙毛状。花果期7～9月。

分布： 产新疆西部。海拔2000m。前苏联中亚地区也有。

生境及适应性： 生于山坡草地或荒石草滩。喜阳，耐寒，稍耐旱，耐瘠薄。

观赏及应用价值： 观花类。头状花序较大，舌状花淡紫色、花冠淡黄色，成片效果佳，观赏价值较高。可用作花境或岩石园植物。

麻花头属 *klasea*

中文名	**薄叶麻花头**
拉丁名	*Klasea marginata* (*Serratula marginata*)
别　名	全叶麻花头

基本形态特征： 多年生草本，高 10～30cm。根状茎短，斜升，具多数绳索状须根。茎直立，有纵棱，上部无叶。叶灰绿色；基生叶和茎下部叶长椭圆形、椭圆形或卵形，长3～6cm，宽 1.5～2cm，全缘或沿缘具波状齿；茎中部叶披针形，羽状深裂或具缺刻状齿，有时全缘，无柄；上部通常无叶。头状花序单生茎端；总苞碗状或钟状，直径 1.5～2cm，被长柔毛和短毛；总苞片7～8层，外层和中层总苞片卵形或卵状长圆形，先端渐尖，有长1～2mm的针刺或刺尖，内层总苞片长圆形或披针形；小花红紫色，花冠长1.6～2cm。瘦果长圆形；冠毛淡黄色。花果期6～9月。

分布： 产塔城。海拔1500m左右。分布于黑龙江、内蒙古、甘肃等地；俄罗斯、蒙古、哈萨克斯坦也有。

生境及适应性： 生于山地草甸、林下、森林和草原带的砾石山坡。耐旱、耐瘠薄。

观赏及应用价值： 观花类。花形奇特，花紫色，可作为地被、花境、盆花应用。

粉苞菊属 *Chondrilla*

中文名	**短喙粉苞菊**
拉丁名	*Chondrilla brevirostris*
别　名	短喙粉苞苣

基本形态特征： 多年生草本，高30～100cm。茎下部被稠密或稀疏的硬毛，自基部或基部以上分枝，分枝细，无毛。基生叶莲座状，长椭圆形，浅裂或倒向羽裂；下部茎叶线形；中部及上部茎生叶狭线形至披针形，边缘全缘，下面有稀疏的硬毛或无毛。头状花序单生枝端，总苞片外层宽卵形或卵状披针形，先端渐尖，内层8枚，披针状线形，顶端渐尖，边缘狭膜质，外面被灰白色蛛丝状柔毛，沿中脉有少数小刚毛。舌状小花9～12枚，黄色。瘦果长椭圆形；冠毛白色。花果期6～9月。

分布： 产阿勒泰、塔城、昌吉、乌鲁木齐、哈密、阿克苏等地。海拔1300m。俄罗斯（欧洲部分、西西伯利亚）、哈萨克斯坦有分布。

生境及适应性： 生于荒漠草原及森林草地。喜光，耐寒，耐干旱贫瘠。

观赏及应用价值： 观花、观枝类。茎铺展，顶端直立，葱绿而少分枝，茎生叶不明显；花黄色，点缀于株丛。可布置岩石园或作干旱地地被。

多榔菊属 *Doronicum*

中文名	**阿尔泰多榔菊**
拉丁名	*Doronicum altaicum*

基本形态特征： 多年生草本。茎单生，直立，高20～80cm，不分枝。基生叶通常凋落，卵形或倒卵状长圆形，基部狭成长柄；茎生叶5～6，几达茎最上部，卵状长圆形，基部狭成长达2cm的宽翅；全部叶无毛，顶端钝或稍尖，边缘具波状短齿，或有时全缘，有腺状缘毛。头状花序单生于茎端，大，连同舌状花径4～6cm；总苞半球形，径2～3cm；总苞片等长，长1～1.3cm，外层长圆状披针形或披针形，基部密被腺毛；内层线状披针形。瘦果圆柱形，黄褐色或深褐色，全部小花有白色冠毛。花期6～8月。

分布： 产阿勒泰、伊犁等地。海拔2300～2500m。内蒙古也产；俄罗斯西伯利亚、哈萨克斯坦、蒙古也有分布。

生境及适应性： 生于山坡草地或云杉林下。喜光也稍耐阴，耐寒，耐旱。

观赏及应用价值： 观花类。花序大而直立，黄色明丽。可用于布置花境或庭院点缀。

拟鼠麴草属 *Pseudognaphalium*

中文名	**近似鼠麴草**
拉丁名	*Pseudognaphalium affine*
别　名	鼠麴草

基本形态特征： 一年生草本。茎直立或基部发出的枝下部斜升，高10～40cm或更高，被白色厚绵毛。叶无柄，匙状倒披针形或倒卵状匙形，长5～7cm，宽11～14mm，两面被白色绵毛，上面常较薄。头状花序较多或较少数，径2～3mm，近无柄，在枝顶密集成伞房花序，花黄色至淡黄色；总苞钟形，总苞片2～3层，金黄色或柠檬黄色，膜质，有光泽，外层倒卵形或匙状倒卵形，背面基部被绵毛。雌花多数，两性花较少。瘦果倒卵形或倒卵状圆柱形。花期8～11月。

分布： 新疆有产。也产台湾、华东、华南、华中、华北、西南及西北其他地区；也分布于日本、朝鲜、菲律宾、印度尼西亚、中南半岛及印度。

生境及适应性： 生于低海拔干地或湿润草地上，尤以稻田最常见。喜光，耐旱也耐湿，喜温暖。

观赏及应用价值： 观叶类。植株被毛，茎叶肉质银白色，花黄色，小而密集如绒团。可用于布置岩石园、花境或盆栽。

百合科 LILIACEAE 独尾草属 *Eremurus*

中文名	**粗柄独尾草**
拉丁名	*Eremurus inderiensis*

基本形态特征： 植株高40~80cm。茎较粗，密被短柔毛。叶宽0.6~1.5cm，边缘通常粗糙。总状花序具稠密的花；花梗较粗，直立，无关节；苞片先端有长芒，背部有1或3条深褐色的脉，边缘有长柔毛；花被窄钟形；花被片长约1cm，窄矩圆形，有3条深褐色脉，在花萎谢时不内卷；雄蕊较短，花药稍露出花被外。蒴果直径8~10mm，表面平滑。花期5月，果期5~6月。

分布： 产阿勒泰、昌吉、塔城、伊犁等地。伊朗、阿富汗、中亚及蒙古也有。

生境及适应性： 生于固定沙丘、半固定沙丘和沙地。耐旱，耐寒，耐贫瘠，适应性强。

观赏及应用价值： 观叶、观花类。花白色成穗，观赏价值较好，可作为花境、花坛与盆花应用。

中文名	**异翅独尾草**
拉丁名	*Eremurus anisopterus*

基本形态特征： 植株高30~80cm。肉质根长约30cm。茎无毛。总状花序宽阔而疏展；苞片长达3cm，宽3~5mm，膜质，披针形，先端有短芒，边缘有长柔毛，背部有一条棕褐色中脉；花梗长2.5~4cm，无关节，初时近直立，后期斜展；花大，花被宽钟形，白色（据文献记载还有淡玫瑰红色）；花被片长约1.5cm，有一条暗褐色脉，基部有黄褐色色斑；雄蕊比花被约短2/5。蒴果球形，直径1.5~2cm，表面平滑或上部略有皱纹，果瓣厚而硬。花期4月，果期5月。

分布： 产昌吉、塔城、伊犁；伊朗及中亚也有。

生境及适应性： 生于固定沙丘、半固定沙丘及沙地。耐贫瘠，耐旱，适应性强。

观赏及应用价值： 观叶、观花类。花白色成穗，叶长而密集，观赏价值高，可作为花境、花坛与盆花应用。亦可开发切花。

中文名 **阿尔泰独尾草**
拉丁名 *Eremurus altaicus*

基本形态特征： 植株高60~120cm。茎无毛或有疏短毛。叶宽0.8~1.7（~4）cm。苞片长15~20mm，先端有长芒，背面有1条褐色中脉，边缘有或多或少长柔毛；花梗长13~15mm，上端有关节；花被窄钟形，淡黄色或黄色，有的后期变为黄褐色或褐色；花被片长约1cm，下部有3脉，到中部合成1脉，花萎谢时花被片顶端内卷，到果期又从基部向后反折；花丝比花被长，明显外露。蒴果平滑，通常带绿褐色。花期5~6月，果期7~8月。

分布： 新疆天山北麓普遍分布，主要在阿勒泰、昌吉、乌鲁木齐、塔城、伊犁等地。海拔1300~2200m。

生境及适应性： 生于山地，以土层瘠薄或砾石阳坡为多。适应性强，喜冷凉湿润，耐贫瘠，稍耐旱。

观赏及应用价值： 观花类。花序长而密集，黄色明丽，可用作花境、岩石园或开发切花，亦可用于荒地种植。

百合属 *Lilium*

中文名　**新疆百合**
拉丁名　*Lilium martagon* var. *pilosiusculum*
别　名　新疆野百合

基本形态特征： 鳞茎宽卵形，高3~5cm，直径5cm。茎高45~90cm，无毛。叶轮生，少散生，披针形，长6.5~11cm，宽1~2cm。花2~7朵排列成总状花序；苞片叶状，披针形，长2~4cm，宽5~6mm，边缘、下面及基部腋间均具白毛；花梗先端弯曲，长4.5~6cm；花下垂，紫红色，有斑点，外面被长而卷的白毛；花被片长椭圆形，长3.2~3.8cm，宽8~9mm；花柱长1.5cm，柱头膨大。蒴果倒卵状矩圆形，淡褐色。花期6月，果期8月。

分布： 产昌吉、阿勒泰、塔城。海拔1500~2000m。

生境及适应性： 生山坡阴处或林下灌木丛中。喜半阴条件，耐阴性较强。喜干燥，怕涝。喜肥沃深厚的松软土壤。适宜于旱作栽培。

观赏及应用价值： 观花。花形奇特美丽，下垂，反卷，紫色带斑，轮叶亦可赏，可用于园林地被、盆花或花境布置，亦是很好的百合育种材料。

猪牙花属 *Erythronium*

中文名	**新疆猪牙花**
拉丁名	*Erythronium sibiricum*

基本形态特征：植株高16～20cm，茎约1/3埋于地下。鳞茎长3～4cm，宽6～8mm，近基部一侧常有几个扁球形小鳞茎。叶2枚，对生于植株中部，披针形或近矩圆形，长7～10cm，宽1～2.5cm，柄长1.5～2.5cm。花单朵顶生，俯垂；花被片披针形，长约3cm，宽约5mm，下部白色，上部紫红色，反折；内花被片内面基部有4个胼胝体，两侧各有一个披针形的耳；胼胝体互相靠近，干后形如具圆齿的褶片；花丝在中部加宽，加宽部分扁平，卵形；花柱向上稍增粗，具3裂柱头。花期4～6月。

分布：产新疆北部。海拔1500～2000m。

生境及适应性：生于林下、灌丛下和亚高山草地上。喜阳，耐半阴，耐寒，喜湿润冷凉。

观赏及应用价值：观花。花白紫色，叶带斑点，颇有趣味，可作为园林地被种植，也可作为盆花种植。是早春耐寒不可多得的趣味植物。

顶冰花属 *Gagea*

中文名	**镰叶顶冰花**
拉丁名	*Gagea fedtschenkoana*

基本形态特征：植株高4～10cm，全株暗绿色。鳞茎通常卵圆形，直径6～10mm；鳞茎皮褐黄色，近革质。基生叶1枚，条形，长7～16cm，宽2～3mm，呈镰刀形弯曲，正面具凹槽，背面有龙骨状脊。花2～5朵，排成伞形花序或伞房花序；花被片条形或窄矩圆形，长8～12mm，宽约2mm，内面淡黄色，外面绿色或污紫色，顶端钝或锐尖；雄蕊长为花被片的约2/3，子房矩圆形，花柱长为子房的2倍。蒴果三棱状倒卵形。花期4月下旬至5月上旬，果期5月中旬至下旬。

分布：产阿勒泰、昌吉、乌鲁木齐、塔城、博尔塔拉、伊犁等地。海拔2500m以下。中亚也有。

生境及适应性：生于亚高山草甸、灌丛、林缘和草原凹地等。喜阳或半阴，耐寒，喜湿润冷凉及腐殖土。

观赏及应用价值：观花。花黄色，花量大，植株低矮，早春开花，可作园林地被观赏或盆栽，但全株有毒，应用时应考虑。

中文名　**钝瓣顶冰花**
拉丁名　*Gagea fragifera*

基本形态特征： 植株高8~15cm。鳞茎卵圆形，直径5~8mm。基生叶1~2枚，半圆筒状，中空，条形，长7~20cm，宽3~4mm。花通常3~5朵，排成伞形花序；花梗不等长，具疏柔毛；总苞片宽披针形，与花序近等长或稍短，宽6~10mm；花被片近窄矩圆形，长10~20mm，宽3~4mm，内面黄色，外面黄绿色，顶端钝或微缺；雄蕊长为花被片的一半，花药矩圆形。蒴果三棱状倒卵形。花期4月下旬，果期5月。

分布： 产博尔塔拉、伊犁等地。海拔1600~2500m。中亚也有。

生境及适应性： 生长于山地潮湿林缘和沙质河漫滩草甸等处。喜阳，耐半阴，耐寒，喜冷凉湿润及腐殖土。

观赏及应用价值： 观花，花黄色，可作园林地被观赏或盆栽，但全株有毒，应用时应考虑。

天门冬属 *Asparagus*

| 中文名 | **新疆天门冬** |
| 拉丁名 | *Asparagus neglectus* |

基本形态特征： 直立草本或稍攀缘，高可达1m。根细长，粗1~2mm。茎近平滑或略具条纹，中部常有纵向剥离的白色薄膜，除基部外每个节上都有多束叶状枝；分枝密接。叶状枝每7~25枚成簇，近刚毛状，长5~17mm，粗0.3~0.4mm，在茎上一般为多束聚生，长于1cm，且数目达几十枚；茎上的鳞片状叶基部有长2~3mm的刺状距。花每1~2朵腋生；花梗长1~1.5cm，关节位于上部；雄花花被长5~7mm；花丝中部以下贴生于花被片上；雌花较小，花被长约3mm。浆果熟时红色。花期5~6月，果期8月。

分布： 产阿勒泰、昌吉、塔城、哈密。海拔580~1700m。

生境及适应性： 生于沙质河滩、河岸、草坡或丛林下。喜半阴，耐寒，耐水湿。

观赏及应用价值： 观叶观果。叶纤美，果亮红且观赏期较长，株型优美，可用作地被或盆栽。

贝母属 *Fritillaria*

| 中文名 | **额敏贝母** |
| 拉丁名 | *Fritillaria meleagroides* |

基本形态特征： 植株高达40cm。鳞茎球形。叶3~7，散生，线形，长5~15cm，宽1~5mm，先端直或稍弯曲。花单生，稀2~4朵，外面深紫或黑棕色，稍带灰色，内面具稍带黄绿色条纹和方格纹；叶状苞片先端不卷曲；花被片长2~3.8cm，外花被片椭圆状长圆形，宽5~8mm，内花被片倒卵形，宽0.7~1.2cm，蜜腺窝不明显，短小；花丝有乳突；柱头3裂，裂片长4~8mm。蒴果无翅。花期4月。

分布： 产塔城。

生境及适应性： 生于灌丛下或草坡上。喜阳，耐寒，喜冷凉湿润及腐殖土。

观赏及应用价值： 观花类。深紫色花，外有深浅不一的斑点，观赏价值极高，可用作盆栽植物，也可作花境材料，或者应用于疏花草地。

中文名	**伊犁贝母**
拉丁名	*Fritillaria pallidiflora*
别　名	伊贝母

基本形态特征： 植株高30～60cm。鳞茎由2枚鳞片组成，直径1.5～5cm，鳞片上端延伸为长的膜质物，鳞茎皮较厚。叶通常散生，从下向上由狭卵形至披针形，长5～12cm，宽1～3cm，先端不卷曲。花1～4朵，淡黄色，内有暗红色斑点，每花有1～2（3）枚叶状苞片，苞片先端不卷曲；花被片匙状矩圆形，长3.7～4.5cm，宽1.2～1.6cm，外三片明显宽于内三片，蜜腺窝在背面明显凸出；雄蕊长约为花被片的2/3，花药近基着或背着。蒴果棱上有宽翅。花期5月。

分布： 产阿勒泰、塔城、博尔塔拉、伊犁。生于海拔1200～2500m的林下或草坡上。

生境及适应性： 耐严寒，耐盐碱，对土壤要求不严格。喜半阴，喜冷凉。

观赏及应用价值： 花黄色，花形奇特饱满，可用于花境，亦可作为盆栽、切花种植。根亦可入药。

中文名	**新疆贝母**
拉丁名	*Fritillaria walujewii*

基本形态特征： 植株高20～40cm。鳞茎由2枚鳞片组成，直径1～1.5cm。叶通常最下面的为对生，先端不卷曲，中部至上部对生或3～5枚轮生，先端稍卷曲，下面的条形，向上逐渐变为披针形，长5.5～10cm，宽2～9mm。花单朵，深紫色而有黄色小方格，具3枚先端强烈卷曲的叶状苞片；外花被片长3.5～4.5cm，宽1.2～1.4cm，比内花被片稍狭而长；雄蕊长为花被片的1/2～2/3。蒴果长1.8～3cm，棱上有翅。花期5～6月，果期7～8月。

分布： 产阿勒泰、昌吉、乌鲁木齐、石河子、塔城、博尔塔拉、伊犁、哈密、巴音郭楞、阿克苏。海拔1200～2500m。

生境及适应性： 生于林下、草地或沙滩石缝中。喜土壤肥沃，地势平坦，以渗透性好的砂壤土或壤土为好。耐寒。

观赏及应用价值： 花深紫色，花形奇特饱满，可用于花境，亦可作为盆栽种植。也可作伊贝药用。

葱属 *Allium*

中文名	**多籽蒜**
拉丁名	***Allium fetisowii***

基本形态特征： 鳞茎单生，球状，宽1~2.5cm；鳞茎外皮灰黑色，纸质，老时顶端破裂。叶宽条形，远比花葶短，宽2~15mm。花葶圆柱状，高30~70cm，下部被叶鞘；总苞2裂，宿存；伞形花序半球状至球状，多花，紧密；小花梗近等长，比花被片长2~3倍，基部无小苞片，花呈芒状开展，紫红色；花被片条形至条状披针形，钝头或近钝头，花后期反折并扭卷；花丝等长，比花被片短1/4~1/5，基部合生并与花被片贴生，内轮的基部扩大成方形，外轮的锥形；子房近球状；花柱与子房近等长。花果期4~6月。

分布： 产新疆西北部的新源。中亚地区也有分布。

生境及适应性： 生于山麓荒地。喜阳，耐寒，耐贫瘠。

观赏及应用价值： 观花类。伞形花序，多花紧密，花呈芒状，紫红色，是良好的花境材料，也可作庭院观赏植物。

中文名	**北葱**
拉丁名	***Allium schoenoprasum***

基本形态特征： 鳞茎常数枚聚生，卵状圆柱形，粗0.5~1cm；鳞茎外皮灰褐色或带黄色，皮纸质，条裂，有时顶端纤维状。叶1~2枚，光滑，管状，中空，略比花葶短，粗2~6mm。花葶圆柱状，中空，光滑，高10~40（60）cm，粗2~4mm，1/3~1/2被光滑的叶鞘。总苞紫红色，2裂，宿存；伞形花序近球状，具多而密集的花；花紫红色至淡红色，具光泽；花丝为花被片长的1/3~1/2（2/3），下部1~1.5mm合生并与花被片贴生，内轮花丝基部狭三角形扩大；子房近球状；花柱不伸出花被外。花果期7~9月。

分布： 产阿勒泰、昌吉、乌鲁木齐、石河子、塔城、博尔塔拉、伊犁、哈密、巴音郭楞、阿克苏、喀什。海拔1200~2500m。

生境及适应性： 生长于潮湿的草地、河谷、山坡或草甸。喜阳，喜湿润，耐寒。

观赏及应用价值： 观花类。花紫红色至淡红色，花序密集成球，可作为地被、盆栽及切花应用，还可入药。

中文名　**褐皮韭**
拉丁名　*Allium korolkowii*

基本形态特征： 鳞茎单生或数枚聚生，卵状，粗0.5～1cm；鳞茎外皮褐色，革质，顶端破裂为略呈网状的纤维。叶2～4枚，半圆柱状，上面具沟槽，远比花葶短，粗约0.5mm。花葶圆柱状，高10～30cm，粗0.5～1mm，下部到1/3处被叶鞘；总苞2裂，比花序短；伞形花序具少数花；基部具小苞片；花近白色至红色；花丝等长，约为花被片长的2/3，基部1/4～1/3合生并与花被片贴生，内轮花丝扩大部分的基部比外轮的基部约宽1倍；子房卵状；花柱不伸出花被。花果期7～8月。

分布： 产伊犁、喀什。中亚地区也有分布。

生境及适应性： 生于山区的干旱山坡和山间盆地。喜阳，耐寒耐旱。

观赏及应用价值： 观花。花紫色，花序密集，小花精致，瓣纹美丽。可作为地被、盆栽及切花选育，还可入药。

中文名　**野韭**
拉丁名　*Allium ramosum*

基本形态特征： 具横生的粗壮根状茎，略倾斜。鳞茎近圆柱状；鳞茎外皮暗黄色至黄褐色，破裂成纤维，网状或近网状。叶三棱状条形，背面具呈龙骨状隆起的纵棱，中空，比花序短，宽1.5～8mm，沿叶缘和纵棱具细糙齿或光滑。花葶圆柱状，具纵棱；总苞单侧开裂至2裂，宿存；伞形花序半球状或近球状，多花；小花梗近等长；花白色，稀淡红色；花被片具红色中脉；花丝等长，为花被片长度的1/2～3/4，基部合生并与花被片贴生；子房倒圆锥状球形，具3圆棱，外壁具细的疣状突起。花果期6～9月。

分布： 产塔城、伊犁等地。海拔460～2100m。俄罗斯中亚、西伯利亚地区以及蒙古也有分布。

生境及适应性： 生于向阳山坡、草坡或草地上。喜阳，耐寒耐旱。

观赏及应用价值： 花白色。花密集、量大，可作为地被、花境、花坛材料应用。叶及根亦可食用。

中文名	棱叶韭
拉丁名	*Allium caeruleum*

基本形态特征： 鳞茎近球状，粗1~2cm，基部常具外皮暗紫色的小鳞茎；鳞茎外皮暗灰色，纸质，不破裂，内皮白色，膜质。叶3~5枚，条形，到花期逐渐枯死，叶片和叶鞘光滑或沿纵脉具细糙齿。花葶圆柱状，高25~85cm，约1/3被叶鞘；总苞2裂；伞形花序球状或半球状，具多而密集的花；小花梗近等长，基部具小苞片；花天蓝色；花被片矩圆形至矩圆状披针形，长3~5mm，宽0.8~1.8mm，内轮的较外轮的狭；花丝等长，在基部合生并与花被片贴生；子房近球状；花柱略伸出花被外。花果期6~8月。

分布： 产昌吉、乌鲁木齐、塔城、博尔塔拉、伊犁、巴音郭楞、阿克苏。海拔1100~2300m。

生境及适应性： 生于较干旱的山坡或草地上。耐干旱，较适应瘠薄的土壤。

观赏及应用价值： 观花，花天蓝色，球状可爱，群体效果美丽。可用于地被、花境或岩石园。亦为优良饲用牧草。

中文名	**齿丝山韭**
拉丁名	*Allium nutans*

基本形态特征： 具粗壮的根状茎。鳞茎单生或2枚聚生，近狭卵状圆柱形或近圆锥状，粗1.5~2cm；鳞茎外皮带黑色，膜质。叶条形，肥厚，光滑，先端钝圆，长约为花葶的1/2。花葶侧生，粗壮，二棱柱状，高30~60cm，具2条纵生的狭翅，下部被叶鞘；总苞膜质，宿存；伞形花序球状，具多而密集的花；花淡红色至淡紫色，阔钟状开展；花丝近等长，为花被片长度的1.5~2倍，在基部合生并与花被片贴生。子房矩圆状球形，平滑。花果期6~9月。

分布： 产阿勒泰、乌鲁木齐。海拔1500m。

生境及适应性： 生长于草原或湿地。耐寒，喜湿润冷凉。

观赏及应用价值： 观花。花葶与花密集，花淡紫色或粉白色，可作为园林地被、花境、岩石园、盆花及切花选育。

中文名	**管丝韭**
拉丁名	*Allium semenovii*

基本形态特征： 鳞茎单生或数枚聚生，圆柱状，粗0.6~1.5cm；鳞茎外皮污褐色，破裂成纤维状，常近网状。叶宽条形，宽0.5~1.5cm。花葶圆柱状，高（2）8~52cm，常中部以下被叶鞘；伞形花序卵球状至球状，具多而密集的花；花大，黄色，后变红色、紫红色，有光泽；花被片披针形至卵状披针形，长9.5~16.8mm，宽3~5.1mm，向先端渐尖，边缘有时具1至数枚不规则的小齿；花丝为花被片长的1/3~1/4，3/5~4/5合生成管状，合生部分的1/3~1/2与花被片贴生；子房近球状。花果期5月底至8月初。

分布： 产昌吉、乌鲁木齐、塔城、博尔塔拉、伊犁、巴音郭楞、阿克苏等地。海拔2000~3500m。

生境及适应性： 多生于阴湿草地。耐寒，喜湿润冷凉。

观赏及应用价值： 观花、观叶类。花黄色、紧凑，簇生于宽条形的叶中，观赏价值较高，可作为地被、花境与盆栽应用。

郁金香属 *Tulipa*

中文名	**天山郁金香**
拉丁名	*Tulipa tianschanica*

基本形态特征： 植株通常高10～15cm，鳞茎卵圆形，直径1～2cm，鳞茎皮黑褐色，薄革质，无毛。叶3～4枚，条形或条状披针形，叶排列较紧密，反曲，边缘平展或呈微波状。花常单朵顶生，花被黄色，花被片长25～35mm，宽4～20mm，外花被片椭圆状菱形，背面有紫晕，内花被片长倒卵形，黄色；当花被萎谢时，颜色都变深，为暗红色或红黄色；6枚雄蕊等长，花丝无毛，花丝中上部近于突然扩大，向基部逐渐变窄。蒴果椭圆形。花期4～5月，果期5月。

分布： 产天山西端。海拔1000～1800m。中亚地区也有。

生境及适应性： 生于山地草原地带。喜阳，耐寒，稍耐贫瘠。

观赏及应用价值： 观花类。花黄色，观赏价值极高，可作为地被、花境或盆栽应用。

中文名	**柔毛郁金香**
拉丁名	*Tulipa biflora*

基本形态特征： 鳞茎皮纸质，上端稍上延，内面中上部有柔毛。茎通常无毛，长10～15（40）cm。叶2枚，条形，宽0.5～1.0cm，边缘皱波状。花单朵顶生，较少2朵（文献记载有的可达4或6朵）；花被片长20～25mm，宽6～12mm，鲜时乳白色，干后淡黄色，基部鲜黄色，先端渐尖；外花被片背面紫绿色或黄绿色，内花被片基部有毛，中央有紫绿色或黄绿色纵条纹；雄蕊3长3短，花丝下部扩大，基部有毛；花药先端有黄色或紫黑色短尖头；花柱长约1mm。蒴果近球形，直径约1.5cm。种子扁平，三角形。花期4～5月，果期4～6月。

分布： 产新疆北部和西部。伊朗和前苏联中亚地区也有分布。

生境及适应性： 生于平原、荒漠或低山草坡。喜光，耐旱，耐寒，耐瘠薄。

观赏及应用价值： 观花类。花单朵顶生，外花被片背面紫绿色或黄绿色，内花有紫绿色或黄绿色纵条纹，颜色淡雅。可用于花境、花坛或郁金香专类植物园。

中文名　**伊犁郁金香**
拉丁名　*Tulipa iliensis*

基本形态特征： 鳞茎直径1~2cm；鳞茎皮黑褐色，薄革质，内面上部和基部有伏毛。茎上部通常有密柔毛或疏毛。叶3~4枚，条形或条状披针形，通常宽0.5~1.5cm，彼此疏离或紧靠而似轮生，伸展或反曲，边缘平展或呈波状。花常单朵顶生，黄色；花被片长25~35mm，宽4~20mm；外花被片背面有绿紫红色、紫绿色或黄绿色色彩，内花被片黄色；6枚雄蕊等长，花丝无毛，中部稍扩大，向两端逐渐变窄；几无花柱。蒴果卵圆形。花期3~5月，果期5月。

分布： 沿天山北坡，分布于昌吉、乌鲁木齐、博尔塔拉、伊犁。海拔400~1100m。

生境及适应性： 生于山前平原和低山坡地，往往呈大面积生长。适宜的土壤为灰钙土及淡栗钙土，喜湿润。

观赏及应用价值： 观花。花亮黄色，群体景观壮美，伊犁郁金香大多数都是早春荒漠草场上的重要牧草。可作地被、花境、盆栽及抗逆育种材料。

鸢尾科 IRIDACEAE 鸢尾属 *Iris*

中文名	**细叶鸢尾**
拉丁名	*Iris tenuifolia*

基本形态特征： 多年生密丛草本，植株基部存留有红褐色或黄棕色折断的老叶叶鞘。叶质地坚韧，丝状或狭条形，长20～60cm，宽1.5～2mm。花茎通常甚短，不伸出地面；苞片4枚，披针形，长5～10cm，宽8～10mm；花蓝紫色，直径约7cm；花被管长4.5～6cm，外花被裂片匙形，长4.5～5cm，宽约1.5cm，爪部较长，中央下陷呈沟状，内花被裂片倒披针形，长约5cm，宽约5mm，直立；雄蕊长约3cm，花丝与花药近等长；花柱分枝，顶端裂片狭三角形，子房细圆柱形。蒴果倒卵形。花期4～5月，果期8～9月。

分布： 产阿勒泰、塔城、伊犁等地。海拔780～1400m。西北、东北、华北各地及西藏均有分布；蒙古、阿富汗、土耳其及前苏联境内亦有分布。

生境及适应性： 生于天山、阿尔泰山及北塔山山地草甸草原，前山冲积扇荒漠草原，沙地及半固定沙丘也生长。喜阳，耐旱，耐瘠薄。

观赏及应用价值： 观花、观叶类。花蓝紫色，叶形奇特，可作为地被、花境、岩石园、荒地绿化应用或开发盆栽。

中文名	**紫苞鸢尾**
拉丁名	*Iris ruthenica*

基本形态特征： 多年生草本，植株基部围有短的鞘状叶。根状茎斜伸，二歧分枝；须根粗，暗褐色。叶条形，灰绿色，长20～25cm，宽3～6mm，顶端长渐尖。花茎纤细，高15～20cm，有2～3枚茎生叶；苞片2枚，膜质，绿色，边缘带红紫色，披针形或宽披针形；花蓝紫色，直径5～5.5cm；花梗长0.6～1cm；花被管长1～1.2cm，外花被裂片倒披针形，长约4cm，宽0.8～1cm，有白色及深紫色的斑纹；雄蕊长约2.5cm，花药乳白色；花柱分枝扁平，子房狭纺锤形，长约1cm。蒴果球形或卵圆形。花期5～6月，果期7～8月。

分布： 产阿勒泰、昌吉、乌鲁木齐、石河子、塔城、博尔塔拉、伊犁、阿克苏、和田等地。海拔900～3500m。中亚哈萨克斯坦也有分布。

生境及适应性： 生长于高山草甸、云杉林下、林间及林缘草地，山区河谷草甸也有生长。喜光，耐寒，喜湿润冷凉。

观赏及应用价值： 观花类。花紫色，花形优美，花色艳丽，可作为地被、花境应用或开发盆栽。

中文名	马蔺
拉丁名	*Iris lactea*

基本形态特征： 多年生密丛草本。根状茎粗壮，木质，斜伸，外包有大量致密的红紫色折断的老叶残留叶鞘及毛发状的纤维。叶基生，灰绿色，条形或狭剑形，长约50cm，宽4~6mm。花茎光滑，高3~10cm；苞片3~5枚，草质，绿色，边缘白色，披针形，长4.5~10cm，宽0.8~1.6cm；花乳白色，直径5~6cm；花梗长4~7cm；花被管甚短，外花被裂片倒披针形，内花被裂片狭倒披针形，爪部狭楔形；子房纺锤形，长3~4.5cm。蒴果长椭圆状柱形。花期5~6月，果期6~9月。

分布： 产阿勒泰、乌鲁木齐、昌吉、石河子、塔城、伊犁、哈密、吐鲁番、阿克苏、克孜勒苏、喀什、和田等地。海拔840~1500m。分布于西北、东北、河北、内蒙古、山西、河南、湖北、山东、安徽、浙江、湖南、四川、西藏等地；在朝鲜、前苏联、印度也产。

生境及适应性： 生于山坡草地、山谷溪边、绿洲平原及盆地边缘荒漠草原、田野、路边、庭院荒地及茇茇草草甸。适应性强，喜湿润，耐贫瘠，耐盐碱。

观赏及应用价值： 观花、观叶类。叶片翠绿柔软，蓝紫色的花淡雅美丽，抗性强，可作为地被、花境、荒地绿化应用。叶可用于切叶。

中文名	喜盐鸢尾
拉丁名	*Iris halophila*

基本形态特征： 根状茎紫褐色，粗壮而肥厚，直径1.5~3cm，斜伸。叶剑形，灰绿色，长20~60cm，宽1~2cm，有10多条纵脉。花茎粗壮，高20~40cm，直径约0.5cm，比叶短；在花茎分枝处生有3枚苞片，草质，绿色，内包含有2朵花；花黄色，直径5~6cm；花梗长1.5~3cm；外花被裂片提琴形，内花被裂片倒披针形；花柱分枝扁平，片状，长约3.5cm，宽约6mm，呈拱形弯曲。蒴果椭圆状柱形，长6~9cm，直径2~2.5cm，绿褐色或紫褐色。花期5~6月，果期7~8月。

分布： 分布于阿勒泰、昌吉、乌鲁木齐、石河子、伊犁、哈密、巴音郭楞、阿克苏。海拔1000~1700m。

生境及适应性： 生于草甸草原、山坡荒地、砾质坡地及潮湿的盐碱地上。喜湿润且排水良好、富含腐殖质的砂壤土或轻黏土，有一定的耐盐碱能力。喜光，也较耐阴，在半阴环境下也可正常生长。喜温凉气候，耐寒性强。

观赏及应用价值： 观花。花朵美丽，具有很高的观赏价值，具有叶色优美以及花枝挺拔的特点，可以用于地被及花境。还可用于盐碱地生态环境改善。

中文名	**蓝花喜盐鸢尾**
拉丁名	*Iris halophila* var. *sogdiana*

基本形态特征： 多年生草本。根状茎紫褐色，粗壮而肥厚，直径1.5~3cm，斜伸，有环形纹。叶剑形，灰绿色，长20~60cm，宽1~2cm。花茎粗壮，高20~40cm，直径约0.5cm；在花茎分枝处生有3枚苞片，草质，绿色；花黄色，直径5~6cm；花梗长1.5~3cm；外花被裂片提琴形，内花被裂片倒披针形；雄蕊长约3cm，花药黄色；花柱分枝扁平，片状，子房狭纺锤形，长3.5~4cm，上部细长。蒴果椭圆状柱形，绿褐色或紫褐色，具6条翅状的棱。花期5~6月，果期7~8月。

分布： 产乌鲁木齐、昌吉、博尔塔拉、伊犁、哈密、吐鲁番、巴音郭楞、阿克苏、克孜勒苏、喀什等地。海拔840~1900m。

生境及适应性： 生长于低山带及山前冲积平原的荒地、山坡及水旁草甸。喜光，也较耐阴，耐贫瘠，耐盐碱。

观赏及应用价值： 观花类。花卉具有叶色优美以及花枝挺拔的特点，可以用于地被、花境等，是西北盐碱地区绿化的优秀材料。

中文名	**中亚鸢尾**
拉丁名	*Iris bloudowii*

基本形态特征： 多年生草本，植株基部有鞘状叶。根状茎粗壮肥厚，棕褐色。叶灰绿色，剑形或条形，无明显的中脉。花茎高8~10cm，不分枝；苞片3枚，膜质，倒卵形，内包含有2朵花；花鲜黄色，直径5~5.5cm；花被管漏斗形，长1~1.5cm，外花被裂片倒卵形，长约4cm，宽约2cm，上部反折，爪部狭楔形，内花被裂片倒披针形，长3~4.5cm，宽1~1.2cm，直立；花柱分枝扁平，鲜黄色，顶端裂片三角形，子房绿色，纺锤形。蒴果卵圆形。花期5月，果期6~8月。

分布： 主要分布在伊犁、塔城、阿勒泰、哈密、阿尔泰山、天山。海拔1200~2500m。

生境及适应性： 生于亚高山灌丛草原及河谷草甸、向阳山坡固定沙丘及林缘草地。喜湿润且排水良好、富含腐殖质的砂壤土或轻黏土，有一定的耐盐碱能力，喜光，也较耐阴。喜温凉气候，耐寒性强。

观赏及应用价值： 观花。花鲜黄色，有美丽金色斑纹，可作为盆栽、花境及地被应用。

番红花属 *Crocus*

| 中文名 | **白番红花** |
| 拉丁名 | *Crocus alatavicus* |

基本形态特征：一年生草本，高10～40cm。茎直立，自基部分枝；枝互生，灰白色，幼时生蛛丝状毛，以后毛脱落。叶片圆柱形，长3～10cm，宽1.5～2cm，顶端钝，有时有小短尖；花通常2～3朵，簇生叶腋；小苞片卵形，边缘膜质；花被片宽披针形，膜质，背面有1条粗壮的脉，果时自背面的近顶部生翅；翅5，半圆形，大小近相等，膜质透明，有多数明显的脉；雄蕊5；花丝狭条形；花药矩圆形，顶端无附属物；子房卵形；柱头2，丝状。果实为胞果，果皮膜质。花果期7～8月。

分布：产伊犁。海拔1550～2100m。哈萨克斯坦也有分布。

生境及适应性：生于阴湿草甸及半阳坡草地。喜阳，耐寒，喜湿润，耐半阴。

观赏及应用价值：观花。早春开放，花洁白如玉，花形美丽纯净淡雅，可用于地被、花境、花坛栽植，亦可盆栽。亦可药用。

石蒜科 AMARYLLIDACEAE 鸢尾蒜属 *Ixiolirion*

中文名	**鸢尾蒜**
拉丁名	*Ixiolirion tataricum*

基本形态特征： 鳞茎卵球形，长1.5～2.5cm，直径达2.5cm，外有褐色带浅色纵纹的鳞茎皮。叶通常3～8枚，簇生于茎的基部，狭线形。茎高10～40cm，下部着生1～3枚较小的叶，顶端由3～6朵花组成的伞形花序，下有佛焰苞状总苞，总苞片膜质，2～3枚，白色或绿色，披针形，长可达3.5cm；花被蓝紫色至深蓝紫色；花被片离生，倒披针形，长2～3.5cm，宽3～7mm；雄蕊着生于花被片基部，2轮，内轮3枚较长，外轮3枚较短，花丝无毛，花药基着；子房近棒状，3室，柱头3裂。蒴果。花期5～6月。

分布： 分布于新疆北部天山及准噶尔盆地边缘绿洲平原、乌鲁木齐、昌吉、石河子、塔城、伊犁。海拔500～2400m。

生境及适应性： 生于山谷、砂地或荒草地上。喜光，耐寒耐旱，耐盐碱，喜排水良好的壤土。

观赏及应用价值： 观花。性强健，花大而美，花色优雅，花量大。适作园林地被植物及花境点缀。

兰科 ORCHIDACEAE 虎舌兰属 *Epipogium*

中文名	**裂唇虎舌兰**
拉丁名	*Epipogium aphyllum*

基本形态特征： 植株高10～30cm，地下具分枝的、珊瑚状的根状茎。茎直立，淡褐色，肉质，无绿叶，具数枚膜质鞘；总状花序顶生，具2～6朵花；花苞片狭卵状长圆形；花黄色而带粉红色或淡紫色晕，多少下垂；萼片披针形或狭长圆状披针形，先端钝；花瓣与萼片相似，常略宽于萼片；唇瓣近基部3裂；侧裂片直立，近长圆形或卵状长圆形；中裂片卵状椭圆形，凹陷，先端急尖，内面常有4～6条紫红色的纵脊，纵脊皱波状；蕊柱粗短。花期8～9月。

分布： 新疆主要分布在阿尔泰地区海拔1400m的云杉林下。产黑龙江、吉林、辽宁、内蒙古东北部、山西、甘肃南部、新疆、四川西北部、云南西北部和西藏东南部。

生境及适应性： 生于林下、岩隙或苔藓丛生之地。性喜阴，忌阳光直射，喜湿润，忌干燥。喜富含腐殖质的砂质壤土。

观赏及应用价值： 观花。花白色，花形奇特美丽，可用于花境或开发盆栽。

掌裂兰属 *Dactylorhiza*

| 中文名 | **阴生红门兰** |
| 拉丁名 | *Dactylorhiza umbrosa* |

基本形态特征： 植株高15～45cm。块茎（3～）4～5裂呈掌状，肉质。茎粗壮，直立，中空，具多枚疏生的叶。叶4～8枚，叶片披针形或线状披针形，基部略收狭成抱茎的鞘，上部叶逐渐变小成苞片状。花苞片绿色或带紫红色，狭披针形；花紫红色或淡紫色；花瓣直立，与中萼片近等长，斜狭长圆形；唇瓣向前伸展，倒卵形或倒心形，基部具距，在基部至中部以上具1个由蓝紫色线纹构成似匙形的斑纹，斑纹内的色浅略带白色，其外面为蓝紫的紫红色，而顶部2浅裂呈"W"形；距圆筒状，下垂；子房圆柱状纺锤形。花期5～7月。

分布： 产乌鲁木齐、昌吉、伊犁、塔城、阿勒泰、喀什、克孜勒苏、哈密、阿克苏。海拔700～3000m。

生境及适应性： 生于天山河滩沼泽草甸、河谷或山坡阴湿草地。喜阳，耐半阴，喜湿润，忌干燥。喜富含腐殖质的壤土。

观赏及应用价值： 观花。花序长，花紫色，花形奇特，观赏价值高。可作花境、地被或盆栽开发。

| 中文名 | **宽叶红门兰** |
| 拉丁名 | *Dactylorhiza hatagirea* |

基本形态特征： 植株高12～40cm。茎直立，中空。叶互生，长圆形、长圆状椭圆形、披针形至线状披针形。花序具几朵至多朵密生的花，圆柱状，长2～15cm；花蓝紫色、紫红色或玫瑰红色；花瓣直立，卵状披针形，稍偏斜，与中萼片近等长；唇瓣向前伸展，卵形、卵圆形、宽菱状横椭圆形或近圆形，常稍长于萼片，在基部至中部之上具1个由蓝紫色线纹构成似匙形的斑纹，斑纹内淡紫色或带白色，其外颜色较深，为蓝紫的紫红色，而其顶部为浅3裂或2裂呈"W"形；子房圆柱状纺锤形。花期6～8月。

分布： 产阿勒泰、昌吉、乌鲁木齐、石河子、博尔塔拉、塔城、伊犁、哈密、吐鲁番、巴音郭楞、阿克苏、喀什、和田。海拔700～3400m。也产黑龙江、吉林、内蒙古、宁夏、甘肃、青海、四川西部和西藏东部。

生境及适应性： 生于山坡、沟边灌丛下或草地中。喜半阴，喜湿润，忌干燥。喜富含腐殖质的壤土。

观赏及应用价值： 观花，花序长，花紫色，花形奇特，观赏价值高。可用于花境、地被或盆栽开发。

中文名	**凹舌掌裂兰**
拉丁名	*Dactylorhiza viridis*
别　名	凹舌兰

基本形态特征： 植株高14～45cm。块茎肉质。茎直立，基部具2～3枚筒状鞘，鞘之上具叶，叶之上常具1至数枚苞片状小叶。叶片狭倒卵状长圆形、椭圆形或椭圆状披针形，直立伸展，基部收狭成抱茎的鞘。总状花序具多数花；花苞片线形或狭披针形，直立伸展，常明显较花长；子房纺锤形，扭转；花绿黄色或绿棕色，直立伸展；唇瓣下垂，肉质，倒披针形，较萼片长，基部具囊状距，上面在近部的中央有1条短的纵褶片，前部3裂；距卵球形。蒴果直立，椭圆形，无毛。花期6～8月。果期9～10月。

分布： 产阿勒泰、昌吉、乌鲁木齐、石河子、塔城、博尔塔拉、伊犁、哈密、巴音郭楞、和田。海拔1200～3000m。黑龙江、吉林、辽宁、内蒙古、河北、山西、陕西、宁夏、甘肃、青海、台湾、河南、湖北、四川、云南西北部和西藏东北部也有分布。

生境及适应性： 生于山坡林下、灌丛下或山谷林缘湿地。喜半阴，喜湿润，忌干燥。喜富含腐殖质的壤土。

观赏及应用价值： 观花。花紫红色，花形独特，可作观花观叶盆栽，也可作花境点缀。

斑叶兰属 *Goodyera*

中文名	**小斑叶兰**
拉丁名	*Goodyera repens*

基本形态特征： 植株高10～25cm。根状茎伸长，茎状，匍匐，具节。叶片卵形或卵状椭圆形，上面深绿色具白色斑纹，背面淡绿色。花茎多直立，被白色腺状柔毛，具3～5枚鞘状苞片；总状花序具几朵至10余朵、密生、多少偏向一侧的花；子房圆柱状纺锤形，被疏的腺状柔毛；花小，白色或带绿色或带粉红色，半张开；萼片背面被腺状柔毛；花瓣斜匙形，无毛；唇瓣卵形，基部凹陷呈囊状，内面无毛，前部短的舌状；蕊柱短，蕊喙直立，叉状2裂；柱头1个，较大，位于蕊喙之下。花期7～8月。

分布： 产阿勒泰、昌吉、乌鲁木齐、石河子、塔城、伊犁、阿克苏、喀什。海拔1300～2800m。产黑龙江、吉林、辽宁、内蒙古、河北、山西、陕西、甘肃、青海、安徽、台湾、河南、湖北、湖南、四川、云南、西藏。

生境及适应性： 生山坡、沟谷、林下。喜阴，忌阳光直射，喜湿润，忌干燥。喜富含腐殖质的壤土。

观赏及应用价值： 观叶观花。花奇特，叶斑美丽可赏，可作盆栽或花境点缀。亦可药用。

参考文献

《新疆植物志》编写委员会, 2019. 新疆植物志[M]. 乌鲁木齐: 新疆科学技术出版社.

《中国植物志》编写委员会, 1959—2004. 中国植物志[M]. 北京: 科学出版社.

曹秋梅, 尹林克, 陈艳锋, 等, 2015. 阿尔泰山南坡种子植物区系特点分析[J]. 西北植物学报, 35(7): 1460-1469.

陈静静, 朱军, 2017. 新疆野生木本地被植物资源调查及其应用研究[J]. 天津农业科学, 23(4): 98-102.

崔大方, 廖文波, 张宏达, 2000. 新疆种子植物科的区系地理成分分析[J]. 干旱区地理(4): 326-330.

崔恒心, 王博, 祁贵, 等, 1988. 中昆仑山北坡及内部山原的植被类型[J]. 植物生态学与地植物学学报(2): 13-25.

邓铭江, 王世江, 董新光, 2005. 新疆水资源及可持续利用[M]. 北京：中国水利水电出版社.

郭柯, 李渤生, 郑度, 1997. 喀喇昆仑山-昆仑山地区植物区系组成和分布规律的研究[J]. 植物生态学报(2): 10-11, 13-19.

郭润华, 隋云吉, 刘虹, 等, 2011. 几个新疆忍冬属和枸子属植物的引种驯化[J]. 黑龙江农业科学(3): 78-79.

郭润华, 隋云吉, 杨逢玉, 等, 2011. 耐寒月季新品种'天山祥云'[J]. 园艺学报, 38(7): 1417-1418.

郭润华, 杨逢玉, 徐庭亮, 等, 2020. 奎屯地区厚叶岩白菜引种繁育技术研究[J]. 现代园艺, 43(10): 3-4.

海鹰, 张立运, 李卫, 2003. 《新疆植被及其利用》专著中未曾记载的植物群落类型[J]. 干旱区地理(4): 413-419.

胡秀琴, 李艳红, 宫江平, 等, 2001. 新疆克拉玛依市宿根花卉引种栽培技术研究与推广[J]. 北方园艺(2)：43-44.

加娜尔古丽·木拉提肯, 杨涵, 靳镜宇, 等, 2020. 天山一号冰川对周边气候变化的响应[J]. 新疆师范大学学报(自然科学版), 39(2): 85-94.

刘旭丽, 杨丽, 陈竟, 等, 2021. 适宜在新疆园林中推广应用的乡土植物初探[J]. 科学咨询(科技·管理)(2): 163-164.

娄安如, 张新时, 1994. 新疆天山中段植被分布规律的初步分析[J]. 北京师范大学学报(自然科学版)(4): 540-545.

马刘峰, 陈芸, 易海艳, 等, 2015. 新疆观赏植物引种的研究进展[J]. 种子科技, 33(9): 31-34.

苗昊翠, 黄俊华, 胡俊, 等, 2008. 新疆野生观赏植物资源利用现状及发展前景[J]. 北方园艺(5): 128-131.

潘晓玲, 1997. 新疆种子植物科的区系地理成分分析[J]. 植物研究(4): 45-50.

潘晓玲, 1999. 新疆种子植物属的区系地理成分分析[J]. 植物研究(3): 249-258.

潘晓玲, 张宏达, 1996. 准噶尔盆地植被特点与植物区系形成的探讨[J]. 中山大学学报论丛(2): 97-101.

秦仁昌, 1957. 新疆阿尔泰山的植物区系、植被类型和植物资源[J]. 科学通报(3): 114-115.

盛玮, 周斌, 池文泽, 等, 2014. 新疆阿尔泰山区野生观赏植物调查研究[J]. 黑龙江农业科学(11): 105-108.

汪松, 解焱, 2004. 中国物种红色名录(第一卷: 红色名录)[M]. 北京：高等教育出版社.

吴秀兰, 张太西, 王慧, 等, 2020. 1961—2017年新疆区域气候变化特征分析[J]. 沙漠与绿洲气象, 14(4): 27-34.

吴玉虎, 2013. 昆仑植物志[M]. 重庆: 重庆出版社.

武文丽, 韩卫民, 冶建民, 2008. 新疆城市园林绿化树种选择应用与发展对策[J]. 山东林业科技（3）：89-91.

新疆维吾尔自治区环境厅. http://sthjt.xinjiang.gov.cn/

新疆月季"天山祥云"夺得北京世园会国际竞赛金奖 http://news.ts.cn/system/2019/06/20/035742972.shtml

徐丽萍, 李鹏辉, 李忠勤, 等, 2020.新疆山地冰川变化及影响研究进展[J].水科学进展, 31(6): 946-959.

杨发相, 2011.新疆地貌及其环境效应[M]北京：地质出版社.

杨宗宗, 迟建才, 马明, 2019.新疆北部野生维管植物图鉴[M].北京: 科学出版社.

佚名, 1998.国家重点保护野生植物名录(新疆地区分布)[J]. 新疆林业(4): 30-31.

袁国映, 1993.新疆山地垂直自然带的地区差异及经济意义[J].新疆环境保护(3): 14-18.

袁国映, 陈丽, 程芸, 2010.新疆生物多样性调查与评价研究[J].新疆植物护, 32(1): 1-6.

袁祯燕, 2008.新疆植物资源评价[D].乌鲁木齐：新疆大学.

张高, 2013.新疆中天山野生种子植物区系及植被研究[D].乌鲁木齐：新疆师范大学.

张立波, 肖薇, 2013.1961—2010年新疆日照时数的时空变化特征及其影响因素[J].中国农业气象, 34(2): 130-137.

张立运, 海鹰, 2002.《新疆植被及其利用》专著中未曾记载的植物群落类型Ⅰ.荒漠植物群落类型[J].干旱区地理(1): 84-89.

张丽君, 2018.新疆西昆仑山植物区系与物种多样性研究[D].石河子：石河子大学.

张妙弟, 2016.中国国家地理百科全书: 新疆、香港、澳门、台湾[M]北京：北京联合出版公司.

郑邢芳, 2009.新疆春季主要观赏植物及应用[J].中国园艺文摘, 25(7): 82-83.

中国科学院地理科学与资源研究所. http://www.igsnrr.ac.cn/

中国科学院新疆综合考察队, 中国科学院植物研究所, 1978.新疆植被及其利用[M].北京：科学出版社: 75-91.

中国科学院资源环境科学数据中心.资源环境数据平台. http://www.resdc.cn/

中国珍稀濒危植物信息系统. http://www.iplant.cn/rep/protlist

周禧琳, 杨赵平, 2016.塔里木盆地野生观赏植物区系分析与应用研究[J].科技通报, 32(9): 68-72.

http://sthjt.xinjiang.gov.cn/xjepd/zrstswdyx/201110/554d26de77504cd19b7ac61e4691dfd9.shtml

http://tjj.xinjiang.gov.cn/tjj/zyhjp/202006/41928f03dfea4ded8f591835b8202dae.shtml

http://www.chinaxinjiang.cn/ziliao/zrzy/6/201409/t20140923_444669.htm

http://www.igsnrr.cas.cn/cbkx/kpyd/zgdl/cndm/202009/t20200910_5692379.html

http://www.igsnrr.cas.cn/cbkx/kpyd/zgdl/cndm/202009/t20200910_5692378.html

http://www.igsnrr.cas.cn/cbkx/kpyd/zgdl/cndm/202009/t20200910_5692380.html

http://www.igsnrr.cas.cn/cbkx/kpyd/zgdl/cndm/202009/t20200910_5692365.html

http://www.igsnrr.cas.cn/cbkx/kpyd/zgdl/cndm/202009/t20200910_5692366.html

http://www.scio.gov.cn/ztk/dtzt/04/08/2/Document/393198/393198.htm

http://www.xinjiang.gov.cn/2019

http://www.xinjiang.gov.cn/xinjiang/dlwz/201912/602f468421c948db961b47e4f672992a.shtml

http://www.xjtonglan.com/jrxj/zrzy/5045.shtml

植物中文名拼音索引（各论）

A

阿尔泰独尾草	409
阿尔泰多榔菊	407
阿尔泰狗娃花	377
阿尔泰金莲花	138
阿尔泰堇菜	202
阿尔泰牡丹草	163
阿尔泰蔷薇	240
阿尔泰忍冬	368
阿尔泰瑞香	299
阿尔泰山楂	266
阿尔泰罂粟	166
阿勒泰黄堇	168
阿山黄堇	168
阿氏蔷薇	239
阿魏属	310-311
矮火绒草	394
矮密花香薷	339
矮蔷薇	243
矮香薷	339
矮小苓菊	400
矮小忍冬	371
艾比湖沙拐枣	191
暗紫楼斗菜	146
凹舌兰	427
凹舌掌裂兰	427

B

八宝属	230
八里坤棘豆	289
巴里坤棘豆	289
霸王	304
白刺	305
白刺属	305-305
白番红花	424
白喉乌头	141
白花菜科	208
白花草木樨	275
白花车轴草	296
白花丹科	192-196
白花合景天	231
白花黄芪	279
白花老鹳草	306
白花沼委陵菜	253
白花枝子花	349
白麻	322
白皮锦鸡儿	292
白梭梭	175
白头翁属	146-147
白鲜属	303
白香草木樨	275
白玉草	183
百合科	408-420
百合属	410
百里香属	333-334
百脉根属	291
柏科	131-136
败酱科	373-374
败酱属	373
斑叶兰属	427
宝盖草	352
报春花科	222-228
报春花属	224-226
北侧金盏花	137
北车前	353
北葱	415
北点地梅	222
北极花	373
北极花属	373
北疆锦鸡儿	295
北香花芥	220
贝母属	413-414
鼻花	356
鼻花属	356
鼻喙马先蒿	357
扁果草	143
扁果草属	143
扁蕾	314
扁蕾属	314
冰川棘豆	289
冰川雪兔子	391
薄荷	332
薄荷属	332
薄叶麻花头	406
补血草属	192-194

C

彩花属	194-196
糙苏属	340-342
草地风毛菊	389
草地老鹳草	306
草地婆罗门参	404
草莓属	260
草木樨属	275
草原糙苏	342
草原老鹳草	306
草原婆罗门参	404
草原勿忘草	330
草原勿忘我	330
侧金盏花属	137
叉分蓼	185
叉叶铁角蕨	126
叉子圆柏	133
杈枝老鹳草	307
茶藨子属	236
柴达木猪毛菜	175
柴胡属	314
长苞大叶报春	226
长苞婆罗门参	404
长冠米努草	182
长茎飞蓬	387
长茎婆罗门参	405
长距柳穿鱼	360
长蕊青兰	347
朝鲜老鹳草	307
车前科	353
车前属	353
车轴草属	296-297
柽柳科	203-205
柽柳属	203-204
橙花飞蓬	386
橙舌飞蓬	386
橙舌狗舌草	401
齿丝山韭	418
稠李	262
稠李属	262
臭红柳	205
川续断科	375
穿叶金丝桃	201
垂花青兰	346
垂枝桦	170
唇形科	332-352
刺柏属	131-133
刺矶松	194
刺毛忍冬	368
刺蔷薇	239
刺沙蓬	173
刺石竹属	178
刺叶	178
刺叶彩花	194
刺叶矶松	196
葱属	415-418
粗柄独尾草	408
翠雀属	152-153

D

靰鞡忍冬	370
大苞点地梅	222
大萼委陵菜	251
大果蔷薇	243
大花多刺蔷薇	240
大花荆芥	333
大花罗布麻	322
大花毛建草	345
大花密刺蔷薇	240
大花银莲花	158
大黄花九轮草	224
大黄属	191
大戟科	301
大戟属	301
大距堇菜	203
大蒜芥属	218
大叶白麻	322
大叶补血草	194

430

大叶橐吾	383	**E**		管丝韭	418	胡颓子科	298
大叶驼蹄瓣	304	鹅绒藤属	323	贯叶连翘	201	胡杨	206
单果疏花蔷薇	246	鹅绒委陵菜	252	灌丛条果芥	217	虎耳草科	233-237
单花栒子	263	峨参	313	灌木蓼	186	虎耳草属	233-235
单头匹菊	392	峨参属	313	灌木条果芥	217	虎舌兰属	425
单头亚菊	399	额敏贝母	413	灌木旋花	325	互叶獐牙菜	319
单叶蔷薇	244	二花米努草	182	光苞独行菜	209	花花柴	379
淡紫金莲花	141	二裂委陵菜	252	光萼青兰	348	花花柴属	379
当归属	312			光滑岩黄芪	285	花葵属	200
党参属	367	**F**		光青兰	345	花楸属	258-259
地蔷薇属	249	番红花属	424	光籽芥属	210	花荵	325
地榆	261	繁缕属	181	广布野豌豆	291	花荵科	325
地榆属	261	方茎黄堇	168	鬼箭锦鸡儿	292	花荵属	325
滇紫草属	326	芳香新塔花	351	桂味蔷薇	242	桦木科	170-172
点地梅属	222-224	飞蓬属	386-387			桦木属	170-172
垫状刺矶松	195	菲氏蔷薇	242	**H**		槐属	276
垫状虎耳草	235	费尔干岩黄芪	284	海乳草	228	黄刺条	293
垫状山岭麻黄	135	分枝列当	364	海乳草属	228	黄果山楂	266
顶冰花属	411-412	粉苞菊属	406	海罂粟属	164	黄花婆罗门参	402
顶羽菊	398	粉绿铁线莲	147	寒地报春	225	黄花软紫草	327
顶羽菊属	398	风铃草属	365-366	寒蓬属	387	黄花瓦松	228
东方婆罗门参	402	风毛菊属	389-391	寒原荠	213	黄盆花	375
东方铁线莲	149	凤仙花科	309	寒原荠属	213	黄芪属	278-284
东方野决明	276	凤仙花属	309	蕻菜属	211	黄芩属	334-336
豆科	273-298	伏毛银莲花	158	合景天属	231	黄香草木樨	275
独丽花	221	覆瓦委陵菜	251	和布克赛尔青兰	348	灰白益母草	336
独丽花属	221			和丰翠雀花	153	灰毛忍冬	371
独尾草属	408-409	**G**		河柏	205	灰毛罂粟	166
独行菜属	209	甘草	298	河西菊	400	灰叶匹菊	398
杜鹃花科	220	甘草属	298	河西菊属	400	火绒草	395
短柄野芝麻	352	甘青铁线莲	151	河西苣	400	火绒草属	394-395
短萼鹤虱	326	甘肃紫花野芝麻	351	褐皮韭	416		
短喙粉苞菊	406	肝色柳穿鱼	361	鹤虱属	326	**J**	
短喙粉苞苣	406	刚毛忍冬	368	黑苞匹菊	393	棘豆属	289-290
短尖藁本	312	刚毛涩荠	213	黑果枸杞	324	蒺藜科	303-306
短茎球序当归	312	刚毛岩黄芪	286	黑果蔷薇	248	蓟属	380
短距凤仙花	309	高山地榆	261	黑果小檗	160	夹竹桃科	321-322
短腺小米草	354	高山离子芥	216	黑果悬钩子	272	荚蒾属	372
钝瓣顶冰花	412	高山龙胆	317	黑果栒子	263	假报春	227
钝叶猪毛菜	172	高山芹叶荠	216	红果沙拐枣	188	假报春属	227
多变苜蓿	288	高山绣线菊	269	红果山楂	266	假狼紫草	328
多刺蔷薇	238	高山紫菀	377	红花车轴草	296	假狼紫草属	328
多花栒子	265	高升马先蒿	358	红花疆罂粟	167	假龙胆属	318
多榔菊属	407	高石头花	180	红花鹿蹄草	221	假木贼属	177
多裂委陵菜	250	高原芥属	219	红花山竹子	286	假水生龙胆	316
多茬蒲公英	375	高原委陵菜	249	红花岩黄芪	286	假泽山飞蓬	386
多葶蒲公英	375	藁本属	312	红景天	232	尖齿百脉根	291
多型大蒜芥	218	葛缕子	309	红景天属	232-233	尖刺蔷薇	238
多叶锦鸡儿	294	葛缕子属	309	红皮沙拐枣	188	尖果寒原荠	213
多枝柽柳	203	枸杞属	324	红砂	205	箭叶水苏	337
多籽蒜	415	狗筋麦瓶草	183	喉毛花属	320	箭叶水苏属	337
		狗筋蝇子草	184	厚叶美花草	154	浆果猪毛菜	173
		狗舌草属	401	厚叶岩白菜	236	疆罂粟属	167

角果毛茛	153	宽叶石生驼蹄瓣	305	耧斗菜属	145-146	蒙古绣线菊	270
角果毛茛属	153	盔状黄芩	334	鹿蹄草科	221	米尔克棘豆	290
角黄芪	281	阔刺兔唇花	343	鹿蹄草属	221	密刺蔷薇	238
接骨木属	372			路边青属	267	密刺沙拐枣	187
桔梗	364	**L**		驴蹄草	155	密花香薷	339
桔梗科	364-367	拉拉藤属	367	驴蹄草属	155	密头菊蒿	393
桔梗属	364	兰科	425-427	荸草属	169	绵果黄芪	284
截萼忍冬	371	蓝刺头属	381-382	卵叶花花柴	379	绵果黄耆	284
金黄柴胡	314	蓝靛果	368	卵叶瓦莲	229	膜边獐牙菜	319
金莲花属	138-141	蓝果忍冬	368	罗布麻	321	膜翅麻黄	134
金露梅	253	蓝花老鹳草	308	罗布麻属	321-322	膜果麻黄	134
金丝桃属	201	蓝花喜盐鸢尾	423	萝藦科	323	膜缘婆罗门参	402
金丝桃叶绣线菊	268	蓝蓟	328	洛阳花	177	木本补血草	192
堇菜科	201-203	蓝蓟属	328	骆驼刺	273	木蓼	186
堇菜属	201-203	蓝盆花属	375	骆驼刺属	273	木蓼属	185-186
锦鸡儿属	292-295	老鹳草属	306-308	骆驼蓬	303	木贼麻黄	135
锦葵科	200	棱叶韭	417	骆驼蓬属	303	牧地山黧豆	287
近似鼠麴草	407	棱枝草	196	落萼蔷薇	239, 247	苜蓿属	288
荆芥属	333	冷蕨	126	落叶松属	130-131		
精河补血草	193	冷蕨科	126			**N**	
精河沙拐枣	191	冷蕨属	126	**M**		耐阴美苓草	179
景天科	228-233	离子芥属	216-217	麻花头属	406	南疆黄芪	281
景天属	231	藜科	172-177	麻黄科	134-136	囊果草	162
菊蒿属	391-393	李属	254-257	麻黄属	134-136	囊果草属	162
菊苣	396	莲座蓟	380	马蔺	422	拟百里香	333
菊苣属	396	镰萼喉毛花	320	马先蒿属	357-359	拟狐尾黄芪	279
菊科	375-407	镰叶顶冰花	411	麦蓝菜	179	拟狐尾黄耆	279
聚合草	329	辽宁山楂	266	麦蓝菜属	179	拟黄花乌头	142
聚合草属	329	蓼科	184-192	麦蓝子	179	拟耧斗菜	144
聚花风铃草	365	蓼属	184-185	麦仙翁	181	拟耧斗菜属	144
卷耳属	180	列当科	363-364	麦仙翁属	181	拟鼠麴草属	407
绢毛委陵菜	250	列当属	363-364	蔓茎蝇子草	183	牛蒡属	388
卷毛婆婆纳	362	裂唇虎舌兰	425	牻牛儿苗科	306-308	牛至	337
		林奈花	373	毛瓣毛蕊花	356	牛至属	337
K		林荫千里光	385	毛茛	155	挪威虎耳草	234
喀什疏花蔷薇	245	鳞果海罂粟	164	毛茛科	137-158		
喀什小檗	161	鳞叶点地梅	224	毛茛属	155-157	**O**	
苦豆子	276	苓菊属	400	毛果船苞翠雀花	152	欧氏马先蒿	359
苦马豆	273	铃铛刺	274	毛接骨木	372	欧夏至草	343
苦马豆属	273	铃铛刺属	274	毛蕊花	354	欧夏至草属	343
苦杨	208	零余虎耳草	233	毛蕊花属	354-356	欧亚薸菜	211
库车锦鸡儿	295	留兰香	332	毛头牛蒡	388	欧亚绣线菊	268
库页悬钩子	272	柳穿鱼属	360-361	毛叶落萼蔷薇	247	欧亚圆柏	133
块根糙苏	340	柳兰	299	毛叶疏花蔷薇	246	欧洲荚蒾	372
块根芍药	199	柳兰属	299	毛叶水枸子	262	欧洲木莓	272
宽瓣毛茛	156	柳叶菜	300	毛叶弯刺蔷薇	247		
宽苞黄芩	336	柳叶菜科	299-300	毛叶枸子	262	**P**	
宽苞水柏枝	205	柳叶菜属	300	玫红山黧豆	287	帕米尔委陵菜	249
宽刺蔷薇	241	柳叶绣线菊	269	梅花草	237	泡果沙拐枣	188
宽棱婆罗门参	402	柳叶旋覆花	396	梅花草属	237	蓬子菜	367
宽叶独行菜	209	六齿卷耳	180	美花草属	154	披针叶黄华	276
宽叶红门兰	426	龙胆科	314-321	蒙古沙冬青	297	披针叶野决明	276
宽叶黄刺条	293	龙胆属	315-317	蒙古糖芥	215	啤酒花	169

琵琶柴	205	森林草莓	260	松科	128-131	**W**	
琵琶柴属	205	沙冬青属	297	宿根亚麻	301	瓦莲属	229
匹菊属	398	沙拐枣属	186-191	蒜叶婆罗门参	403	瓦松属	228-229
平原黄芩	336	沙棘	298	碎米蕨叶马先蒿	358	弯刺蔷薇	247
苹果属	257	沙棘属	298	穗花婆婆纳	363	弯管列当	363
婆罗门参	404	沙参属	366	梭梭属	175	弯花黄芪	278
婆罗门参属	402-405	砂蓝刺头	381			王不留行	179
婆婆纳属	362-363	砂生地蔷薇	249	**T**		委陵菜属	249-253
匍生蝇子草	183	砂生离子芥	217	唐松草属	154	卫矛科	300
蒲公英属	375-376	山地阿魏	311	糖芥	214	卫矛属	300
铺地青兰	347	山地囊吾	384	糖芥属	214-215	温泉黄芪	283
		山柑属	208	藤黄科	201	温宿黄芪	280
Q		山黧豆属	287	天芥菜属	329	蚊子草属	260
七溪黄芪	280	山蓼	192	天门冬属	413	乌恰彩花	196
奇台沙拐枣	187	山蓼属	192	天山彩花	195	乌恰矶松	196
千里光属	385	山莓草属	257	天山茶藨子	236	乌头属	141-143
千叶蓍	378	山漆姑属	182	天山大黄	191	无茎光籽芥	210
茜草科	367	山雀棘豆	290	天山点地梅	223	无茎条果芥	210
蔷薇科	238-272	山羊臭虎耳草	235	天山花楸	258	无叶假木贼	177
蔷薇属	238-248	山野火绒草	394	天山桦	172	无髭毛建草	345
乔木状沙拐枣	190	山楂属	265-266	天山黄堇	169	梧桐	206
茄科	323-324	芍药科	197-199	天山蒲公英	376	勿忘草属	330-331
茄属	323	芍药属	197-199	天山囊吾	384		
芹叶荠属	216	深裂叶黄芩	335	天山新塔花	350	**X**	
青兰属	344-349	神香草属	340	天山绣线菊	271	稀花勿忘草	331
青杞	323	湿地勿忘草	331	天山罂粟	166	喜马拉雅沙参	366
球根老鹳草	308	蓍	378	天山羽衣草	267	喜山薹	212
球茎虎耳草	234	蓍草	378	天山郁金香	419	喜盐鸢尾	422
瞿麦	178	蓍属	378-379	天仙子	324	喜阴种阜草	179
全叶麻花头	406	十字花科	209-20	天仙子属	324	细裂补血草	193
全缘铁线莲	148	石生悬钩子	271	条果芥属	217	细穗柽柳	204
全缘叶蓝刺头	382	石蒜科	425	铁角蕨	127	细叶白头翁	146
全缘叶青兰	344	石头花属	180	铁角蕨科	126-127	细叶鸢尾	421
拳木蓼	185	石竹	177	铁角蕨属	126-127	细叶猪毛菜	173
群心菜	210	石竹科	177-184	铁线莲属	147-151	西北沼委陵菜	253
群心菜属	210	石竹属	177-178	铁帚把	201	西伯利亚刺柏	131
		矢车菊属	380	薹草属	212	西伯利亚风铃草	366
R		疏忽岩黄芪	285	土耳其斯坦蔷薇	245	西伯利亚接骨木	372
忍冬科	368-373	疏花蔷薇	245	吐鲁番锦鸡儿	295	西伯利亚耧斗菜	145
忍冬属	368-371	鼠麴雪兔子	389	兔唇花属	343	西伯利亚落叶松	130
柔毛郁金香	419	鼠麴草	407	团扇荠	214	西伯利亚婆罗门参	403
乳白黄芪	279	鼠尾草属	338	团扇荠属	214	西伯利亚铁线莲	150
乳菀属	405	薯根延胡索	167	托里阿魏	310	西伯利亚小檗	162
软紫草属	327	双花堇菜	201	托里罂粟	166	西藏蔷薇	248
瑞香科	299	双穗麻黄	136	托木尔黄芪	283	狭叶红景天	233
瑞香属	299	水柏枝属	205	托木尔蔷薇	246	狭叶花花柴	379
		水栒柳	205	橐吾属	383-384	夏侧金盏花	137
S		水枸子	265	椭圆叶天芥菜	329	纤齿黄芪	282
三裂绣线菊	270	水杨梅	267	驼舌草	196	线果高原芥	219
三桠绣线菊	270	睡莲科	136	驼舌草属	196	线果扇叶芥	219
伞形科	309-314	睡莲属	136	驼蹄瓣属	304	线叶黄芪	280
桑科	169	硕萼报春	224			腺齿蔷薇	239
涩荠属	213	四蕊山莓草	257			腺果蔷薇	242

腺毛蔷薇	242	新疆猪牙花	411	野韭	416		Z	
香花芥属	220	新牡丹草	163	野决明属	276-277	杂交费菜	231
香薷属	339	新牡丹草属	163	野豌豆属	291	杂交景天	231
小斑叶兰	427	新塔花	351	野罂粟	165	杂交苜蓿	288
小苞瓦松	229	新塔花属	350-351	野芝麻属	351-352	藏边蔷薇	243
小檗科	159-163	兴安糖芥	215	夜关门	201	藏寒蓬	387
小檗属	159-162	杏	256	伊贝母	414	早春龙胆	315
小檗叶蔷薇	244	荠菜	321	伊朗棘豆	290	窄叶芍药	198
小甘菊	401	荠菜属	321	伊犁贝母	414	詹加尔特黄芪	282
小甘菊属	401	绣线菊	269	伊犁蔷薇	248	展毛多根乌头	143
小根马先蒿	359	绣线菊属	268-271	伊犁铁线莲	149	獐牙菜属	319
小果寒原荠	213	玄参科	353-363	伊犁小檗	159	樟味蔷薇	242
小花矢车菊	380	玄参属	360	伊犁郁金香	420	樟叶蔷薇	242
小花糖芥	215	悬钩子属	271-272	异翅独尾草	408	掌裂兰属	426-427
小金丝桃	201	旋覆花属	396-397	异萼忍冬	368	昭苏滇紫草	326
小萝卜大戟	301	旋果蚊子草	260	异果千里光	385	爪瓣山柑	208
小米草属	354	旋花科	325	异果小檗	160	沼委陵菜属	253
小沙拐枣	186	旋花属	325	异叶胡杨	206	真藓	168
小新塔花	350	雪白睡莲	136	异叶青兰	349	芝麻菜	209
小叶金丝桃	201	雪地黄芪	278	异叶忍冬	371	芝麻菜属	209
小叶忍冬	369	雪莲花	390	异株百里香	334	直茎红景天	232
斜升秦艽	316	雪岭杉	128	益母草属	336	中败酱	373
缬草	374	雪岭云杉	128	阴生红门兰	426	中车前	353
缬草属	374	栒子属	262-265	银莲花属	158	中麻黄	134
新哈栓翅芹	310			隐盘芹属	310	中亚黄芪	169
新疆白鲜	303		Y	罂粟科	163-169	中亚卫矛	300
新疆百合	410	亚菊属	399	罂粟属	165-166	中亚鸢尾	423
新疆贝母	414	亚麻科	301	樱桃李	254	中亚紫堇	169
新疆大蒜芥	218	亚麻属	301	硬尖神香草	340	钟萼白头翁	147
新疆党参	367	亚洲蓍	379	蝇子草属	183-184	种阜草属	179
新疆方枝柏	132	烟堇	163	疣枝桦	170	珠芽蓼	184
新疆风铃草	365	烟堇属	163	羽裂玄参	360	猪毛菜属	172-175
新疆海罂粟	164	岩白菜属	236	羽叶婆婆纳	362	猪牙花属	411
新疆花葵	200	岩风	313	羽叶穗花	362	准噶尔繁缕	181
新疆假龙胆	318	岩风属	313	羽叶枝子花	349	准噶尔黄芩	336
新疆柳穿鱼	360	岩黄芪属	284-286	羽衣草属	267	准噶尔金莲花	140
新疆落叶松	130	岩菊蒿	391	郁金香属	419-420	准噶尔山楂	265
新疆毛茛	157	岩蕨	127	鸢尾科	421-424	准噶尔铁线莲	151
新疆梅花草	237	岩蕨科	127	鸢尾属	421-423	准噶尔栒子	264
新疆米努草	182	岩蕨属	127	鸢尾蒜	425	紫苞鸢尾	421
新疆千里光	385	盐生草	176	鸢尾蒜属	425	紫草科	326-331
新疆忍冬	370	盐生草属	176	圆叶八宝	230	紫翅猪毛菜	174
新疆芍药	197	盐穗木	176	圆叶乌头	142	紫花柳穿鱼	361
新疆鼠尾草	338	盐穗木属	176	远志科	302	紫花蒲公英	376
新疆天门冬	413	羊柴属	286	远志属	302	紫堇属	167-169
新疆缬草	374	羊角子草	323	越橘	220	紫堇叶唐松草	154
新疆亚菊	399	杨柳科	206-207	越橘属	220	紫毛蕊花	355
新疆野百合	410	杨属	206-207	云杉属	128-129	紫菀属	377
新疆野苹果	257	野草莓	260	云生毛茛	157	紫缨乳菀	405
新疆野芝麻	352	野胡麻	353	芸芥	209	总苞葶苈	212
新疆远志	302	野胡麻属	353	芸香科	303	总状土木香	397
新疆种阜草	179	野火球	297				

植物拉丁名索引（各论）

A

Acantholimon	194-196
Acantholimon alatavicum	194
Acantholimon popovii	196
Acantholimon tianschanicum	195
Acanthophyllum	178
Acanthophyllum pungens	178
Achillea	378-379
Achillea asiatica	379
Achillea millefolium	378
Aconitum	141-143
Aconitum anthoroideum	142
Aconitum karakolicum var. *patentipilum*	143
Aconitum leucostomum	141
Aconitum rotundifolium	142
Adenophora	366
Adenophora himalayana	366
Adonis	137
Adonis aestivalis	137
Adonis sibirica	137
Agrostemma	181
Agrostemma githago	181
Ajania	399
Ajania fastigiata	399
Ajania scharnhorstii	399
Alchemilla	267
Alchemilla tianschanica	267
Alhagi	273
Alhagi sparsifolia	273
Allium	415-418
Allium caeruleum	417
Allium fetisowii	415
Allium korolkowii	416
Allium nutans	418
Allium ramosum	416
Allium schoenoprasum	415
Allium semenovii	418
AMARYLLIDACEAE	425
Ammopiptanthus	297
Ammopiptanthus mongolicus	297
Anabasis	177
Anabasis aphylla	177
Androsace	222-224
Androsace maxima	222
Androsace ovczinnikovii	223
Androsace septentrionalis	222
Androsace squarrosula	224
Anemone	158
Anemone narcissiflora subsp. *protracta*	158
Anemone sylvestris	158
Anthriscus	313
Anthriscus sylvestris	313
Aphragmus	213
Aphragmus oxycarpus	213
APIACEAE	309-314
APOCYNACEAE	321-322
Apocynum	321-322
Apocynum hendersonii	322
Apocynum venetum	321
Aquilegia	145-146
Aquilegia atrovinosa	146
Aquilegia sibirica	145
Archangelica	312
Archangelica brevicaulis	312
Arctium	388
Arctium tomentosum	388
Arnebia	327
Arnebia guttata	327
ASCLEPIADACEAE	323
Asparagus	413
Asparagus neglectus	413
ASPLENIACEAE	126-127
Asplenium	126-127
Asplenium septentrionale	126
Asplenium trichomanes	127
Aster	377
Aster alpinus	377
Aster altaicus	377
Astragalus	278-284
Astragalus ceratoides	281
Astragalus dschangartensis	282
Astragalus dsharkenticus	283
Astragalus flexus	278
Astragalus galactites	279
Astragalus gracilidentatus	282
Astragalus heptapotamicus	280
Astragalus nanjiangianus	281
Astragalus nematodes	280
Astragalus nivalis	278
Astragalus sieversianus	284
Astragalus vulpinus	279
Astragalus wenquanensis	283
Atraphaxis	185-186
Atraphaxis compacta	185
Atraphaxis frutescens	186

B

BALSAMINACEAE	309
BERBERIDACEAE	159-163
Berberis	159-162
Berberis atrocarpa	160
Berberis iliensis	159
Berberis kaschgarica	161
Berberis sibirica	162
Bergenia	236
Bergenia crassifolia	236
Berteroa	214
Berteroa incana	214
Betula	170-172
Betula pendula	170
Betula tianschanica	172
BETULACEAE	170-172
BORAGINACEAE	326-331
BRASSICACEAE	209-20
Bupleurum	314
Bupleurum aureum	314

C

Callianthemum	154
Callianthemum alatavicum	154
Calligonum	186-191
Calligonum arborescens	190
Calligonum calliphysa	188
Calligonum densum	187
Calligonum ebinuricum	191
Calligonum klementzii	187
Calligonum pumilum	186
Calligonum rubicundum	188
Caltha	155
Caltha palustris	155
Campanula	365-366
Campanula albertii	365
Campanula glomerata subsp. *speciosa*	365
Campanula sibirica	366
CAMPANULACEAE	364-367
Cancrinia	401
Cancrinia discoidea	401
Capparis	208
Capparis himalayensis	208
CAPRIFOLIACEAE	368-373
Caragana	292-296
Caragana camilli-schneideri	295
Caragana frutex	293
Caragana jubata	292
Caragana leucophloea	292
Caragana pleiophylla	294
Caragana turfanensis	295
Cardaria	210
Cardaria draba	210
Carum	309
Carum carvi	309
CARYOPHYLLACEAE	177-184
CELASTRACEAE	300
Centaurea	380
Centaurea virgata subsp. *squarrosa*	380
Cerastium	180
Cerastium cerastoides	180
Ceratocephala	153
Ceratocephala testiculata	153
Chamaerhodos	249
Chamaerhodos sabulosa	249
Chamerion	299
Chamerion angustifolium	299
CHENOPODIACEAE	172-177
Chondrilla	406
Chondrilla brevirostris	406
Chorispora	216-217
Chorispora bungeana	216
Chorispora sabulosa	217
Christolea parkeri	219
Cichorium	396
Cichorium intybus	396

Cirsium	380	*Delphinium sauricum*	153	*Erysimum bungei*	214	*Glycyrrhiza uralensis*	298
Cirsium esculentum	380	*Desideria*	219	*Erysimum cheiranthoides*	215	*Goniolimon*	196
Clematis	147-151	*Desideria linearis*	219	*Erysimum flavum*	215	*Goniolimon speciosum*	196
Clematis glauca	147	*Dianthus*	177-178	*Erythronium*	411	*Goodyera*	427
Clematis iliensis	149	*Dianthus chinensis*	177	*Erythronium sibiricum*	411	*Goodyera repens*	427
Clematis integrifolia	148	*Dianthus superbus*	178	*Euonymus*	300	*Gymnospermium*	163
Clematis orientalis	149	*Dictamnus*	303	*Euonymus semenovii*	300	*Gymnospermiun altaicum*	163
Clematis sibirica	150	*Dictamnus angustifolius*	303	*Euphorbia*	301	*Gypsophila*	180
Clematis songorica	151	DIPSACACEAE	375	*Euphorbia rapulum*	301	*Gypsophila altissima*	180
Clematis tangutica	151	*Dodartia*	353	EUPHORBIACEAE	301		
CLEOMACEAE	208	*Dodartia orientalis*	353	*Euphrasia*	354	**H**	
CLUSIACEAE	201	*Doronicum*	407	*Euphrasia regelii*	354	*Halimodendron*	274
Codonopsis	367	*Doronicum altaicum*	407			*Halimodendron halodendron*	274
Codonopsis clematidea	367	*Draba*	212	**F**		*Halogeton*	176
Comarum	253	*Draba involucrata*	212	*Ferula*	310-311	*Halogeton glomeratus*	176
Comarum salesovianum	253	*Draba oreades*	212	*Ferula akitschkensis*	311	*Halostachys*	176
Comastoma	320	*Dracocephalum*	344-349	*Ferula krylovii*	310	*Halostachys caspica*	176
Comastoma falcatum	320	*Dracocephalum argunense*	348	*Filipendula*	260	*Haloxylon*	175
COMPOSITAE	305-407	*Dracocephalum bipinnatum*	349	*Filipendula ulmaria*	260	*Haloxylon persicum*	175
CONVOLVULACEAE	325	*Dracocephalum grandiflorum*	345	*Fragaria*	260	*Hedysarum*	284-286
Convolvulus	325	*Dracocephalum heterophyllum*	349	*Fragaria vesca*	260	*Hedysarum ferganense*	284
Convolvulus fruticosus	325	*Dracocephalum hobuksarensis*	348	*Fritillaria*	413-414	*Hedysarum multijugum*	286
Corethrodendron	286	*Dracocephalum imberbe*	345	*Fritillaria meleagroides*	413	*Hedysarum neglectum*	285
Corethrodendron multijugum	286	*Dracocephalum integrifolium*	344	*Fritillaria pallidiflora*	414	*Hedysarum setosum*	286
Cortusa	227	*Dracocephalum nutans*	346	*Fritillaria walujewii*	414	*Hedysarum splendens*	285
Cortusa matthioli	227	*Dracocephalum origanoides*	347	*Fumaria*	163	*Heliotropium*	329
Corydalis	167-169	*Dracocephalum stamineum*	347	*Fumaria officinalis*	163	*Heliotropium ellipticum*	329
Corydalis capnoides	168					*Hesperis*	220
Corydalis ledebouriana	167	**E**		**G**		*Hesperis sibirica*	220
Corydalis semenowii	169	*Echinops*	381-382	*Gagea*	411-412	*Hippophae*	298
Corydalls nobills	168	*Echinops gmelini*	381	*Gagea fedtschenkoana*	411	*Hippophae rhamnoides*	298
Cotoneaster	262-265	*Echinops integrifolius*	382	*Gagea fragifera*	412	*Humulus*	169
Cotoneaster melanocarpus	263	*Echium*	328	*Galatella*	405	*Humulus lupulus*	169
Cotoneaster multiflorus	265	*Echium vulgare*	328	*Galatella chromopappa*	405	*Hylotelephium*	230
Cotoneaster soongoricus	264	ELAEAGNACEAE	298	*Galium*	367	*Hylotelephium ewersii*	230
Cotoneaster submultiflorus	262	*Elsholtzia*	339	*Galium verum*	367	*Hyoscyamus*	324
Cotoneaster uniflorus	263	*Elsholtzia densa*	339	*Gentiana*	315	*Hyoscyamus niger*	324
CRASSULACEAE	228-233	*Elsholtzia densa* var. *calycocarpa*	339	*Gentiana algida*	317	*Hypericum*	201
Crataegus	265-266	*Ephedra*	134-136	*Gentiana decumbens*	316	*Hypericum perforatum*	201
Crataegus altaica	266	*Ephedra distachya*	136	*Gentiana pseudoaquatica*	316	*Hyssopus*	340
Crataegus sanguinea	266	*Ephedra equisetina*	135	*Gentiana verna* subsp. *pontica*	315	*Hyssopus cuspidatus*	340
Crataegus songarica	265	*Ephedra gerardiana* var. *congesta*	135	GENTIANACEAE	314-321		
Crocus	424	*Ephedra intermedia*	134	*Gentianella*	318	**I**	
Crocus alatavicus	424	*Ephedra przewalskii*	134	*Gentianella turkestanorum*	318	*Impatiens*	309
CUPRESSACEAE	131-136	EPHEDRACEAE	134-136	*Gentianopsis*	314	*Impatiens brachycentra*	309
Cynanchum	323	*Epilobium*	300	*Gentianopsis barbata*	314	*Inula*	396-397
Cynanchum cathayense	323	*Epilobium hirsutum*	300	GERANIACEAE	306-308	*Inula racemosa*	397
CYSTOPTERIDACEAE	126	*Epipogium*	425	*Geranium*	306-308	*Inula salicina*	396
Cystopteris	126	*Epipogium aphyllum*	425	*Geranium albiflorum*	306	IRIDACEAE	421-424
Cystopteris fragilis	126	*Eremurus*	408-409	*Geranium divaricatum*	307	*Iris*	421-423
		Eremurus altaicus	409	*Geranium koreanum*	307	*Iris bloudowii*	423
D		*Eremurus anisopterus*	408	*Geranium linearilobum*	308	*Iris halophila*	422
Dactylorhiza	426-427	*Eremurus inderiensis*	408	*Geranium pratense*	306	*Iris halophila* var. *sogdiana*	423
Dactylorhiza hatagirea	426	ERICACEAE	220	*Geranium pseudosibiricum*	308	*Iris lactea*	422
Dactylorhiza umbrosa	426	*Erigeron*	386-387	*Geum*	267	*Iris ruthenica*	421
Dactylorhiza viridis	427	*Erigeron acris* subsp. *politus*	387	*Geum aleppicum*	267	*Iris tenuifolia*	421
Daphne	299	*Erigeron aurantiacus*	386	*Glaucium*	164	*Isopyrum*	143
Daphne altaica	299	*Erigeron pseudoseravschanicus*	386	*Glaucium squamigerum*	164	*Isopyrum anemonoides*	143
Delphinium	152-153	*Eruca*	209	*Glaux*	228	*Ixiolirion*	425
Delphinium naviculare var. *lasiocarpum*	152	*Eruca vesicaria* subsp. *sativa*	209	*Glaux maritima*	228	*Ixiolirion tataricum*	425
		Erysimum	214-215	*Glycyrrhiza*	298		

J

Juniperus	131-133
Juniperus pseudosabina	132
Juniperus sabina	133
Juniperus sibirica	131
Jurinea	400
Jurinea algida	400

K

Karelinia	379
Karelinia caspia	379
klasea	406
Klasea marginata	406

L

Lagochilus	343
Lagochilus platyacanthus	343
LAMIACEAE	332-352
Lamium	351-352
Lamium album	352
Lamium amplexicaule	352
Lamium maculatum var. kansuense	351
Lappula	326
Lappula sinaica	326
Larix	130-131
Larix sibirica	130
Lathyrus	287
Lathyrus pratensis	287
Lathyrus tuberosus	287
Launaea	400
Launaea polydichotoma	400
Lavatera	200
Lavatera cachemiriana	200
LEGUMINOSAE	273-298
Leiospora	210
Leiospora exscapa	210
Leontice	162
Leontice incerta	162
Leontopodium	394-395
Leontopodium campestre	394
Leontopodium leontopodioides	395
Leontopodium nanum	394
Leonurus	336
Leonurus glaucescens	336
Lepidium	209
Lepidium latifolium	209
Libanotis	313
Libanotis buchtormensis	313
Ligularia	383-384
Ligularia macrophylla	383
Ligularia narynensis	384
Ligusticum	312
Ligusticum mucronatum	312
LILIACEAE	408-420
Lilium	410
Lilium martagon var. pilosiusculum	410
Limonium	192-194
Limonium gmelinii	194
Limonium leptolobum	193
Limonium suffruticosum	192
LINACEAE	301
Linaria	360-361
Linaria bungei	361
Linaria hepatica	361
Linaria longicalcarata	360
Linnaea	373
Linnaea borealis	373
Linum	301
Linum perenne	301
Lonicera	368-371
Lonicera caerulea	368
Lonicera heterophylla	371
Lonicera hispida	368
Lonicera humilis	371
Lonicera microphylla	369
Lonicera tatarica	370
Lotus	291
Lotus tenuis	291
Lycium	324
Lycium ruthenicum	324

M

Malcolmia	213
Malcolmia hispida	213
Malus	257
Malus sieversii	257
MALVACEAE	200
Marrubium	343
Marrubium vulgare	343
Medicago	288
Medicago × varia	288
Melilotus	275
Melilotus albus	275
Melilotus officinalis	275
Mentha	332
Mentha canadensis	332
Mentha spicata	332
Metastachydium	337
Metastachydium sagittatum	337
Minuartia	182
Minuartia biflora	182
Minuartia kryloviana	182
Moehringia	179
Moehringia umbrosa	179
Moneses	221
Moneses uniflora	221
MORACEAE	169
Myosotis	330-331
Myosotis alpestris	330
Myosotis caespitosa	331
Myosotis sparsiflora	331
Myricaria	205
Myricaria bracteata	205

N

Nepeta	333
Nepeta sibirica	333
Nitraria	305-305
Nitraria tangutorum	305
Nonea	328
Nonea caspica	328
Nymphaea	136
Nymphaea candida	136
NYMPHAEACEAE	136
Nymphoides	321
Nymphoides peltata	321

O

ONAGRACEAE	299-300
Onosma	326
Onosma echioides	326
ORCHIDACEAE	425-427
Origanum	337
Origanum vulgare	337
OROBANCHACEAE	363-364
Orobanche	363-364
Orobanche aegyptiaca	364
Orobanche cernua	363
Orostachys	228-229
Orostachys spinosa	228
Orostachys thyrsiflora	229
Oxyria	192
Oxyria digyna	192
Oxytropis	289-290
Oxytropis barkolensis	289
Oxytropis merkensis	290
Oxytropis proboscidea	289
Oxytropis savellanica	290

P

Padus	262
Padus avium	262
Paeonia	197-199
Paeonia anomala	198
Paeonia anomala var. intermedia	199
Paeonia sinjiangensis	197
PAEONIACEAE	197-199
Papaver	165-166
Papaver canescens	166
Papaver densum	166
Papaver nudicaule	165
PAPAVERACEAE	163-169
Paraquilegia	144
Paraquilegia microphylla	144
Parnassia	237
Parnassia laxmannii	237
Parnassia palustris	237
Parrya	217
Parrya fruticulosa	217
Patrinia	373
Patrinia intermedia	373
Pedicularis	357-359
Pedicularis cheilanthifolia	358
Pedicularis elata	358
Pedicularis ludwigii	359
Pedicularis oederi	359
Pedicularis proboscidea	357
Peganum	303
Peganum harmala	303
Phlomis	340-342
Phlomis pratensis	342
Phlomis tuberosa	340
Picea	128-129
Picea schrenkiana	128
PINACEAE	128-131
PLANTAGINACEAE	353
Plantago	353
Plantago media	353
Platycodon	364
Platycodon grandiflorus	364
PLUMBAGINACEAE	192-196
POLEMONIACEAE	325
Polemonium	325
Polemonium caeruleum	325
Polygala	302
Polygala hybrida	302
POLYGALACEAE	302
POLYGONACEAE	184-192
Polygonum	184-185
Polygonum divaricatum	185
Polygonum viviparum	184
Populus	206-207
Populus euphratica	206
Populus laurifolia	208
Potentilla	249-253
Potentilla anserina	252
Potentilla bifurca	252
Potentilla conferta	251
Potentilla fruticosa	253
Potentilla imbricata	251
Potentilla multifida	250
Potentilla pamiroalaica	249
Potentilla sericea	250
Prangos	310
Prangos herderi	310
Primula	224-226
Primula algida	225
Primula macrophylla var. moorcroftiana	226
Primula veris subsp. macrocalyx	224
PRIMULACEAE	222-228
Prunus	254-257
Prunus armeniaca	256
Prunus cerasifera	254
Pseudognaphalium	407
Pseudognaphalium affine	407
Pseudosedum	231
Pseudosedum affine	231
Psychrogeton	387
Psychrogeton poncinsii	387
Pulsatilla	146-147
Pulsatilla campanella	147
Pulsatilla turczaninovii	146
Pyrethrum	398
Pyrethrum pyrethroides	398
Pyrola	221
Pyrola incarnata	221
PYROLACEAE	221

R

RANUNCULACEAE	137-158
Ranunculus	155-157
Ranunculus albertii	156
Ranunculus japonicus	155
Ranunculus nephelogenes	157

Name	Page
Ranunculus songoricus	157
Reaumuria	205
Reaumuria soongarica	205
Rhaponticum	398
Rhaponticum repens	398
Rheum	191
Rheum wittrockii	191
Rhinanthus	356
Rhinanthus glaber	356
Rhodiola	232-233
Rhodiola kirilowii	233
Rhodiola recticaulis	232
Rhodiola rosea	232
Ribes	236
Ribes meyeri	236
Roemeria	167
Roemeria refracta	167
Rorippa	211
Rorippa sylvestris	211
Rosa	238-248
Rosa acicularis	239
Rosa albertii	239
Rosa beggeriana	247
Rosa beggeriana var. *liouii*	247
Rosa berberifolia	244
Rosa cinnamomea	242
Rosa fedtschenkoana	242
Rosa iliensis	248
Rosa laxa	245
Rosa laxa var. *kaschgarica*	245
Rosa laxa var. *mollis*	246
Rosa laxa var. *tomurensis*	246
Rosa majalis	242
Rosa nanothamnus	243
Rosa oxyacantha	238
Rosa persica	244
Rosa platyacantha	241
Rosa spinosissima	238
Rosa spinosissirna var. *altaica*	240
Rosa tibetica	248
Rosa tomurensis	246
Rosa webbiana	243
ROSACEAE	238-272
Rosularia	229
Rosularia platyphylla	229
RUBIACEAE	367
Rubus	271-272
Rubus caesius	272
Rubus sachalinensis	272
Rubus saxatilis	271
RUTACEAE	303

S

Name	Page
SALICACEAE	206-207
Salsola	172-175
Salsola affinis	174
Salsola foliosa	173
Salsola heptapotamica	172
Salsola tragus	173
Salsola zaidamica	175
Salvia	338
Salvia deserta	338
Sambucus	372
Sambucus sibirica	372
Sanguisorba	261
Sanguisorba alpina	261
Sanguisorba officinalis	261
Saussurea	389-391
Saussurea amara	389
Saussurea glacialis	391
Saussurea gnaphalodes	389
Saussurea involucrata	390
Saxifraga	233-235
Saxifraga cernua	233
Saxifraga hirculus	235
Saxifraga oppositifolia	234
Saxifraga pulvinaria	235
Saxifraga sibirica	234
SAXIFRAGACEAE	233-237
Scabiosa	375
Scabiosa ochroleuca	375
Scrophularia	360
Scrophularia kiriloviana	360
SCROPHULARIACEAE	353-363
Scutellaria	334-336
Scutellaria galericulata	334
Scutellaria przewalskii	335
Scutellaria sieversii	336
Sedum	231
Sedum hybridum	231
Senecio	385
Senecio jacobaea	385
Senecio nemorensis	385
Sibbaldia	257
Sibbaldia tetrandra	257
Silene	183-184
Silene repens	183
Silene venosa	184
Silene vulgars	183
Sisymbrium	218
Sisymbrium loeselii	218
Sisymbrium polymorphum	218
Smelowskia	216
Smelowskia bifurcata	216
SOLANACEAE	323-324
Solanum	323
Solanum septemlobum	323
Sophora	276
Sophora alopecuroides	276
Sorbus	258-259
Sorbus tianschanica	258
Sphaerophysa	273
Sphaerophysa salsula	273
Spiraea	268-271
Spiraea alpina	269
Spiraea hypericifolia	268
Spiraea media	268
Spiraea mongolica	270
Spiraea salicifolia	269
Spiraea tianschanica	271
Spiraea trilobata	270
Stellaria	181
Stellaria soongorica	181
Swertia	319
Swertia marginata	319
Swertia obtusa	319
Symphytum	329
Symphytum officinale	329

T

Name	Page
TAMARICACEAE	203-205
Tamarix	203-204
Tamarix leptostachya	204
Tamarix ramosissima	203
Tanacetum	391-393
Tanacetum crassipes	393
Tanacetum krylovianum	393
Tanacetum richterioides	392
Tanacetum scopulorum	391
Taraxacum	375-376
Taraxacum lilacinum	376
Taraxacum multiscaposum	375
Taraxacum tianschanicum	376
Tephroseris	401
Tephroseris rufa	401
Thalictrum	154
Thalictrum isopyroides	154
Thermopsis	276-277
Thermopsis lanceolata	276
THYMELAEACEAE	299
Thymus	333-334
Thymus marschallianus	334
Thymus proximus	333
Tragopogon	402-405
Tragopogon elongatus	405
Tragopogon heteropappus	404
Tragopogon marginifolius	402
Tragopogon orientalis	402
Tragopogon porrifolius	403
Tragopogon pratensis	404
Tragopogon sibiricus	403
Trifolium	296-297
Trifolium lupinaster	297
Trifolium pratense	296
Trifolium repens	296
Trollius	138-141
Trollius altaicus	138
Trollius dschungaricus	140
Trollius lilacinus	141
Tulipa	419-420
Tulipa biflora	419
Tulipa iliensis	420
Tulipa tianschanica	419

V

Name	Page
Vaccaria	179
Vaccaria hispanica	179
Vaccinium	220
Vaccinium vitis-idaea	220
Valeriana	374
Valeriana fedtschenkoi	374
Valeriana officinalis	374
VALERIANACEAE	373-374
Verbascum	354-356
Verbascum blattaria	356
Verbascum phoeniceum	355
Verbascum thapsus	354
Veronica	362-363
Veronica pinnata	362
Veronica spicata	363
Veronica teucrium	362
Viburnum	372
Viburnum opulus	372
Vicia	291
Vicia cracca	291
Viola	201-203
Viola altaica	202
Viola biflora	201
Viola macroceras	203
VIOLACEAE	201-203

W

Name	Page
Woodsia	127
Woodsia ilvensis	127
WOODSIACEAE	127

Z

Name	Page
Ziziphora	350-351
Ziziphora bungeana	351
Ziziphora tenuior	350
Ziziphora tomentosa	350
ZYGOPHYLLACEAE	303-306
Zygophyllum	304
Zygophyllum macropodum	304
Zygophyllum rosovii var. *latifolium*	305
Zygophyllum xanthoxylon	304

后记

做"中国观赏植物种质资源"丛书是一个宏大、长久的课题，虽然从2011年出版《宁夏卷》、2014年出版《西藏卷①》，至今《新疆卷①》，只有寥寥3卷，课题组其实已对全国开展了大量调查，有的是全域，有的是重点区域或重点科属；也陆续凝练了很多的成果，但要汇聚成省域的资源专辑，实属不易。《新疆卷①》的出版也正是如此。

新疆，近六分之一的国土！至今我们也没能走遍新疆的山山水水，因为她太宽广、太壮阔、太神奇！课题组第一次系统开展新疆观赏植物资源调查是2008年的8月，北京奥运会刚开幕的第二天，我们便踏上了科考的征程——两支小队分赴伊犁地区与阿勒泰地区调查。当初以为，新疆可能很荒芜，调查工作可以很快结束，但接着连续三年多次分批的调查后发现，新疆没有大家想象的那么简单；而且真的是太大，舟车劳顿需要耗费大量的人财物力！2012—2014年我们还在新疆开展花卉育种相关的一些专项研究，也陆续整理前期的调查成果。对于整个新疆的观赏植物资源而言，我们跑的地方、参与的时间还不够，总觉得有缺有憾。于是，从2015年至2019年，我们又想尽办法去补充或开拓新的调查区域。

新疆，是一个去过一次就放不下的地方。无论是住宾馆还是毡房、民居，我们随处而安，为了多跑一些路、多看一些花草树木，司机换了一个又一个，界碑经过一座又一座，研究生也毕业了一届又一届，但我们的目的和初心一直没变。随着调查工作的开展，我们对新疆的了解也越来越深入、对新疆的一切也越来越热爱！

2009年第一次登上将军山，第一次放眼俯瞰天山的植被与群峰，蓝宝石般的赛里木湖尽收眼底，那种壮美难以言表；第一次在冰雪附近的悬崖石缝中见到顽强怒放的拟耧斗菜，那种景象终生难忘！第一次见到漂亮大方的阿尔泰堇菜缀满草地，与成片的金莲花交相辉映，那种心情，恨不得沿着草坡打滚！彼时的山谷之间，果子沟大桥正在热火朝天地修建（2006年开工），而七年后的2016年，当我们再次登上将军山补充草甸及林缘植被的调查时，雄伟的果子沟大桥早已建成通车（2011年）！它横亘于崇山峻岭之间，俨然一道美丽的风景线融入画卷。

2009年，我们驱车数千公里也仅把北疆绕了个大概，独山子、果子沟、野核桃沟、鹿角湾、喀纳斯、白巴哈、大西沟、小东沟……丰富的植被和自然景观让大家流连忘返，样方、拍照、记录、采标本，每天从早上八点出发一直调研到天色将暗，常常夜里十一二点才吃上晚饭，但大家也不觉得累，已然忘却了北京时间。第一次在鹿角湾见到天山羽衣草，那是多么可爱的小草，多么神奇的叶子，感慨我们的开发应用做得太不够。第一次来到神秘的喀纳斯湖，来不及过多的欣赏，却被疏林下发现的北极花和独丽花所惊讶，世间竟有如此独特精致的小花！2011年第一次遇见秋天的禾木，桦木、杨树与云杉交织，成片的密刺蔷薇布满山坡，红果、黑果闪烁其间，真是一个绚烂的世界！还有阿尔泰的林缘溪边、塔城的草坡及草甸，在那五六月的时节，成片或成带分布的大量芍药，夹杂着各种野花野草，花境、花谷、花田、花海，应有尽有！

2010年，孔雀河、铁门关、白虎台、托木尔、神木园、阿图什……为了调查新疆蔷薇属，也为了探寻与北疆不一样的植物多样性，我们一路往南疆延伸。然而各种原因止步喀什，确切地说，在奥依塔克冰川公园匆匆一瞥便返回，车后只留下了红山那瑰丽的背影，却忘不了冰川脚下那奇特的针叶树景观、铁线莲顺着大树挂满了枝头。南疆一别又是六年，2016年终于再进奥依塔克，植被还在，得以细细观察各种植物和风景，而当年合影所在的背景冰川已部分消融。再进！向着帕米尔高原前进！海拔在升高，人却越来越兴奋，荒凉的石滩上，低头竟能找见各种各样小巧美丽的野花！在通往祖国版图最西端的红其拉甫，看惯了连绵起伏的皑皑雪山，却在海拔近5000米的高寒草甸上见到了破冰而出的报春花、马先蒿、红景天和雪兔子等高原"精灵"，兴奋得已顾不上高反，频频拍照。

2017年和2018年，二上、三上帕米尔，沿着古丝绸之路，我们探寻冷峻雪山下最古老的大峡谷。植被也带上了异域风情，依山傍水的塔吉克村落镶嵌在高深的峡谷之中，少数民族同胞朴实无华的笑脸正如那粉红的杏花般灿烂，让人感慨：这，就是世外桃源！忘不了，2017年4月，在驱车路上偶遇的短暂小雪，苍凉灰暗的峡谷顿时成了雪白的天地，红杏枝头正

附录：新疆观赏植物种质资源名录

上霜——我们得见珍贵的"雪山雪杏"之奇景。也忘不了，2018年亲手把抗寒梅花品种送上了帕米尔高原，我们同塔吉克朋友共同栽树的动人场景，如今梅树已开花结果。

新疆之大，足见祖国的地大物博；新疆之美，足见祖国的山川壮丽！新疆的观赏植物资源是丰富的、多样的、宝贵的，有如那野生的杏、苹果、樱桃李、桦木、柽柳、蔷薇、沙拐枣等自然成林、接天连地，又如那野生的芍药、报春、郁金香、独尾草、疆罂粟、金莲花等自然成海、风情万千。高山、盆地、荒漠、戈壁、河流、湖泊、草地、草甸等自然景观承载了各具特色的观赏植物资源，亟待我们去调查、评价、保护和利用。还要说，在新疆调查，每一个地方、每一个角落都可能会带给我们震撼和感动：从自然景观到人文风土，从哨所战士坚毅的眼神、修路工人黝黑的皮肤、古丽们和买买提们质朴的笑脸，到那一杆杆飘扬的鲜艳的五星红旗，这，不仅是一次科学实践的经历，更是一次心灵深处的洗礼与教育！那种登高望远、踏遍山川之后的感怀，没有什么能比我们更爱自己的国家、自己的同胞和自己的土地！

《新疆卷》并没有结束，不管未来如何，我们将继续把调查和研究做下去、延续下去。

《新疆卷①》编写组

2021年11月